▼1.3.1

使用记事本制作 HTML 页面

▼1.3.2

使用 Dreamweaver 制作 HTML 页面

▼2.1.1

使用 <font> 标签设置网页文字效果

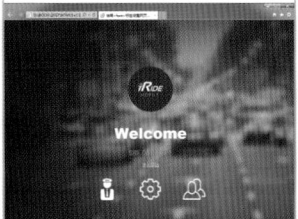

▼2.1.4

为文字添加加粗、倾斜和下划线修饰

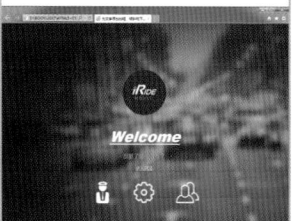

▼2.1.5

为文字添加上标和删除线

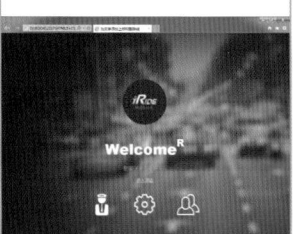

▼2.2.2

为网页中的文本进行分段和分行处理

▼2.2.3

设置网页文本标题

▼2.2.4

在网页中插入水平线

▼2.3.1

制作新闻列表

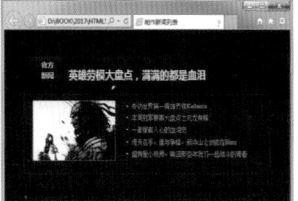

▼2.3.2

制作编号有序列表

▼2.3.3

制作复杂的新闻列表

▼3.4

制作设计网站首页面

▼4.2.1

在网页中插入图像

▼4.2.2

制作图文混排页面

▼4.3.3

为文字和图像设置超链接

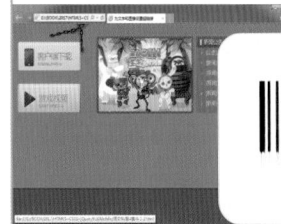

▼4.4.5

在网页中创建特殊超链接

▼5.2.10

制作网站登录表单

▼5.3.3

制作留言表单页面

▼5.4.4

为表单元素设置默认提示内容

▼5.5.4

验证网页中的表单元素

▼6.2.1

在网页中绘制直线

▼6.2.2

在网页中绘制矩形

▼6.2.3

在网页中绘制圆形

▼6.2.4

在网页中绘制三角形

▼6.2.5

在网页中绘制曲线

▼6.2.6

清除使用canvas元素所绘制的部分图形

▼6.3.2

在网页中绘制文字并获取文字宽度

▼6.4.2

使用canvas元素在网页中绘制图像

▼6.4.3

设置图像平铺效果

▼6.4.4

在网页中实现圆形裁切图像效果

▼6.5.1

在网页中绘制矩形并填充线性渐变

▼6.5.2

在网页中绘制圆形并填充径向渐变

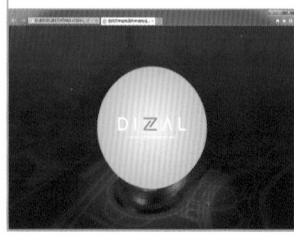

▼6.5.3

为图形和文字添加阴影效果

▼7.2.2

在网页中嵌入音频播放

▼7.3.2

在网页中嵌入视频播放

▼7.5.1

控制视频的播放与暂停

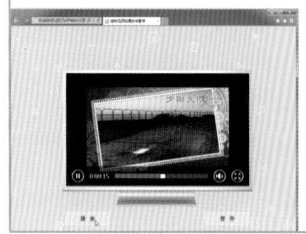

▼7.5.4

自定义视频播放控制组件

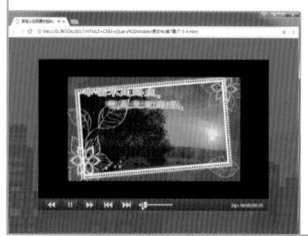

▼8.2.3
创建并链接外部CSS样式表文件

▼8.3.2
创建通配选择器和标签选择器

▼8.3.4
创建ID选择器和类选择器

▼8.3.5
创建超链接伪类选择器

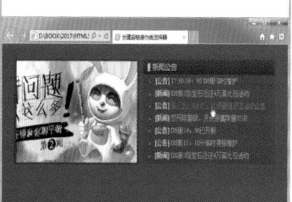

▼8.3.7
创建派生选择器

▼8.4.4
在网页中使用伪元素选择器

▼9.1.3
设置网页文字基本效果

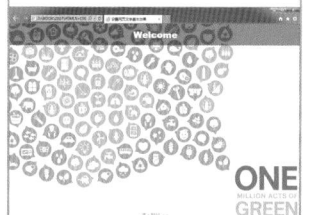

▼9.1.5
设置网页文字的加粗和倾斜效果

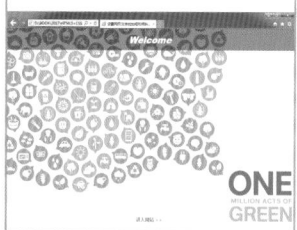

▼9.1.6
设置网页中英文字体大小写

▼9.1.7
为网页文字添加修饰

▼9.1.8
设置中文字符间距

▼9.2.1
控制文本溢出效果

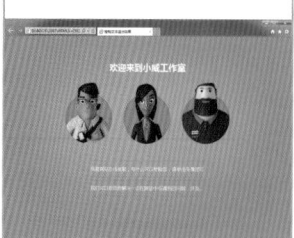

▼9.2.2
控制英文内容强制换行

▼9.2.3
为网页文字添加阴影效果

▼9.2.4
在网页中实现特殊字体效果

▼9.3.2
美化网页中的段落文字

▼9.3.3
设置文本水平对齐

▼9.3.4
设置文本垂直对齐

▼9.4.1
设置新闻列表效果

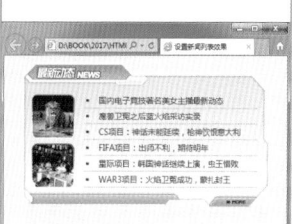

▼9.4.2
自定义新闻列表符号

▼9.4.3

设置复杂新闻列表效果

▼10.1

为网页元素设置背景颜色

▼10.2.1

使用RGBA方式设置背景颜色

▼10.2.3

使用HSLA方式设置背景颜色

▼10.2.4

实现网页元素的半透明效果

▼10.3.1

为网页设置线性渐变背景颜色

▼10.3.2

为网页设置径向渐变背景颜色

▼10.4.2

为网页设置背景图像

▼10.4.3

定位网页中的背景图像

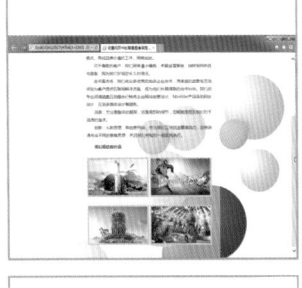

▼10.4.4

固定网页中的背景图像

▼10.5.1

为网页设置多个背景图像

▼10.5.2

控制背景图像的大小

▼10.5.3

控制背景图像开始显示的原点位置

▼10.5.4

控制背景图像的显示区域

▼11.1.4

设置网页中超链接文字效果

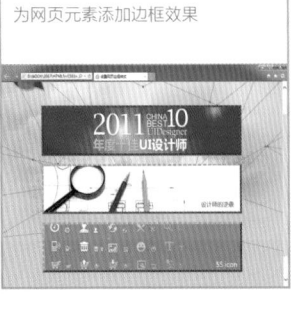

▼11.1.5

制作网站导航菜单

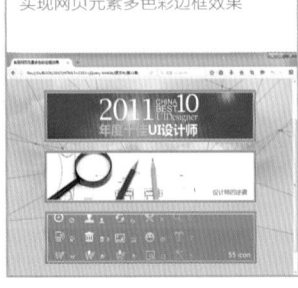

▼11.2.2

在网页中实现多种光标指针效果

▼11.3.3

为网页元素添加边框效果

▼11.4.1

实现网页元素多色彩边框效果

▼11.4.2

为网页元素添加图像边框效果

▼11.4.3
在网页中实现圆角边框效果

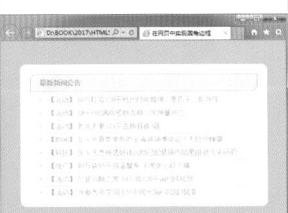

▼12.1.2
实现网页元素的叠加显示

▼12.1.3
网页元素固定在右侧显示

▼12.1.4
实现网页元素显示在固定的位置

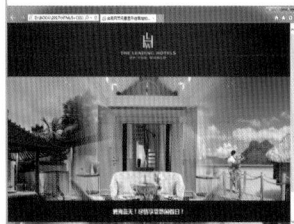

▼12.1.5
制作顺序排列的图像列表

▼12.2.1
实现网页元素尺寸可任意缩放

▼12.2.2
为网页元素添加轮廓外边框

▼12.2.3
将超链接文字伪装成按钮

▼12.2.4
为网页元素赋予内容

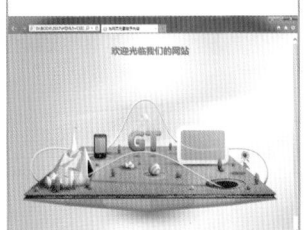

▼12.3.1
快速将网页内容分为多列

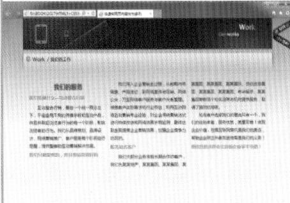

▼12.3.6
实现网页内容的分栏显示效果

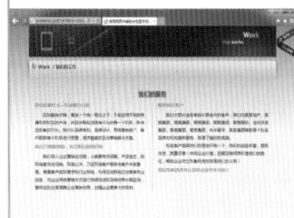

▼13.1.5
设置网页元素盒模型

▼13.2.7
实现网页元素水平和垂直居中对齐

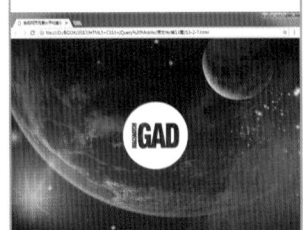

▼13.2.8
实现网页元素底部对齐

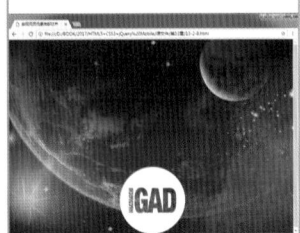

▼13.3.1
为网页元素添加阴影效果

▼13.3.3
设置内容溢出处理方式

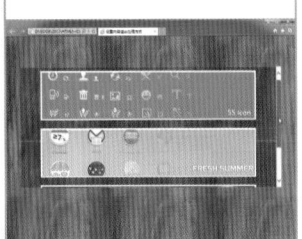

▼14.1.2
实现网页元素的
旋转

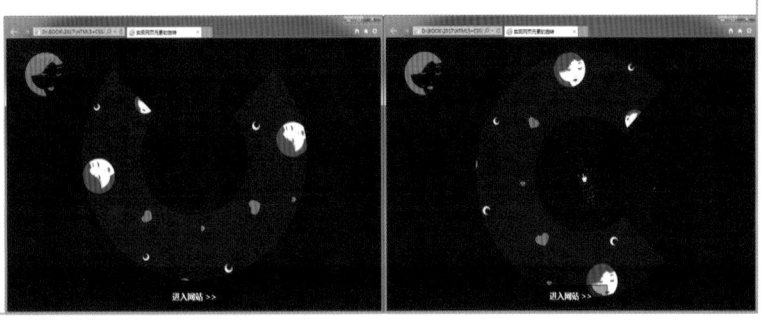

▼14.1.4

实现网页元素的移动

▼14.1.5

实现网页元素的倾斜效果

▼14.1.7

设置网页元素的变形中心点

▼14.1.8

为网页元素同时应用多个变形效果

▼14.2.6

制作网页图片交互特效

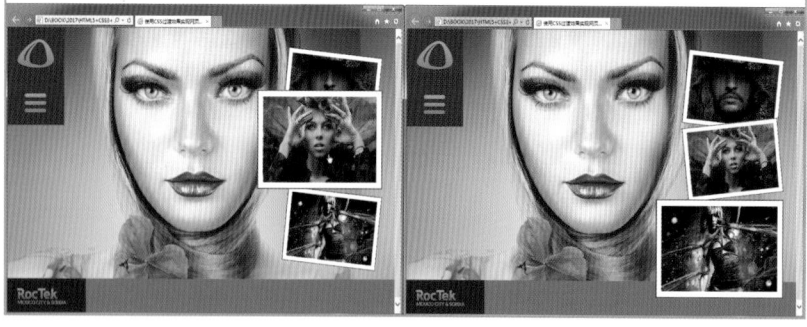

▼14.2.5

设置网页元素的变换过渡动画效果

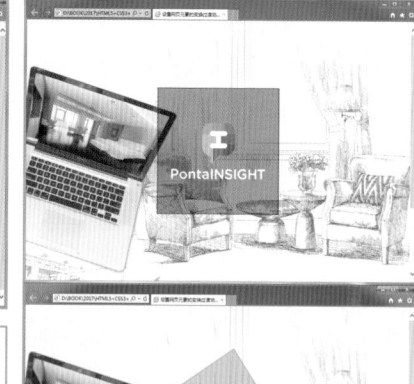

▼16.2.3

在头部栏中添加按钮实现页面跳转

▼14.3.2

制作图片移动并旋转的关键帧动画

▼17.4.4

制作餐厅列表页面

▼17.4.7

对列表项内容进行格式化处理

▼17.2.1

制作APP欢迎页面背景

▼17.2.2

设置APP欢迎页面工具栏

▼18.2.4

通过滑动屏幕浏览图片

▼17.5.1

制作移动APP登录界面

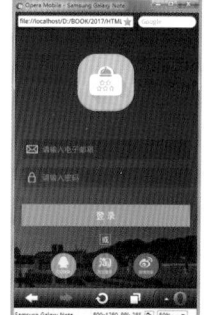

▼19.3.2

制作电商APP启动页面

▼18.2.7

随机显示页面背景

▼18.3.1

制作交互式侧边菜单

▼18.2.5

滚动屏幕改变背景颜色

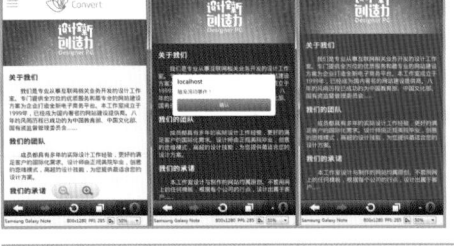

▼19.1

制作APP引导
页面

▼18.3.4

实现查看大图效果

▼19.2.2

制作可滑动的页面背景

▼19.3.3

制作电商APP首页面

▼19.2.3

制作可滑动导航栏

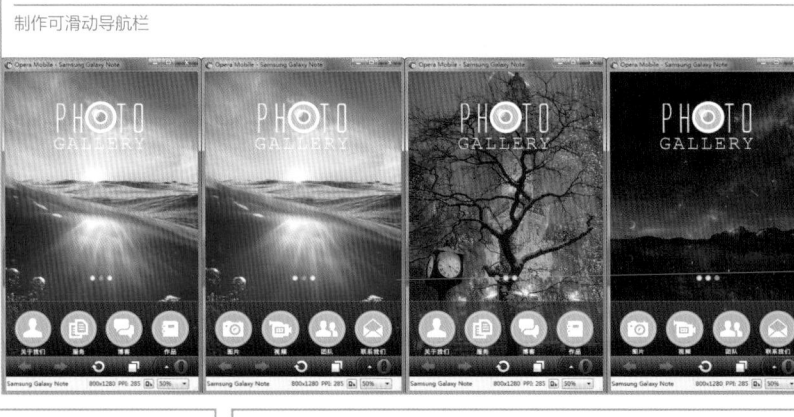

▼18.3.3

在jQuery Mobile页面中实现焦点轮换图效果

▲18.2.6

判断移动设备手持方向

# HTML5 + CSS3 + jQuery Mobile

## APP与移动网站设计从入门到精通

新视角文化行 / 编著

人民邮电出版社

北 京

**图书在版编目（CIP）数据**

HTML5+CSS3+jQuery Mobile APP与移动网站设计从入门到精通 / 新视角文化行编著. -- 北京 : 人民邮电出版社, 2018.10（2020.3重印）
ISBN 978-7-115-48500-7

Ⅰ. ①H… Ⅱ. ①新… Ⅲ. ①超文本标记语言－程序设计②网页制作工具③JAVA语言－程序设计 Ⅳ. ①TP312.8②TP393.092.2

中国版本图书馆CIP数据核字(2018)第117715号

## 内 容 提 要

本书全面、系统地讲解了 HTML5、CSS3 和 jQuery Mobile 相关知识，并涵盖从 Web 界面设计到移动应用开发的各种技术和知识点，内容由浅入深，讲解通俗易懂，并在知识点介绍过程中配合大量案例进行讲解，以帮助读者提高实战技能。

本书共 19 章，分为 3 个部分。第一部分是第 1～7 章，介绍了 HTML5 各方面的知识点，重点介绍了文本、图像、canvas 元素、音频、视频和新型表单等内容；第二部分是第 8～14 章，主要介绍了 CSS3 样式各属性的设置和使用方法，重点介绍了 CSS3 中新增的弹性盒模型、多列布局、动画效果和渐变填充等内容；第三部分是第 15～19 章，主要介绍了 jQuery Mobile 的相关知识，重点介绍了 jQuery Mobile 的页面、主题、组件、事件和插件等内容，并通过实际案例讲解了综合运用 HTML5、CSS3 和 jQuery Mobile 开发移动应用的方法和技巧。

本书配套下载资源中提供了所有实例的源文件和素材，以及相关的教学视频，适合 Web 设计与开发的初学者和爱好者自学使用，也适合有一定 Web 前端开发基础的网页开发人员阅读，同时还可作为计算机培训班和各院校相关专业的教辅用书。

◆ 编　著　新视角文化行
　　责任编辑　杨　璐
　　责任印制　陈　犇

◆ 人民邮电出版社出版发行　　北京市丰台区成寿寺路 11 号
　　邮编　100164　　电子邮件　315@ptpress.com.cn
　　网址　http://www.ptpress.com.cn
　　固安县铭成印刷有限公司印刷

◆ 开本：787×1092　1/16
　　印张：25　　　　　　　　　彩插：4
　　字数：801 千字　　　　　　2018 年 10 月第 1 版
　　印数：3 201－3 600 册　　　2020 年 3 月河北第 4 次印刷

定价：69.00 元

**读者服务热线：(010)81055410　印装质量热线：(010)81055316**
**反盗版热线：(010)81055315**
**广告经营许可证：京东工商广登字 20170147 号**

# 前言

本书全面介绍了HTML5、CSS3和jQuery Mobile的核心知识点，通过实际案例与知识点相结合的方式，使读者能够更容易理解技术要点，掌握APP与移动网站设计的方法与技巧。

## 本书特点

- 完善的学习模式

"基础知识＋实战案例＋提示与技巧＋教学视频"4大环节保障了可学习性。详细讲解HTML5、CSS3和jQuery Mobile的知识与应用，力求让读者即学即会。140个实战案例辅助读者理解语法知识，做到处处有案例，步步有操作。180个提示和50个技巧贯穿全书，帮助读者顺利过渡到实际工作。

- 进阶式知识讲解

全书共19章，分别从HTML5、CSS3和jQuery Mobile的基础入手，循序渐进讲解它们的核心技术和应用，并逐步进阶到它们的综合应用。基础讲解与操作紧密结合，方法全面，技巧丰富，不但能学习到专业的语法知识与技巧，还能提高实际应用的能力。

- 详尽的视频教学

140个近640分钟多媒体语音教学视频，由一线教师亲授，详细记录了所有案例的具体操作过程，全面配合书中所讲知识与技能，提高学习效率。

- 配套的素材、源文件

提供书中所有实例的素材文件，便于读者跟随学习，掌握学习内容的精髓。另外，书中还提供了配套的源文件（HTML文件和CSS文件），供读者对比学习，提升学习效果。

## 本书内容

全书共分为19章，每章的主要内容如下。

第1章　从HTML到HTML5。主要介绍了HTML与HTML5的相关基础知识及HTML5的优势，使读者对HTML和HTML5有更深入、全面的了解。

第2章　HTML5文字与段落标签。主要介绍了HTML中用于设置文字、段落和列表的相关标签和属性设置方法，使读者能够更好地控制网页中的文字内容。

第3章　HTML5文档结构标签。主要介绍了HTML中新增的用于描述文档结构的相关标签的使用方法，通过使用HTML5文档结构标签，可以使页面的内容结构更加清晰。

第4章　HTML5图像与超链接标签。主要介绍了HTML页面中图像的插入与设置方法，以及网页中各种超链接的创建方法和相关属性的设置方法。

第5章　使用HTML5中的表单元素。详细介绍了传统的表单元素和HTML5新增的表单元素，通过新增的HTML5表单元素可以在移动应用中创建更加友好的表单应用。

第6章　使用HTML5画布元素。详细介绍了使用canvas元素在网页中绘制图形、文字和渐变的方法。

第7章　HTML5音频与视频标签。详细讲解了HTML5中Video与Audio元素的使用方法和属性设置技巧。

第8章　CSS样式的发展与选择器。主要介绍了有关CSS样式的基础知识，包括CSS样式的语法、CSS选择器、CSS3新增的选择器及应用CSS样式的方法。

第9章　设置文字与段落样式。主要介绍了用于设置网页文字与段落效果的相关CSS样式属性，以及CSS3

新增的用于设置文字效果的相关属性的使用方法。

第10章　设置背景样式。主要介绍了用于设置网页元素背景效果的相关CSS样式属性，以及CSS3新增的颜色和背景相关的设置属性的使用方法。

第11章　设置超链接和边框样式。主要介绍了对元素边框和超链接进行设置的相关CSS属性和设置方法，并且对CSS3中新增的边框样式属性进行了详细讲解。

第12章　设置元素的定位与布局属性。主要介绍了网页元素定位的各种方法及相关CSS样式属性的设置方法，并且对CSS3中新增的多列布局属性进行了详细讲解。

第13章　CSS3盒模型。详细讲解了传统CSS盒模型与CSS3新增的弹性盒模型，以及CSS3中新增的有关盒模型设置的相关属性。

第14章　CSS3动画效果。详细介绍了CSS3各种动画效果的制作方法和技巧。

第15章　jQuery和jQuery Mobile基础。主要介绍了jQuery和jQuery Mobile的相关基础知识，以及jQuery Mobile页面的文档结构，使读者对jQuery Mobile页面有更好的认识。

第16章　认识并创建jQuery Mobile页面。主要介绍了jQuery Mobile页面及各部分结构的创建和设置方法，还介绍了结构化jQuery Mobile页面内容的方法。

第17章　使用jQuery Mobile主题与组件。主要介绍了jQuery Mobile页面主题的相关知识，包括使用默认主题、自定义主题的方法等，还介绍了jQuery Mobile中的各种页面组件的使用和设置方法，包括按钮组件、表单组件和列表组件等。

第18章　使用jQuery Mobile事件与插件。主要介绍了jQuery Mobile页面中的常用事件的设置方法，以及常用插件的使用方法。

第19章　移动应用制作实战。通过3个实用的移动应用案例，向读者介绍了综合应用HTML5、CSS3和jQuery Mobile开发移动应用的方法。

## 资源下载及其使用说明

本书配套资源已作为学习资料提供下载，扫描封底或右侧二维码即可获得下载方式。如果大家在阅读或使用中遇到任何与本书相关的技术问题或者需要什么帮助，请发邮件至szys@ptpress.com.cn，我们会尽力为大家解答。

编者
2018年3月

# 目录

# 第 1 章

# 从 HTML 到 HTML5

HTML 是 Internet 上用于设计制作网页的主要语言。网页中所包括的图像、动画、表单和多媒体等复杂的元素，其本质都是 HTML。随着互联网的飞速发展，网页设计语言也在不断变化和发展，从 HTML 到 HTML5，每一次的发展变革都是为了适应互联网的需求。本章将向读者介绍有关 HTML 和 HTML5 的相关基础知识，使读者对 HTML 的发展有所了解，并且理解 HTML5 与 HTML 之间有哪些共同点及有哪些改进。

---

**本章知识点**

- 了解 HTML 的基础知识
- 理解 HTML 的基本语法和编写注意事项
- 掌握 HTML5 的文档结构并理解 HTML5 的优势
- 掌握两种 HTML 文档的编写方式
- 认识 HTML5 中的标签
- 了解 Web 移动应用

---

## ▶▶▶ 1.1 HTML 基础

HTML 主要运用标签使页面文件显示出预期的效果，也就是在文本文件的基础上，加上一系列的网页元素展示效果，最后形成后缀名为 .htm 或 .html 的文件。通过浏览器阅读 HTML 文件时，浏览器负责解释插入到 HTML 文件中的各种标签，并以此为依据显示内容，把 HTML 语言编写的文件称为 HTML 文本，HTML 语言即网页的描述语言。

### 1.1.1 HTML 概述

在介绍 HTML 语言之前，不得不介绍 World Wide Web（万维网）。万维网是一种建立在因特网上的、全球性的、交互的、多平台的和分布式的信息资源网络。它采用 HTML 语法描述超文本（Hypertext）文件。Hypertext 一词有两个含义：一个是链接相关联的文件，另一个是内含多媒体对象的文件。

HTML 的英文全称是 Hyper Text Markup Language，中文通常称为超文本标记语言，HTML 是 Internet 中用于编写网页的主要语言，HTML 提供了精简而有力的文件定义，可以设计出多姿多彩的超媒体文件。通过

HTTP通信协议，HTML文件得以在万维网上进行跨平台的文件交换。

---

**提示**

　　HTML文件可以直接由浏览器解释执行，无须编译。当用浏览器打开网页时，浏览器读取网页中的HTML代码，分辨其语法结构，然后根据解释的结果显示网页内容，正是因为如此，网页显示的速度同网页代码的质量有很大的关系，保持精简和高效的HTML源代码是十分重要的。

---

## 1.1.2 HTML特性

　　HTML文件制作简单，且功能强大，支持不同数据格式的文件导入，主要有以下几个特点。

　　（1）HTML文档容易创建，只需要一个文本编辑器就可以完成。

　　（2）HTML文件存储容量小，能够尽可能快速地在网络中进行传输和显示。

　　（3）HTML文件与操作平台无关，HTML独立于操作系统平台，能够与多种平台兼容，只需要一个浏览器就可以在操作系统中浏览网页文件。

　　（4）简单易学，不需要很深的编程知识。

　　（5）HTML具有扩展性，HTML的广泛应用带来了加强功能、增加标识符等要素，HTML采取了类元素的方式，为系统扩展提供了保证。

## 1.1.3 HTML文档结构

　　编写HTML文件的时候，必须遵循HTML的语法规则。一个完整的HTML文件由标题、段落、列表、表格、单词和嵌入的各种对象所组成。这些逻辑上统一的对象统称为元素，HTML使用标签来分割并描述这些元素。实际上，整个HTML文件就是由元素与标签组成的。

　　HTML文件基本结构如下。

```
<html>                          <!--HTML文件开始-->
  <head>                        <!--HTML文件的头部开始-->
头部内容
  </head>                       <!--HTML文件的头部结束-->
  <body>                        <!--HTML文件的主体开始-->
主体内容
  </body>                       <!--HTML文件的主体结束-->
</html>                         <!--HTML文件结束-->
```

　　可以看到，代码分为3部分。

### 1. <html>……</html>

　　告诉浏览器HTML文件的开始和结束，<html>标签出现在HTML文档的第一行，用来表示HTML文档的开始。</html>标签出现在HTML文档的最后一行，用来表示HTML文档的结束。两个标签一定要一起使用，网页中的其他内容都需要放在<html>与</html>之间。

### 2. <head>……</head>

　　网页的头标签，用来定义HTML文档的头部信息，该标签也是成对使用的。

### 3. <body>……</body>

　　在<head>标签之后就是<body>与</body>标签了，该标签也是成对出现的。<body>与</body>标签之间为网页主体内容和其他用于控制内容显示的标签。

## 1.1.4 HTML的基本语法

绝大多数元素都有起始标签和结束标签，在起始标签和结束标签之间的部分是元素体，如<body>…</body>。每一个元素都有名称和可选择的属性，元素的名称和属性都在起始标签内进行设置。

**1. 普通标签**

普通标签是由一个起始标签和一个结束标签所组成的，其语法格式如下。

```
<x>内容</x>
```

其中，x代表标签名称。<x>和</x>就如同一组开关：起始标签<x>为开启某种功能，而结束标签</x>（通常为起始标签加上一个斜线/）为关闭功能，受控制的内容便放在两标签之间，如下面的代码。

```
<b>加粗文字</b>
```

标签之中还可以附加一些属性，用来实现或完成某些特殊效果或功能，如下面的代码。

```
<x a1="v1", a2="v2", ……an="vn">内容</x>
```

其中，a1, a2……, an为属性名称，而v1, v2……, vn则是其所对应的属性值。属性值加不加引号，目前所使用的浏览器都可接受，但根据W3C的新标准，属性值是需要加引号的，所以读者最好养成加引号的习惯。

**2. 空标签**

虽然大部分的标签是成对出现的，但也有一些是单独存在的，这些单独存在的标签称为空标签，其语法格式如下。

```
<x>
```

同样，空标签也可以附加一些属性，用来完成某些特殊效果或功能，如下面的代码。

```
<x a1="v1", a2="v2", ……, an="vn">
```

如下面的代码。

```
<hr color="#0000FF">
```

> **提示**
>
> HTML还有其他更为复杂的语法，使用技巧也非常多，作为一种语言，它有很多的编写原则并且以很快的速度发展着。

## 1.1.5 HTML编写注意事项

HTML由标签和属性构成，在编写HTML文档时，需要注意以下6点。

（1）"<"和">"是任何标签的开始和结束。元素的标签需要使用这对尖括号括起来，并且在结束标签的前面加上符号"/"，如<p></p>。

（2）在HTML代码中不区分大小写。

（3）任何空格和回车在HTML代码中均不起作用。为了使HTML代码更加清晰，建议不同的标签之间使用回车进行换行。

（4）在 HTML 标签中可以添加各种属性设置，如下面的 HTML 代码。

```
<p align="center">这里是段落文本</p>
```

（5）需要正确的输入 HTML 标签。输入 HTML 标签时，不要输入多余的空格，否则浏览器可能无法识别这个标签，导致无法正确地显示。

（6）在 HTML 代码中合理地使用注释。<!--需要注释的内容-->注释语句只会出现在 HTML 代码中，不会在浏览器中显示。

## ▶▶▶ 1.2　HTML5 基础

HTML5 是近 10 年来 Web 标准最巨大的飞跃。和以前的版本不同，HTML5 并非仅仅用来表示 Web 内容，它的使命是将 Web 带入一个成熟的应用平台，在这个平台上，视频、音频、图像、动画，以及同电脑的交互都被标准化。尽管 HTML5 的实现还有很长的路要走，但 HTML5 正在改变 Web。

### 1.2.1　HTML5 概述

W3C 在 2010 年 1 月 22 日发布了最新的 HTML5 工作草案。HTML5 的工作组包括 AOL、Apple、Google、IBM、Microsoft、Mozilla、Nokia、Opera 及数百个其他的开发商。制定 HTML5 的目的是取代 1999 年 W3C 所制定的 HTML4.01 和 XHTML1.0 标准，希望能够在网络应用迅速发展的同时，网页语言能够符合网络发展的需求。

HTML5 实际上指的是包括 HTML、CSS 样式和 JavaScript 脚本在内的一整套技术的组合，希望通过 HTML5 能够轻松地实现许多丰富的网络应用需求，而减少浏览器对插件的依赖，并且提供更多能有效增强网络应用的标准集。

在 HTML5 中添加了许多新的应用标签，其中包括<video>、<audio>和<canvas>等，添加这些标签是为了使设计者能够更轻松地在网页中添加或处理图像和多媒体内容。其他新的标签还有<section>、<article>、<header>和<nav>，这些新添加的标签是为了能够丰富网页中的数据内容。除了添加了许多功能强大的新标签和属性，还对一些标签进行了修改，以方便适应快速发展的网络应用。同时，也有一些标签和属性在 HTML5 标准中被去除。

### 1.2.2　HTML5 文档结构

HTML5 的文档结构与前面所介绍的 HTML 的文档结构非常类似，基础的文档结构如下。

```
<!doctype html>
<html>
<head>
<meta charset="utf-8">
<title>无标题文档</title>
</head>
<body>
页面主体内容部分
</body>
</html>
```

HTML5的文档结构非常简洁，第一行代码<!doctype html>声明文档是一个HTML文档，接下来使用<html>标签包含头部内容<head>标签和主体内容<body>标签，从而构成HTML5文档的基本结构。

## 1.2.3 HTML5 的优势

对于用户和网站开发者而言，HTML5的出现意义非常重大。因为HTML5解决了Web页面存在的诸多问题，HTML5的优势主要表现在以下几个方面。

### 1. 化繁为简

为了做到尽可能简化，HTML5避免了一些不必要的复杂设计。例如，DOCTYPE声明的简化处理，在过去的HTML版本中，第一行的DOCTYPE过于冗长，在实际的Web开发中也没有什么意义，而在HTML5中DOCTYPE声明就非常简洁。

为了让一切变得简单，HTML5下了很大的功夫。为了避免造成误解，HTML5对每一个细节都有着非常明确的规范说明，不允许有任何的歧义和模糊出现。

### 2. 向下兼容

HTML5有着很强的兼容能力。在这方面，HTML5没有进行颠覆性的革新，允许存在不严谨的写法，如一些标签的属性值没有使用英文引号括起来，标签属性中包含大写字母，有的标签没有闭合等。然而，这些不严谨的错误处理方案在HTML5的规范中都有着明确的规定，也希望未来在浏览器中有一致的支持。当然，对于Web开发者来说，还是遵循严谨的代码编写规范比较好。

对于HTML5的一些新特性，如果旧的浏览器不支持，也不会影响页面的显示。在HTML规范中，也考虑了这方面的内容，如在HTML5中<input>标签的type属性增加了很多新的类型，当浏览器不支持这些类型时，默认会将其视为text。

### 3. 支持合理

HTML5的设计者们花费了大量的精力来研究通用的行为。例如，Google分析了上百万份的网页，从中提取了<div>标签的ID名称，很多网页开发人员都这样标记导航区域。

```
<div id="nav">
   // 导航区域内容
</div>
```

既然该行为已经大量存在，HTML5就会想办法去改进，所以就直接增加了一个<nav>标签，用于网页导航区域。

### 4. 实用性

对于HTML无法实现的一些功能，用户会寻求其他方法来实现，如对于绘图、多媒体、地理位置和实时获取信息等应用，通常会开发一些相应的插件间接地去实现。HTML5的设计者们研究了这些需求，开发了一系列用于Web应用的接口。

HTML5规范的制定是非常开放的，所有人都可以获取草案的内容，也可以参与进来提出宝贵的意见。因为开放，所以可以得到更加全面的发展。一切以用户需求为最终目的，所以，当用户在使用HTML5的新功能时，会发现这正是期待已久的功能。

### 5. 用户优先

在遇到无法解决的冲突时，HTML5规范会把最终用户的诉求放在第一位。因此，HTML5的绝大部分功能都是非常实用的。用户与开发者的重要性远远高于规范和理论。例如，有很多用户都需要实现一个新的功能，HTML5规范设计者们会研究这种需求，并纳入规范；HTML5规范了一套错误处理机制，以便当Web开发者写了不够严谨的代码时，接纳这种不严谨的写法。HTML5比以前版本的HTML更加友好。

## 1.2.4 HTML5精简的头部

HTML5避免了不必要的复杂性，DOCTYPE和字符集都极大地简化了。

DOCTYPE声明是HTML文件中必不可少的内容，它位于HTML文档的第一行，声明了HTML文件遵循的规范。HTML 4.01的DOCTYPE声明代码如下。

```
<!DOCTYPE HTML PUBLIC "-//W3C//DTD HTML 4.01 Transitional//EN" "http://www.w3.org/
TR/html4/loose.dtd">
```

这么长的一串代码恐怕极少有人能够默写出来，通常都是通过复制/粘贴的方式添加这段代码。而在HTML5中的DOCTYPE代码则非常简单，如下所示。

```
<!DOCYPT html>
```

这样就简洁了许多，不需要再复制/粘贴代码了。同时这种声明也标志性地让人感觉到这是符合HTML5规范的页面。如果使用了HTML5的DOCTYPE声明，则会触发浏览器以标准兼容的模式来显示页面。

字符集的声明也是非常重要的，它决定了页面文件的编码方式。在过去，都是使用如下的方式来指定字符集的，代码如下。

```
<meta http-equiv="Content-Type" content="text/html; charset=utf-8">
```

HTML5对字符集的声明也进行了简化处理，简化后的声明代码如下。

```
<meta charset="utf-8">
```

在HTML5中，以上两种字符集的声明方式都可以使用，这是由HTML5向下兼容的原则决定的。

## ▶▶▶ 1.3 HTML文件的编写方式

网页文件即扩展名为htm或html的文件，本质上是文本类型的文件，网页中的图片、动画等资源是通过网页文件的HTML代码链接的，与网页文件分开存储。

由于HTML语言编写的文件是标准的ASCII文本文件，因此可以使用任意一种文本编辑器来打开或编辑。例如，Windows操作系统中自带的记事本或者专业的网页制作软件Dreamweaver。

## 1.3.1 使用记事本编写

HTML是一个以文字为基础的语言，并不需要什么特殊的开发环境，可以直接在Windows操作系统自带的记事本中进行编辑，其优点是方便快捷，缺点是无任何语法提示、无行号提示和格式混乱等，初学者使用困难。

**实战** 使用记事本制作HTML页面
最终文件：最终文件\第1章\1-3-1.html　　视频：视频\第1章\1-3-1.mp4

01 在Windows操作系统中执行"开始>所有程序>附件>记事本"命令，打开记事本窗口，如图1-1所示。在记事本中按正确的文档结构编写HTML页面代码，如图1-2所示。

图 1-1　打开记事本窗口

图 1-2　编写 HTML 代码

02 所编写的完整的页面 HTML 代码如下。

```html
<!doctype html>
<html>
<head>
<meta charset="utf-8">
<title>在记事本中编写HTML页面</title>
</head>
<body>
<img src="images/1301.jpg" width="100%" height="auto">
</body>
</html>
```

提示

　　此处所编写的 HTML 页面代码非常简单，主要在头部的 <title> 与 </title> 标签之间输入网页的标题，在页面主体内容 <body> 与 </body> 标签之间使用 <img> 标签插入一张图片，并且添加了图片宽度和高度属性的设置。

03 执行"文件>另存为"命令，将会弹出"另存为"对话框，将文件保存为"源文件\第 1 章\1-3-1.html"，如图 1-3 所示。单击"保存"按钮，即可将用记事本编写的 HTML 代码保存为网页文件，在浏览器中预览该网页文件，可以看到网页的效果，如图 1-4 所示。

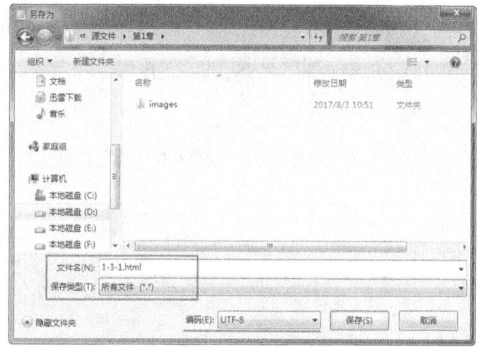

图 1-3　"另存为"对话框

图 1-4　在浏览器中预览 HTML 页面

## 1.3.2　使用Dreamweaver编写

　　Dreamweaver是网页制作的主流软件，其优点是有所见即所得的设计视图，能够通过鼠标指针拖放直接创建并编辑网页文件，自动生成相应的HTML代码。Dreamweaver的代码视图有非常完善的语法自动提示、自动完成和关键词高亮等功能。可以说，Dreamweaver是一个非常全面的网页制作工具，图1-5所示为Dreamweaver软件的工作界面。

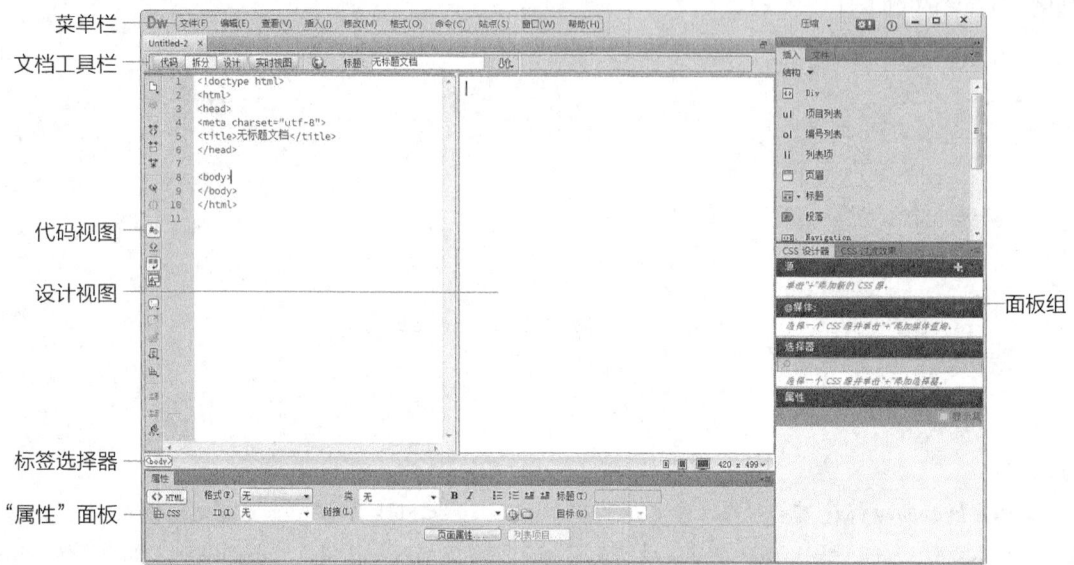

图1-5　Dreamweaver工作界面

### 1. 菜单栏

　　菜单栏中包含了所有Dreamweaver CC操作所需要的命令。这些命令按照操作类别分为"文件""编辑""查看""插入""修改""格式""命令""站点""窗口"和"帮助"10个菜单。

### 2. 文档工具栏

　　文档工具栏包含一些按钮，它们提供各种"文档"窗口视图（如"设计"视图和"代码"视图）的选项、各种查看选项和一些常用操作（如单击"实时视图"按钮 实时视图 可以将设计视图切换到实时视图）。

### 3. 代码视图

　　该窗口将显示当前所编辑页面的相应代码，在代码窗口左侧是相应的代码工具，通过使用这些工具，可以在代码中插入注释，简化代码操作。

### 4. 设计视图

　　该窗口显示当前所制作页面的效果，也是可视化操作的窗口，可以在该窗口中使用各种工具实现输入文字、插入图像等，是所见即所得的视图。

### 5. 标签选择器

　　标签选择器位于"文档"窗口底部的状态栏左侧，可显示当前选定内容的标签的层次结构。单击该层次结构中的任何标签可以选择该标签及其全部内容。

### 6."属性"面板

用于查看和更改所选对象或文本的各种属性。选中不同的对象,在"属性"面板中会显示不同的内容。

### 7.面板组

用于帮助用户完成监控和修改工作,如"插入"面板、"CSS设计器"面板。双击相应的选项卡,可以折叠或展开当前选项卡。

在Dreamweaver的代码视图中会以不同的颜色显示HTML代码,帮助用户区分各种标签,同时用户也可以自己指定标签或代码的显示颜色。总体看来,代码视图更像是一个常规的文本编辑器,只要单击代码的任意位置,就可以开始添加或修改代码了,通过代码视图工具能够非常方便地对HTML代码进行编辑和调整,如图1-6所示。

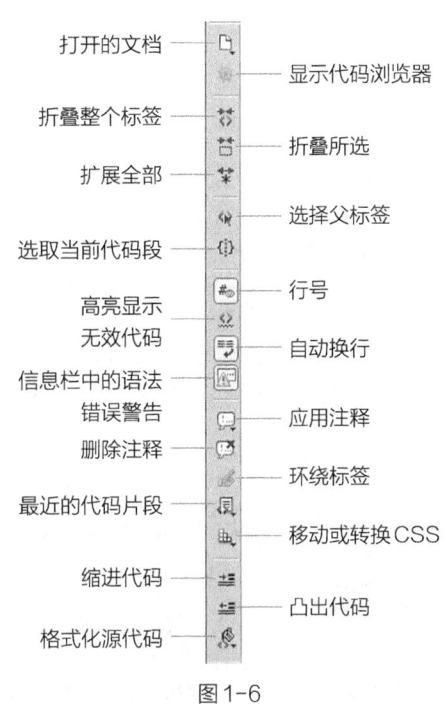

图1-6

---

**实战** 使用Dreamweaver制作HTML页面

最终文件:最终文件\第1章\1-3-2.html    视频:视频\第1章\1-3-2.mp4

---

**01** 打开Dreamweaver,执行"文件>新建"命令,将会弹出"新建文档"对话框,选择HTML选项,如图1-7所示。单击"创建"按钮,新建HTML5文档,转换到代码视图中,可以看到文档的HTML代码,如图1-8所示。

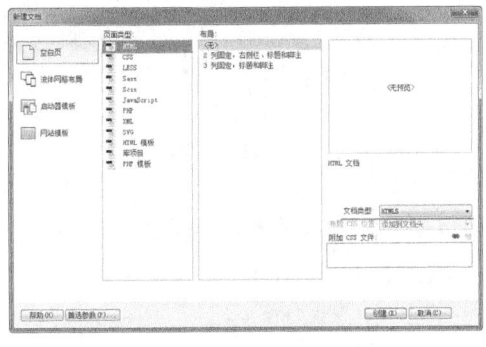

图1-7 "新建文档"对话框

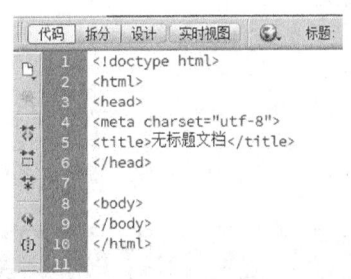

图1-8 网页HTML代码

**02** 执行"文件>保存"命令,将会弹出"另存为"对话框,将该网页保存为"源文件\第1章\1-3-2.html",如图1-9所示。在页面的<title>与</title>标签之间输入网页的标题,如图1-10所示。

**03** 在<body>标签中添加style属性设置代码,如图1-11所示。在<body>与</body>标签之间编写相应的网页正文内容代码,如图1-12所示。

---

**提示**

在<body>标签中添加style属性设置,实际上是CSS样式的一种使用方式,称为内联CSS样式。此处通过内联CSS样式设置页面整体的背景颜色、水平对齐方式、文字颜色和顶部边距。

---

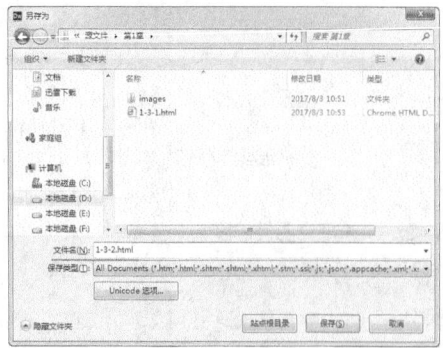

图 1-9 "另存为"对话框

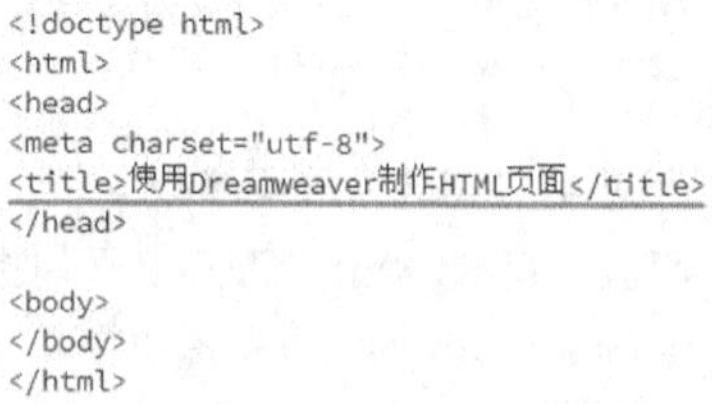

```
<!doctype html>
<html>
<head>
<meta charset="utf-8">
<title>使用Dreamweaver制作HTML页面</title>
</head>

<body>
</body>
</html>
```

图 1-10 输入网页标题

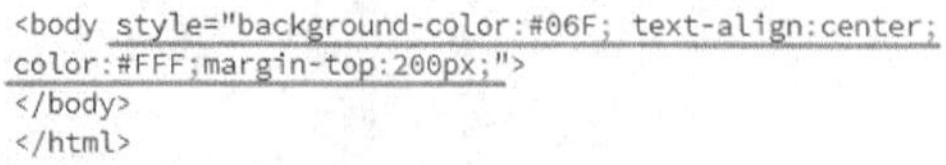

```
<body style="background-color:#06F; text-align:center;
color:#FFF;margin-top:200px;">
</body>
</html>
```

图 1-11 添加 style 属性设置

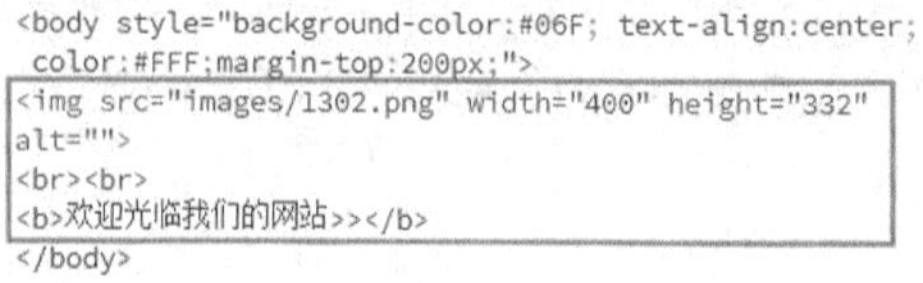

```
<body style="background-color:#06F; text-align:center;
color:#FFF;margin-top:200px;">
<img src="images/1302.png" width="400" height="332"
alt="">
<br><br>
<b>欢迎光临我们的网站>></b>
</body>
```

图 1-12 编写页面正文内容

**04** 完成该网页 HTML 代码的编写,完整的 HTML 代码如下。

```
<!doctype html>
<html>
<head>
<meta charset="utf-8">
<title>使用Dreamweaver制作HTML页面</title>
</head>
<body style="background-color:#06F; text-align:center; color:#FFF;margin-top:200px;">
<img src="images/1302.png" width="400" height="332" alt="">
<br><br>
<b>欢迎光临我们的网站>></b>
</body>
</html>
```

**05** 执行"文件>保存"命令,保存网页,在浏览器中预览该网页,可以看到网页的效果,如图 1-13 所示。

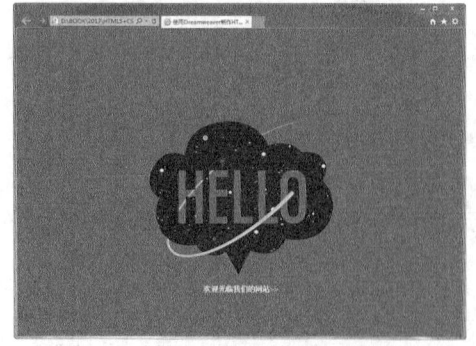

图 1-13 在浏览器中预览页面

> **提示**
>
> Dreamweaver 是一款专业的网页制作软件,在 Dreamweaver 中新建 HTML 页面,会自动给出 HTML 文档结构的基础代码,编写 HTML 代码还具有代码提示等功能,非常适合初学者使用。

## ▶▶▶ 1.4 HTML5中的标签

通过制作处理所有HTML元素及从错误中恢复的精确规则,HTML5改进了互操作性,减少了开发成本。HTML5中的标签介绍,如表1-1所示。

**表1-1** HTML5中的标签

| 标签 | 描述 | HTML4 | HTML5 |
|---|---|:---:|:---:|
| <!--…--> | 定义注释 | √ | √ |
| <!DOCTYPE> | 定义文档类型 | √ | √ |
| <a> | 定义超链接 | √ | √ |
| <abbr> | 定义缩写 | √ | √ |
| <acronvm> | HTML5中已不支持,定义首字母缩写 | √ | × |
| <address> | 定义地址元素 | √ | √ |
| <applet> | HTML5中已不支持,定义applet | √ | × |
| <area> | 定义图像映射中的区域 | √ | √ |
| <article> | HTML5新增,定义article | × | √ |
| <aside> | HTML5新增,定义页面内容之外的内容 | × | √ |
| <audio> | HTML5新增,定义声音内容 | × | √ |
| <b> | 定义粗体文本 | √ | √ |
| <base> | 定义页面中所有链接的基准URL | √ | √ |
| <basefont> | HTML5中已不支持,请使用CSS代替 | √ | × |
| <bdo> | 定义文本显示的方向 | √ | √ |
| <big> | HTML5中已不支持,定义大号文本 | √ | × |
| <blockquote> | 定义长的引用 | √ | √ |
| <body> | 定义body元素 | √ | √ |
| <br> | 插入换行符 | √ | √ |
| <button> | 定义按钮 | √ | √ |
| <canvas> | HTML5新增,定义图形 | × | √ |
| <caption> | 定义表格标题 | √ | √ |
| <center> | HTML5中已不支持,定义居中的文本 | √ | × |
| <cite> | 定义引用 | √ | √ |
| <code> | 定义计算机代码文本 | √ | √ |
| <col> | 定义表格列的属性 | √ | √ |
| <colgroup> | 定义表格式的分组 | √ | √ |
| <command> | HTML5新增,定义命令按钮 | × | √ |
| <datagrid> | HTML5新增,定义树列表中的数据 | × | √ |
| <datalist> | HTML5新增,定义下拉列表 | × | √ |
| <datatemplate> | HTML5新增,定义数据模板 | × | √ |
| <dd> | 定义自定义的描述 | √ | √ |
| <del> | 定义删除文本 | √ | √ |

续表

| 标签 | 描述 | HTML4 | HTML5 |
|------|------|-------|-------|
| <details> | HTML5新增，定义元素的细节 | × | √ |
| <dialog> | HTML5新增，定义对话 | × | √ |
| <dir> | HTML5中已不支持，定义目录列表 | √ | × |
| <div> | 定义文档中的一个部分 | √ | √ |
| <dfn> | 定义自定义项目 | √ | √ |
| <dl> | 定义自定义列表 | √ | √ |
| <dt> | 定义自定义的项目 | √ | √ |
| <em> | 定义强调文本 | √ | √ |
| <embed> | HTML5新增，定义外部交互内容或插件 | × | √ |
| <event-source> | HTML5新增，为服务器发送的事件定义目标 | × | √ |
| <fieldset> | 定义 fieldset | √ | √ |
| <figure> | HTML5新增，定义媒介内容的分组，以及它们的标题 | × | √ |
| <font> | 不赞成，定义文本的字体、尺寸和颜色 | √ | × |
| <footer> | HTML5新增，定义 section 或 page 的页脚 | × | √ |
| <form> | 定义表单 | √ | √ |
| <frame> | HTML5中已不支持，字义子窗口（框架） | √ | × |
| <frameset> | HTML5中已不支持，定义框架的集 | √ | × |
| <h1> to <h6> | 定义标题1到标题6 | √ | √ |
| <head> | 定义关于文档的信息 | √ | √ |
| <header> | HTML5新增，定义 section 或 page 的页眉 | × | √ |
| <hr> | 定义水平线 | √ | √ |
| <html> | 定义 html 文档 | √ | √ |
| <i> | 定义斜体文本 | √ | √ |
| <iframe> | 定义行内的子窗口（框架） | √ | √ |
| <img> | 定义图像 | √ | √ |
| <input> | 定义输入域 | √ | √ |
| <ins> | 定义插入文本 | √ | √ |
| <isindex> | HTML5中已不支持，定义单行的输入域 | √ | × |
| <kbd> | 定义键盘文本 | √ | √ |
| <label> | 定义表单控件的标注 | √ | √ |
| <legend> | 定义 fieldset 中的标题 | √ | √ |
| <li> | 定义列表的项目 | √ | √ |
| <link> | 定义资源引用 | √ | √ |
| <m> | HTML5新增，定义有记号的文本 | × | √ |
| <map> | 定义图像映射 | √ | √ |
| <menu> | 定义菜单列表 | √ | √ |
| <meta> | 定义元信息 | √ | √ |
| <meter> | HTML5新增，定义预定义范围内的度量 | × | √ |

续表

| 标签 | 描述 | HTML4 | HTML5 |
|------|------|-------|-------|
| \<nav\> | HTML5新增，定义导航链接 | × | √ |
| \<nest\> | HTML5新增，定义数据模板中的嵌套点 | × | √ |
| \<noframes\> | HTML5中已不支持，定义noframe部分 | √ | × |
| \<noscript\> | HTML5中已不支持，定义noscript部分 | √ | × |
| \<object\> | 定义嵌入对象 | √ | √ |
| \<ol\> | 定义有序列表 | √ | √ |
| \<optgroup\> | 定义选项组 | √ | √ |
| \<option\> | 定义下拉列表中选项 | √ | √ |
| \<output\> | HTML5新增，定义输出的一些类型 | × | √ |
| \<p\> | 定义段落 | √ | √ |
| \<param\> | 为对象定义参数 | √ | √ |
| \<pre\> | 定义预格式化文本 | √ | √ |
| \<progress\> | HTML5新增，定义任何类型的任务的进度 | × | √ |
| \<q\> | 定义短的引用 | √ | √ |
| \<rule\> | HTML5新增，为升级模板定义规则 | × | √ |
| \<s\> | HTML5中已不支持，定义加删除线的文本 | √ | × |
| \<samp\> | 定义样本计算机代码 | √ | √ |
| \<script\> | 定义脚本 | √ | √ |
| \<section\> | HTML5新增，定义section | × | √ |
| \<select\> | 定义可选列表 | √ | √ |
| \<small\> | HTML5中已不支持，定义小号文本 | √ | × |
| \<source\> | HTML5新增，定义媒介源 | × | √ |
| \<span\> | 定义文档中的section | √ | √ |
| \<strike\> | HTML5中已不支持，定义加删除线的文本 | √ | × |
| \<strong\> | 定义强调文本 | √ | √ |
| \<style\> | 定义样式定义 | √ | √ |
| \<sub\> | 定义上标文本 | √ | √ |
| \<sup\> | 定义下标文本 | √ | √ |
| \<table\> | 定义标格 | √ | √ |
| \<tbody\> | 定义表格的主体 | √ | √ |
| \<td\> | 定义表格单元 | √ | √ |
| \<textarea\> | 定义文本区域 | √ | √ |
| \<tfoot\> | 定义表格的脚注 | √ | √ |
| \<th\> | 定义表头 | √ | √ |
| \<thead\> | 定义表头 | √ | √ |
| \<time\> | HTML5新增，定义日期/时间 | × | √ |
| \<title\> | 定义文档的标题 | √ | √ |
| \<tr\> | 定义表格行 | √ | √ |

续表

| 标签 | 描述 | HTML4 | HTML5 |
|---|---|---|---|
| <tt> | HTML5中已不支持,定义打字机文本 | √ | × |
| <u> | HTML5中已不支持,定义下划线文本 | √ | × |
| <ul> | 定义无序列表 | √ | √ |
| <var> | 定义变量 | √ | √ |
| <video> | HTML5新增,定义视频 | × | √ |
| <xmp> | HTML5中已不支持,定义预格式文本 | √ | × |

## ▶▶▶ 1.5 关于移动Web应用

各种类型的移动应用程序种类繁多,其开发的方式也存在着差异,有些采用原生SDK进行开发,有些是基于Web的应用开发,不同的开发方式各有优缺点。本节将向读者介绍有关移动Web应用开发的相关基础知识,使读者对移动Web应用有更深入的了解。

### 1.5.1 移动Web应用的发展

自2007年Apple公司发布第一款iPhone手机之后,基于移动终端的Web应用便得到发展。当时Apple公司并不允许第三方开发者开发其iPhone应用软件,只允许他们开发基于Web的应用程序。

2008年,Apple正式推出iPhone SDK,并开放APP Store应用软件市场。SDK的推出,让原来需要开发基于Web应用的第三方开发者几乎都转向iPhone SDK的开发。

现在,移动智能设备之所以能够风靡全球,除了因其具有强大的硬件特性外,更重要的是它们拥有海量的应用软件,特别是在APP Store和Android Market上的应用都是基于两大公司(Apple和Google)提供SDK给第三方开发者进行开发的。Apple公司提供的是基于Object-C语言的iOS SDK应用开发,Google公司提供的是基于Java语言的Android SDK应用开发。

基于原生SDK的开发存在以下几点优势。

(1)更好的用户体验和交互操作。

(2)不受网络限制,节省带宽成本。

(3)可以充分发挥设备硬件和操作系统的特性。

原生SDK在开发应用软件方面的优势非常明显,但仍存在一些不足,如下。

(1)平台间移植困难,存在版本间的兼容问题。

(2)开发周期长,维护成本高,调试困难。

(3)需要依赖第三方应用商店的审核上架,如APP Store。

### 1.5.2 基于Web的应用开发

除了基于SDK开发方式外,移动智能设备还支持Web开发方式。例如,iPhone上的APP Store就是典型的Web APP应用软件。尤其是HTML5和Webkit的不断发展,让移动Web应用变得更加强大。

与原生SDK开发相比,基于Web的应用开发存在以下几点优势。

(1)开发效率高,成本低。

(2)跨平台应用,界面风格统一。

（3）调试和发布方便。

（4）无须安装或更新。

基于Web的开发方式虽然在跨平台方面有优势，但并不是所有原生SDK都适合通过Web方式实现，还存在如下3点问题。

（1）无法发挥本地硬件和操作系统的优势。

（2）受网络环境的限制。

（3）难以实现复杂的用户界面效果。

将原生SDK应用和基于Web应用进行比较来看，两种开发模式各有其优点。目前来看，原生SDK应用能发挥出智能手机特性的最大效果，而基于Web应用则更适合一些传统的Web站点建立移动Web版本。

## 1.5.3 基于HTML5的移动应用

基于Webkit内核的浏览器的一个最大特点就是支持HTML5和CSS3标准。基于HTML5、CSS3和JavaScript的移动应用程序将会是未来的趋势。

### 1. canvas绘图

HTML5标准最大的变化就是支持Web绘图功能。canvas绘图功能非常强大，可以实现如图形绘制、路径绘制、变形和像素绘图等。用户可以通过获取HTML中DOM元素canvas，并调用其渲染上下文的context对象，使用JavaScript进行图形绘制。

### 2. 多媒体

Apple的iOS系统默认并不支持播放Flash文件。HTML5的多媒体标准就是Apple公司的最佳解决方案，因为它不需要任何插件，只需要几个页面标签就能实现多媒体的播放。

HTML5标准中的多媒体，Video视频和Audio音频正好弥补了多年来需要插件才能播放Flash的缺陷。现在只需要利用Video元素和Audio通过简单几行页面代码，就能播放互联网上的各种视频和音频文件。

但是，目前各浏览器厂商对多媒体标准所支持的播放格式不一致，如Google的Chrome浏览器支持的多媒体视频格式是Ogg、MPEG4和WebM，而Apple的Safari浏览器则只支持MPEG4。

### 3. 本地存储

为了满足本地存储数据的需要，HTML5标准中新增两种存储机制，Web Storage和Web SQL数据库。前者通过提供"键/值"方式存储数据，后者通过类似关系数据库的形式存储数据。

### 4. 离线应用

HTML5标准规范提供一种离线应用的功能。当支持离线应用的浏览器检测到清单文件（Manifest File）中的任何资源文件时，便会下载对应的资源文件，将它们缓存到本地，同时它也保证本地资源文件的版本和服务器上的版本保持一致。

对于移动设备来说，当无网络状态可用时，Web浏览器便会自动切换到离线状态，并读取本地资源以保证Web应用程序继续可用。

### 5. 使用地理位置

很多现代浏览器中都实了一种神奇的功能，它能够实时获取到用户当前在地图上所在的位置。

虽然地理定位标准严格上来说并不属于HTML5标准规范的一部分，但它已经逐渐得到大部分浏览器的支持。

## 1.5.4 移动应用开发框架

因为了有Webkit和HTML5的支持，越来越多的Web开发者开始研究基于移动平台的Web应用框架，如基于jQuery页面架构的jQuery Mobile、基于ExtJS架构的Sencha Touch，以及能打通Web和Native两者之间通道的PhoneGap框架。

目前基于HTML5移动Web框架存在两种不同的开发模式，一种是基于传统Web的开发，另一种是基于组件式的Web开发。

基于传统Web的开发模式，就是在传统Web网站上，根据移动设备平台的特点展示其移动版的Web站点。目前最能体现该开发模式优势的Web框架是jQuery Mobile。通过使用CSS3的新特性，Media Queries模块可以实现在一个站点同时能自适应任何设备，包括桌面电脑和智能手机。

基于组件式的Web开发有些类似于Ext所提供的富客户端开发模式，在该模式下几乎所有的组件或视图都封装在JavaScript内，然后通过调用这些组件展示Web应用。这种模式的最佳代表是Sencha Touch。

在本书中将会为读者介绍使用jQuery Mobile移动Web应用框架来开发移动设备Web应用程序的相关知识。

## ▶▶▶ 1.6 本章小结

HTML是一切网页技术的基础，只有学好HTML技术，才能够制作出精美的网站。本章中详细向读者介绍了HTML的相关基础知识及HTML5给设计带来的变化，使读者能够更加了解HTML5的相关规范和标签，为后面的学习打下良好的基础。

# HTML5文字与段落标签

文字不仅是网页信息传达的一种常用方式，也是视觉传达最直接的方式，运用经过精心处理的文字内容完全可以制作出效果很好的版面。输入完文本内容后就可以对其进行格式化操作，而设置文本样式是实现快速编辑文档的有效操作，让文字看上去编排有序、整齐美观。本章将向读者介绍在HTML代码中用于设置文字与段落的相关标签和属性，使读者轻松掌握在HTML页面中合理的设置文字效果的方法。

---

**本章知识点**

- 掌握用于设置文本效果的各种基本标签和属性的设置方法
- 掌握其他文字标签的使用方法
- 掌握网页中文本换行、分段标签及相关属性的设置方法
- 掌握HTML页面中各种列表标签的使用方法

---

## ▶▶▶ 2.1 设置文字效果

设计网页离不开字体的设置，恰当的字体运用能够丰富网页的内容，美化文字的视觉效果。本节从文字的细节修饰着手，使读者轻松把握HTML的各种字体格式的变化，制作出更加精美的网页。

### 2.1.1 文字样式<font>标签

<font>标签可以用来设置文字的颜色、字体和大小，是网页设计的常用标签。可以通过<font>标签中的face属性设置不同的字体，可以通过<font>标签中的size属性来设置文字的字体大小，还可以通过<font>标签中的color属性来设置文字的颜色。

#### 1. 设置字体

face属性规定的是字体的名称，如中文字体的"宋体""楷体"和"微软雅黑"等。可以通过字体的face属性设置不同的字体，设置的字体效果必须在浏览器中安装相应的字体才可以正确浏览，否则有些特殊字体会被浏览器中的普通字体所代替。

设置字体的基本语法如下。

```
<font face="字体名称">……</font>
```

face属性用于设置文本所采用的字体。如果浏览器能够在当前系统中找到该字体，则使用所设置的字体显示，如果在当前系统中找不到该字体，则会使用默认的字体显示文字。

如下面的HTML网页代码，分别为文字设置不同的字体。

```
…
<body>
字体为宋体：<font face="宋体">欢迎光临我们的网站</font><br>
字体为楷体：<font face="楷体">欢迎光临我们的网站</font><br>
字体为黑体：<font face="黑体">欢迎光临我们的网站</font><br>
</body>
…
```

### 2. 设置字体大小

文字的大小也是字体的重要属性之一。除了使用标题文字标签设置固定大小的字号外，HTML语言还提供了用<font>标签的size属性来设置普通文字的字号的方法。

设置文字大小的基本语法如下。

```
<font size="文字大小">……</font>
```

size的属性值为1~7，默认值为3，也可以在属性值之前加上＋或－字符，来指定相对于初始值的增量或减量。文字的字号可以设置为1~7，也可以是+1~+7或者−1~−7。这些字号并没有固定的大小值，而是相对于默认文字大小来设定的，默认文字的大小与3号字相同，数值越大，文字也越大。

如下面的HTML网页代码，分别为文字设置不同的字体大小。

```
…
<body>
size为1：<font size="1">网页设计</font><br>
size为2：<font size="2">网页设计</font><br>
size为3：<font size="3">网页设计</font><br>
size为4：<font size="4">网页设计</font><br>
size为5：<font size="5">网页设计</font><br>
size为6：<font size="6">网页设计</font><br>
size为7：<font size="7">网页设计</font><br>
</body>
…
```

### 3. 设置文字颜色

在HTML页面中，可以设置字体的不同颜色，使页面看起来更加的丰富多彩，吸引浏览者的注意。

设置字体颜色的基本语法如下。

```
<font color="颜色值">……</font>
```

color属性的颜色值可以用浏览器能够识别的颜色名称或十六进制颜色值表示。

如下面的HTML网页代码，分别使用颜色名称和十六进制颜色值设置文字颜色。

```
…
```

```
<body>
红色文字: <font color="red">网页设计</font><br>
蓝色文字: <font color="#0000FF"> 网页设计</font><br>
</body>
...
```

---

**实战** 使用 `<font>` 标签设置网页文字效果

最终文件: 最终文件\第2章\2-1-1.html　　视频: 视频\第2章\2-1-1.mp4

---

**01** 执行"文件>打开"命令,打开页面"源文件\第2章\2-1-1.html",效果如图2-1所示,切换到代码视图中,可以看到相应的HTML代码,如图2-2所示。

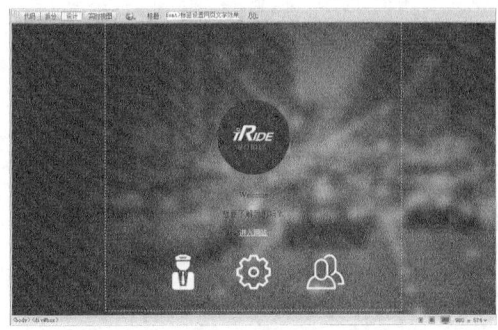

图2-1　打开页面

```
<!doctype html>
<html>
<head>
<meta charset="utf-8">
<title>使用&lt;font&gt;标签设置网页文字效果</title>
<link href="style/2-1-1.css" rel="stylesheet" type=
"text/css">
</head>

<body>
<div id="box"><img src="images/21102.png" width="148"
height="148" alt=""/><br>
Welcome<br><br>
想要了解我们吗? <br>
<br>
<a href="#">进入网站</a><br>
<img src="images/21103.png" width="85" height="85" alt
=""/><img src="images/21104.png" width="85" height=
"85" alt=""/><img src="images/21105.png" width="85"
height="85" alt=""/></div>
</body>
</html>
```

图2-2　网页HTML代码

**02** 为页面中相应的文字添加 `<font>` 标签,并在该标签中添加相应的属性设置,如图2-3所示。保存页面,在浏览器中预览页面,可以看到设置后文字的效果,如图2-4所示。

```
<body>
<div id="box"><img src="images/21102.png" width="148"
height="148" alt=""/><br>
<font face="Arial Black" size="+6" color="#FFFFFF">
Welcome</font><br><br>
想要了解我们吗? <br>
<br>
<a href="#">进入网站</a><br>
```

图2-3　设置文字的基本属性

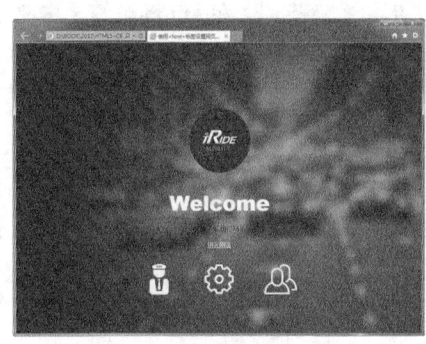

图2-4　预览文字效果

---

**技巧**

设置网页的文字颜色时一定要注意文字颜色的清晰和鲜明,并且与网页的背景色相搭配,从而提高网页文字的可读性和网页的整体美观程度。

---

**03** 返回网页的HTML代码中,使用相同的方法为其他相应的文字添加 `<font>` 标签,进行相关设置,如图2-5所示。保存页面,在浏览器中预览页面,可以看到设置后文字的效果,如图2-6所示。

```
<body>
<div id="box"><img src="images/21102.png" width="148"
height="148" alt=""/><br>
<font face="Arial Black" size="+6" color="#FFFFFF">
Welcome</font><br><br>
<font face="微软雅黑" size="4" color="#FF6600">想要了解
我们吗？</font><br>
<br>
<a href="#">进入网站</a><br>
```

图2-5　设置文字的基本属性

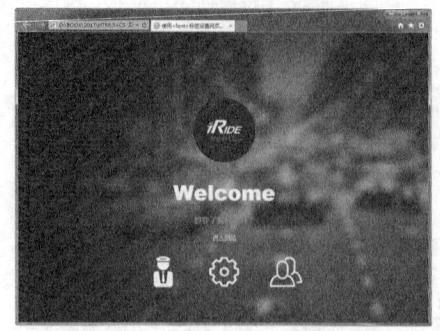

图2-6　预览文字效果

---

**提示**

在网页中通过<font>标签设置字体时，可以将字体设置为任意的字体，但是所设置的字体必须在浏览该网页的电脑中也安装才能正确显示，如果电脑中没有安装的特殊字体会被浏览器中的普通字体所替代。目前，在操作系统中默认安装的中文字体有宋体、黑色、幼圆和微软雅黑等。

---

## 2.1.2　文字加粗<b>和<strong>标签

网页中对于需要强调的内容很多时候使用了加粗的方法，以使文字更加醒目。可以实现加粗效果的标签是<b>标签和<strong>标签，其中<strong>标签被称为特别强调标签，目前比<b>标签使用更加频繁。

加粗文字<b>和<strong>标签的基本语法格式举例如下。

```
<b>这是粗体字</b>
<strong>这也是粗体字</strong>
```

在<b>和</b>之间的文字或在<strong>和</strong>之间的文字，浏览器中都会以粗体显示。

---

**提示**

粗体文字标签<b>和<strong>都是需要添加结束标签的，如果没有结束标签，则浏览器会认为从<b>或<strong>标签开始的所有文字都是粗体。

---

## 2.1.3　文字倾斜<i>和<em>标签

标签<i>能够使作用范围内的文字倾斜；<em>是强调标签，它的效果也是使文字倾斜，目前比<i>标签使用更加频繁。

倾斜文字标签<i>和<em>的基本语法格式举例如下。

```
<i>斜体文字</i>
<em>斜体文字</em>
```

## 2.1.4　文字下划线<u>标签

<u>标签的使用和粗体、斜体标签类似，可以使用该标签作用于需要添加下划线的文字。<u>标签的基本语法格式举例如下。

```
<u>添加了一条下划线</u>
```

---

技巧

在网页中除了可以使用 <u> 标签实现文字的下划线效果，还可以通过 CSS 样式中的 text-decoration 属性，设置该属性值为 underline，为网页中需要实现下划线的文字应用相应的 CSS 样式，同样可以实现下划线的效果。

---

**实战**　为文字添加加粗、倾斜和下划线修饰

最终文件：最终文件\第2章\2-1-4.html　　视频：视频\第2章\2-1-4.mp4

**01** 执行"文件>打开"命令，打开页面"源文件\第2章\2-1-4.html"，效果如图2-7所示，切换到代码视图中，可以看到相应的HTML代码，如图2-8所示。

```
<!doctype html>
<html>
<head>
<meta charset="utf-8">
<title>为文字添加加粗、倾斜和下划线修饰</title>
<link href="style/2-1-4.css" rel="stylesheet" type=
"text/css">
</head>

<body>
<div id="box"><img src="images/21102.png" width="148"
height="148" alt=""/><br>
<font face="Arial Black" size="+6" color="#FFFFFF">
Welcome</font><br><br>
<font face="微软雅黑" size="4" color="#FF6600">想要了解
我们吗？</font><br>
<br>
<a href="#">进入网站</a><br>
<img src="images/21103.png" width="85" height="85" alt
=""/><img src="images/21104.png" width="85" height=
"85" alt=""/><img src="images/21105.png" width="85"
height="85" alt=""/></div>
</body>
</html>
```

图2-7　打开页面　　　　　　　　　　　　　图2-8　网页HTML代码

**02** 为页面中相应的文字添加加粗文字标签<b>，如图2-9所示。保存页面，在浏览器中预览页面，可以看到文字加粗显示的效果，如图2-10所示。

```
<body>
<div id="box"><img src="images/21102.png" width="148"
height="148" alt=""/><br>
<font face="Arial Black" size="+6" color="#FFFFFF">
Welcome</font><br><br>
<font face="微软雅黑" size="4" color="#FF6600"><b>想要
了解我们吗？</b></font><br>
<br>
<a href="#">进入网站</a><br>
```

图2-9　为文字添加加粗标签

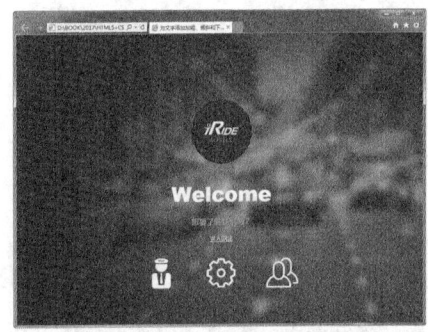

图2-10　预览文字加粗效果

**03** 返回网页HTML代码中，为页面中相应的文字添加文字倾斜<i>标签，如图2-11所示。保存页面，在浏览器中预览页面，可以看到文字倾斜显示的效果，如图2-12所示。

**04** 返回网页HTML代码中，为页面中相应的文字添加下划线<u>标签，如图2-13所示。保存页面，在浏览器中预览页面，可以看到文字添加下划线的效果，如图2-14所示。

```
<body>
<div id="box"><img src="images/21102.png" width="148"
height="148" alt=""/><br>
<font face="Arial Black" size="+6" color="#FFFFFF"><i>
Welcome</i></font><br>
<font face="微软雅黑" size="4" color="#FF6600"><b>想要
了解我们吗? </b></font><br>
<br>
<a href="#">进入网站</a><br>
```

图2-11　为文字添加倾斜标签

图2-12　预览文字倾斜效果

```
<body>
<div id="box"><img src="images/21102.png" width="148"
height="148" alt=""/><br>
<font face="Arial Black" size="+6" color="#FFFFFF"><i>
<u>Welcome</u></i></font><br>
<font face="微软雅黑" size="4" color="#FF6600"><b>想要
了解我们吗? </b></font><br>
<br>
<a href="#">进入网站</a><br>
```

图2-13　为文字添加下划线标签

图2-14　预览文字下划线效果

## 2.1.5　其他文字修饰标签

为了满足不同需求，HTML还有其他用来修饰文字的标签，比较常用的有上标格式标签<sup>、下标格式标签<sub>和删除线标签<strike>等。

<sup></sup>为上标格式标签，多用于数学指数的表示，如某个数的平方或者立方。<sub></sub>为下标格式标签，多用于注释及数学的底数表示。<strike></strike>为删除线标签，多用于删除效果。

> **实战** 为文字添加上标和删除线
> 最终文件：最终文件\第2章\2-1-5.html　　视频：视频\第2章\2-1-5.mp4

01 执行"文件>打开"命令，打开页面"源文件\第2章\2-1-5.html"，效果如图2-15所示，切换到代码视图中，可以看到相应的HTML代码，如图2-16所示。

图2-15　打开页面

```
<!doctype html>
<html>
<head>
<meta charset="utf-8">
<title>为文字添加上标和删除线</title>
<link href="style/2-1-5.css" rel="stylesheet" type=
"text/css">
</head>

<body>
<div id="box"><img src="images/21102.png" width="148"
height="148" alt=""/><br>
<font face="Arial Black" size="+6" color="#FFFFFF">
WelcomeR</font><br><br>
<font face="微软雅黑" size="4" color="#FF6600">想要了解
我们吗? </font><br>
<br>
<a href="#">进入网站</a><br>
<img src="images/21103.png" width="85" height="85" alt
=""><img src="images/21104.png" width="85" height=
"85" alt=""><img src="images/21105.png" width="85"
height="85" alt=""></div>
</body>
</html>
```

图2-16　网页HTML代码

**02** 为页面中相应的文字添加上标格式<sup>标签，从而实现上标的效果，如图2-17所示。保存页面，在浏览器中预览页面，可以看到所实现的上标效果，如图2-18所示。

```
<body>
<div id="box"><img src="images/21102.png" width="148"
height="148" alt=""/><br>
<font face="Arial Black" size="+6" color="#FFFFFF">
Welcome<sup>R</sup></font><br>
<font face="微软雅黑" size="4" color="#FF6600">想要了解
我们吗？</font><br>
<br>
<a href="#">进入网站</a><br>
```

图2-17 为文字添加上标标签

图2-18 预览文字上标效果

**03** 返回网页HTML代码中，为页面中相应的文字添加删除线<strike>标签，如图2-19所示。保存页面，在浏览器中预览页面，可以看到为文字添加删除线的效果，如图2-20所示。

```
<body>
<div id="box"><img src="images/21102.png" width="148"
height="148" alt=""/><br>
<font face="Arial Black" size="+6" color="#FFFFFF">
Welcome<sup>R</sup></font><br><br>
<font face="微软雅黑" size="4" color="#FF6600"><strike>
想要了解我们吗？</strike></font><br>
<br>
<a href="#">进入网站</a><br>
```

图2-19 为文字添加删除线标签

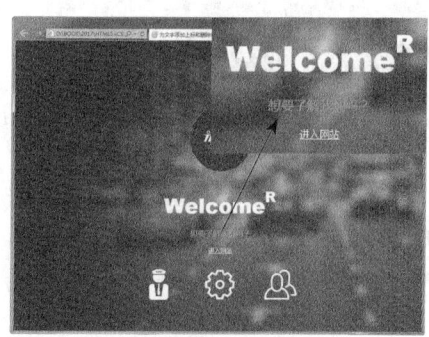

图2-20 预览文字删除线效果

## ▶▶▶ 2.2 设置段落效果

　　网页中文字的排列在很大程度上决定了一个网页是否美观。对于网页中的大段文字，通常采用分段、分行和加空格等方式进行规划。本节从段落的细节设置入手，使读者学习后能利用标签轻松自如地规划文字排版。

### 2.2.1 文本分段<p>标签

　　HTML标签中最常用的标签是段落标签<p>，这个标签非常简单，但是却非常重要，因为这是一个用来划分段落的标签，几乎在所有网页中都会用到。

　　<p>标签的基本语法如下。

```
<p>段落文字</p>
```

### 2.2.2 文本分行<br>标签

　　当文字到达浏览器的边界后将自动换行，但是当调整浏览器的宽度时，文字换行的位置也相应发生变化，格式就会显得混乱，因此在网页中添加换行标签是必要的。换行标签的基本语法如下。

```
<br>
```

在网页中，如果某一行的文本过长，浏览器会自动对这行文字进行换行，如果想取消浏览器的换行处理，可以使用<nobr>标签来禁止自动换行，该标签是成对出现的，有开始标签就有结束标签。

**实战** 为网页中的文本进行分段和分行处理

最终文件：最终文件\第2章\2-2-2.html  视频：视频\第2章\2-2-2.mp4

**01** 执行"文件>打开"命令，打开页面"源文件\第2章\2-2-2.html"，效果如图2-21所示，切换到代码视图中，可以看到相应的HTML代码，如图2-22所示。

图2-21 打开页面

```
<body>
<div id="box">
    <div id="text">
        <font size="+2"><b>保护地球是我们的责任</b></font>人类只有一个地球，
它是生存的资源。地球就像我们的家园，所以我们应该要保护地球，而不是一味
地破坏它。近几年来，地球的环境越来越恶劣，大片的森林被砍伐，翠绿的青山
被挖掘了，美丽的大草原成了荒漠，清澈的小河变成了臭水沟。树木少了，青山
秃了，草原荒了，河水黑了，人们生存的环境变坏了，呼吸的空气变差了，因此，
人类的疾病也多了。现在树林越来越少了，那是因为人们在不断的砍伐树木，
所以树木才会越来越少，我们因此不能呼吸到更多的新鲜的空气，我们才会患上非典、离流感
等等疾病，使我们的体质下降，让这些病毒轻而易举就进入我们的身体
。不断砍伐树木，在台风来临时，就会抵挡不住台风，受难的还不还是我们人类吗
？人类只有一个家园—地球，它是人类赖以生存的地方，我们要好好保护它。
    </div>
</div>
<div id="bottom">
    <div id="bottom-text">Copyright 2017 All rights reserved,Leap
Magic,inc.</div>
</div>
</body>
```

图2-22 网页HTML代码

**02** 为页面中相应的文本添加<p>标签进行分段，如图2-23所示。保存页面，在浏览器中预览页面，可以看到为文本进行分段的效果，如图2-24所示。

```
<div id="box">
    <div id="text">
        <p><font size="+2"><b>保护地球是我们的责任</b></font></p>
        <p>人类只有一个地球，它是生存的资源。地球就像我们的家园，所以我们
应该要保护地球，而不是一味地破坏它。近几年来，地球的环境越来越恶劣，
大片的森林被砍伐，翠绿的青山被挖掘了，美丽的大草原成了荒漠，清澈的小河变
成了臭水沟。树木少了，青山秃了，草原荒了，河水黑了，人们生存的环境变坏
了，呼吸的空气变差了，因此，人类的疾病也多了。</p>
        <p>现在树林越来越少了，那是因为人们在不断的砍伐树木，所以树木才会
越来越少，我们因此不能呼吸到更多的新鲜的空气，我们才会患上非典、离流感
等等疾病，使我们的体质下降，让这些病毒轻而易举就进入我们的身体。不断砍
伐树木，在台风来临时，就会抵挡不住台风，受难的还不还是我们人类吗？人类只
有一个家园—地球，它是人类赖以生存的地方，我们要好好保护它。</p>
    </div>
</div>
```

图2-23 添加段落标签

图2-24 预览文字内容分段效果

> **提示**
>
> 在网页中使用<p>标签对网页文本内容进行分段处理，默认情况下，段落与段落之间会有一点的空隙，便于用户区分不同的段落。

**03** 返回网页HTML代码中，在页面中的相应位置输入换行标签，如图2-25所示。保存页面，在浏览器中预览页面，可以看到为文本进行换行处理的效果，如图2-26所示。

> **提示**
>
> <br>标签是一个单标签，也叫空标签，不包含任何内容，在HTML代码中的任意位置中添加了<br>标签，当网页在浏览器中显示时，该标签之后的内容将会在下一行显示。

```
<div id="box">
  <div id="text">
    <p><font size="+2"><b>保护地球是我们的责任</b></font></p>
    <p>人类只有一个地球,它是生存的资源。地球就像我们的家园,所以我们
    应该要保护地球,而不是一味地破坏它。近几年来,地球的环境越来越恶劣,大
    片的森林被砍伐,翠绿的青山被挖掘了,美丽的大草原成了荒漠,清澈的小河变
    成了臭水沟,树林少了,青山秃了,草原荒了,河水黑了,人们生存的环境变坏
    了,呼吸的空气变差了__因此,人类的疾病也多了。</p>
    <p>现在树林越来越少了,那是因为人们在不断的砍伐树木,所以树木才会
    越来越少,我们因此不能呼吸到更多的新鲜的空气,我们才会患上非典、高流感
    等等疾病,使我们的体质下降,让这些病毒轻而易举就进入我们的身体。不断砍
    伐树木,在台风来临时,就会抵挡不住台风,受难的不还是我们人类吗?<br>人类只有一
    个家园—地球,它是人类赖以生存的地方,我们要好好保护它。</p>
  </div>
</div>
```

图 2-25　添加换行标签　　　　　　　　　　图 2-26　预览文字换行效果

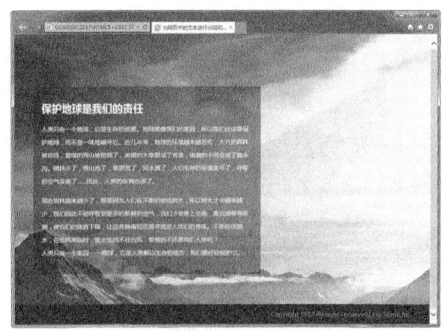

## 2.2.3　标签 <h1> 至 <h6> 标签

标题是网页中不可缺少的元素,为了凸显标题的重要性,标题的样式比较特殊。HTML技术保存了一套针对标题的样式标签,按照文字尺寸从大到小排列分别是从 <h1> 到 <h6>。标题标签的基本语法如下。

```
<hx>这是标题</hx>
```

这里的下标x为数字从1到6,<hx>标签用于设置文章的标题,标题标签的特点是独占一行和文字加粗。在进行网页设计时,可以根据标题的等级来选择合适的标题,并设置多级标题。

> **实战**　设置网页文本标题
> 最终文件:最终文件\第2章\2-2-3.html　　视频:视频\第2章\2-2-3.mp4

`01` 执行"文件>打开"命令,打开页面"源文件\第2章\2-2-3.html",效果如图2-27所示,切换到代码视图中,可以看到相应的HTML代码,如图2-28所示。

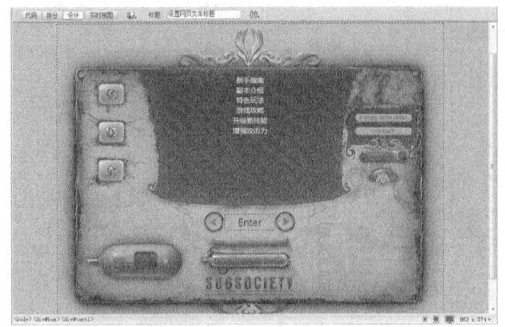

图 2-27　打开页面

```
<body>
<div id="box">
  <div id="text1">
    新手指南<br>
    副本介绍<br>
    特色玩法<br>
    游戏攻略<br>
    升级新技能<br>
    增强攻击力
  </div>
  <div id="text2">
    <a href="#">Enter</a>
  </div>
</div>
</body>
```

图 2-28　网页HTML代码

`02` 为页面中相应的文字分别添加标题标签 <h1> 至 <h6>,如图2-29所示。保存页面,在浏览器中预览页面,可以看到各标题文字的效果,如图2-30所示。

> ── 提示 ──
> 在HTML页面中通过 <h1> 至 <h6> 标签定义页面中的文字为标题文字,可以通过CSS样式分别设置 <h1> 至 <h6> 标签的CSS样式,从而修改 <h1> 至 <h6> 标签在网页中显示的效果。

```
<div id="text1">
   <h1>新手指南</h1><br>
   <h2>副本介绍</h2><br>
   <h3>特色玩法</h3><br>
   <h4>游戏攻略</h4><br>
   <h5>升级新技能</h5><br>
   <h6>增强攻击力</h6>
</div>
```

图2-29　添加标题标签

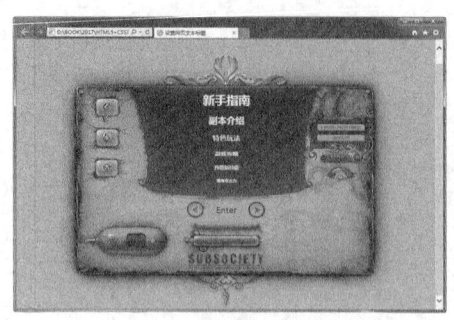

图2-30　预览默认的标题文字效果

## 2.2.4　水平线<hr>标签

HTML提供了修饰用的水平分割线，在很多场合中可以轻松使用，不需要另外作图。同时可以在HTML中为水平线添加颜色、大小和粗细等属性。

<hr>标签的基本语法如下。

```
<hr>
```

在网页中输入一个<hr>标签，就添加了一条默认样式的水平线，且在页面中占据一行。

标签<hr>有多种属性，常用的属性有width、size、align、color和title，分别可以设置水平线的宽度、高度、对齐方式和鼠标指针悬停在分割线上时出现的内容提示。

**实战**　在网页中插入水平线
最终文件：最终文件\第2章\2-2-4.html　　视频：视频\第2章\2-2-4.mp4

**01** 执行"文件>打开"命令，打开页面"源文件\第2章\2-2-4.html"，效果如图2-31所示，切换到代码视图中，可以看到相应的HTML代码，如图2-32所示。

图2-31　打开页面

```
<body>
<div id="box">
   <div id="title">给宝贝最珍贵的成长记录</div>
   <div id="text">　　随着"情境教育"的广泛应用和深入发展，越来越多的
人开始关注这一理论并参与研究，这也成了广大教师的共同财富。
　　提到"情境教育"理论的发展和应用，令父母们感到欣慰这30年，正是因为有
一群志同道合的人在共同探究优化情境，儿童发展的规律才会渐行渐明，"情境
教育"之路也会越走越宽广。
   </div>
   </div>
</body>
```

图2-32　网页HTML代码

**02** 在网页中标题文字之后添加<hr>标签，并对相关属性进行设置，如图2-33所示。保存页面，在浏览器中预览页面，可以看到所添加的水平线的效果，如图2-34所示。

**技巧**

默认的水平线是空心立体的效果，可以在水平线标签<hr>中添加noshade属性，noshade是布尔值的属性，如果在<hr>标签中添加该属性，则浏览器不会显示立体形状的水平线，反之如果不添加该属性，则浏览器默认显示一条立体形状带有阴影的水平线。

```
<body>
<div id="box">
  <div id="title">给宝贝最珍贵的成长记录
  <hr width="380px" size="2" align="center" color="#FFFFFF">
  </div>
  <div id="text">  随着"情境教育"的广泛应用和深入发展,越来越多的
人开始关注这一理论并参与研究,这也成了广大教师的共同财富。
    提到"情境教育"理论的发展和应用,令父母们感到欣慰这30年,正是因为有
一群志同道合的人在共同探究优化情境,儿童发展的规律才会渐行渐明,"情境
教育"之路也会越走越宽广。
  </div>
</div>
</body>
```

图2-33 添加水平线标签及属性设置　　　　图2-34 预览所插入的水平线效果

## 2.2.5 文本对齐设置

段落文字在不同的时候需要不同的对齐方式,默认的对齐方式是左对齐。<p>标签的对齐属性为align,align属性的基本语法如下。

```
align="对齐方式"
```

align属性需要设置在段落或其他标签中,通过设置align属性为left、right或center值实现左对齐、右对齐和居中对齐。

**实战**　设置网页文本的对齐
最终文件:最终文件\第2章\2-2-5.html　视频:视频\第2章\2-2-5.mp4

**01** 执行"文件>打开"命令,打开页面"源文件\第2章\2-2-5.html",效果如图2-35所示,切换到代码视图中,可以看到相应的HTML代码,如图2-36所示。

```
<body>
<div id="box">
  <div id="title">给宝贝最珍贵的成长记录
  <hr width="380px" size="2" align="center" color="#FFFFFF">
  </div>
  <div id="text">  随着"情境教育"的广泛应用和深入发展,越来越的
人开始关注这一理论并参与研究,这也成了广大教师的共同财富。
    提到"情境教育"理论的发展和应用,令父母们感到欣慰这30年,正是因为有
一群志同道合的人在共同探究优化情境,儿童发展的规律才会渐行渐明,"情境
教育"之路也会越走越宽广。
  </div>
</div>
</body>
```

图2-35 打开页面　　　　　　　　　图2-36 网页HTML代码

**02** 在页面中id名称为title的<div>标签中添加align属性设置,如图2-37所示。保存页面,在浏览器中预览页面,可以看到文字水平居右对齐的效果,如图2-38所示。

**03** 返回代码视图中,修改刚添加的align属性的属性值,如图2-39所示。保存页面,在浏览器中预览页面,可以看到文字水平居中对齐的效果,如图2-40所示。

```
<body>
<div id="box">
    <div id="title" align="right">给宝贝最珍贵的成长记录
    <hr width="380px" size="2" align="center" color="#FFFFFF">
    </div>
    <div id="text">      随着"情境教育"的广泛应用和深入发掘，越来越多的
    人开始关注这一理论并参与研究，这也成了广大教师的共同财富。
        提到"情境教育"理论的发展和应用，令父母们感到欣慰这30年，正是因为有
    一群志同道合的人在共同探究优化情境，儿童发展的规律才会渐行渐明，"情境
    教育"之路也会越走越宽广。
    </div>
    </div>
</body>
```

图2-37　添加align属性设置　　　　　图2-38　预览文字水平右对齐效果

```
<body>
<div id="box">
    <div id="title" align="center">给宝贝最珍贵的成长记录
    <hr width="380px" size="2" align="center" color="#FFFFFF">
    </div>
    <div id="text">          随着"情境教育"的广泛应用和深入发掘，越来越多的
    人开始关注这一理论并参与研究，这也成了广大教师的共同财富。
        提到"情境教育"理论的发展和应用，令父母们感到欣慰这30年，正是因为有
    一群志同道合的人在共同探究优化情境，儿童发展的规律才会渐行渐明，"情境
    教育"之路也会越走越宽广。
    </div>
    </div>
</body>
```

图2-39　修改align属性设置　　　　　图2-40　预览文字水平居中对齐效果

## ▶▶▶ 2.3　创建列表

列表形式在网页设计中占有比较大的比例，它的特点是显示信息非常整齐直观，便于用户理解。在本节中将向读者介绍HTML中用于创建项目列表、编号列表和定义列表的相关标签。

### 2.3.1　使用<ul>标签创建项目列表

项目列表又称为无序列表，就是列表结构中的列表项没有先后顺序的列表形式。不少网页应用中的列表均采用项目列表。

项目列表标签采用<ul></ul>标签，每一个列表项被包含在<li></li>标签内，所有的列表项被包含在<ul></ul>标签内。

项目列表的语法格式如下。

```
<ul>
    <li>列表项一</li>
    <li>列表项二</li>
    <li>列表项三</li>
    <li>列表项四</li>
    <li>列表项五</li>
</ul>
```

▼ **实战** 制作新闻列表

最终文件：最终文件\第2章\2-3-1.html　　　视频：视频\第2章\2-3-1.mp4

**01** 执行"文件>打开"命令，打开页面"源文件\第2章\2-3-1.html"，效果如图2-41所示，将鼠标光标移至名为news的div中，将多余的文字删除，并输入相应的文字，如图2-42所示。

图2-41　打开页面

图2-42　输入文字

**02** 切换到网页HTML代码中，为刚输入的内容添加相应的项目列表标签，如图2-43所示。保存页面，在浏览器中预览页面，可以看到网页中项目列表的效果，如图2-44所示。

```
<div id="news">
  <ul>
    <li>专访世界第一英雄劳模Keilantra</li>
    <li>本周冠军赛事大盘点之亢龙有悔</li>
    <li>一部振奋人心的血泪史</li>
    <li>倚天在手，谁与争锋，新华山论剑就在Hero</li>
    <li>超有爱小视频，唤回那些年我们一起战斗的青春</li>
  </ul>
</div>
```

图2-43　添加项目列表标签

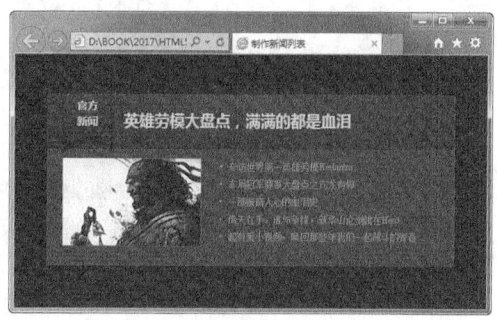

图2-44　预览项目列表默认效果

┌─ **技巧** ─────────────────────────────────────
│　　　默认情况下，在网页中创建的项目列表显示为实心小圆点的形式，可以通过在 <ul> 标签中添加 type
│　属性，修改项目符号的效果，如在 <ul> 标签中添加 type="square" 属性设置，可以将项目符号修改为实心
│　正方形。另外，还可以通过 CSS 样式对项目列表进行设置，关于 CSS 样式将在后面章节中进行讲解。
└────────────────────────────────────────────

## 2.3.2　使用 <ol> 标签创建编号列表

编号列表又称有序列表，就是列表结构中的列表项有先后顺序的列表形式，从上到下可以有不同的序列编号，如1、2、3……或者a、b、c……。

编号列表采用标签 <ol></ol>，每一个列表项被包含在 <li></li> 标签内，所有的列表项被包含在 <ol></ol> 标签内。使用编号列表可以让列表项按照明确的顺序排列。

编号列表的语法规则如下。

```
<ol>
    <li>列表项一</li>
    <li>列表项二</li>
    <li>列表项三</li>
```

```
    <li>列表项四</li>
    <li>列表项五</li>
</ol>
```

**实战** 制作编号有序列表

最终文件：最终文件\第2章\2-3-2.html　　　视频：视频\第2章\2-3-2.mp4

**01** 执行"文件>打开"命令，打开页面"源文件\第2章\2-3-2.html"，效果如图2-45所示，将鼠标光标移至名为box的div中，将多余的文字删除，并输入相应的文字，如图2-46所示。

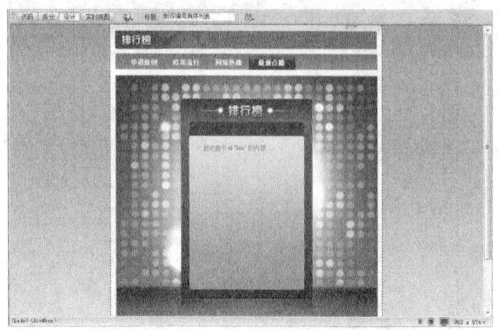

图2-45　打开页面

图2-46　输入文字

**02** 切换到代码视图中，为刚输入的内容添加相应的编号列表标签，如图2-47所示。保存页面，在浏览器中预览页面，可以看到网页中编号列表的默认效果，如图2-48所示。

```
<div id="box">
    <ol>
        <li>生如夏花</li>
        <li>梦娜丽莎的微笑</li>
        <li>You are beautiful</li>
        <li>睡在我上铺的兄弟</li>
        <li>风吹麦浪</li>
        <li>你是我的眼</li>
        <li>背对背拥抱</li>
        <li>有多少爱可以重来</li>
        <li>Set fair to the rain</li>
        <li>对不起我爱你</li>
        <li>我的歌声里</li>
    </ol>
</div>
```

图2-47　添加编号列表标签

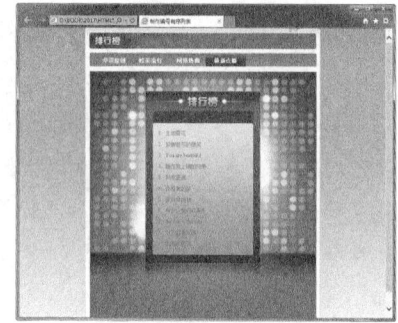

图2-48　预览编号列表默认效果

**技巧**

　　默认情况下，在网页中的有序列表<ol>标签中的项目会按照1、2、3……顺序进行排列，如果需要修改默认的有序列表序号，可以在<ol>标签中添加type属性设置，如在<ol>标签中添加type="a"属性设置，可以将有序列表的序号更改为小写字母a、b、c……的形式。

## 2.3.3　使用<dl>标签创建定义列表

　　列表的另外一种形式是定义列表，定义列表形式特别，用法也特别，定义列表中每个标签都是成对出现的，它在网页布局中的应用也是非常广泛的。

定义列表由 <dl>、<dt> 和 <dd> 3 个标签组成，<dt> 和 <dd> 标签包含在 <dl> 标签内，不同的是标签 <dt></dt> 定义的是标题，而标签 <dd></dd> 定义的是内容。

定义列表的语法规则如下。

```
<dl>
   <dt></dt>
   <dd></dd>
   …
</dl>
```

**实战** 制作复杂的新闻列表
最终文件：最终文件\第2章\2-3-3.html    视频：视频\第2章\2-3-3.mp4

**01** 执行"文件>打开"命令，打开页面"源文件\第2章\2-3-3.html"，效果如图 2-49 所示，将鼠标光标移至名为 news 的 div 中，将多余的文字删除，并输入相应的文字，如图 2-50 所示。

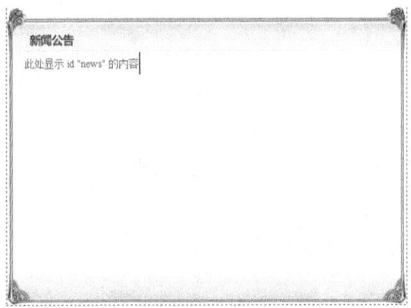

图 2-49  打开页面                     图 2-50  输入文字

**02** 切换到代码视图中，可以看到该部分内容的 HTML 代码，如图 2-51 所示。在页面中将 <div id="news"></div> 标签之间相应的段落标签删除，添加定义列表标签 <dl>、<dt> 和 <dd>，如图 2-52 所示。

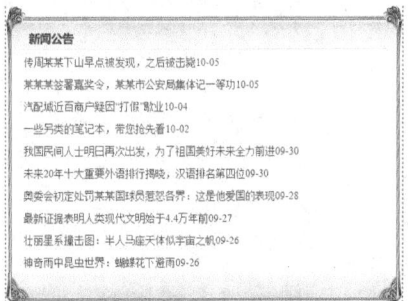

图 2-51  HTML 代码                     图 2-52  添加定义列表标签

**03** 因为 <dl>、<dt> 和 <dd> 标签的默认效果并不能满足这里制作的效果，需要定义相应的 CSS 样式对其进行控制，如图 2-53 所示。保存页面，在浏览器中预览页面，可以看到网页中定义列表的效果，如图 2-54 所示。

> **提示**
> 在 HTML 代码中，<dt> 和 <dd> 标签都是块元素，在网页中占据一整行的空间，如果需要使 <dt> 与 <dd> 标签中的内容在一行中显示，就必须使用 CSS 样式进行控制。关于 CSS 样式将在后面的章节中进行详细的介绍。

```
#news dt {
    width: 435px;
    float: left;
    border-bottom: dashed 1px #999;
    background-image: url(../images/23302.png);
    background-repeat: no-repeat;
    background-position: left center;
    padding-left: 15px;
}
#news dd {
    width: 55px;
    float: left;
    border-bottom: dashed 1px #999;
    text-align: right;
    color: #999;
}
```

图2-53　CSS样式代码

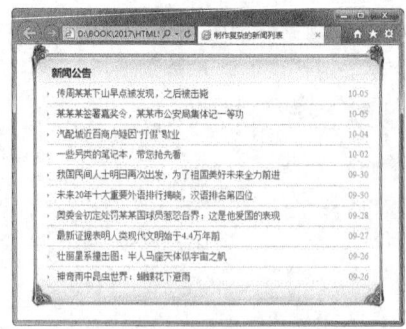

图2-54　预览定义列表效果

# ▶▶▶ 2.4　本章小结

　　本章主要讲解了对文字及段落进行设置的方法。文字是网页设计最基础的部分，一个标准的文字页面可以起到传达信息的作用。通过学习本章，读者可以设置文字格式、段落格式。在熟悉和掌握了相关知识点后，读者可以在HTML中设置个性的文字样式。

# HTML5文档结构标签

为了增强网页的实用性，在HTML5中新增了许多用于描述文档结构的标签，通过使用这些新增的文档结构标签对HTML文档进行标识，能够使HTML文档的结构更加清晰明确，减少复杂性，容易阅读，这样既方便了浏览者的访问，也能够提高网页设计人员的开发速度。本章将向读者详细介绍HTML5中新增的文档结构标签的设置和使用方法，掌握通过HTML5的文档结构标签来制作HTML页面的方法。

**本章知识点**

- 理解 <article> 和 <section> 标签的作用和使用方法
- 理解使用 <nav> 标签标识导航的方法
- 理解使用 <aside> 标签标识辅助信息内容的方法
- 理解各种语义模块标签的使用方法
- 掌握HTML5结构标签在HTML文档中的应用方法

## ▶▶▶ 3.1 认识HTML5文档结构

为了帮助读者更好地理解与认识HTML5文档，也为了让读者能够顺利读懂HTML5网页代码的准确意思，下面给出一个详细的、符合标准的HTML5文档结构代码，并在代码中进行了注释。

```
<!doctype html>
<!--声明文档结构类型-->
<html>
<!--声明文档区域-->
<head>
<!--文档的头部区域-->
<meta charset="utf-8">
<!--文档的头部区域中元数据区的字符集定义，utf-8表示国际通用的字符集编码格式-->
<title>网页标题</title>
<!--文档的头部区域的标题-->
```

```
</head>
<body>
<!--文档的主体内容区域-->
<header>HTML5文档的头部区域</header>
<nav>HTML5文档的导航区域</nav>
<section>HTML5文档的主要内容区域
  <aside>HTML5文档的主要内容区域的侧边导航或菜单区</aside>
  <article>HTML5文档的主要内容区域的内容区
    <section>以下是一个section和article的嵌套
      <aside></aside>
      <article>
        <header>嵌套内容的标题</header>
```

HTML5+CSS3+jQuery移动网站开发从入门到精通HTML5文档的嵌套区域,可以对某个article区域进行头部和脚部的定义。这样做,可以有非常清晰和严谨的文档目录结构关系。

```
        <footer>嵌套内容的页脚</footer>
      </article>
    </section>
  </article>
</section>
<footer>HTML5文档的页脚区域</footer>
</body>
</html>
```

当然,并不是每个HTML5文档都需要包含以上代码中的所有部分,一个最简单的HTML5文档需要的内容如下。

```
<!DOCTYPE html>
```

该代码声明了HTML文档的类型,除了字母的大小写可以任意变化外,其他的内容都不能变动。

HTML5文档扩展名为.html或.htm。现在主流浏览器都能够正确解析HTML5文档,如Chrome、Firefox、IE9+和Safari等。下面是一个最基础的HTML5文档代码。

```
<!doctype html>
<html>
<head>
<meta charset="utf-8">
<title>HTML5</title>
</head>
<body>
</body>
</html>
```

HTML5文档以<!doctype html>开头,这是一个文档类型声明,必须位于HTML5文档的第一行,该行代码用来告诉浏览器或其他分析程序它们所查看的文档类型。

<html>标签是HTML5文档的根标签,紧跟在<!doctype html>之后,<html>标签支持HTML5全局属性和manifest属性,manifest属性主要在创建HTML5离线应用时使用。

<head>标签是所有头部元素的容器,位于<head>与</head>标签之间的元素可以包含元信息、JavaScript

脚本和CSS样式表等。<head>标签支持HTML5全局属性。

<meta>标签位于文档的头部，不包含任何内容。标签的属性定义了与文档相关联的名称/值对，该标签提供页面的元信息，如针对搜索引擎的描述和关键词。

<meta charset="utf-8">定义了HTML5文档的字符编码是utf-8。这里charset是<meta>标签的属性，而utf-8是该属性的值。HTML5中的很多标签都有属性，从而扩展了标签的功能。

<title>标签位于<head>与</head>标签之间，定义了HTML文档的标题。该标签定义了浏览器工具栏中的标题，设置页面被添加到收藏夹时的标题和显示在搜索引擎结果中的页面标题。该标签非常重要，在编写HTML5文档的时候一定要添加该标签。<title>标签支持HTML5全局属性。

<body>标签定义文档的主体和所有内容，如文本、超链接、图像、列表和多媒体等都包含在该标签中。

# ▶▶▶ 3.2 HTML5页面主体内容标签

在HTML5页面中，为了使文档的结构更加清晰明确。新增了几个与页眉、页脚、内容区块等文档结构相关联的文档结构标签，通过使用这些文档结构标签，可以在HTML文档中清晰地划分不同的内容区块。在本节中将向读者详细介绍HTML5中在页面的主体结构方面新增的结构标签。

## 3.2.1 标识文章<article>标签

网页中常常出现大段的文章内容，通过文章结构元素可以将网页中大段的文章内容标识出来，使网页的代码结构更加整齐。在HTML5中新增了<article>标签，使用该标签可以在网页中定义独立的内容，包括文章、博客和用户评论等内容。

<article>标签的基本语法格式如下。

```
<article>文章内容</article>
```

一个<article>元素通常有它自己的标题，一般放在一个<header>标签中，有时还有自己的脚注。
如下面的网页HTML代码。

```
<!doctype html>
<html>
<head>
<meta charset="utf-8">
<title>网页新闻</title>
</head>
<body>
<article>
  <header>
    <h1>新闻标题</h1>
    <time pubdate="pubdate">2017年11月12日</time>
  </header>
  <p>新闻正文内容</p>
  <footer>
    新闻版底信息
  </footer>
```

```
</article>
</body>
</html>
```

在以上的HTML页面代码中，在\<header\>标签中嵌入文章的标题，在这部分中，文章的标题包含在\<h1\>标签中，使用\<time\>标签包含文章的发布日期。在\<header\>标签的结束标签之后使用\<p\>标签包含新闻的正文内容，在结尾外使用\<footer\>标签嵌入文章的版底信息作为脚注。整个示例的内容相对比较独立、完整，因此，对这部分使用了\<article\>标签。

\<article\>标签是可以嵌套使用的，当\<article\>标签嵌套使用的时候，内部的\<article\>标签中的内容必须和外部的\<article\>标签中的内容相关。

如下面的网页HTML代码。

```
<!doctype html>
<html>
<head>
<meta charset="utf-8">
<title>网页新闻</title>
</head>
<body>
<article>
  <header>
    <h1>新闻标题</h1>
    <time pubdate="pubdate">2017年11月12日</time>
  </header>
  <p>新闻正文内容</p>
  <footer>
    新闻版底信息
  </footer>
  <section>
    <h2>评论</h2>
    <article>
      <header>
        <h3>用户1</h3>
      </header>
      <p>评论内容</p>
    </article>
    <article>
      <header>
        <h3>用户2</h3>
      </header>
      <p>评论内容</p>
    </article>
  </section>
</article>
</body>
```

```
</html>
```

以上的 HTML 代码中通过结构标签将内容分为几个部分，文章标题放在<header>标签中，文章正文放在<header>标签的结束标签后的<p>标签中，然后使用<section>标签将正文与评论部分进行了区分，在<section>标签中嵌入了评论的内容，评论中每一个人的评论相对来说又是比较独立、完整的，因此对它们都使用了一个<article>标签，在评论的<article>标签中，又可以分为标题与评论内容部分，分别放在<header>标签与<p>标签中。

另外，<article>标签也可以用来表示插件，它的作用是使插件看起来好像内嵌在页面中一样。

使用<article>标签表示插件的代码如下所示。

```
<article>
  <h1>使用插件</h1>
  <object>
    <param name="allowFullScreen" value="true">
    <embed src="文件地址" width="宽度" height="高度"> </embed>
  </object>
</article>
```

## 3.2.2　标识章节<section>标签

在网页文档中常常需要定义章节等特定的区域。在HTML5中新增了<section>标签，该标签用于对页面中的内容进行分区。一个section元素通常由内容及其标题组成。<div>标签也可以用来对页面进行分区，但是<section>标签并不是一个普通的容器元素，当一个容器需要被直接定义样式或通过脚本定义行为时，推荐使用<div>标签，而非<section>标签。

<section>标签的基本语法格式如下。

```
<section>文章内容</section>
```

> 提示
>
> 　　<div>标签关注结构的独立性，而<section>标签关注内容的独立性。<section>标签包含的内容通常都是一段独立的内容，可以单独将该段内容单独存储，同样可以很好地表达其含义。

如下面的HTML代码中使用<section>标签将新闻列表的内容单独分隔，在HTML5之前，通常使用<div>标签来分隔该块内容。

```
<!doctype html>
<html>
<head>
<meta charset="utf-8">
<title>网页新闻</title>
</head>
<body>
<section>
  <h1>网站新闻</h1>
  <ul>
```

```
    <li>新闻标题1</li>
    <li>新闻标题2</li>
    <li>新闻标题3</li>
    ......
  </ul>
</section>
</body>
</html>
```

<article>标签和<section>标签都是HTML5新增的标签，它们的功能与<div>标签类似，都是用来区分页面中不同的区域，它们的使用方法也相似，因此很多初学者会将其混用。HTML5之所以新增这两种标签，就是为了更好地描述HTML文档的内容，所以它们之间是有区别的。

<article>标签代表HTML文档中独立完整的可以被外部引用的内容。例如，博客中的一篇文章，论坛中的一个帖子或者一段用户评论等。因为<article>标签是一段独立的内容，所以<article>标签中通常包含头部（<header>标签）和底部（<footer>标签）。

<section>标签用于对HTML文档中的内容进行分块，一个<section>标签中通常由内容及标题组成。<section>标签中需要包含一个<hn>标签，一般不包含头部（<header>标签）或者底部（<footer>标签）。通常使用<section>标签为那些有标题的内容进行分段。

<section>标签的作用是对页面中的内容进行分块处理，相邻的<section>标签中的内容应该是相关的，而不是像<article>标签中的内容那样是独立的。如下面的HTML代码。

```
<article>
  <header>
    <h1>网页设计介绍</h1>
  </header>
  <p>这里是网页设计的介绍内容，介绍有关网页设计的相关知识……</p>
  <section>
    <h2>评论</h2>
    <article>
      <h3>评论者：用户1</h3>
      <p>这里是评论内容</p>
    </article>
    <article>
      <h3>评论者：用户2</h3>
      <p>这里是评论内容</p>
    </article>
  </section>
</article>
```

在以上的HTML代码中，可以观察到<article>标签与<section>标签的区别。事实上<article>标签可以看作是特殊的<section>标签。<article>标签更强调独立性、完整性，<section>标签更强调相关性。

既然<article>和<section>标签是用来划分区域的，又是HTML5的新增标签，那么是否可以使用<article>和<section>标签来取代<div>标签进行网页布局呢？答案是否定的，<div>标签的作用就是用来布局网页，划分大的区域的。在HTML 4中只有<div>和<span>标签用来在HTML页面中划分区域，所以我们习惯性地把<div>当成一个容器。而HTML5改变了这种用法，它让<div>的工作更纯正，<div>标签就是用来布局大块，在不同的内容块中，按照需求添加<article>、<section>等内容块，并且显示其中的内容，这样才是合理地使用这些元素。

因此，在使用<section>标签时需要注意以下几个问题。

- 不要将<section>标签当作设置样式的页面容器，对于此类操作应该使用<div>标签来实现。
- 如果<article>标签、<aside>标签或者<nav>标签更符合使用条件，不要使用<section>标签。
- 不要为没有标题的内容区块使用<section>标签。

在HTML5中，<article>标签可以看成是一种特殊种类的<section>标签，它比<section>标签更强调独立性，即<section>标签强调分段或分块，而<article>标签则强调独立性。具体来说，如果一块内容相对来说比较独立、完整的时候，应该使用<article>标签，但是如果想将一块内容分成几段的时候，应该使用<section>标签。另外，在HTML5中，<div>标签只是一个容器，当使用CSS样式的时候，可以对这个容器进行总体的CSS样式的套用。

## 3.2.3　标识导航<nav>标签

导航是每个网页中都包含的重要元素之一，通过网站导航可以在网站中各页面之间进行跳转。在HTML5中新增了<nav>标签，使用该标签可以在网页中定义网页的导航部分。

<nav>标签的基本语法格式如下。

```
<nav>导航内容</nav>
```

<nav>标签标识的是一个可以用作页面导航的链接组，其中的导航元素链接到其他页面或当前页面的其他部分。并不是所有的链接组都需要被放置在<nav>标签中，只需要将主要的、基本的链接组放进<nav>标签中即可。

一个页面中可以拥有多个<nav>标签，作为页面整体或不同部分的导航。具体来说，<nav>标签可以用于以下位置。

- 传统导航条。常规网站都设置有不同层级的导航条，其作用是将当前页面跳转到网站的其他主要页面上去。
- 侧边栏导航。现在主流的博客网站及商品网站上都有侧边栏导航，其作用是从当前页面跳转到其他页面上去。
- 页内导航。页面导航的作用是在本页面几个主要的组成部分之间进行跳转。
- 翻页操作。翻页操作是指在多个页面的前后页或博客网站的前后篇文章滚动。

在HTML5中，只要是导航性质的链接，就要将其放入到<nav>标签中，该标签可以在一个HTML文档中出现多次，作为整个页面的导航或部分区域内容的导航。如下面的HTML代码。

```
<!doctype html>
<html>
<head>
<meta charset="utf-8">
<title>网页新闻</title>
</head>
<body>
<nav>
  <ul>
    <li><a href="#">网站首页</a></li>
    <li><a href="#">关于我们</a></li>
    <li><a href="#">设计作品</a></li>
```

```
        <li><a href="#">联系我们</a></li>
    </ul>
</nav>
</body>
</html>
```

在以上的HTML代码中，<nav>标签中包含了4个用于导航的超链接，该导航可以用于网页全局导航，也可以放在某个段落作为区域导航。

> **提示**
>
> 很多用户喜欢使用<menu>标签进行导航，<menu>标签主要是用在一系列交互命令的菜单上的，如使用在Web应用程序中。在HTML5中不要使用<menu>标签代替<nav>标签。

## 3.2.4 标识辅助内容<aside>标签

侧边结构元素可用于创建网页中文章内容的侧边栏内容。在HTML5中新增了<aside>标签，用于创建其所处内容之外的内容，<aside>标签中的内容应该与其附近的内容相关。

<aside>标签的基本语法格式如下。

```
<aside>辅助信息内容</aside>
```

<aside>标签用来表示当前页面或文章的辅助信息内容部分，它可以包含与当前页面或主要内容相关的引用、侧边栏、广告、导航条及其他类似的有别于主要内容的部分。<aside>标签主要有以下两种使用方法。

（1）<aside>标签被包含在<article>标签中，作为主要内容的辅助信息部分，其中的内容可以是与当前文章有关的相关资料、名词解释等。其基本应用格式如下。

```
<article>
    <h1>文章标题</h1>
    <p>文章主体内容</p>
    <aside>文章内容的辅助信息内容</aside>
</article>
```

（2）在<article>标签之外使用<aside>标签，作为页面或全局的辅助信息部分。最典型的是侧边栏，其中的内容可以是友情链接，博客中的其他文章列表、广告等。其基本应用格式如下。

```
<aside>
<h2>列表标题1</h2>
<ul>
    <li>列表项1</li>
    <li>列表项2</li>
</ul>
<h2>列表标题2</h2>
<ul>
    <li>列表项1</li>
    <li>列表项2</li>
</ul>
</aside>
```

### 3.2.5 标识文章发布日期 <time> 标签

微格式是一种利用 HTML 的 class 属性来对网页添加附加信息的方法，附加信息如新闻事件发生的日期和时间、个人电话号码、企业邮箱等。

微格式并不是在 HTML5 出现之后才有的，在 HTML5 之前它就和 HTML 结合使用了，但是在使用过程中发现在日期和时间的机器编码上出现了一些问题，编码过程中会产生一些歧义。HTML5 新增了 <time> 标签，通过该标签可以无歧义地、明确地对机器的日期和时间进行编码，并且以让人易读的方式展现出来，这个元素就是 <time> 标签。

<time> 标签代码 24 小时中的某个时刻或某个日期，表示时刻时允许带时差。它可以定义很多格式的日期和时间，其语法格式如下。

```
<time datetime="2017-11-12">2017年11月12日</time>
<time datetime="2017-11-12">11月12日</time>
<time datetime="2017-11-12">我的生日</time>
<time datetime="2017-11-12T18:00">我生日的晚上6点</time>
<time datetime="2017-11-12T18:00Z">我生日的晚上6点</time>
<time datetime="2017-11-12T18:00+09:00">我生日的晚上8点的美国时间</time>
```

编码时引擎读到的部分在 datetime 属性中，而元素的开始标签与结束标签中间的部分是显示在网页上的。datetime 属性中日期与时间之间要使用字母 "T" 分隔，"T" 表示时间。

注意倒数第 2 行，时间加上字母 "Z" 表示机器编码时使用 UTC 标准时间，倒数第一行则加上了时差，表示向机器编码另一地区时间，如果是编码本地时间，则不需要添加时差。

pubdate 属性是一个可选的布尔值属性，可以添加在 <time> 标签中，用于表示文章或者整个网页的发布日期。使用格式如下。

```
<time datetime="2017-11-12" pubdate>2015年11月12日</time>
```

由于 <time> 标签不仅仅表示发布时间，而且还可以表示其他用途的时间，如通知和约会等。为了避免引擎误解发布日期，使用 pubdate 属性可以显式地告诉引擎文章中哪个时间是真正的发布时间。

## ▶▶▶ 3.3 页面语义模块标签

除了以上几个主要的结构元素之外，在 HTML5 中还新增了一些表示逻辑结构或附加信息的非主体结构元素。

### 3.3.1 页眉 <header> 标签

<header> 标签是一种具有引导和导航作用的结构元素，通常用来放置整个页面或页面内的一个内容区块的标题，也可以包含其他内容，如数据表格、搜索表单或相关的 logo 图片，因此整个页面的标题应该放在页面的开头。

<header> 标签的基本语法格式如下。

```
<header>网页或文章的标题信息</header>
```

如下面的网页 HTML 代码。

```
<!doctype html>
```

```
<html>
<head>
<meta charset="utf-8">
<title>网页新闻</title>
</head>
<body>
<header>
  <h1>网页标题</h1>
</header>
<article>
  <header>
    <h1>文章标题</h1>
  </header>
  <p>文章正文内容</p>
</article>
</body>
</html>
```

在一个网页中可以多次使用<header>标签。在<header>标签中通常包含<h1>至<h6>标签，也可以包含<hgroup>、<table>、<form>和<nav>等标签，只要显示在头部区域的语义标签，都可以包含在<header>标签中。

## 3.3.2 标题分组<hgroup>标签

<hgroup>标签可以为标题或者子标题进行分组，通常它与<h1>至<h6>标签组合使用，一个内容块中的标题及子标题可以通过<hgroup>标签组成一组。但是，如果文章只有一个主标题，则不需要使用<hgroup>标签。

<hgroup>标签的基本语法格式如下。

```
<hgroup>
  标题1
  标题2
  ……
</hgroup>
```

如下面的网页HTML代码。

```
<!doctype html>
<html>
<head>
<meta charset="utf-8">
<title>网页新闻</title>
</head>
<body>
<article>
  <header>
    <hgroup>
      <h1>文章主标题</h1>
```

```
      <h2>文章副标题</h2>
      <h3>文章标题说明</h3>
   </hgroup>
   <p>
      <time datetime="2015-11-12">发布时间：2015年11月12日</time>
   </p>
   </header>
   <p>文章正文内容</p>
</article>
</body>
</html>
```

在该HTML代码中，使用<hgroup>标签将文章的主标题、副标题和文章的标题说明进行分组，以便让搜索引擎更容易识别标题块。

### 3.3.3 页脚<footer>标签

HTML5中新增了<footer>标签，<footer>标签中的内容可作为网页或文章的注脚，如在父级内容块中添加注释，或者页中添加版权信息等。页脚信息有很多形式，如作者、相关阅读链接及版权信息等。

在HTML5之前，要描述页脚信息，通常使用<div id="footer">标签定义包含框。自从HTML5新增了<footer>标签，这种方式将不再使用，而是使用更加语义化的<footer>元素来替代。

<footer>标签的基本语法格式如下。

```
<footer>页脚信息内容</footer>
```

在如下的HTML代码中使用<footer>标签分别为页面中的文章和整个页面添加相应的脚注信息。

```
<!doctype html>
<html>
<head>
<meta charset="utf-8">
<title>网页新闻</title>
</head>
<body>
<article>
  <header>
   <h1>文章标题</h1>
   <p>
      <time datetime="2015-11-12">发布时间：2015年11月12日</time>
   </p>
   </header>
   <p>文章正文内容</p>
   <footer>文章注释信息</footer>
</article>
<footer>网页版权信息</footer>
</body>
</html>
```

与<header>标签一样，页面中也可以重复使用<footer>标签。同时，可以为<article>标签所标注的文章或<section>标签所标注的章节内容添加<footer>标签，添加相应的文章或章节注释信息。

### 3.3.4 联系信息<address>标签

HTML5中新增了<address>标签，<address>标签用来在HTML文档中定义联系信息，包括文档作者、电子邮箱、地址和电话号码等信息。

<address>标签的基本语法格式如下。

```
<address>联系信息内容</address>
```

<address>标签的用途不仅仅用来描述电子邮箱或地址等联系信息，还可以用来描述与文档相关的联系人的相关联系信息。如下面的HTML代码。

```
<!doctype html>
<html>
<head>
<meta charset="utf-8">
<title>网页新闻</title>
</head>
<body>
<article>
  <header>
    <h1>文章标题</h1>
    <p>
      <time datetime="2015-11-12">发布时间：2015年11月12日</time>
    </p>
  </header>
  <p>文章正文内容</p>
  <footer>文章注释信息</footer>
</article>
<address>
  <a href="#">网页设计资讯</a>
  <a href="#">Web技术</a>
</address>
</body>
</html>
```

## ▶▶▶ 3.4 制作文章页面

HTML5中新增的文档结构元素非常适合制作文章或博客类的网站页面。通过使用HTML5的结构元素，比大量使用<div>标签的HTML文档结构清晰、明确。本节将综合使用前面所介绍的HTML5结构元素制作一个简单的设计网站首页面。

**实战** 制作设计网站首页面

最终文件：最终文件\第3章\3-4.html　　视频：视频\第3章\3-4.mp4

**01** 执行“新建>新建”命令，将会弹出“新建文档”对话框，如图3-1所示，将该页面保存为“源文件\第3章\3-4.html”。新建外部CSS样式表文件，将其保存为“源文件\第3章\style\3-4.css”，如图3-2所示。

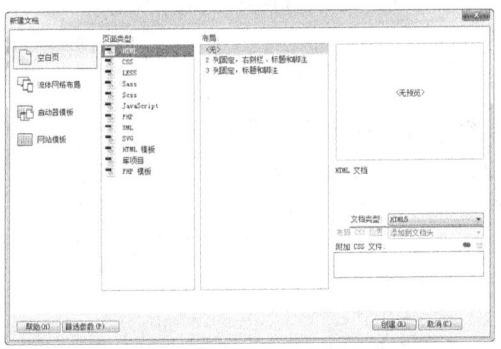

图3-1　新建HTML页面

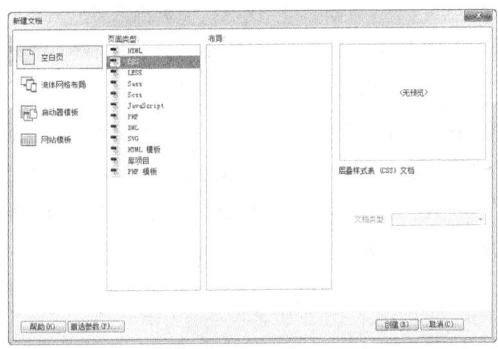

图3-2　新建CSS样式表文件

**02** 在外部CSS样式表文件中创建名为*的通配符CSS样式和名为body的标签CSS样式，如图3-3所示。返回HTML页面中，在<head>与</head>标签之间添加<link>标签链接外部CSS样式表文件，如图3-4所示。

```
* {
    margin: 0px;
    padding: 0px;
}
html,body {
    height: 100%;
}
body {
    font-family: 微软雅黑;
    font-size: 14px;
    color: #FFF;
    line-height: 25px;
    background-image: url(../images/3401.jpg);
    background-repeat: no-repeat;
    background-position: center top;
    background-size: cover;
}
```

图3-3　CSS样式代码

```
<!doctype html>
<html>
<head>
<meta charset="utf-8">
<title>制作设计网站首页面</title>
<link href="style/3-4.css" rel="stylesheet" type="text/css">
</head>

<body>
</body>
</html>
```

图3-4　链接外部CSS样式表文件

**03** 首先制作页面的头部，在<body>与</body>标签之间编写如下的HTML代码。

```
<body>
<header>
  <div id="top-main">
    <div id="logo"><img src="images/3402.png" width="128" height="90" alt=""/></div>
    <nav>
      <ul>
        <li>网站首页</li>
        <li>关于我们</li>
        <li>我们的服务</li>
        <li>我们的作品</li>
        <li>联系我们</li>
      </ul>
    </nav>
```

```
    </div>
  </header>
</body>
```

---

**提示**

　　通过编写的HTML代码可以看出，使用<header>标签标识出页面的头部区域，在头部区域中放置网站的logo图像，并使用<nav>标签标识出网页的导航内容。默认情况下，HTML代码中的标签仅用于表现文档的结构，并不会在页面中显示出特殊的表现效果。

---

**04** 接下来，需要通过CSS样式对页面头部的显示效果进行设置。切换到外部CSS样式表文件中，创建名为.header01和名为#top-main的CSS样式，如图3-5所示。返回网页HTML代码中，在<header>标签中添加class属性应用名为.header01的类CSS样式，如图3-6所示。

```
.header01 {
    width: 100%;
    height: 90px;
    background-color: #FFF;
}
#top-main {
    width: 1000px;
    height: 90px;
    margin: 0px auto;
}
```

图3-5　CSS样式代码

---

**提示**

　　HTML代码中的结构标签仅仅是在HTML文档中提供一种良好的文档内容表现结构，本身并没有任何的外观样式，还需要通过CSS样式对其外观的显示效果进行控制。

---

**05** 切换到外部CSS样式表文件中，创建名为#logo的CSS样式和名为.nav01的类CSS样式，如图3-7所示。返回网页HTML代码中，在<nav>标签中添加class属性应用名为.nav01的类CSS样式，如图3-8所示。

```
<header class="header01">
  <div id="top-main">
    <div id="logo"><img src="images/3402.png" width="128"
height="90"  alt=""/></div>
    <nav>
      <ul>
        <li>网站首页</li>
        <li>关于我们</li>
        <li>我们的服务</li>
        <li>我们的作品</li>
        <li>联系我们</li>
      </ul>
    </nav>
  </div>
</header>
```

图3-6　应用类CSS样式

```
#logo {
    width: 128px;
    height: 90px;
    float: left;
}
.nav01 {
    height: 90px;
    display: inline-block;
    float: right;
}
```

图3-7　CSS样式代码

```
<header class="header01">
  <div id="top-main">
    <div id="logo"><img src="images/3402.png" width="128"
height="90"  alt=""/></div>
    <nav class="nav01">
      <ul>
        <li>网站首页</li>
        <li>关于我们</li>
        <li>我们的服务</li>
        <li>我们的作品</li>
        <li>联系我们</li>
      </ul>
    </nav>
  </div>
</header>
```

图3-8　应用类CSS样式

**06** 切换到外部CSS样式表文件中，创建名为.nav01 li的CSS样式，如图3-9所示。完成使用CSS样式对页面头部外观效果的设置，返回网页设计视图中，可以看到页面头部的显示效果，如图3-10所示。

```
.nav01 li {
    list-style-type: none;
    width: 120px;
    text-align: center;
    color: #333;
    line-height: 90px;
    font-weight: bold;
    float: left;
}
```

图3-9　CSS样式代码

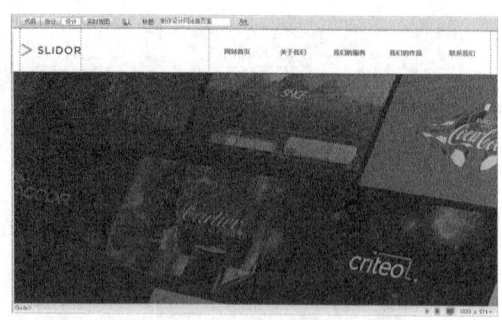

图3-10　页面头部的显示效果

**07** 接下来制作页面的主体内容部分，切换到网页的HTML代码中，在页面头部的<header>标签的结束标签之后编写如下的 HTML 代码。

```
<div id="banner">
  <article>
    <img src="images/3403.png" width="678" height="393" alt=" "/>
    <hgroup>
      <h1>完美的设计解决方案</h1>
      <h2>兼容全媒体</h2>
    </hgroup>
    <p>基于对市场和客群的分析，我们只生产解决问题的创意。</p>
    <p>追求动人的设计，我们追求完美的体验，我们关注设计情感，为客户提供商业和视觉完美融合的设计方案，让我们的工作更加实用，更加具有商业价值！</p>
  </article>
</div>
```

> **提示**
>
> 在页面内容部分，首先使用 <div> 标签来划分页面区域，接着在该 <div> 标签中添加文章标签 <article> 标识出标题部分，该文章的标题有主标题和副标题，可以使用 <hgroup> 标签来包含主标题和副标题，使其成为一个标题组结构。

08 切换到外部 CSS 样式表文件中，创建名为 #banner 的 CSS 样式，如图 3-11 所示。返回网页设计视图中，可以看到该部分内容的效果，如图 3-12 所示。

```
#banner {
    width: 100%;
    height: 507px;
    overflow: hidden;
}
```

图3-11　CSS样式代码

图3-12　页面效果

09 切换到外部 CSS 样式表文件中，创建名为 .article01 和名为 .article01 img 的 CSS 样式，如图 3-13 所示。返回网页 HTML 代码中，在 <article> 标签中添加 class 属性应用名为 .article01 的类 CSS 样式，如图 3-14 所示。

```
.article01 {
    width: 1000px;
    height: auto;
    overflow: hidden;
    margin: 0px auto;
    padding-top: 100px;
}
.article01 img {
    float: right;
}
```

图3-13　CSS样式代码

```
<div id="banner">
  <article class="article01">
    <img src="images/3403.png" width="678" height="393"
alt=" "/>
    <hgroup>
      <h1>完美的设计解决方案</h1>
      <h2>兼容全媒体</h2>
    </hgroup>
    <p>基于对市场和客群的分析，我们只生产解决问题的创意。</p>
    <p>追求动人的设计，我们追求完美的体验，我们关注设计情感，为客户提供商业和视觉完美融合的设计方案，让我们的工作更加实用，更加具有商业价值！</p>
  </article>
</div>
```

图3-14　应用类CSS样式

**10** 返回网页设计视图中，可以看到该部分内容的效果，如图3-15所示。切换到外部CSS样式表文件中，创建名为.article01 h1和名为.article01 h2的CSS样式，如图3-16所示。

```
.article01 h1 {
    display: block;
    font-size: 30px;
    font-weight: bold;
    line-height: 60px;
}
.article01 h2 {
    display: block;
    font-size: 20px;
    font-weight: bold;
    line-height: 40px;
    color: #F30;
}
```

图3-15 页面效果      图3-16 CSS样式代码

**11** 切换到外部CSS样式表文件中，创建名为.article01 p的CSS样式，如图3-17所示。返回网页设计视图中，可以看到该部分内容的效果，如图3-18所示。

```
.article01 p {
    margin-top: 14px;
    text-indent: 28px;
}
```

图3-17 CSS样式代码      图3-18 页面效果

**12** 接下来，制作页面的版底信息内容部分，切换到网页的HTML代码中，在页面中id名为banner的div结束标签之后编写如下的HTML代码。

```
<footer>
Copyright © 2017 SLIDOR.by:未来设计<br>
<address>
联系电话: 010-xxxxxxxx  E-Mail:xxxxx@163.com
</address>
</footer>
```

**13** 切换到外部CSS样式表文件中，创建名为.footer01的类CSS样式，如图3-19所示。返回网页HTML代码中，在<footer>标签中添加class属性应用名为.footer01的类CSS样式，如图3-20所示。

```
.footer01 {
    width: 100%;
    height: 50px;
    padding-top: 10px;
    background-color: #000;
    font-size: 12px;
    color: #CCC;
    position: absolute;
    bottom: 0px;
    text-align: center;
}
```

```
<footer class="footer01">
Copyright © 2017 SLIDOR.by:未来设计<br>
<address>
联系电话: 010-xxxxxxxx  E-Mail:xxxxx@163.com
</address>
</footer>
```

图3-19 CSS样式代码      图3-20 应用类CSS样式

**14** 完成该页面的制作，完整的页面HTML代码如下。

```
<!doctype html>
<html>
<head>
<meta charset="utf-8">
<title>制作设计网站首页面</title>
<link href="style/3-4.css" rel="stylesheet" type="text/css">
</head>
<body>
<header class="header01">
  <div id="top-main">
    <div id="logo"><img src="images/3402.png" width="128" height="90" alt=""/></div>
    <nav class="nav01">
      <ul>
        <li>网站首页</li>
        <li>关于我们</li>
        <li>我们的服务</li>
        <li>我们的作品</li>
        <li>联系我们</li>
      </ul>
    </nav>
  </div>
</header>
<div id="banner">
  <article class="article01">
    <img src="images/3403.png" width="678" height="393" alt=" "/>
    <hgroup>
      <h1>完美的设计解决方案</h1>
      <h2>兼容全媒体</h2>
    </hgroup>
    <p>基于对市场和客群的分析，我们只生产解决问题的创意。</p>
    <p>追求动人的设计，我们追求完美的体验，我们关注设计情感，为客户提供商业和视觉完美融合的设计方案，让我们的工作更加实用，更加具有商业价值！ </p>
  </article>
</div>
<footer class="footer01">
  Copyright © 2017 SLIDOR.by:未来设计<br>
  <address>
  联系电话：010-xxxxxxxx  E-Mail:xxxxx@163.com
  </address>
</footer>
</body>
</html>
```

**15** 返回网页设计视图中，可以看到版底信息的显示效果，如图3-21所示。保存页面，并保存外部CSS样式表文件，在浏览器中预览页面，可以看到页面的效果，如图3-22所示。

图3-21　页面效果　　　　　　　　　　　　图3-22　在浏览器中预览页面

## ▶▶▶ 3.5　本章小结

本章重点向读者介绍了HTML5新增的各种文档结构标签的作用与使用方法，在HTML文档中使用文档结构标签可以使HTML文档的结构层次更加清晰。完成本章内容的学习，读者需要理解HTML5结构标签的作用及使用方法。

# HTML5图像与超链接标签

图像是网页中基本的元素，任何网页中都不可缺少，图像也是网页中视觉传达直接的方式。超链接是一个网站的灵魂，是HTML文档的最基本特征之一，超链接能够让浏览者在各个独立的页面之间方便地进行跳转。本章将向读者介绍在HTML插入图像并对图像进行设置的方法，以及在HTML页面中创建各种不同形式的超链接的方法。

---

**本章知识点**

- 了解网页中常用的图像格式
- 掌握在网页中插入图像的方法
- 理解并掌握图像属性的设置方法
- 理解并掌握超链接标签和相关属性设置方法
- 掌握在网页中创建各种特殊超链接的方法

---

## ▶▶▶ 4.1　了解网页中的图像格式

在网页中可以插入各种类型的图像，这些图像文件要符合某些必要的条件，但最为重要的条件是为了使网页文件快速传送，应该尽量缩小文件的大小，但文件大小缩小，画质也会相对降低。

所以，保持较高画质的同时尽量缩小文件的大小，是图像文件可以在网页中使用的基本要求。在图像文件的格式中符合这种条件的有GIF、JPEG和PNG等文件格式。

### 4.1.1　网页常用图像格式

网页中有3种常用的图像格式，分别是GIF、JPEG和PNG。

#### 1. GIF格式

GIF是英文Graphics Interchange Format（图形交换格式）的缩写，GIF格式图像采用LZW无损压缩算法，而且最多使用256种颜色，最适合显示色调不连续或具有大面积单一颜色的图像。图4-1所示为在网页中使用GIF图像的效果。

另外，GIF图像支持动画，这也是GIF图像在网页中广泛运用的原因之一。GIF动画的显示不需要特定的插件，并且在制作简单的、只有几帧图片（特别是位图）交替的动画时，GIF动画也有着特定的优势。图4-2所示为GIF动画的效果。

图4-1　GIF图像在网页中的应用

图4-2　GIF格式的动画图像

### 2. JPEG格式

JPEG的英文缩写是Joint Photographic Experts Group（联合图像专家组），它是一种图像压缩格式，此格式是主要用于摄影或连续色调图像的高级格式，因为JPEG文件可以包含数百万种图像颜色。JPEG文件的品质越高，文件的大小越大，下载时间也会越长。通常可以通过压缩JPEG文件在图像的品质与大小之间达到平衡。图4-3所示为在网页中使用JPEG图像的效果。

### 3. PNG格式

PNG是英文Portable Network Graphic（可移植网络图形）的缩写，该图像格式是一种替代GIF格式的专利权限制的格式，它包括对索引色、灰度、真彩色图像及Alpha通道透明的支持。PNG是Fireworks固有的文件格式。PNG文件可保留所有的原始图层、矢量、颜色和效果信息，并且在任何时候都可以完全编辑所有元素。图4-4所示为在网页中使用PNG图像的效果。

图4-3　JPEG图像在网页中的应用

图4-4　PNG图像在网页中的应用

## 4.1.2　选择合适的图像格式

图像格式的选择主要依据图像的用途来选择。GIF格式适用来表现图标、UI接口、线条插画和文字等部分的输出。另外，GIF格式图像同时还支持透明背景及动画格式，并且几乎不用担心支持性的问题，几乎所有的浏览器都支持GIF格式图像。

JPEG格式适用作为存储像素色彩丰富的图片，如照片等，这些图片即使有细微的失真也不容易轻易被察觉；反过来说，JPEG格式并不适用来存储线条图、图标或文字等有清晰边缘的图片。

PNG格式适合在网页制作中对品质要求高的图片、支持透明效果。

## ▶▶▶ 4.2 插入图像并设置图像属性

现在互联网中的网页看起来绚丽多彩，这是因为使用图像产生的效果。过去的网页大部分都是纯文本网页，再看看现在的网页就知道图像在网页设计中的重要性了。在HTML中可以通过标签来插入图像，并设置属性。

### 4.2.1 图像<img>标签

向网页中插入图像，可以通过在HTML中使用<img>标签来实现，从而达到美化网页的效果。
<img>标签的基本语法如下。

```
<img src="图像文件的地址" height="图像的高度" width="图像的宽度" border="图像边框的宽度" alt="提示文字的内容"/>
```

**实战**　在网页中插入图像
最终文件：最终文件\第4章\4-2-1.html　　视频：视频\第4章\4-2-1.mp4

**01** 执行"文件>打开"命令，打开页面"源文件\第4章\4-2-1.html"，效果如图4-5所示。将鼠标光标移至名为banner的div中，将多余的文字删除，如图4-6所示。

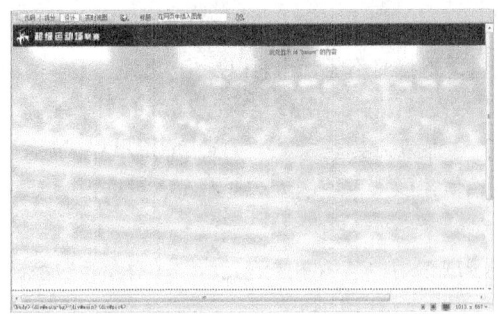

图4-5　打开页面

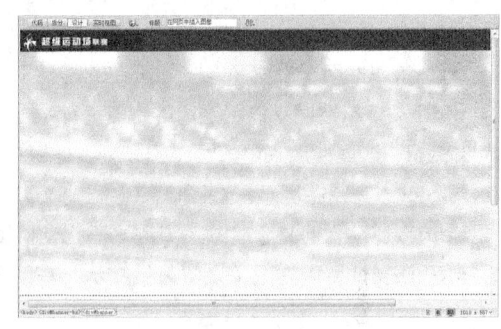

图4-6　删除多余文字

**02** 切换到网页的HTML代码中，在id名称为banner的<div>与</div>标签之间添加<img>标签，并在该标签中添加相应的属性设置，如图4-7所示。返回网页设计视图中，可以看到在该div中插入的图像效果，如图4-8所示。

```
<div id="banner-bg">
  <div id="banner"><img src="images/42105.png" width=
"1248" height="504" alt=""></div>
</div>
<div id="main-bg">
  <div id="main">
    <div id="pic1">此处显示  id "pic1" 的内容</div>
    <div id="pic2">此处显示  id "pic2" 的内容</div>
    <div id="pic3">此处显示  id "pic3" 的内容</div>
    <div id="pic4">此处显示  id "pic4" 的内容</div>
  </div>
</div>
```

图4-7　添加图像标签并设置相关属性

图4-8　插入到网页中的图像效果

**03** 使用相同的制作方法，可以在其他的div中添加<img>标签在网页中插入图像，如图4-9所示。保存页面，在浏览器中预览页面，可以看到在网页中所插入的图像效果，如图4-10所示。

```
<div id="banner-bg">
  <div id="banner"><img src="images/42105.png" width=
"1248" height="504" alt=""></div>
</div>
<div id="main-bg">
  <div id="main">
    <div id="pic1"><img src="images/42108.jpg" width="304"
height="218" alt=""></div>
    <div id="pic2"><img src="images/42109.jpg" width="304"
height="218" alt=""></div>
    <div id="pic3"><img src="images/42110.jpg" width="304"
height="218" alt=""></div>
    <div id="pic4"><img src="images/42111.jpg" width="304"
height="218" alt=""></div>
  </div>
</div>
```

图4-9 添加图像标签并设置相关属性　　　　图4-10 预览页面中的图像效果

> **提示**
>
> 在网页中插入图像时，可以只设置图像的路径地址，在浏览器中预览该网页时，浏览器会按照该图像的原始尺寸在网页中显示图像。如果需要在网页中控制所插入的图像大小尺寸，必须在<img>标签中设置宽度和高度属性。

## 4.2.2 图像属性设置

在图像<img>标签中可以添加多种设置属性，通过这些属性对所插入的图像进行设置，<img>标签的相关属性说明如下。

- **src**：该属性用于设置图像文件所在的路径，图像路径可以是相对路径，也可以是绝对路径。
- **width**：该属性用来设置图像的宽度，如果<img>标签未设置宽度，图像就会显示原始尺寸宽度。
- **height**：该属性用来设置图像的高度，如果<img>标签未设置高度，图像就会显示原始尺寸高度。
- **border**：该属性用于设置图像的边框，border属性的单位是像素，值越大边框越宽。不推荐使用图像的border属性，但是所有的主流浏览器都支持该属性。
- **alt**：该属性用于为图像设置替代文本，在图像无法显示或者用户禁用图像时显示，代替图像显示在浏览器中的内容。
- **align**：当文字与图像放置在一起时，可以通过在<img>标签中添加align属性，设置图像相对于周围文字的水平或垂直对齐方式。

设置align属性值为top，表示图像顶部和同行文本的最高部分对齐；设置align属性值为middle，表示图像中部和同行文本基线对齐（通常为文本基线，并不是实际中部）；设置align属性值为bottom，表示图像底部和同行文本的底部对齐；设置align属性值为left，表示使图像和左边界对齐（文本环绕图像）；设置align属性值为right，表示使图像和右边界对齐（文本环绕图像）；设置align属性值为absmiddle，表示图像中部和同行文本的中部绝对对齐。

- **hspace**：当图像与文字进行混排时，通过该属性可以设置图像与文字之间的水平间距，单位为像素。
- **vspace**：当图像与文字进行混排时，通过该属性可以设置图像与文字之间的垂直间距，单位为像素。

> **提示**
>
> 在IE8及以上版本的浏览器中，<img>标签中已经不再支持hspace属性和vspace属性的设置，如果想要设置图像的水平或垂直边距，可以通过CSS样式来实现。

**实战** 制作图文混排页面

最终文件：最终文件\第4章\4-2-2.html　　视频：视频\第4章\4-2-2.mp4

**01** 执行"文件>打开"命令，打开页面"源文件\第4章\4-2-2.html"，效果如图4-11所示。切换到网页的HTML代码中，可以看到该页面的HTML代码，如图4-12所示。

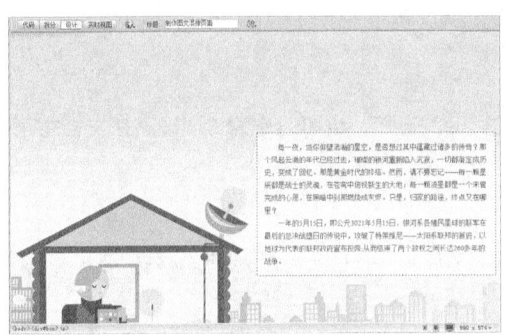

图4-11　打开页面

```
<body>
<div id="box"><p>每一夜，当你仰望浩瀚的星空，是否想过其
中蕴藏过诸多的传奇？那个风起云涌的年代已经过去，璀璨的
银河重新陷入沉寂，一切都凝定成历史，变成了回忆。那是黄
金时代的终结。然而，请不要忘记—每一颗星辰都是战士的灵
魂，在苍穹中俯视新生的大地，每一颗流星都是一个未曾完成
的心愿，在黑暗中刹那燃烧成灰烬。只是，归家的路途，终点
又在哪里？</p>
<p>一年的5月15日，即公元3021年5月15日，银河系各殖民星球
的联军在最后的总决战题日的传说中，攻破了特莱维尼—太阳
系联邦的首府，以地球为代表的联邦政府宣布投降，从而结束了
两个政权之间长达260多年的战争。</p>
</div>
</body>
```

图4-12　网页HTML代码

**02** 在网页的大段文本中添加<img>标签插入需要绕排的图像，如图4-13所示。保存页面，在浏览器中预览页面，可以看到在文本中插入图像的显示效果，如图4-14所示。

```
<div id="box">
  <img src="images/42202.jpg" width="200" height="200"
alt="">
  <p>每一夜，当你仰望浩瀚的星空，是否想过其中蕴藏过诸多
的传奇？那个风起云涌的年代已经过去，璀璨的银河重新陷入
沉寂，一切都凝定成历史，变成了回忆。那是黄金时代的终结
。然而，请不要忘记—每一颗星辰都是战士的灵魂，在苍穹中
俯视新生的大地，每一颗流星都是一个未曾完成的心愿，在黑
暗中刹那燃烧成灰烬。只是，归家的路途，终点又在哪里？</p>
  <p>一年的5月15日，即公元3021年5月15日，银河系各殖民星
球的联军在最后的总决战题日的传说中，攻破了特莱维尼—太
阳系联邦的首府，以地球为代表的联邦政府宣布投降，从而结束
了两个政权之间长达260多年的战争。</p>
</div>
</body>
```

图4-13　添加图像标签和属性设置

图4-14　预览插入图像效果

**03** 返回网页的HTML代码中，在刚刚添加的<img>标签中添加align属性设置，实现文本绕图效果，如图4-15所示。保存页面，在浏览器中预览页面，可以看到在网页中实现的文本绕图效果，如图4-16所示。

```
<div id="box">
  <img src="images/42202.jpg" width="200" height="200"
alt="" align="right">
  <p>每一夜，当你仰望浩瀚的星空，是否想过其中蕴藏过诸多
的传奇？那个风起云涌的年代已经过去，璀璨的银河重新陷入
沉寂，一切都凝定成历史，变成了回忆。那是黄金时代的终结
。然而，请不要忘记—每一颗星辰都是战士的灵魂，在苍穹中
俯视新生的大地，每一颗流星都是一个未曾完成的心愿，在黑
暗中刹那燃烧成灰烬。只是，归家的路途，终点又在哪里？</p>
  <p>一年的5月15日，即公元3021年5月15日，银河系各殖民星
球的联军在最后的总决战题日的传说中，攻破了特莱维尼—
太阳系联邦的首府，以地球为代表的联邦政府宣布投降，从而结束
了两个政权之间长达260多年的战争。</p>
</div>
```

图4-15　添加align属性设置

图4-16　预览图文混排效果

## ▶▶▶ 4.3 创建超链接

超链接是网页中最重要、最根本的元素之一，是从一个网页或文件到另一个网页或文件的链接，包括图像或多媒体文件，还可以指向电子邮件地址或程序。在网页中创建链接，就可以把Internet中众多的网站和网页联系起来，构成一个有机的整体。网站中的每一个网页都是通过超链接的形式关联在一起的，如果页面之间是彼此独立的，那么这样的网站将无法正常运行。

### 4.3.1 使用<a>标签创建超链接

超链接标签<a>在HTML中既可以作为一个跳转到其他页面的链接，也可以作为"埋设"在文档中某一处的一个"锚定位"，<a>也是一个行内元素，可以成对出现在一段文档的任意位置。

超链接<a>标签的基本语法如下。

```
<a href="链接目标" name="链接名称" title="提示文字" target="打开方式">超链接对象</a>
```

<a>标签中的相关属性及说明如下。

- **href**：该属性用于指定链接地址。
- **name**：该属性用于给链接命名。
- **title**：该属性用于给链接添加提示文字。
- **target**：该属性用于指定链接的目标窗口。

### 4.3.2 超链接打开方式target属性

在默认情况下，链接打开的方式是在原浏览器窗口打开，通过设置target属性来控制打开的窗口目标。设置超链接打开方式的基本语法如下。

```
<a href="链接目标" target="目标窗口打开方式">超链接对象</a>
```

target属性的属性值有5个，分别说明如下。

- **_blank**：表示在一个全新的空白窗口中打开链接。
- **_parent**：表示在当前框架的上一层打开链接。
- **_self**：表示在当前窗口打开链接。
- **_top**：表示在链接所在的最高级窗口中打开。
- **new**：与_blank类似，将链接的页面从一个新的浏览器打开。

### 4.3.3 相对链接和绝对链接

相对路径最适合网站的内部链接。只要是属于同一网站，即使不在同一个目录中，相对路径也非常的适合。

如果链接到同一目录中，则只需输入要链接文档的名称；如果要链接到下一级目录中的文件，只需先输入目录名，然后加"/"，再输入文件名；如果要链接到上一级目录中的文件，则先输入"../"，再输入目录名、文件名。

绝对路径为文件提供完整的路径，包括使用的协议（如http、ftp和rtsp等）。一般常见的绝对路径如http://www.ptpress.com.cn等。

采用绝对路径的缺点在于这种方式的超链接不利于测试。如果在站点中使用绝对路径，要想测试链接是否有效，必须在Internet服务器端对超链接进行测试。

┌─────────────────────────────────────────────────────────────────┐
│ **实战**　为文字和图像设置超链接                                    │
│ 最终文件：最终文件\第4章\4-3-3.html　　视频：视频\第4章\4-3-3.mp4  │
└─────────────────────────────────────────────────────────────────┘

01 执行"文件>打开"命令，打开页面"源文件\第4章\4-3-3.html"，效果如图4-17所示，切换到代码视图中，可以看到该页面的HTML代码，如图4-18所示。

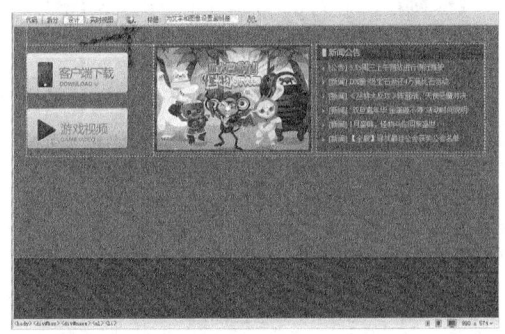

```html
<body>
<div id="box">
  <div id="left"><img src="images/43303.jpg" width=
"207" height="79" alt=""><img src="images/43304.jpg"
width="207" height="80" alt=""></div>
  <div id="pic"><img src="images/43306.jpg" width="311"
height="202" alt=""></div>
  <div id="news">
    <ul>
      <li>[公告] 5.15周三上午网站进行例行维护</li>
      <li>[新闻] DX服5级宝石返还4万莫比石活动</li>
      <li>[新闻] 《丛林大反攻》阵营战，天使恶魔对决</li>
      <li>[新闻] &ldquo;双旦嘉年华 金銮殿不停&rdquo;活动时
间说明</li>
      <li>[新闻] 1月盛典，怪物与你同享盛世</li>
      <li>[新闻] 【全服】寻找最佳公会获奖公会名单</li>
    </ul>
  </div>
</div>
</body>
</html>
```

图4-17　打开页面　　　　　　　　　　图4-18　网页HTML代码

02 为网页中相应的文字添加<a>标签并设置相对链接地址，如图4-19所示。保存页面，在浏览器中预览页面，效果如图4-20所示。

```html
<div id="news">
  <ul>
    <li>[公告] <a href="4-2-2.html">5.15周三上午网站进行例行维护</a></li>
    <li>[新闻] DX服5级宝石返还4万莫比石活动</li>
    <li>[新闻] 《丛林大反攻》阵营战，天使恶魔对决</li>
    <li>[新闻] &ldquo;双旦嘉年华 金銮殿不停&rdquo;活动时间说明</li>
    <li>[新闻] 1月盛典，怪物与你同享盛世</li>
    <li>[新闻] 【全服】寻找最佳公会获奖公会名单</li>
  </ul>
</div>
```

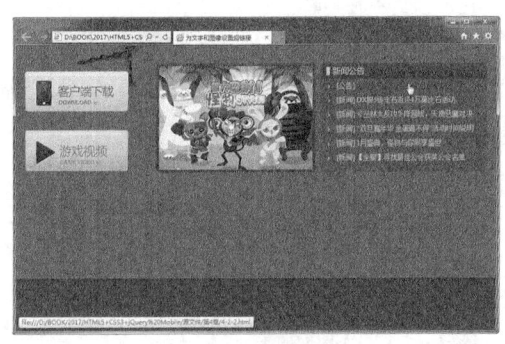

图4-19　为文字添加超链接设置　　　　图4-20　预览页面效果

03 单击页面中设置了超链接的文字，即可跳转到所连接的4-2-2.html页面，如图4-21所示。返回网页HTML代码中，为相应的图像添加<a>标签并设置URL绝对链接地址，如图4-22所示。

```html
<div id="pic"><a href="http://www.baidu.com"><img src=
"images/43306.jpg" width="311" height="202" alt=""></a></div>
  <div id="news">
    <ul>
      <li>[公告] <a href="4-2-2.html">5.15周三上午网站进行例行维护</a></li>
      <li>[新闻] DX服5级宝石返还4万莫比石活动</li>
      <li>[新闻] 《丛林大反攻》阵营战，天使恶魔对决</li>
      <li>[新闻] &ldquo;双旦嘉年华 金銮殿不停&rdquo;活动时间说明</li>
      <li>[新闻] 1月盛典，怪物与你同享盛世</li>
      <li>[新闻] 【全服】寻找最佳公会获奖公会名单</li>
    </ul>
  </div>
```

图4-21　跳转到相应的链接页面　　　　图4-22　为图像添加超链接设置

**04** 保存页面，在浏览器中预览页面，效果如图4-23所示。单击页面中设置了超链接的文字，即可跳转到百度网站首页面，如图4-24所示。

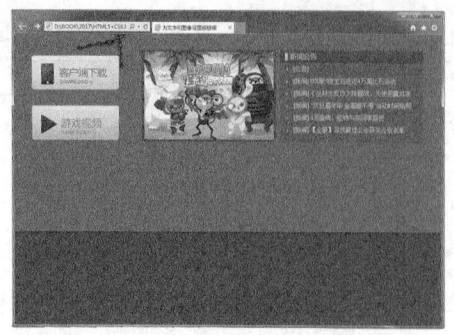 

图4-23 预览页面效果　　　　　　　　　　　　　图4-24 跳转到URL绝对地址链接

## ▶▶▶ 4.4 创建特殊链接

超链接还可以进一步扩展网页的功能，比较常用的有发送电子邮件、空链接和下载链接等，创建这些特殊的超链接，关键在于href属性值的设置。本节将向读者介绍在HTML页面中创建各种特殊的超链接的方法。

### 4.4.1 空链接

有些客户端行为的动作，需要由超链接来调用，这时就需要用到空链接了。访问者单击网页中的空链接，将不会打开任何文件。

空链接的基本语法如下。

```
<a href="#">链接的文字</a>
```

空链接是设置href属性值为"#"号来实现的。

### 4.4.2 文件下载链接

链接到下载文件的方法和链接到网页的方法完全一样。当被链接的文件是exe文件或rar文件等浏览器不支持的类型时，这些文件会被下载，这就是网上下载的方法。

文件下载链接的基本语法如下。

```
<a href="文件的路径地址">超链接对象</a>
```

下载链接可以为浏览者提供下载文件，是一种很实用的下载方式。

### 4.4.3 锚点链接

在创建锚点链接前首先需要在页面中相应的位置插入锚点。

插入锚点的基本语法如下。

```
<a name="锚点名称"></a>
```

利用锚点名称可以链接到相应的位置。

在网页中相应的位置插入锚点以后，就可以创建到锚点的链接，需要用#号及锚点的名称作为href属性值。创建锚点链接的基本语法如下。

```
<a href="#锚点名称">超链接对象</a>
```

在href属性后输入"#"号和在页面插入的锚点名称，可以链接到页面中不同的位置。

如果需要创建到其他页面的锚点链接，可以设置href属性为链接页面的路径名称再加上#号和锚点名称。创建到其他页面的锚点链接的基本语法如下。

```
<a href="链接页面名称#锚点名称">超链接对象</a>
```

与链接同一页面中的锚点名称不同的是，需要在"#"号前增加页面的路径地址。

## 4.4.4 脚本链接

脚本链接对大多数人来说是比较陌生的词汇，脚本链接一般用于提供给浏览者关于某个方面的额外信息，而不用离开当前页面。脚本链接具有执行JavaScript代码的功能，如校验表单等。

脚本链接的基本语法如下。

```
<a href="JavaScript:执行的脚本程序">超链接对象</a>
```

## 4.4.5 E-mail链接

无论是个人网站还是商业网站，经常会在网页的最下方留下站长或公司的E-mail地址，当网友对网站有意见或建议时可以直接单击E-mail超链接，给网站的相关人员发送邮件。E-mail超链接可以建立在文字上，也可以建立在图像上。

电子邮件链接的基本语法如下。

```
<a href="mailto:邮件地址">发送电子邮件</a>
```

创建电子邮件链接的要求是邮件地址必须完整，如intel@163.com。

**实战** 在网页中创建特殊超链接
最终文件：最终文件\第4章\4-4-5.html    视频：视频\第4章\4-4-5.mp4

01 执行"文件>打开"命令，打开页面"源文件\第4章\4-4-5.html"，效果如图4-25所示，切换到代码视图中，可以看到该页面的HTML代码，如图4-26所示。

02 在网页中为相应的图片添加<a>标签，并设置E-mail链接，直接将href属性设置为mailto:+电子邮件地址即可，如图4-27所示。保存页面，在浏览器中预览页面，效果如图4-28所示。

图4-25 打开页面

```
<body>
<div id="main"><img src="images/44502.png" width="548"
height="544" alt=""/>
    <div id="top">
        <img src="images/44503.png" width="150" height="25"
alt=""/>
        <img src="images/44504.png" width="150" height="25"
alt=""/>
        <img src="images/44505.png" width="150" height="25"
alt=""/>
        <img src="images/44506.png" width="150" height="25"
alt=""/>
    </div>
</div>
</body>
```

图4-26 网页HTML代码

```
<div id="top">
    <a href="mailto:xxxx@163.com"><img src=
"images/44503.png" width="150" height="25" alt=""/></a>
        <img src="images/44504.png" width="150" height="25"
alt=""/>
        <img src="images/44505.png" width="150" height="25"
alt=""/>
        <img src="images/44506.png" width="150" height="25"
alt=""/>
    </div>
```

图4-27 设置电子邮件链接

图4-28 预览页面效果

03 单击设置了E-mail链接的图片,可以弹出系统中默认的电子邮件收发软件,如图4-29所示。返回网页HTML代码中,在网页中为相应的图片添加<a>标签,并设置文件下载链接,直接将href属性设置为需要下载的文件即可,如图4-30所示。

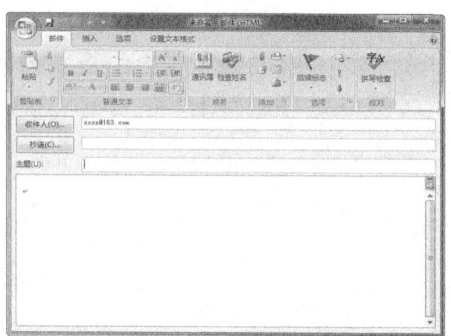

图4-29 默认电子邮件收发软件

```
<div id="top">
    <a href="mailto:xxxx@163.com"><img src=
"images/44503.png" width="150" height="25" alt=""/></a>
    <a href="images/video.rar"><img src=
"images/44504.png" width="150" height="25" alt=""/></a>
        <img src="images/44505.png" width="150" height="25"
alt=""/>
        <img src="images/44506.png" width="150" height="25"
alt=""/>
    </div>
```

图4-30 设置文件下载链接

04 保存页面,在浏览器中预览页面,效果如图4-31所示。单击设置文件下载链接的图片,可以弹出文件下载的提示,如图4-32所示。

05 返回网页HTML代码中,为相应的图片添加<a>标签,在<a>标签中设置href属性值为#,从而创建空链接,如图4-33所示。保存页面,在浏览器中预览页面,单击设置了空链接的图片,不能实现页面跳转,如图4-34所示。

> 提示
>
> 所谓空链接,就是没有目标端点的链接。利用空链接,可以激活文件中链接对应的对象和文本。当文本或对象被激活后,可以为之添加行为,如当鼠标指针经过后变换图片,或者使某一div显示。

06 返回网页HTML代码中,为相应的图片添加<a>标签,并设置脚本链接,将href属性设置为关闭浏览器窗口的

JavaScript脚本代码，如图4-35所示。保存页面，在浏览器中预览页面，单击设置了脚本链接的图片，将会弹出关闭窗口提示对话框，单击"是"按钮，即可关闭当前浏览器窗口，如图4-36所示。

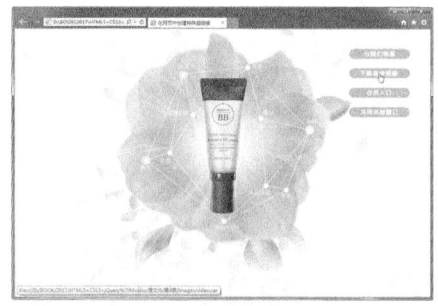

图4-31　预览页面效果

图4-32　弹出下载文件提示

```
<div id="top">
    <a href="mailto:xxxx@163.com"><img src=
"images/44503.png" width="150" height="25" alt=""/></a>
    <a href="images/video.rar"><img src=
"images/44504.png" width="150" height="25" alt=""/></a>
    <a href="#"><img src="images/44505.png" width="150"
height="25" alt=""/></a>
    <img src="images/44506.png" width="150" height="25"
alt=""/>
</div>
```

图4-33　设置空链接

图4-34　测试空链接效果

```
<div id="top">
    <a href="mailto:xxxx@163.com"><img src=
"images/44503.png" width="150" height="25" alt=""/></a>
    <a href="images/video.rar"><img src=
"images/44504.png" width="150" height="25" alt=""/></a>
    <a href="#"><img src="images/44505.png" width="150"
height="25" alt=""/></a>
    <a href="JavaScript:window.close()"><img src=
"images/44506.png" width="150" height="25" alt=""/></a>
</div>
```

图4-35　设置脚本链接

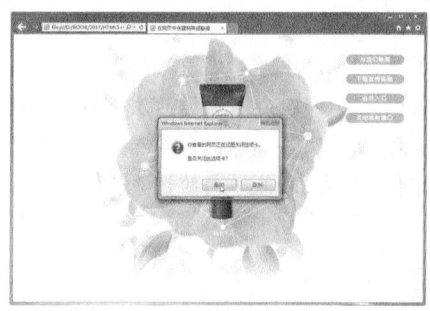

图4-36　测试脚本链接效果

> **提示**
>
> 　　此处为该图像设置的是一个关闭窗口的JavaScript脚本代码，当用户单击该图像时，就会执行该JavaScript脚本代码。

# ▶▶▶ 4.5　本章小结

　　现在几乎在所有的网页中都可以看到大量的图像，熟练掌握在网页中插入和设置图像的方法是非常重要的。超链接是网页的重要组成部分，通过网页所提供的链接功能，用户可以链接到网络上的其他网页。本章为读者详细介绍了在HTML页面中插入图像及超链接的方法，读者需要熟练地掌握并且能够在制作HTML页面的过程中灵活运用。

# 第5章

# 使用HTML5中的表单元素

表单是静态HTML和动态网页技术的枢纽，是离用户距离最贴近的部分，所以外观必须给用户以信任感，并且功能模块清晰、操作便捷。不过，表单元素在HTML中并不属于动态技术，只是一种数据提交的方法。表单在网页中主要用来收集客户端提交的相关信息，使网页具有互动功能。本章将向读者讲解HTML中的各种表单元素的使用和设置方法，并学习完整表单页面的制作方法。

**本章知识点**

- 理解 `<form>` 标签及相关属性的设置方法
- 掌握传统表单元素的使用和设置方法
- 了解HTML5表单的发展及作用
- 认识并掌握HTML5新增的表单输入类型
- 理解HTML5中新增的表单属性和表单元素
- 掌握HTML5中表单的验证方法

## ▶▶▶ 5.1 关于表单

在HTML中，`<form></form>`标签对用来创建一个表单，即定义表单的开始和结束位置，在标签对之间的一切都属于表单的内容。

每个表单元素开始于`<form>`标签，可以包含所有的表单控件，还有必需的伴随数据，如控件的标签、处理数据的脚本或程序的位置等。

### 5.1.1 表单域 `<form>` 标签

网页中的`<form></form>`标签用来插入一个表单，在表单中可以插入相应的表单元素。

插入表单的基本语法如下。

```
<form name="表单名称" action="表单处理程序" method="数据传送方式">
......

</form>
```

在表单的<form>标签中，可以设置表单的基本属性，包括表单的名称、处理程序和传送方法等。一般情况下，表单的处理程序action属性和传送方法method属性是必不可少的参数。

## 5.1.2　<form>标签属性设置

在<form>标签中可以设置多种属性，通过这些属性可以设置表单数据的提交地址、提交方式等，下面将介绍<form>标签中的相关属性设置的方法。

### 1. name属性

name属性用于给表单命名。这一属性不是表单的必需属性，但是为了防止表单信息在提交到后台处理程序时出现混乱，一般要设置一个与表单功能符合的名称，如注册页面的表单可以命名为register。不同的表单尽量不用相同的名称，以避免混乱。

> **技巧**
>
> 表单元素的名称不能包含空格或特殊字符，可以使用字母、数字字符和下划线的任意组合。注意，为文本域指定的名称最好便于记忆。

### 2. action属性

action属性用于指定表单数据提交到哪个地址进行处理。真正处理表单的数据脚本或程序在action属性里，这个值可以是程序或脚本的一个完整URL。

设置表单动作基本语法如下。

```
<form action="表单的处理程序">
......
</form>
```

在该语法中，表单的处理程序定义的是表单要提交的地址，也就是表单中收集到的资料将要传递的程序地址。这一地址可以是绝对地址，也可以是相对地址，还可以是一些其他的地址方式，如E-mail地址等。

### 3. method属性

表单的method属性用于指定在数据提交到服务器时使用哪种HTTP提交方法，其值有两种，get和post。默认使用get方法，而post是最常用的方法。

（1）get。

get方法是通过URL传递给程序的，数据容量小，并且数据暴露在URL中，非常不安全。get将表单中的数据按照"变量=值"的形式添加到action所指向的URL后面，并且两者使用了"？"连接，而各个变量使用"&"连接。

（2）post。

post方法是将表单中的数据放在form的数据体中，按照变量和值相对应的方式，传递到action所指向的程序。post方法能传输大容量的数据，并且所有操作对用户来说都是不可见，非常安全。

> **提示**
>
> 通常情况下，在选择表单数据的传递方式时，简单、少量和安全的数据可以使用get方法进行传递，大量的数据内容或者需要保密的内容则使用post方法进行传递。

### 4. enctype属性

<form>标签中的enctype属性用于设置表单信息提交的编码方式。

设置表单编码方式的基本语法如下。

```
<form enctype="编码方式">
……
</form>
```

enctype属性为表单定义了MIME编码方式，enctype的属性值及说明如下。

（1）text/plain。

enctype属性值设置为text/plain，表示以纯文本的形式传送。

（2）application/x-www-form-urlencoded。

enctype属性值设置为Application/x-www-form-urlencoded，表示默认的编码形式。

（3）multipart/form-data。

enctype属性值设置为multipart/form-data，表示MIME编码，上传文件的表单必须选择该项。

**5. target属性**

target属性用来指定目标窗口的打开方式。表单的目标窗口往往用来显示表单的返回信息，如是否成功提交表单的内容、是否出错等。

目标窗口的打开方式target属性的属性值有5个，分别是_blank、new、_parent、_self和_top，各属性值的意义与超链接标签<a>中的target属性的属性值相同。

> **提示**
>
> 以上所讲解的只是表单的基本标签及其相关的设置属性，而表单的<form>标签只有和它所包含的具体表单元素相结合才能真正实现表单收集信息的功能。

## ▶▶▶ 5.2　传统表单元素

只有一个表单是无法实现其功能的，表单标签只有和它所包含的具体表单元素相结合才能真正实现表单收集信息的功能。属于表单内部的元素比较多，适用于不同类型的数据记录。大部分的表单元素都采用单标签<input>，不同的表单元素<input>标签的type属性取值不同。

### 5.2.1　文本域

文本域属于表单中使用比较频繁的表单元素，在网页中很常见。文本域又分为单行文本字段、密码框和多行文本框，此处所说的文本域就是单行文本框。

文本域的基本语法如下。

```
<input type="text" value="初始内容" size="字符宽度" maxlength="最多字符数">
```

该语法将生成一个空的单行文本框，value属性可以设置其文字的初始内容；size属性可以设置字符宽度；maxlength可以设置最多容纳的字符数量。

> **技巧**
>
> 如果只需要单行文本框显示相应的内容，而不允许浏览者输入内容，可以在单行文本框的<input>标签中添加readonly属性，并设置该属性的值为true。

## 5.2.2 密码域

密码域用于输入密码，在浏览者填入内容时，密码框内将以星号或其他系统定义的密码符号显示，以保证信息安全。

密码域的基本语法如下。

```
<input type="password">
```

该语法将生成一个空的密码框，除了显示不同的内容外，密码框的其他属性和单行文本框一样。

## 5.2.3 文本区域

如果用户需要输入大量的内容，单行文本框显然无法完成，需要用到文本区域。

文本区域的基本语法如下。

```
<textarea cols="宽度" rows="行数"></textarea>
```

<textarea>与</textarea>之间的内容为文本区域中显示的初始文本内容。文本区域的常用属性有cols（列）和rows（行），cols属性设定文本区域的宽度，rows属性的设定文本区域的具体行数。

> ── 技巧 ──
>
> 在文本区域<textarea>标签中可以通过wrap属性控制文本的换行方法。该属性的值有off、virtual和phisical。off值代表字符输入超过文本框宽度时不会自动换行；virtual值和phicical值都是自动换行，不同的是virtual值输出的数据在自动换行处没有换行符号，phisical值输出的数据在自动换行处有换行符号。

## 5.2.4 隐藏域

隐藏域在网页中起着非常重要的作用，它可以存储用户输入的信息，如姓名、电子邮件地址或常用的查看方式，在用户下次访问该网站的时候使用这些数据，但是隐藏域在浏览页面的过程中是看不到的，只有在页面的HTML代码才可以看到。

很多时候传给程序的数据不需要浏览者填写，这种情况下通常采用隐藏域传递数据。

隐藏域的基本语法如下。

```
<input type="hidden" value="数据">
```

隐藏域在页面中不可见，但是可以装载和传输数据。

## 5.2.5 复选框

为了让浏览者更快捷地在表单中填写数据，表单提供了复选框元素，浏览者可以在复选框中勾选一项或多项选项。

复选框的基本语法如下。

```
<input type="checkbox">
```

在网页中通过<input type="checkbox">插入到网页中的复选框，默认状态下是没有被选中的，如果希望复选框默认就是选中状态，可以在复选框的<input>标签中添加checked属性设置。

## 5.2.6 单选按钮

单选按钮和复选框一样,可以快捷地让浏览者在表单中填写数据。

单选按钮的基本语法如下。

```
<input type="radio">
```

为了保证多个单选按钮属于同一组,必须使一组中每个单选按钮都具有相同的name属性值,操作时在单选按钮组中只能选定一个单选按钮。

## 5.2.7 选择域

通过选择域标签<select>和<option>可以在网页中建立一个列表或者菜单。在网页中,菜单可以节省页面的空间,正常状态下只能看到一个选项,单击下拉按钮打开菜单后,才可以看到全部的选项;列表可以显示一定数量的选项,如果超出这个数值,则会出现滚动条,浏览者便可以通过拖动滚动条来查看各个选项。

选择域标签<select>和<option>语法格式如下。

```
<form id-"form1" name="form1" method="post" action="">
  <select name="name" id="name">
    <option>选项一</option>
    <option>选项二</option>
    <option>选项三</option>
  </select>
</form>
```

<select>和<option>标签的相关属性说明如下。

- **name**:用于设置选择域的名称。
- **size**:用于设置列表的行数。
- **value**:用于设置菜单的选项值。
- **multiple**:表示以菜单的方式显示信息,省略则以列表的方式显示信息。

## 5.2.8 文件域

文件域可以让用户在域的内部填写文件路径,然后通过表单上传,这是文件域的基本功能。例如,在线发送E-mail时常见的附件功能。有的时候要求用户将文件提交给网站,如Office文档、浏览者的个人照片或者其他类型的文件,这个时候就要用到文件域。

文件域的基本语法如下。

```
<input type="file">
```

文件域由一个文本框和一个"浏览"按钮组成。浏览者可以通过表单的文件域来上传指定的文件,浏览者既可以在文件域的文本框中输入一个文件的路径,也可以单击文件域的"浏览"按钮来选择一个文件,当访问者提交表单时,文件将被上传。

## 5.2.9 按钮

HTML中的按钮有着广泛的应用,根据type属性的不同可以分为3种类型。

按钮表单元素的基本语法如下。

普通按钮：<input type="button">

重置按钮：<input type="reset">

提交按钮：<input type="submit">

普通按钮，需要JavaScript技术进行动态行为的编程；重置按钮，即当浏览者单击该按钮，表单中所有表单元素将恢复初始值；提交按钮，即当浏览者单击该按钮，所属表单将提交数据。

对于表单而言，按钮是非常重要的，其能够控制对表单内容的操作，如"提交"或"重置"。如果要将表单内容发送到远端服务器上，可使用"提交"按钮；如果要清除现有的表单内容，可使用"重置"按钮。如果需要修改按钮上的文字，可以在按钮的<input>标签中修改value属性值。

## 5.2.10　图像域

使用默认的按钮形式往往会让人觉得单调，如果网页使用了较为丰富的色彩，或稍微复杂的设计，再使用表单默认的按钮形式甚至会破坏整体的美感。这时，可以使用图像域创建和网页整体效果相统一的图像提交按钮。

表单提供的图像域元素可以替代提交按钮，实现提交表单的功能。

图像域的基本语法如下。

```
<input type="image" src="图片路径">
```

> **提示**
>
> 默认情况下，图像域只能起到提交表单数据的作用，不能起到其他的作用，如果想要改变其用途，则需要在图像域标签中添加特殊的代码来实现。

**实战**　制作网站登录表单
最终文件：最终文件\第5章\5-2-10.html　　视频：视频\第5章\5-2-10.mp4

**01** 打开页面"源文件\第5章\5-2-10.html"，可以看到页面效果，如图5-1所示。切换到代码视图，可以看到该网页的HTML代码，如图5-2所示。

图5-1　打开页面

```
<!doctype html>
<html>
<head>
<meta charset="utf-8">
<title>制作网站登录表单</title>
<link href="style/5-2-10.css" rel="stylesheet"
type="text/css">
</head>

<body>
<div id="box">
  <div id="login">此处显示 id "login" 的内容</div>
</div>
</body>
</html>
```

图5-2　网页HTML代码

**02** 在<div id="login">与</div>标签之间，将多余的文字删除，输入表单域<form>标签，如图5-3所示。在表单域<form>与</form>标签之间添加文本域代码，如图5-4所示。

```
<body>
<div id="box">
  <div id="login">
    <form id="form1" name="form1" method="post">
    </form>
  </div>
</div>
</body>
```

图5-3　添加表单域标签代码

```
<body>
<div id="box">
  <div id="login">
    <form id="form1" name="form1" method="post">
      <input type="text" name="uname" id="uname">
    </form>
  </div>
</div>
</body>
```

图5-4　添加文本域代码

> **提示**
>
> 　　虽然在HTML5中为表单元素新增了form属性，通过该属性可以指定表单元素所从属的表单域，并不一定需要把表单元素放置在表单域<form>与</form>标签之间，但我们依然建议将相关的表单元素都放置在表单域<form>与</form>标签之间，这样代码内容更加明确。

**03** 返回网页设计视图中，可以看到页面中文本域的显示效果，如图5-5所示。保存页面，在浏览器中预览页面，可以看到文本域默认的显示效果，如图5-6所示。

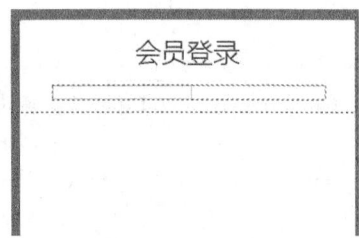

图5-5　页面效果

图5-6　预览文本域默认效果

**04** 返回网页的HTML代码中，在刚添加的文本域代码后输入换行符标签<br>，如图5-7所示。在<br>标签之后输入文字并添加密码域代码，如图5-8所示。

```
<body>
<div id="box">
  <div id="login">
    <form id="form1" name="form1" method="post">
      <input type="text" name="uname" id="uname"><br>
    </form>
  </div>
</div>
</body>
```

图5-7　添加换行标签

```
<body>
<div id="box">
  <div id="login">
    <form id="form1" name="form1" method="post">
      <input type="text" name="uname" id="uname"><br>
      <input type="password" name="upass" id="upass">
    </form>
  </div>
</div>
</body>
```

图5-8　添加密码域代码

**05** 返回网页设计视图中，可以看到页面中密码域的显示效果，如图5-9所示。保存页面，在浏览器中预览页面，可以看到密码域默认的显示效果，如图5-10所示。

**06** 返回网页的HTML代码中，在刚添加的密码域代码后输入换行符标签<br>，在<br>标签之后输入复选框代码和文字，如图5-11所示。返回网页设计视图中，可以看到页面中复选框的显示效果，如图5-12所示。

**07** 返回网页的HTML代码中，在"下次自动登录"文字之后输入换行符标签<br>，在<br>标签之后输入图像域代码，如图5-13所示。返回网页设计视图中，可以看到页面中图像域的显示效果，如图5-14所示。

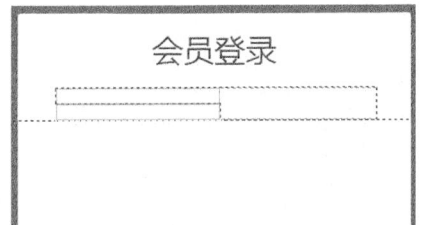

图5-9 页面效果

图5-10 预览密码域默认效果

```
<body>
<div id="box">
  <div id="login">
    <form id="form1" name="form1" method="post">
      <input type="text" name="uname" id="uname"><br>
      <input type="password" name="upass" id="upass"><br>
      <input type="checkbox" name="checkbox" id="checkbox">下次自动登录
    </form>
  </div>
</div>
</body>
```

图5-11 添加复选框代码

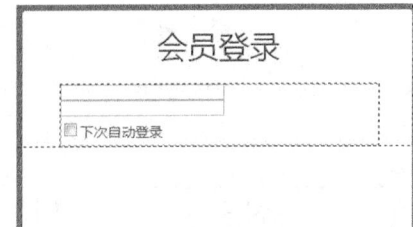

图5-12 页面效果

```
<body>
<div id="box">
  <div id="login">
    <form id="form1" name="form1" method="post">
      <input type="text" name="uname" id="uname"><br>
      <input type="password" name="upass" id="upass"><br>
      <input type="checkbox" name="checkbox" id="checkbox">下次自动登录<br>
      <input type="image" name="btn" id="btn" src="images/5202.jpg">
    </form>
  </div>
</div>
</body>
```

图5-13 添加图像域代码

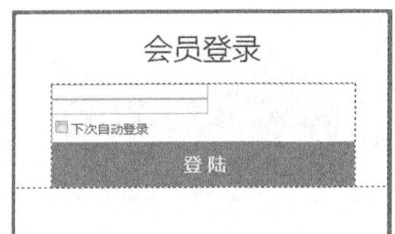

图5-14 页面效果

08 保存页面，在浏览器中预览页面，可以看到各表单元素默认的显示效果，如图5-15所示。切换到该网页所链接的外部CSS样式表文件中，创建名为#uname的CSS样式，如图5-16所示。

图5-15 预览页面效果

```
#uname {
    width: 265px;
    height: 30px;
    border: solid 1px #CECECE;
    background-image: url(../images/5203.gif);
    background-repeat: no-repeat;
    background-position: 15px center;
    padding: 9px 15px 9px 45px;
    margin: 15px 0px;
}
```

图5-16 CSS样式代码

---

提示

用于输入用户名的文本域<input>标签中设置了id属性为uname，所以此处创建名称为#uname的ID CSS样式对id名称为uname的网页元素进行设置。关于CSS样式将在后面的章节中进行详细介绍。

---

09 返回网页设计视图中，可以看到页面中文本域的效果，如图5-17所示。切换到外部CSS样式表文件中，创建名为#upass的CSS样式，如图5-18所示。

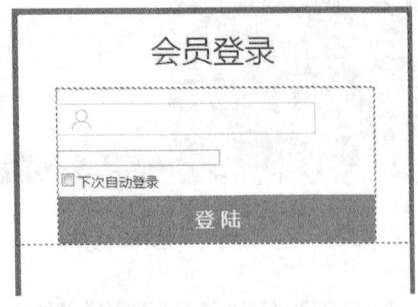

图5-17　文本域效果

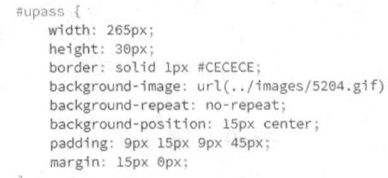

图5-18　CSS样式代码

10 返回网页设计视图中，可以看到页面中密码域的效果，如图5-19所示。切换到外部CSS样式表文件中，创建名为#checkbox的CSS样式，如图5-20所示。

图5-19　密码域效果

图5-20　CSS样式代码

11 返回网页设计视图中，可以看到页面中复选框的效果，如图5-21所示。保存页面，并保存外部CSS样式表文件，在浏览器中预览页面，可以看到所制作的登录表单页面的效果，如图5-22所示。

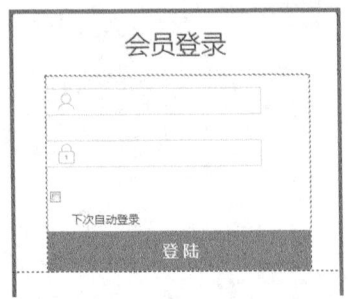

图5-21　复选框效果

图5-22　预览登录表单页面

## ▶▶▶ 5.3　关于HTML5新增表单元素

　　HTML5对表单的发展，是适应互联网发展的需要，也是在适应开发者的需要。相比以前，HTML5的表单功能有了革命性的改变。

## 5.3.1 HTML5表单的优势

在实际的表单应用中，一些特殊的数据输入需要一个独立的规则，如邮件、网址等，都会提供一个特定的格式限定和验证。

由于移动互联网的快速发展，在面向移动设备的时候，通过识别表单类型，可以提供更友好的用户体验，如可以呈现不同的屏幕键盘等。

在原有表单的基础上，HTML5的表单参照XForms的一些验证功能，再结合实际发展的需要，制定了新型的功能性表单，并且支持表单验证。

在做表单处理的时候，最常用的就是表单验证了。一般的验证会写很多冗长的JavaScript代码，或者借助一些基于JavaScript的验证框架，如目前比较流行的jQuery的验证框架。HTML5发展了这些表单，把具有特定规则意义的表单，扩展一些特有的特性作为表单的原始功能；验证表单的功能，也作为表单本身应具备的功能，被原生的支持。

HTML5的表单，无论是在表现方面还是在功能方面都非常优越，开发起来可以不用那么复杂。HTML5的表单的目的就是让这一切友好的应用变得简单。

## 5.3.2 浏览器对HTML5表单的支持情况

由于HTML5的规范还在渐进发展中，各个浏览器的支持程度也不一样，因此在使用HTML5表单功能时，应尽量避免滥用，最好再提供替代解决方案。

根据HTML5的设计原则，在老版本的浏览器中，新的表单空间会平滑降级，不需要判断浏览器的支持情况。

虽然HTML5表单的一些规范还没有获得浏览器的支持，但仍然可以借鉴表单规范的设计思想，如果浏览器不支持，还可以通过其他方式帮助实现。

## 5.3.3 新增表单输入类型

HTML5大幅度地改进了<input>标签的类型。不同类型的表单元素所附加的功能也不相同。到目前为止，对HTML5新增表单元素支持最多、最全面的浏览器是Opera浏览器。对于不支持新增表单类型的浏览器来说，会默认识别为text类型，即显示为普通文本域。

### 1. url类型

url类型的input元素，是专门为输入url地址定义的文本框。在验证输入文本的格式时，如果该文本框中的内容不符合url地址的格式，会提示验证错误。

url表单类型的使用方法如下。

```
<input type="url" name="weburl" id="weburl" value=" ">
```

### 2. email类型

email类型的input元素，是专门为输入E-mail地址定义的文本框。在验证输入文本的格式时，如果该文本框中的内容不符合E-mail地址的格式时，会提示验证错误。

email表单类型的使用方法如下。

```
<input type="email" name="myEmail" id=" myEmail" value=" ">
```

> **技巧**
>
> email类型的input元素还有一个multiple属性，表示在该文本框中可输入用逗号隔开的多个邮件地址。

### 3. range类型

range类型的input元素把输入框显示为滑动条，为某一特定范围内的数值选择器。它还具有min和max属性，表示选择范围的最小值（默认为0）和最大值（默认为100）；还有step属性，表示拖动步长（默认为1）。range表单类型的使用方法如下。

```
<input type="range" name="volume" id="volume" min="0" max="10" step="2">
```

range表单类型的显示效果如图5-23所示。

### 4. number类型

number类型的input元素是专门为输入特定的数字而定义的文本框。与range类型类似，都具有min、max和step属性，表示允许范围的最小值、最大值和调整步长。

number表单类型的使用方法如下。

```
<input type="number" name="score" id="score" min="0" max="10" step="0.5">
```

number表单类型的显示效果如图5-24所示。

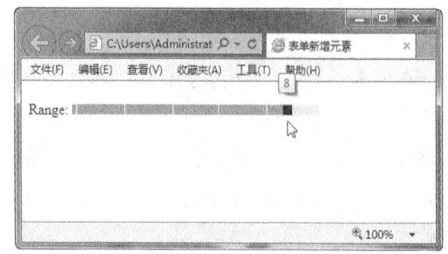

图5-23　range类型表单元素

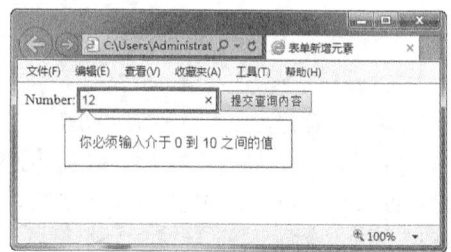

图5-24　number类型表单元素

### 5. tel类型

tel类型的input元素是专门为输入电话号码而定义的文本框，没有特殊的验证规则。

tel表单类型的使用方法如下。

```
<input type="tel" name="tel" id="tel">
```

### 6. search类型

search类型的input元素是专门为输入搜索引擎关键词定义的文本框，没有特殊的验证规则。

search表单类型的使用方法如下。

```
<input type="search" name="search" id="search">
```

### 7. color类型

color类型的input元素，默认会提供一个颜色选择器，主流浏览器还没有支持它。

color表单类型的使用方法如下。

```
<input type="color" name="color" id="color">
```

在Chrome浏览器中预览页面，可以看到color类型表单元素的效果，单击颜色表单元素的颜色块，将会弹出"颜色"对话框，可以选择颜色，选中颜色后，单击"确定"按钮，如图5-25所示。

### 8. date类型

date类型的input元素是专门用于输入日期的文本框，默认为带日期选择器的输入框。

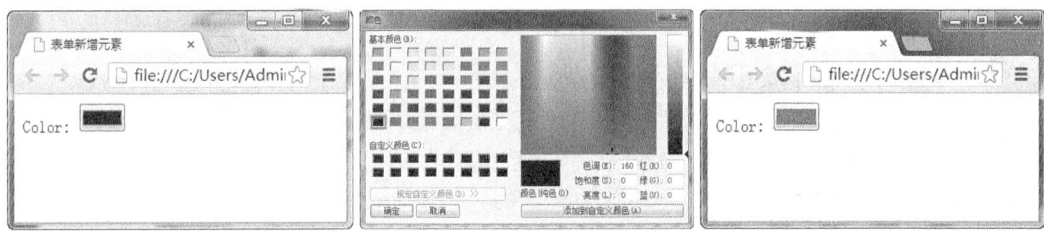

图5-25 color类型表单元素的效果

date表单类型的使用方法如下。

```
<input type="date" name="date"
 id="date">
```

在Chrome浏览器中预览页面，可以看到
date表单类型的显示效果，可以通过在文本框
右侧的向下箭头图标，在弹出的面板中选择相应
的日期，如图5-26所示。

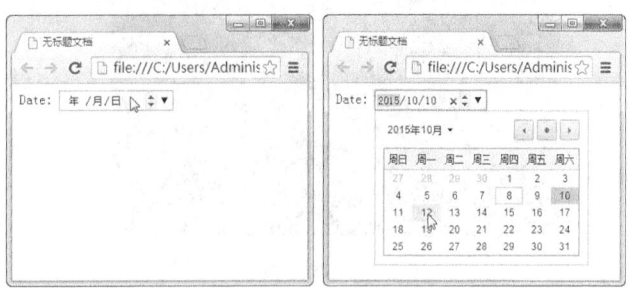

图5-26 date类型表单元素的效果

### 9. month、week、time、datetime和datetime-local类型

month、week、time、determine和determine-local类型的input元素与date类型的input元素类似，
都会提供一个相应的选择器。其中，month会提供一个月选择器；week会提供一个周选择器；time会提供时
间选择器；determine会提供完整的日期和时间（包含时区）的选择器；determine-local也会提供完整的日期
和时间（不包含时区）选择器。

month、week、time、determine、determine-local表单类型的使用方法如下。

```
<input type="month" name="month" id="month">
<input type="week" name="week" id="week">
<input type="time" name="time" id="time">
<input type="datetime" name="datetime" id="datetime">
<input type="datetime-local" name="datetime-local" id="datetime-local">
```

在Chrome浏览器中预览页面，可以看到HTML5中时间和日期表单元素的效果，如图5-27所示。可以通
过在文本框中输入时间和日期或者在不同类型的时间和日期选择器中选择时间和日期，如图5-28所示。

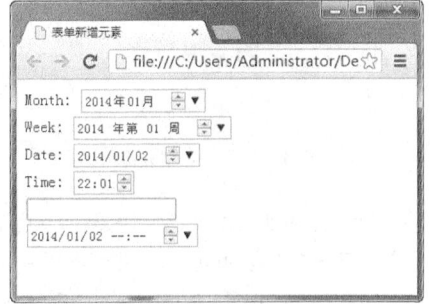

图5-27 时间和日期表单元素效果

图5-28 可以选择相应的日期或时间

**实战** 制作留言表单页面

最终文件：最终文件\第5章\5-3-3.html  视频：视频\第5章\5-3-3.mp4

**01** 执行"文件>打开"命令，打开页面"源文件\第5章\5-3-3.html"，页面效果如图5-29所示。切换到代码视图中，可以看到页面的HTML代码，如图5-30所示。

```
<body>
<div id="box">
<form id="form1" name="form1" method="post">
  <p class="head">留言板</p>
  <p>这是布局 P 标签的内容</p>
</form>
</div>
</body>
```

图5-29 打开页面 　　　　　　　　　　　　　图5-30 网页HTML代码

**02** 将鼠标光标移至<p>与</p>标签之间，将多余文字删除，输入相应的文字并添加<input>标签插入文本域，如图5-31所示。返回网页设计视图中，可以看到所插入的文本域的显示效果，如图5-32所示。

```
<div id="box">
<form id="form1" name="form1" method="post">
  <p class="head">留言板</p>
  <p>
    姓名: <input type="text" name="uname" id=
"uname" placeholder="请输入姓名">
  </p>
</form>
</div>
```

图5-31 添加文本域代码

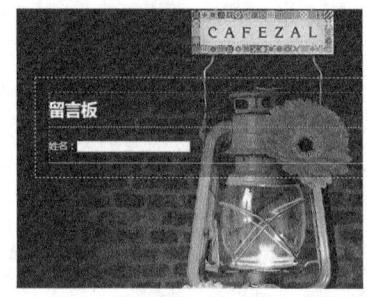

图5-32 文本域效果

**03** 切换到该网页所链接的外部CSS样式表文件中，创建名为.input01的类CSS样式，如图5-33所示。返回网页HTML代码中，在刚添加的文本域<input>标签中添加class属性，应用名为input01的类CSS样式，如图5-34所示。

```
.input01 {
    margin-left: 100px;
    width: 260px;
    height: 30px;
    border: solid 1px #FF6600;
    border-radius: 3px;
    padding: 0px 10px;
    line-height: 32px;
}
```

图5-33 CSS样式代码

```
<div id="box">
<form id="form1" name="form1" method="post">
  <p class="head">留言板</p>
  <p>
    姓名: <input type="text" name="uname" id=
"uname" placeholder="请输入姓名" class="input01">
  </p>
</form>
</div>
```

图5-34 应用类CSS样式

**04** 返回网页设计视图中，可以看到文本域的显示效果，如图5-35所示。返回到网页HTML代码中，在文本域所在的段落之后添加段落标签，输入相应的文字并添加<input>标签，插入电子邮件表单元素，如图5-36所示。

**05** 返回网页设计视图中，可以看到电子邮件表单元素的显示效果，如图5-37所示。返回到网页HTML代码中，在电子邮件表单元素所在的段落之后添加段落标签，分别添加url表单元素和tel表单元素，如图5-38所示。

**06** 使用相同的制作方法，编写其他的表单元素代码，并创建相应的CSS样式为其应用，如图5-39所示。保存页面，在Chrome浏览器中预览页面，可以看到页面中HTML5表单元素的效果，如图5-40所示。

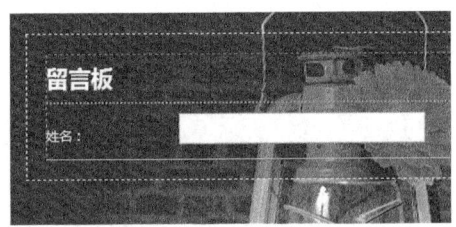

图5-35 文本域效果

```
<div id="box">
<form id="form1" name="form1" method="post">
  <p class="head">留言板</p>
    <p>
      姓名：<input type="text" name="uname" id="uname"
placeholder="请输入姓名" class="input01">
    </p>
    <p>
      邮箱：<input type="email" name="umail" id="umail"
placeholder="请输入EMail地址" class="input01">
    </p>
</form>
</div>
```

图5-36 添加电子邮件表单元素

图5-37 电子邮件表单元素效果

```
<div id="box">
<form id="form1" name="form1" method="post">
  <p class="head">留言板</p>
    <p>
      姓名：<input type="text" name="uname" id="uname"
placeholder="请输入姓名" class="input01">
    </p>
    <p>
      邮箱：<input type="email" name="umail" id="umail"
placeholder="请输入EMail地址" class="input01">
    </p>
    <p>
      网址：<input type="url" name="myurl" id="myurl"
placeholder="请输入您的网址" class="input01">
    </p>
    <p>
      电话：<input type="tel" name="utel" id="utel"
placeholder="请输入您的电话" class="input01">
    </p>
</form>
</div>
```

图5-38 添加url和tel表单元素

```
  <p>
    电话：<input type="tel" name="utel" id="utel"
placeholder="请输入您的电话" class="input01">
  </p>
  <p>
    年龄：<input name="range" type="range" id="range"
max="40" min="20" step="1" class="input02">
  </p>
    日期：<input type="date" name="udate" id="udate"
class="input01">
  <p>
    留言：<textarea name="textarea" id="textarea" cols=
"40" rows="10" class="input03"></textarea>
  </p>
    <input id="submit" name="submit" type="image" src=
"images/53302.png">
</form>
```

图5-39 添加其他表单元素

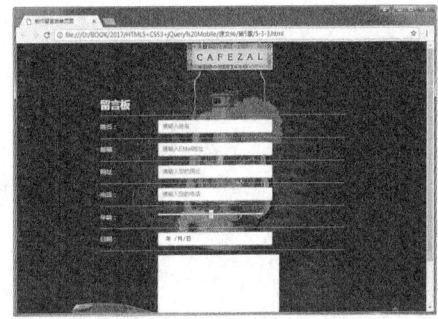

图5-40 预览HTML5表单元素效果

07 当在电子邮件表单元素中填写的电子邮箱格式不正确时，单击"提交"按钮，网页会弹出相应的提示信息，如图5-41所示。可以在日期表单元素的选择器中选择需要的日期，如图5-42所示。

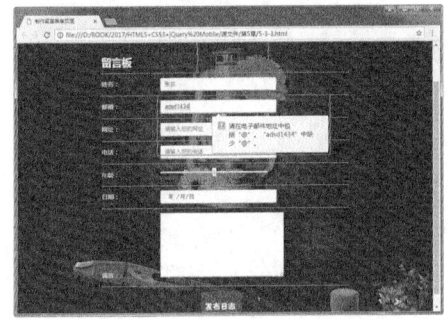

图5-41 电子邮件格式不符提示

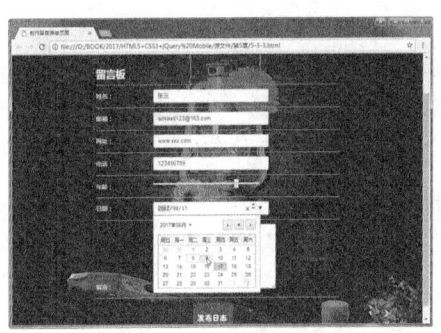

图5-42 选择需要的日期

## 5.3.4 新增其他表单元素

HTML5中新增了3种表单元素，分别是<datalist>标签、<keygen>标签和<output>标签，通过使用这些元素，在传统的表单基础上可以开发出更加精美、精致的页面效果。

### 1. <datalist>标签

通过组合使用list属性和<datalist>标签，可以为某个可输入的input元素定义一个可选值列表。使用<datalist>标签构造选值列表；设置input元素的list属性值为<datalist>标签的id值，即可实现二者的绑定。如下面的HTML代码。

```
<input type="email" id="umail" name="umail" list="emaillist">
<datalist id="emaillist">
  <option value="1">test1@test.com</option>
  <option value="2">test2@test.com</option>
</datalist>
```

在以上的HTML代码中，使用<datalist>标签构造了一个可选值列表，id为emaillist；在<input>标签中通过将list属性值设置为emaillist，绑定了该选值列表，运行结果如图5-43所示。

### 2. <keygen>标签

<keygen>标签提供了一种安全的方式来验证用户。该标签有密钥生成的功能，当提交表单时，会分别生成一个私人密钥和公共密钥。其中，私人密钥保存在客户端，公共密钥则通过网络传输至服务器。这种非对称加密的方式，为网页的数据安全提供了更大的保障。

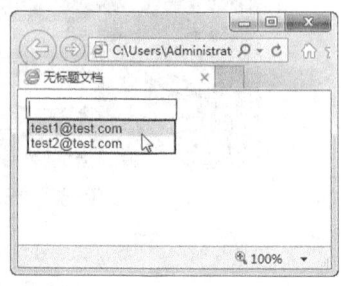

图5-43 运行结果

<keygen>标签的使用方法如下。

```
<form id="form1" name="form1" method="post">
  <input type="text" id="uname" name="uname"><br>
  Encryption:
  <keygen name="security"><!--加入密钥安全-->
  <br>
  <input type="submit" value="提交">
</form>
```

<keygen>标签提供了中级和高级的加密算法，显示的是一个类似<select>标签的下拉框，可以选择加密等级。目前，<keygen>标签已获得主流浏览器的支持。

### 3. <output>标签

<output>标签用于不同类型的输出，如用于计算结果或脚本的输出等。<output>标签必须从属于某个表单，即写在表单的内部。

<output>标签的使用方法如下。

```
<form oninput="x.value=volume.value">
  <input type="range" id="volume" name="volume" value="50">
  <output name="x"></output>
</form>
```

由于range类型的input元素表现为一个滑块，不显示数值，这时使用<output>标签协助显示其值。目前，<output>标签已获得主流浏览器的支持。

## ▶▶▶ **5.4** HTML5新增表单属性

如果开发一个用户体验非常好的页面，需要编写大量的代码，而且还需要考虑兼容性问题。使用HTML5表单的某些特性，可以开发出前所未有的页面效果，可以写更少的代码，并能解决传统开发中碰到的一些问题。

### 5.4.1 form属性

通常，从属于表单的元素必须放在表单内部。但是在HTML5中，可以把从属于表单的元素放在任何地方，然后指定该元素的form属性值为表单的id，这样该元素就从属于表单了。如下面的HTML代码。

```
<input type="text" id="uname" name="uname" form="form1">
<form id="form1" name="form1" method="post">
  <input type="submit" value="提交">
</form>
```

在以上这段HTML代码中，使用<input>标签实现的文本域放置在表单<form>与</form>标签之外，由于<input>标签中的form属性值指定了表单的id，说明该表单元素从属于表单。当单击"提交"按钮时，会验证该从属元素。目前，form属性已获得主流浏览器的支持。

### 5.4.2 formaction属性

每个表单都会通过action属性把表单内容提交到另一个页面。在HTML5中，为不同的提交按钮分别添加formaction属性，该属性会覆盖表单的action属性，将表单提交至不同的页面。如下面的HTML代码。

```
<form id="form1" name="form1" method="post">
  <input type="text" id="uname" name="uname" form="form1">
  <input type="submit" value="提交到页面1" formaction="?page=1">
  <input type="submit" value="提交到页面2" formaction="?page=2">
  <input type="submit" value="提交到页面3" formaction="?page=3">
  <input type="submit" value="提交">
</form>
```

在以上的HTML代码中，添加了4个提交按钮，其中前3个提交按钮设置了formaction属性，提交表单时，会优先使用formaction属性值作为表单提交的目标页面。目前，formaction属性已获得主流浏览器的支持。

### 5.4.3 formmethod、formenctype、formnovalidate、formtarget 属性

这4个属性的使用方法与formaction属性一致，设置在提交按钮上，可以覆盖表单的相关属性。formmethod属性可覆盖表单的method属性；formenctype属性可覆盖表单的enctype属性；formnovalidate属性可覆盖表单的novalidate属性；formtarget属性可覆盖表单的target属性。

### 5.4.4 placeholder属性

当用户还没有把焦点定位到输入文本框的时候，可以使用placeholder属性向用户提示描述的信息，当该输入文本框获取焦点时，该提示信息就会消失。

placeholder属性的使用方法如下。

```
<input type="text" id="uname" name="uname" placeholder="请输入用户名">
```

placeholder属性还可用于其他输入类型的input元素，如url、email、number、search、tel和password等。目前，placeholder属性已获得主流浏览器的支持。

**实战** | 为表单元素设置默认提示内容
最终文件：最终文件\第5章\5-4-4.html　　视频：视频\第5章\5-4-4.mp4

**01** 打开页面"源文件\第5章\5-4-4.html"，可以看到页面效果，如图5-44所示。切换到代码视图，可以看到页面中表单部分的HTML代码，如图5-45所示。

图5-44　打开页面

```
<body>
<div id="box">
  <div id="login">
    <form id="form1" name="form1" method="post">
      <input type="text" name="uname" id="uname"><br>
      <input type="password" name="upass" id="upass"><br>
      <input type="checkbox" name="checkbox" id=
"checkbox">下次自动登录<br>
      <input type="image" name="btn" id="btn" src=
"images/5202.jpg">
    </form>
  </div>
</div>
</body>
```

图5-45　网页HTML代码

**02** 填写用户名的<input>标签中添加placeholder属性设置，如图5-46所示。保存页面，在浏览器中预览页面，可以看到为该文本域所设置的默认提示内容，如图5-47所示。

```
<div id="login">
  <form id="form1" name="form1" method="post">
    <input type="text" name="uname" id="uname"
placeholder="请输入用户名"><br>
    <input type="password" name="upass" id="upass"><br>
    <input type="checkbox" name="checkbox" id=
"checkbox">下次自动登录<br>
    <input type="image" name="btn" id="btn" src=
"images/5202.jpg">
  </form>
</div>
```

图5-46　添加属性设置

图5-47　默认提示内容

**03** 返回网页HTML代码中，在填写用户密码的<input>标签中添加placeholder属性设置，如图5-48所示。保存页面，在浏览器中预览页面，可以看到为表单元素设置默认提示内容的效果，如图5-49所示。

```
<div id="login">
  <form id="form1" name="form1" method="post">
    <input type="text" name="uname" id="uname"
placeholder="请输入用户名"><br>
    <input type="password" name="upass" id="upass"
placeholder="请输入密码"><br>
    <input type="checkbox" name="checkbox" id=
"checkbox">下次自动登录<br>
    <input type="image" name="btn" id="btn" src=
"images/5202.jpg">
  </form>
</div>
```

图5-48　添加属性设置

图5-49　预览页面效果

## 5.4.5　autofocus属性

使用autofocus属性可用于所有类型的input元素，当页面加载完成时，可自动获取焦点。每个页面只允许出现一个有autofocus属性的input元素。如果为多个input元素设置了autofocus属性，则相当于未指定该行为。

autofocus属性的使用方法如下。

```
<input type="text" id="key" name="key" autofocus>
```

自动获取焦点的功能也要防止滥用。如果页面加载缓慢，用户又做了一部分操作，如果此时焦点发生莫名其妙的转移，用户体验是非常不好的。目前，autofocus属性已获得主流浏览器的支持。

## 5.4.6　autocomplete属性

IE早期版本就已经支持autocomplete属性。autocomplete属性可应用于form元素和输入型的input元素，用于表单的自动完成。autocomplete属性会把输入的历史记录下来，当再次输入的时候，会把输入的历史记录显示在一个下拉列表里，以实现自动完成输入。

autocomplete属性的使用方法如下。

```
<input type="text" id="uname" name="uname" autocomplete="on">
```

autocomplete属性有3个属性值，分别是on、off和""（不指定值）。不指定值时，使用浏览器的默认设置。由于不同的浏览器默认值不相同，因此当需要使用自动完成的功能时，最好指定该属性值。目前，autofocus属性已获得主流浏览器的支持。

# ▶▶▶ 5.5　HTML5提供的表单验证属性

HTML5为表单验证提供了极大的方便，在验证表单的方式上显得更加灵活。表单验证，首先会基于前面讲解的表单类型的规则进行验证；其次是为表单元素提供了一些用于辅助表单验证的属性。

## 5.5.1　required属性

一旦在某个表单元素标签中添加了required属性，则该表单元素的值不能为空，否则无法提交表单。以文本域为例，只需要添加required属性即可。使用方法如下。

```
<input type="text" id="uname" name="uname" placeholder="请输入用户名" required>
```

如果该文本域为空，则无法提交。required属性可用于大多数输入或选择元素，隐藏的元素除外。

## 5.5.2　pattern属性

pattern属性用于为input元素定义一个验证模式。该属性值是一个正则表达式，提交时，会检查输入的内容是否符合给定的格式，如果输入内容不符合格式，则不能提交。使用方法如下。

```
<input type="text" id="code" name="code" value="" placeholder="6位邮政编码"
pattern="[0-9]{6}">
```

使用pattern属性验证表单非常灵活。例如，前面讲到的email类型的input元素，使用pattern属性完全可以实现相同的验证功能。

## 5.5.3 min、max和step属性

min、max和step属性专门用于指定针对数字或日期限制。min属性表示允许的最小值；max属性表示允许的最大值；step属性表示合法数据的间隔步长。使用方法如下。

```
<input type="range" name="volume" id="volume" min="0" max="1" step="0.2">
```

在该HTML代码中，最小值是0，最大值是1，步长为0.2，合法的取值有0、0.2、0.4、0.6、0.8和1。

## 5.5.4 novalidate属性

novalidate属性用于指定表单或表单内的元素在提交时不进行验证。如果在<form>标签中应用novalidate属性，则表单中的所有元素在提交时都不再验证。使用方法如下。

```
<form id="form1" name="form1" method="post" novalidate="novalidate">
  <input type="email" id="umail" name="umail" placeholder="请输入电子邮箱">
  <input type="submit" value="提交">
</form>
```

则提交该表单时，不会对表单中的表单元素进行验证。

---

**实战** 验证网页中的表单元素
最终文件：最终文件\第5章\5-5-4.html 视频：视频\第5章\5-5-4.mp4

---

**01** 打开页面"源文件\第5章\5-5-4.html"，可以看到页面效果，如图5-50所示。切换到代码视图，可以看到页面中表单部分的HTML代码，如图5-51所示。

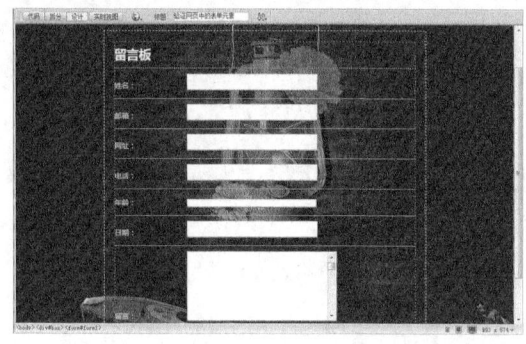

图5-50 打开页面

图5-51 表单HTML代码

**02** 在"姓名"文字后的<input>标签中添加required属性设置，如图5-52所示。设置该表单元素为必填项，保存页面，在Chrome浏览器中预览页面，如果没有在文本域中填写内容，直接单击"提交"按钮，将显示错误提示，如图5-53所示。

**03** 返回网页HTML代码中，在"电话"文字后的<input>标签中添加pattern属性设置，如图5-54所示。设置该表单元素中填写的内容必须为11位的数字，保存页面，在Chrome浏览器中预览页面，当在电话表单元素中填充的并非11位数字时，单击"提交"按钮，将显示错误提示，如图5-55所示。

```
<form id="forml" name="forml" method="post">
<p class="head">留言板</p>
<p>
   姓名: <input type="text" name="uname" id="uname"
placeholder="请输入姓名" class="input01" required>
</p>
<p>
   邮箱: <input type="email" name="umail" id="umail"
placeholder="请输入EMail地址" class="input01">
</p>
```

图5-52 添加必填属性

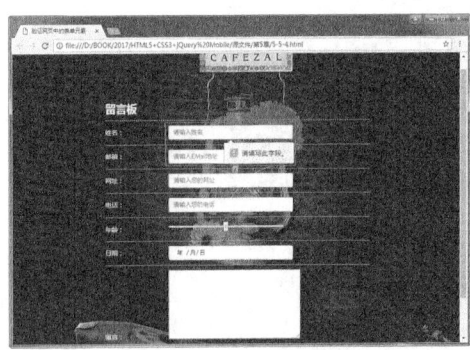

图5-53 弹出验证提示信息

```
<p>
   电话: <input type="tel" name="utel" id="utel"
placeholder="请输入您的电话" class="input01" pattern=
"[0-9]{11}">
</p>
```

图5-54 添加属性设置

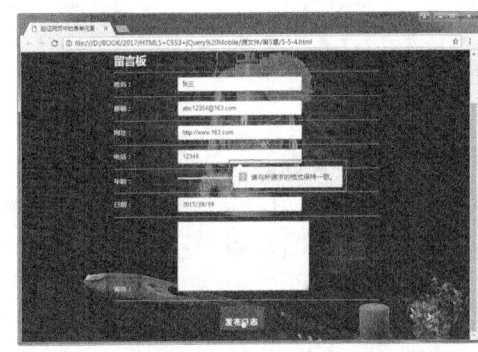

图5-55 弹出验证提示信息

## ▶▶▶ 5.6 本章小结

　　本章主要讲解了HTML5的表单技术。重点讲解了新增的表单类型、新增的表单属性，以及元素和表单验证方法。完成本章内容的学习，读者不仅能够掌握使用各种表单元素制作出网页中各种表单的方法，并且还能掌握各种表单属性的设置方法，能够实现对表单元素的验证。

# 第6章

# 使用HTML5画布元素

HTML5提供了在网页中实现绘图功能的canvas元素，在网页中使用canvas元素，可以像使用其他HTML标签一样简单，然后利用JavaScript脚本调用绘图API，可以绘制出各种图形。本章将向读者介绍HTML5中全新的canvas元素，并讲解使用canvas元素与JavaScript脚本相结合在网页中绘制各种图形的方法。

## 本章知识点

- 了解canvas元素的相关知识
- 理解使用canvas元素在网页中实现绘图的方法和流程
- 掌握使用canvas元素在网页中绘制各种基本图形的方法
- 掌握使用canvas元素在网页中绘制文本的方法
- 掌握图形组合与裁切路径的方法
- 掌握为图形设置渐变颜色和添加阴影的方法

## ▶▶▶ 6.1 HTML5新增canvas元素

HTML5新增的canvas元素有一套绘制API（即接口函数），JavaScript就是通过调用这些绘图API来实现绘制图形的。canvas拥有多种绘制路径、矩形、圆形、字符及添加图形的方法。

### 6.1.1 了解canvas元素

在HTML5以前的标准中，都有一个缺陷，就是不能直接动态地在HTML页面中绘制图形。在互联网应用不断的发展中，页面绘图使用得越来越多，未来的发展趋势也需要HTML自己完成绘图功能，因此，在HTML5中新增了用于网页绘图的canvas元素。

canvas元素是为了客户端矢量图形而设计的。它自己没有行为，但却把一个绘图API展现给客户端JavaScript，以使脚本能够把想绘制的东西都绘制到一块画布上。canvas的概念最初是由苹果公司提出的，并在Safari 1.3浏览器中首次引入。随后Firefox 1.5和Opera 9两款浏览器都开始支持使用canvas元素绘图。目前IE9以上版本的浏览器已经支持这项功能。canvas的标准化由一个Web浏览器厂商的非正式协会推进，目前，<canvas>标签已经成为HTML5草案中一个正式的标签。

<canvas>标签有一个基于JavaScript的绘图API，而SVG和VML使用一个XML文档来描述绘图。Canvas与SVG和VML的实现方式不同，但在实现上可以相互模拟。<canvas>标签有自己的优势，由于不存储文档对象，性能较好。但如果需要移除画布中的图形元素，往往需要擦掉绘图重新绘制它。

## 6.1.2 在网页中插入canvas元素

canvas元素是以标签的形式应用到HTML5页面里的。在HTML5页面中<canvas>标签的应用格式如下。

```
<canvas>...</canvas>
```

<canvas>标签是HTML5新增的标签，很多旧版本浏览器都不支持，为了增加用户体验，可以提供替代文字，放在<canvas>标签中，如下面的代码。

```
<canvas>你的浏览器不支持该功能！</canvas>
```

当浏览器不支持<canvas>标签时，标签里的文字就会显示出来。跟其他HTML标签一样，<canvas>标签有一些共同的属性。

```
<canvas id="canvas" width="300" height="200">你的浏览器不支持该功能！</canvas>
```

其中，id属性决定了<canvas>标签的唯一性，方便查找。width和height属性分别决定了canvas的宽和高，其数值代表<canvas>标签内包含了多少像素。

<canvas>标签可以像其他标签一样应用CSS样式表。如果在CSS样式表中添加如下的CSS样式设置代码。

```
canvas{
        border:1px solid #CCC;
}
```

那么该页面中的<canvas>标签将会显示为1像素的浅灰色边框，在IE11浏览器中预览效果如图6-1所示。旧版本IE7浏览器不支持<canvas>标签，则会在网页中显示<canvas>标签之间的提示文字，如图6-2所示。

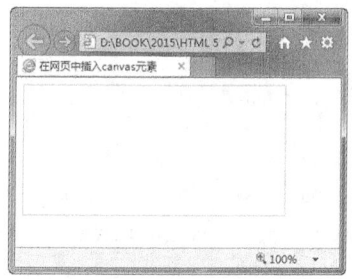
图6-1　IE11预览效果

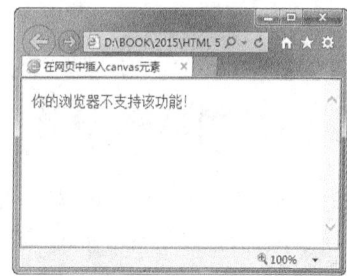
图6-2　IE7预览效果

---
提示

可以使用CSS样式来控制canvas的宽和高，但canvas内部的像素还是根据canvas自身的width和height属性确定，默认的宽是300像素，高是150像素，用CSS设置canvas尺寸只能体现canvas占用的页面空间，但是canvas内部的绘图像素还是由width和height属性来决定的，这样会导致整个canvas内部的图像变形。

---

## 6.1.3 如何使用canvas元素实现绘图

canvas元素本身是没有绘图能力的，所有的绘制工作必须在JavaScript内部完成。前面讲过，canvas元素提供了一套绘图API，那么，实现使用<canvas>标签绘图的流程首先要获取canvas元素的对象，再获取一个绘图上下文，接下来就可以使用绘图API中丰富的功能了。

### 1. 获取canvas对象

在绘图之前，首先需要从页面中获取canvas对象。通常使用document对象的getElementById()方法获取。如下面的代码获取页面中id名称为canvas1的canvas对象。

```
var canvas=document. getElementById("canvas1");
```

开发者还可以使用通过标签名称来获取对象的getElementByTagName方法。

### 2. 创建二维的绘图上下文对象

canvas对象包含了不同类型的绘图API，还需要使用getContext()方法来获取接下来要使用的绘图上下文对象。

```
var context=canvas. getContext("2d");
```

getContext对象是内建的HTML5对象，拥有多种绘制路径、矩形、圆形、字符及添加图像的方法。参数为2d，说明接下来将绘制的是一个二维图形。

### 3. 在canvas上绘制文字

设置绘制文字的字体样式、颜色和对齐方式。

```
//设置字体样式、颜色及对齐方式
context.font="98px 黑体";
context.fillStyle="#036";
context.textAlign="center";
//绘制文字
context.fillText("中",100,120,200);
```

font属性设置了字体样式。fillStyle属性设置了字体颜色。textAlign属性设置了对齐方式。fillText()方法用填充的方式在canvas上绘制了文字。

## ▶▶▶ 6.2 绘制基本图形

使用HTML5中新增的<canvas>标签能够实现最简单直接的绘图，也能够通过编写脚本实现极为复杂的应用。本节将向读者介绍使用<canvas>标签与JavaScript脚本相结合实现一些简单的基本图形绘制的方法。

### 6.2.1 绘制直线

使用<canvas>标签绘制直线，需要通过<canvas>标签与JavaScript中的moveTo()方法和lineTo()方法相结合。

moveTo()方法用于创建新的子路径，并设置其起始点，其使用方法如下。

```
context.moveTo(x,y)
```

lineTo()方法用于从moveTo()方法设置的起始点开始绘制一条到设置坐标的直线，如果前面没有用moveTo()方法设置路径的起始点，则lineTo()方法等同于moveTo()方法。

lineTo()方法的用法如下。

```
context.lineTo(x,y)
```

通过moveTo()方法和lineTo()方法设置了直线路径的起点和终点，而stroke()方法用于沿该路径绘制一条直线。

**实战**　在网页中绘制直线

最终文件：最终文件\第6章\6-2-1.html　　　视频：视频\第6章\6-2-1.mp4

**01** 打开页面"源文件\第6章\6-2-1.html"，页面效果如图6-3所示。切换到代码视图中，在<body>与</body>标签之间添加<canvas>标签，并对相关属性进行设置，如图6-4所示。

图6-3　打开页面

```
<!doctype html>
<html>
<head>
<meta charset="utf-8">
<title>在网页中绘制直线</title>
<link href="style/6-2-1.css" rel="stylesheet" type=
"text/css">
</head>

<body>
<div id="text"><img src="images/62102.png" width="352"
height="84"   alt=""/></div>
<canvas id="canvas1" width="400" height="150">
你的浏览器不支持该功能
</canvas>
</body>
</html>
```

图6-4　编写标签及属性代码

**02** 切换到该网页所链接的外部CSS样式表文件中，创建名为#canvas1的CSS样式，如图6-5所示。保存页面并保存外部CSS样式表文件，在浏览器中预览页面，可以看到通过CSS样式为canvas元素设置边框的效果，如图6-6所示。

```
#canvas1 {
    position: absolute;
    top: 210px;
    left: 25px;
    border: 5px dashed #FFF;
    z-index: 2;
}
```

图6-5　CSS样式代码

图6-6　预览页面效果

提示

在所创建的名为#canvas1的CSS样式中主要设置了对象的边框为5px的白色虚线边框，并且对对象进行了定位，在这里主要是通过CSS样式使页面中的canvas对象更容易看清楚。

**03** 返回网页HTML代码中，在<canvas>结束标签之后添加相应的JavaScript脚本代码。

```
<script type="text/javascript">
var myCanvas=document.getElementById("canvas1");
var context=myCanvas.getContext("2d");
//绘制第一条直线
con1.moveTo(0,0);
con1.lineTo(400,150);
```

```
con1.strokeStyle="#FF3300";
con1.lineWidth=5;
con1.stroke();
//绘制第二条直线
con1.moveTo(400,0);
con1.lineTo(0,150);
con1.strokeStyle="#FF3300";
con1.lineWidth=5;
con1.stroke();
</script>
```

04 保存页面，在浏览器中预览页面，可以看到使用<canvas>标签与JavaScript脚本相结合绘制的直线效果，如图6-7所示。

图6-7 预览所绘制直线效果

> **提示**
>
> 在所编写的JavaScript脚本代码中，通过moveTo()方法确定所绘制路径的起点，通过lineTo()方法确定路径的终点，strokeStyle属性用于设置线条的颜色，lineWidth属性用于设置线条的宽度，单位为像素。stroke()方法用于沿路径起点和终点绘制一条直线。

## 6.2.2 绘制矩形

矩形属于一种特殊而又普遍使用的一种图形。矩形的宽和高确定了图形的样子。再给予一个绘制起始坐标，就可以确定其位置。这样整个矩形就确定下来了。

绘图API为绘制矩形提供了两个专用的方法：strokeRect()和fillRect()，可分别用于绘制矩形边框和填充矩形区域。在绘制之前，往往需要先设置样式，然后才能进行绘制。

关于矩形可以设置的属性有：边框颜色、边框宽度和填充颜色等。绘图API提供了几个属性可以设置这些样式，属性说明如表6-1所示。

表6-1　　　　　　　　　　　　　　　　绘制矩形可以设置的属性

| 属性 | 属性值 | 说明 |
| --- | --- | --- |
| strokeStyle | 符合CSS规范的颜色值及对象 | 设置线条的颜色 |
| lineWidth | 数字 | 设置线条宽度，默认宽度为1，单位是像素 |
| fillStyle | 符合CSS规范的颜色值 | 设置区域或文字的填充颜色 |

其中，strokeStyle可设置矩形边框的颜色，lineWidth可设置边框宽度，fillStyle可设置填充颜色。

### 1. 绘制矩形边框

绘制矩形边框需要使用strokeRect()方法，其使用方法如下。

```
strokeRect (x,y,width,height);
```

其中，width表示矩形的宽度，height表示矩形的高度，x和y分别是矩形起点的横坐标和纵坐标。如下面的代码以（50,50）为起点绘制一个宽度为150，高度为100的矩形。

```
context.strokeRect(50,50,150,100);
```

这里仅绘制了矩形的边框，边框的颜色和宽度由属性strokeStyle和lineWidth来指定。

### 2. 填充矩形区域

填充矩形区域需要使用fillRect()方法，其使用方法如下。

```
fillRect(x,y,width,height);
```

该方法的参数和strokeRect()方法的参数是一样的，用以确定矩形的位置及大小。如下面的代码以（50,50）为起点绘制一个宽度为150，高度为100的矩形。

```
Context.fillRect(50,50,150,100);
```

这里填充了一个矩形区域，颜色由属性fillStyle属性来设置。

**实战** 在网页中绘制矩形
最终文件：最终文件\第6章\6-2-2.html　　　视频：视频\第6章\6-2-2.mp4

图6-8　打开页面

**01** 打开页面"源文件\第6章\6-2-2.html"，页面效果如图6-8所示。切换到代码视图中，在<body>与</body>标签之间添加<canvas>标签，并对相关属性进行设置，如图6-9所示。

```
<body>
<div id="text"><img src="images/62102.png" width="352"
height="84"  alt=""/></div>
<canvas id="canvas1" width="400" height="400">
你的浏览器不支持该功能
</canvas>
</body>
```

图6-9　编写标签及属性代码

**02** 在<canvas>结束标签之后添加相应的JavaScript脚本代码。

```
<script type="text/javascript">
var myCanvas=document.getElementById("canvas1");
var con1=myCanvas.getContext("2d");
//绘制矩形边框
con1.strokeStyle="#FFF";              //设置边框颜色
con1.lineWidth=10;                    //设置边框宽度
con1.strokeRect(50,50,300,300);       //绘制矩形边框
//填充矩形区域
con1.fillStyle="rgba(6,191,247,0.3)"; //设置填充颜色
con1.fillRect(70,70,360,360);         //填充矩形区域
</script>
```

**03** 保存页面，在浏览器中预览页面，可以看到使用<canvas>标签与JavaScript脚本相结合绘制的矩形效果，如图6-10所示。

图6-10 预览所绘制的矩形效果

### 6.2.3 绘制圆形

圆形的绘制是采用绘制路径并填充颜色的方法来实现的。路径会在实际绘图前勾勒出图形的轮廓，这样就可以绘制复杂的图形。

在canvas中，所有基本图形都是以路径为基础的，通常会调用linTo()、rect()、arc()等方法来设置一些路径。在最后使用fill()方法或stroke()方法进行绘制边框或填充区域时，都是参照这个路径来进行的。使用路径绘图基本上分为如下3个步骤。

（1）创建绘图路径。

（2）设置绘图样式。

（3）绘制图形。

#### 1. 创建绘图路径

创建绘图路径常会用到两个方法beginPath()和closePath()，分别表示开始一个新的路径和关闭当前的路径。首先，使用beginPath()方法创建一个新的路径，该路径是以一组子路径的形式存储的，它们共同构成一个图形。每次调用beginPath()方法，都会产生一个新的子路径。bgginPath()方法的使用方法如下。

```
context.beginPath();
```

接着就可以使用多种设置路径的方法，绘图API为用户提供了多种路径方法，如图6-2所示。

表6-2　　　　　　　　　　　　　　　　　　常用路径方法

| 方法 | 参数 | 说明 |
| --- | --- | --- |
| moveTo(x,y) | x和y确定了起始坐标 | 绘图开始的坐标 |
| lineTo(x,y) | x和y确定了直线路径的终点坐标 | 绘制直线到终点坐标 |
| arc(x,y,radius,startAngle,<br>endAngle,counterclockwise) | x和y设置圆形的圆心坐标；radius设置圆形的半径；startAngle圆弧开始点的角度；endAngle圆弧结束点的角度；counterclockwise逆时针方向true，顺时针方向false | 使用一个中心点和半径，为一个画布的当前路径添加一条弧线。圆形为弧形的特例 |
| rect(x,y,width,height) | x和y设置矩形起点坐标；width和height设置矩形的宽度和高度 | 矩形路径方法 |

最后使用closePath()方法关闭当前路径，使用方法如下。

```
context.closePath();
```

它会尝试用直线连接当前端点与起始端点来闭合当前路径，但是如果当前路径已经闭合或者只有一个点，则什么都不做。

### 2. 设置绘图样式

设置绘图样式包括边框样式和填充样式，其形式如下。

（1）使用strokeStyle属性设置边框颜色，代码如下。

```
context.strokeStyle="#000";
```

（2）使用lineWidth属性设置边框宽度，代码如下。

```
context.lineWidth=3;
```

（3）使用fillStyle属性设置填充颜色，代码如下。

```
context.fillstyle="#F90";
```

### 3. 绘制图形

路径和样式都设置好了，最后就是调用stroke()方法绘制边框或调用fill()方法填充区域，代码如下。

```
Context.stroke();      //绘制边框
context.fill();        //填充区域
```

经过以上的操作，图形才绘制到canvas对象中。

---

**实战** ｜ 在网页中绘制圆形
最终文件：最终文件\第6章\6-2-3.html　　　视频：视频\第6章\6-2-3.mp4

---

**01** 打开页面"源文件\第6章\6-2-3.html"，页面效果如图6-11所示。切换到代码视图中，在<body>与</body>标签之间添加<canvas>标签，并对相关属性进行设置，如图6-12所示。

图6-11　打开页面

```
<body>
<div id="text"><img src="images/62302.png" width="626"
height="140"  alt=""/></div>
<canvas id="canvas1" width="360" height="360">
  你的浏览器不支持该功能
</canvas>
</body>
```

图6-12　编写标签及属性代码

**02** 切换到该网页所链接的外部CSS样式表文件中，创建名为#canvas1的CSS样式，如图6-13所示。返回网页设计视图，可以看到通过CSS样式的设置使插入的画布在网页中居中显示，如图6-14所示。

**03** 转换到网页HTML代码中，在<canvas>结束标签之后添加相应的JavaScript脚本代码。

```
<script type="text/javascript">
var myCanvas=document.getElementById("canvas1");
```

```
var con1=myCanvas.getContext("2d");
//创建绘图路径
con1.beginPath();                           //创建新路径
con1.arc(180,180,160,0,Math.PI*2,true);     //圆形路径
con1.closePath();                           //闭合路径
//设置样式
con1.strokeStyle="#FFF";                    //设置边框颜色
con1.lineWidth=20;                          //设置边框宽度
con1.fillStyle="rgba(255,51,0,0.4)";        //设置填充颜色
//绘制图形
con1.stroke();                              //绘制边框
con1.fill();                                //绘制填充
</script>
```

```
#canvas1 {
    position: absolute;
    top: 50%;
    left: 50%;
    margin-top: -180px;
    margin-left: -180px;
}
```

图6-13　CSS样式代码

图6-14　页面效果

图6-15　预览所绘制圆形效果

04 保存页面，在浏览器中预览页面，可以看到使用<canvas>标签与JavaScript脚本相结合绘制的圆形效果，如图6-15所示。

> 提示
>
> 在JavaScript脚本代码中，使用arc()方法创建一个圆形路径，设置了其x轴和y轴的位置和正圆形的半径，并且为该圆形设置了边框和填充。

## 6.2.4　绘制三角形

三角形同样需要通过绘制路径的方法来实现，了解了前面讲解的绘制图形的相关方法和属性，使用绘制路径的方法就能够自由地绘制出其他形状图形，本节将带领读者在网页中绘制一个三角形。

**实战**　在网页中绘制三角形
最终文件：最终文件\第6章\6-2-4.html　　视频：视频\第6章\6-2-4.mp4

01 打开页面"源文件\第6章\6-2-4.html"，页面效果如图6-16所示。切换到代码视图中，在<body>与</body>标签之间添加<canvas>标签，并对相关属性进行设置，如图6-17所示。

图6-16　打开页面

```
<!doctype html>
<html>
<head>
<meta charset="utf-8">
<title>在网页中绘制三角形</title>
<link href="style/6-2-4.css" rel="stylesheet"
type="text/css">
</head>

<body>
<canvas id="canvas1" width="500" height="700">
   你的浏览器不支持该功能
</canvas>
</body>
</html>
```

图6-17　编写标签及属性代码

**02** 在<canvas>结束标签之后添加相应的JavaScript脚本代码。

```
<script type="text/javascript">
var myCanvas=document.getElementById("canvas1");
var con1=myCanvas.getContext("2d");
//创建绘图路径
con1.beginPath();              //创建新路径
con1.moveTo(0,0);              //确定起始坐标
con1.lineTo(500,0);            //目标坐标
con1.lineTo(0,650);            //目标坐标
con1.closePath();              //闭合路径
//设置样式
con1.fillStyle="rgba(88,191,224,0.5)";     //设置填充颜色
//绘制图形
con1.fill();                   //绘制填充
</script>
```

**03** 保存页面，在浏览器中预览页面，可以看到使用<canvas>标签与
JavaScript脚本相结合绘制的三角形效果，如图6-18所示。

> **提示**
>
> 　　closePath()方法习惯性地放在路径设置的最后一步，切勿认
> 为是路径设置的结束，因为在此之后，还可以继续设置路径。

图6-18　预览所绘制三角形效果

## 6.2.5　绘制曲线

　　在实际的绘图中，绘制曲线是常用的一种绘图形式。在设置路
径的时候，需要使用一些曲线方法来勾勒出曲线路径，以完成曲线的绘制。在canvas中，绘图API提供了多种
曲线的绘制方法，主要的曲线绘制方法有arc()、arcTo()、quadraticCurveTo()和bezierCurveTo()。

### 1. arc()方法

　　在前面已经讲解了使用arc()方法绘制圆形的方法，arc()方法是使用中心点和半径，为一个canvas对象的
当前路径添加一条弧线，其使用方法如下。

```
arc(x,y,radius,startAngle,endAngle,counterclockwise);
```

x和y描述弧的圆形的圆心坐标；radius描述弧的圆形的半径；startAngle是圆弧的开始点的角度；

endAngle是圆弧结束点的角度；counterclockwise逆时针方向为true，顺时针方向为false。

如图6-19所示，圆心由参数x和y来确定，半径由参数radius确定，圆弧的开始点的角度startAngle和结束点的角度endAngle如图所示，图中体现的是一个逆时针方向的绘制。

### 2. arcTo()方法

arcTo()方法是使用切线的方法绘制弧线，使用两个目标点和一个半径，为当前的路径添加一条弧线。与arc()方法相比，同样是绘制弧线，绘制思路和侧重点不同。arcTo()的使用方法如下。

```
arcTo(x1,y1,x2,y2,radius);
```

x1和y1描述了一个坐标点，用P1表示。x2和y2描述另一个坐标点，用P2表示。radius描述弧的圆形的半径。如图6-20所示，有一个绘制的起点（即当前位置），通常会使用moveTo()方法来指定。P1点由参数x1和y1确定。P2点由参数x2和y2确定。半径由参数radius确定。

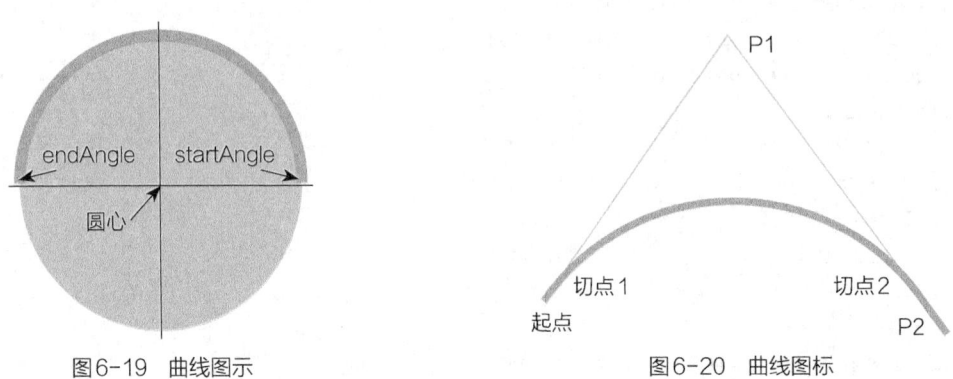

图6-19 曲线图示        图6-20 曲线图标

添加给路径的圆弧是具有指定radius的圆的一部分。圆弧有一个点与起点到P1的线段相切，还有一个点和从P1到P2的线段相切。这两个切点就是圆弧的起点和终点，圆弧绘制的方向就是连接这两个点的最短圆弧的方向。

### 3. quadraticCurveTo()方法

二次样条曲线是曲线的一种，canvas绘图API专门提供了此曲线的绘制方法。quadraticCurveTo()方法为当前的子路径添加一条二次样条曲线，其使用方法如下。

```
quadraticCurveTo(cpX,cpY,x,y);
```

cpX和cpY描述了控制点的坐标，x和y描述了曲线的终点坐标。

如图6-21所示，起点即当前的位置，由控制点参数cpX和xpY确定，终点由参数x和y确定。所绘制的曲线就是从起点连接到终点，而控制点可以控制起点和终点之间的曲线的形状。

### 4. bezierCurveTo()方法

canvas绘图API也提供了贝赛尔曲线的绘制方法bezierCurveTo()，贝赛尔曲线是应用于二维图形应用程序中的数学曲线。与二次样条曲线相比，贝赛尔曲线使用了两个控制点，从而可以创建更复杂的曲线图形。bezierCurveTo()的使用方法如下。

```
bezierCurveTo(cp1X,cp1Y,cp2X,cp2Y,x,y);
```

cp1X和cp1Y描述了第一个控制点的坐标，cp2X和cp2Y描述了第二个控制点的坐标，x和y描述了曲线的终点坐标。

如图6-22所示，起点即当前的位置，控制点1由参数cp1X和cp1Y确定，控制点2由参数cp2X和cp2Y

确定，终点由参数 x 和 y 确定。所绘制的曲线是从起点连接到终点，由两个控制点联合控制的曲线形状。

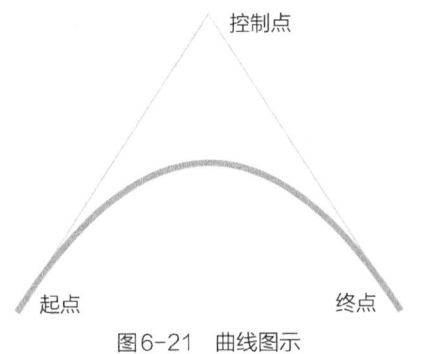

图6-21　曲线图示

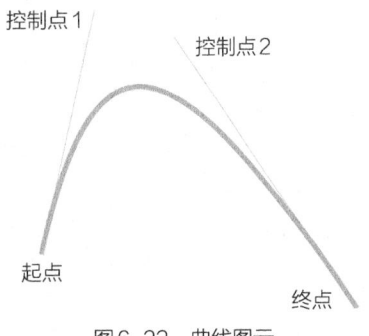

图6-22　曲线图示

**实战**　　在网页中绘制曲线

最终文件：最终文件\第6章\6-2-5.html　　视频：视频\第6章\6-2-5.mp4

**01** 打开页面"源文件\第6章\6-2-5.html"，页面效果如图6-23所示。切换到代码视图中，在<body>与</body>标签之间添加<canvas>标签，并对相关属性进行设置，如图6-24所示。

图6-23　打开页面

```
<body>
<div id="logo"><img src="images/62502.png" width="55"
height="77"    alt=""/></div>
<div id="text">MOODS</div>
<canvas id="canvas1" width="500" height="500">
    你的浏览器不支持该功能
</canvas>
</body>
```

图6-24　编写标签及属性代码

**02** 切换到该网页所链接的外部CSS样式表文件中，创建名为#canvas1的CSS样式，如图6-25所示。返回网页设计视图，可以看到，通过CSS样式的设置可以使插入的画布在网页中居中显示，如图6-26所示。

```
#canvas1 {
    position: absolute;
    top: 50%;
    left: 50%;
    margin-top: -250px;
    margin-left: -250px;
}
```

图6-25　CSS样式代码

图6-26　页面效果

**03** 返回网页HTML代码中，在<canvas>结束标签之后添加相应的JavaScript脚本代码。

```
<script type="text/javascript">
var myCanvas=document.getElementById("canvas1");
var con1=myCanvas.getContext("2d");
//先绘制一个圆形
con1.beginPath();
con1.arc(250,250,230,0,Math.PI*2,true);
con1.closePath();
con1.fillStyle="rgba(255,255,255,0.4)";
con1.fill();
//再绘制一条圆弧
con1.beginPath();
con1.arc(250,250,240,0,(-Math.PI*1),true);
con1.strokeStyle="#FF3300";
con1.lineWidth=20;
con1.stroke();
</script>
```

04 保存页面，在浏览器中预览页面，可以看到通过中心点和半径绘制弧线的效果，如图6-27所示。

图6-27 预览所绘制三角形效果

> **提示**
>
> 为了更好地说明，同时绘制一个半透明白色的圆形，圆形的圆心坐标与弧线相同，弧线的线条宽20像素，线条颜色为红橙色。在绘制弧线的时候，仅使用arc()方法就完成路径的设置，与其他路径的绘制一样，需要先设置填充样式或边框样式，最后执行填充或绘制。

## 6.2.6 清除图形

在网页中使用canvas元素绘制相应的图形后，如果需要清除所绘制的图形，可以使用clearRect()方法，通过该方法可以清除指定的矩形区域中的所有图形，显示出画布的背景，就像是使用图像处理软件中的橡皮擦工具擦除的效果一样。

clearRect()的使用方法如下。

```
context.clearRect(x,y,width,height);
```

**实战** 清除使用canvas元素所绘制的部分图形
最终文件：最终文件\第6章\6-2-6.html　　视频：视频\第6章\6-2-6.mp4

01 打开页面"源文件\第6章\6-2-6.html"，页面效果如图6-28所示。在浏览器中预览页面，可以看到页面中使用canvas元素与JavaScript相结合绘制的圆形效果，如图6-29所示。

图6-28　打开页面

图6-29　预览页面效果

02 切换到该网页的HTML代码中，可以看到实现绘图的相关代码，如图6-30所示。在JavaScript脚本代码中添加clearRect()方法设置，清除圆形的一部分，如图6-31所示。

03 保存页面，在浏览器中预览页面，可以看到，圆形图形的右下角部分被清除，如图6-32所示。

```
<canvas id="canvas1" width="360" height="360">
    你的浏览器不支持该功能
</canvas>
<script type="text/javascript">
var myCanvas=document.getElementById("canvas1");
var con1=myCanvas.getContext("2d");
//创建绘图路径
con1.beginPath();                               //创建新路径
con1.arc(180,180,160,0,Math.PI*2,true);         //圆形路径
con1.closePath();                               //闭合路径
//设置样式
con1.strokeStyle="#FFF";                        //设置边框颜色
con1.lineWidth=20;                              //设置边框宽度
con1.fillStyle="rgba(255,51,0,0.4)";            //设置填充颜色
//绘制图形
con1.stroke();                                  //绘制边框
con1.fill();                                    //绘制填充
</script>
```

图6-30　实现绘制图形的代码

> **提示**
>
> clearRect()方法的参数中，前两个参数值用于确定清除的起始坐标点，后两个参数值用于确定清除的矩形区域的宽度和高度。

```
con1.stroke();
con1.fill();
con1.clearRect(180,0,180,180);
</script>
```

图6-31　添加清除图形代码

图6-32　预览清除图形效果

# ▶▶▶ 6.3　绘制文本

使用HTML5中新增的<canvas>标签除了可以绘制基本的图形以外，还可以绘制出文字的效果，在本节中将向读者介绍使用<canvas>标签与JavaScript脚本相结合在网页中绘制文字效果的方法。

## 6.3.1　使用文本

通过<canvas>标签，可以使用填充的方法绘制文本，也可以使用描边的方法绘制文本，在绘制文本之前，还可以设置文字的字体样式和对齐方式。绘制文本的方法有两种，一种是填充绘制方法fillText()，另一种是描边绘制方法strokeText()，其使用方法如下。

```
fillText(text,x,y,maxwidth);
strokeText(text,x,y,maxwidth);
```

参数text表示需要绘制的文本；参数x表示绘制文本的起点x轴坐标；参数y表示绘制文本的起点y轴坐标；参数maxwidth为可选参数，表示显示文本的最大宽度，可以防止文本溢出。

在绘制文本之前，可以先对文本进行样式设置。绘图API提供了专门用于设置文本样式的属性，可以设置文本的字体、大小等，类似于CSS的字体属性。也可以设置对齐方式，包括水平方向上的对齐和垂直方向上的对齐。文本相关属性如表6-3所示。

表6-3　　　　　　　　　　　　　　　　　　文本的相关属性

| 属性 | 值 | 说明 |
| --- | --- | --- |
| font | CSS字体样式字符串 | 设置字体样式 |
| textAlign | start\|end\|left\|right\|center | 设置水平对齐方式，默认为start |
| textBaseline | top\|hanging\|middle\|alphabetic\|bottom | 设置垂直对齐方式，默认为alphabetic |

## 6.3.2　获取文字宽度

有些时候，开发人员需要知道所绘制的文本的宽度，以方便进行布局。绘图API提供了获取绘制文本宽度的方法，measureText()方法可以用来获取文本宽度，其使用方法如下。

```
measureText(text);
```

参数text表示所要绘制的文本。该方法返回一个TextMetrics对象，表示文本的空间度量，可以通过该对象的width属性获取文本的宽度。

**实战**　在网页中绘制文字并获取文字宽度
最终文件：最终文件\第6章\6-3-2.html　　　视频：视频\第6章\6-3-2.mp4

01 打开页面"源文件\第6章\6-3-1.html"，页面效果如图6-33所示。切换到代码视图中，在\<body\>与\</body\>标签之间添加\<canvas\>标签，并对相关属性进行设置，如图6-34所示。

02 返回网页HTML代码中，在\<canvas\>结束标签之后添加相应的JavaScript脚本代码。

```
<script type="text/javascript">
var myCanvas=document.getElementById("canvas1");
var context=myCanvas.getContext("2d");
// 填充方式绘制文本
context.fillStyle="#FFFFFF";
context.font="bold 40px 微软雅黑";
context.fillText("欢迎光临我们的网站!",60,120);
// 描边方式绘制文本
context.strokeStyle="#FF6600";
context.font="bold italic 32px Arial Black";
context.strokeText("Welcome to our website",60,180);
</script>
```

图6-33 打开页面

```
<!doctype html>
<html>
<head>
<meta charset="utf-8">
<title>在网页中绘制文字并获取文字宽度</title>
<link href="style/6-3-2.css" rel="stylesheet"
type="text/css">
</head>

<body>
<canvas id="canvas1" width="700" height="400">
你的浏览器不支持该功能
</canvas>
</body>
</html>
```

图6-34 编写标签及属性代码

font属性设置了文本样式：字体为"微软雅黑"和"Arial Black"、字体加粗效果bold、文字大小为40px、字体倾斜效果italic。其填充样式仍然使用fillStyle属性来设置，描边样式仍然使用strokeStyle属性来设置。

**03** 保存页面，在浏览器中预览页面，可以看到使用<canvas>标签与JavaScript脚本相结合绘制的填充文字和描边文字的效果，如图6-35所示。返回网页的HTML代码中，可以看到实现绘制文字的相关代码，如图6-36所示。

图6-35 预览所绘制文本效果

```
<canvas id="canvas1" width="700" height="400">
你的浏览器不支持该功能
</canvas>
<script type="text/javascript">
var myCanvas=document.getElementById("canvas1");
var context=myCanvas.getContext("2d");
// 填充方式绘制文本
context.fillStyle="#FFFFFF";
context.font="bold 40px 微软雅黑";
context.fillText("欢迎光临我们的网站！",60,120);
// 描边方式绘制文本
context.strokeStyle="#FF6600";
context.font="bold italic 32px Arial Black";
context.strokeText("Welcome to our website",60,180);
</script>
```

图6-36 实现绘制文本的相关代码

**04** 在JavaScript脚本代码中添加获取所绘制文字宽度的代码，如图6-37所示。保存页面，在浏览器中预览页面，可以看到所绘制的文本度量宽度的效果，如图6-38所示。

```
<script type="text/javascript">
var myCanvas=document.getElementById("canvas1");
var context=myCanvas.getContext("2d");
// 填充方式绘制文本
context.fillStyle="#FFFFFF";
context.font="bold 40px 微软雅黑";
context.fillText("欢迎光临我们的网站！",60,120);
var tm=context.measureText("欢迎光临我们的网站！");
context.fillText(tm.width,tm.width+60,120);
// 描边方式绘制文本
context.strokeStyle="#FF6600";
context.font="bold italic 32px Arial Black";
context.strokeText("Welcome to our website",60,180);
var tm=context.measureText("Welcome to our website");
context.strokeText(tm.width,tm.width+60,180);
</script>
```

图6-37 添加获取文字宽度代码

图6-38 预览获取文字宽度效果

度量文本是以当前设置的文本样式为基础的，即文本样式确定之后，即可获取文本的度量，不需要等待绘制文本完成后再去度量。

## ▶▶ 6.4　图形的组合与裁切

使用canvas元素在网页中绘是多个图形时，如果所绘制的图形之间相互重叠，则可以通过设置图形的组合方式，使图形重叠部分呈现出不同的效果。并且使用canvas元素还可以对图像等元素进行裁切操作，从而在网页中实现圆形或三角形等形状的图片效果。

### 6.4.1　图形组合

通常，把一个图形绘制在另一个图形之上，称之为图形组合。默认的情况是上面的图形覆盖了下面的图形，这是由于图形组合默认设置了source-over属性值。

在canvas中，可通过globalCompositeOperation属性来设置如何在两个图形叠加的情况下组合颜色，其用法如下。

```
globalCompositeOperation= [value];
```

参数value的合法值有12个，决定了12种图形组合类型，默认值是source-over。12种组合类型如表6-4所示。

表6-4　　　　　　　　　　　　　　　　组合类型值的说明

| 值 | 说明 |
| --- | --- |
| copy | 只绘制新图形，删除其他所有内容 |
| darker | 在图形重叠的地方，颜色由两个颜色值相减后决定 |
| destination-atop | 已有的内容只在它和新的图形重叠的地方保留，新图形绘制于内容之后 |
| destination-in | 在新图形及已有画布重叠的地方，已有内容都保留。所有其他内容成为透明的 |
| destination-out | 在已有内容和新图形不重叠的地方，已有内容保留，所有其他内容成为透明的 |
| destination-over | 新图形绘制于已有内容的后面 |
| lighter | 在图形重叠的地方，颜色由两种颜色值的加值来决定 |
| source-atop | 只有在新图形和已有内容重叠的地方，才绘制新图形 |
| source-in | 只有在新图形和已有内容重叠的地方，新图形才绘制，所有其他内容成为透明的 |
| source-out | 只有在和已有图形不重叠的地方，才绘制新图形 |
| source-over | 新图形绘制于已有图形的顶部，这是默认的行为 |
| xor | 在重叠和正常绘制的其他地方，图形都成为透明的 |

如编写下面的JavaScript脚本代码。

```
<script type="text/javascript">
function Draw(){
    var myCanvas=document.getElementById("canvas1");
    var context=myCanvas.getContext("2d");
    // source-over
    context.globalCompositeOperation = "source-over";
    RectArc(context);
    // lighter
    context.globalCompositeOperation = "lighter";
    context.translate(90,0);
    RectArc(context);
```

```
// xor
context.globalCompositeOperation = "xor";
context.translate(-90,90);
RectArc(context);
// destination-over
context.globalCompositeOperation = "destination-over";
context.translate(90,0);
RectArc(context);
}
// 绘制组合图形
function RectArc(context){
context.beginPath();
context.rect(10,10,50,50);
context.fillStyle = "#F90";
context.fill();
context.beginPath();
context.arc(60,60,30,0,Math.PI*2,true);
context.fillStyle = "#0f0";
context.fill();
}
window.addEventListener("load",Draw,true);
</script>
```

函数RectArc(context)是用来绘制组合图形的，使用translate()方法移动不同的位置，连续绘制4种组合图形：source-over、lighter、xor和destination-over。在浏览器中预览，可以看到代码中设置的4种图形组合的表现方式，如图6-39所示。

图6-39　4种图形组合表现效果

> **提示**
>
> closePath()方法习惯性地放在路径设置的最后一步，切勿认为是路径设置的结果，因为在此之后，还可以继续设置路径。

## 6.4.2　使用图像

使用drawImage()方法可以将图像添加到canvas画布中，即绘制一幅图像，有3种使用方法。

（1）把整个图像复制到画布，将其放置到指点的左上角，并且将每个图像像素映射成画布坐标系统的一个单元，其使用格式如下。

```
drawImage(image,x,y);
```

image表示要绘制的图像对象，x和y表示要绘制的图像的左上角的位置。

（2）把整个图像复制到画布，但是允许用画布单位来指定想要的图像的宽度和高度，其使用格式如下。

```
drawImage(image,x,y,width,height);
```

image表示要绘制的图像对象，x和y表示要绘制的图像的左上角的位置，width和height表示图像应该绘制的尺寸，指定这些参数使得图像可以缩放。

（3）该方法是完全通用的，它允许指定图像的任何矩形区域并复制它，对画布中的任何位置都可以进行任意的缩放，其使用格式如下。

```
drawImage(image,sourceX,source,sourceWidth,sourceHeight,destX,destY,destWidth,
destHeight);
```

image表示要绘制的图像对象；sourceX和sourceY表示图像将要被绘制的区域的左上角，使用图像像素来度量；sourceWidth和sourceHieght表示图像要绘制区域的大小，使用图像像素表示。destX和destY表示要绘制的图像区域的左上角的画布坐标；destWidth和destHeight图像区域要绘制的画布大小。

以上3种方法中的image参数都表示要绘制的图像对象，必须是Image对象或canvas元素。一个Image对象能够表示文档中的一个<img>标签或者使用Image()构造函数所创建的一个屏幕外图像。

**实战** 使用canvas元素在网页中绘制图像
最终文件：最终文件\第6章\6-4-2.html　　视频：视频\第6章\6-4-2.mp4

01 打开页面"源文件\第6章\6-4-2.html"，页面效果如图6-40所示。切换到代码视图中，在id名称为banner的div中添加<canvas>标签，并对相关属性进行设置，如图6-41所示。

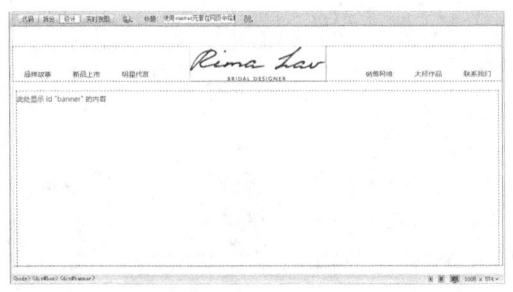

图6-40　打开页面　　　　　　　　　　　　图6-41　编写标签及属性代码

02 在<canvas>结束标签之后添加相应的JavaScript脚本代码。

```
<script type="text/javascript">
var myCanvas=document.getElementById("canvas1");
var con1=myCanvas.getContext("2d");
var newImg=new Image();              //使用Image()构造函数创建图像对象
newImg.src="images/64202.jpg";       //指定图像的文件地址
newImg.onload=function() {
    con1.drawImage(newImg,0,0);      //从左上角开始绘制图像
}
</script>
```

03 返回网页的设计视图中，可以看到插入的<canvas>标签部分显示为灰色区域，如图6-42所示。保存页面，在浏览器中预览页面，可以看到使用<canvas>标签与JavaScript脚本代码相结合绘制图像的效果，如图6-43所示。

> 提示
>
> 在插入图像之前，需要考虑图像加载时间。如果图像没有加载完成就已经执行了drawImage()方法，则不会显示任何图片。可以考虑为图像对象添加了onload处理函数，从而保证在图像加载完成之后执行drawImage()方法。

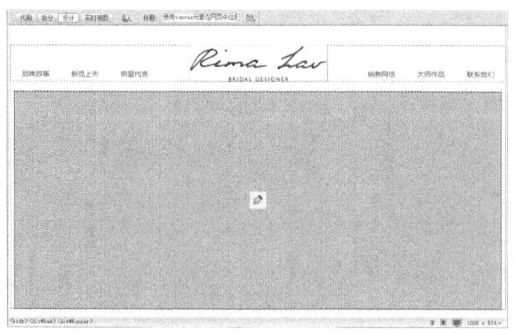

图6-42　页面效果

图6-43　预览绘制图像效果

## 6.4.3　使用图像模式

模式是一个抽象的概念，描述的是一种规律。在canvas中，通常会为贴图图像创建一个模式，用于描边样式和填充样式，可以绘制出带图案的边框和背景图。在canvas中，模式是一个对象，使用createPattern()方法可以为贴图图像创建一个模式。

createPattern()的使用方法如下。

```
createpattern(image,repetitionStyle)
```

image描述了一个贴图图像，可以是一个图像对象，也可以是一个canvas对象。repetitionStyle描述了该贴图图像的循环平铺方式，可取的值有4个，分别为：repeat、repeat-x、repeat-y和no-repeat。repeat表示图像在水平和垂直方向上循环平铺；repeat-x表示图像只在水平方向上循环平铺；repeat-y表示图像只在垂直方向上循环平铺；no-repeat表示图像只使用一次，不进行循环平铺。

**实战**　设置图像平铺效果
最终文件：最终文件\第6章\6-4-3.html　　视频：视频\第6章\6-4-3.mp4

01 打开页面"源文件\第6章\6-4-3.html"，页面效果如图6-44所示。切换到代码视图中，在<body>与</body>标签之间添加<canvas>标签，并对相关属性进行设置，如图6-45所示。

图6-44　打开页面

```
<body>
<div id="box">
  <div id="logo"><img src="images/64201.png" width="279"
height="70" alt=""/></div>
  <div id="menu">
    <ul>
      <li class="list01">品牌故事</li>
      <li class="list01">新品上市</li>
      <li class="list01">明星代言</li>
      <li class="list02"> </li>
      <li class="list01">销售网络</li>
      <li class="list01">大师作品</li>
      <li class="list01">联系我们</li>
    </ul>
  </div>
  <div id="banner"><img src="images/64301.jpg" width="985"
height="428"  alt=""/></div>
</div>
<canvas id="canvas1" width="985" height="428">
你的浏览器不支持该功能
</canvas>
</body>
```

图6-45　编写标签及属性代码

02 切换到该网页所链接的外部CSS样式表文件中，创建名为#canvas1的CSS样式，如图6-46所示。返回网页设计视图中，使刚添加的id名称为canvas1的canvas元素定位在页面水平居中的位置，如图6-47所示。

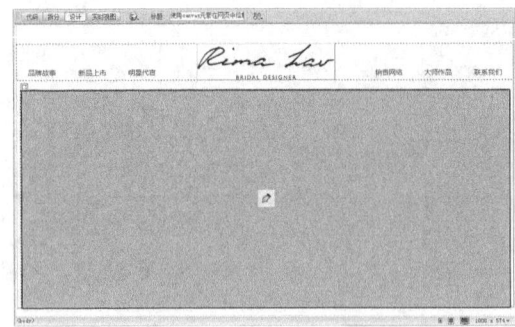

```
#canvas1 {
    position: absolute;
    top: 130px;
    left: 50%;
    margin-left: -492px;
}
```

图6-46　CSS样式代码　　　　　　　　　　　　图6-47　页面效果

**03** 返回网页HTML代码中，在<canvas>结束标签之后添加相应的JavaScript脚本代码。

```
<script type="text/javascript">
var myCanvas=document.getElementById("canvas1");
var con1=myCanvas.getContext("2d");
var newImg=new Image();                 //使用Image()构造函数创建图像对象
newImg.src="images/64302.png";          //指定图像的文件地址
newImg.onload=function() {
    var ptrn=con1.createPattern(newImg,"repeat");  //创建贴图模式，循环平铺图像
    con1.fillStyle=ptrn;                //设置填充样式为贴图模式
    con1.fillRect(0,0,985,428);         //填充矩形
}
</script>
```

**04** 保存页面，在浏览器中预览页面，可以看到使用<canvas>标签与JavaScript脚本代码相结合在矩形区域平铺图像的效果，如图6-48所示。

图6-48　预览绘制图像平铺效果

> **提示**
> 　　将贴图模式的代码包含在onload处理函数中，是因为图像本身需要时间加载，在加载完成之前，创建出来的贴图模式是无效的。贴图模式也可以用于描边样式。

## 6.4.4　裁切路径

　　在路径绘图中使用了两种绘图方法，即用于绘制线条的stroke()方法和用于填充区域的fill()方法。关于路径的处理，还有一种方法叫作裁切方法clip()。

　　说起裁切，大多数人会想到裁切图片，即保留图片的一部分。裁切区域是通过路径来确定的。与绘制线条的方法和填充区域的方法一样，也需要预先确定绘图路径，再执行裁切区域路径clip()方法，这样就确定了裁切区域。裁切区域的使用方法如下。

```
Clip();
```

该方法没有参数，在设置路径之后执行。

**实战**　**在网页中实现圆形裁切图像效果**

最终文件：最终文件\第6章\6-4-4.html　　视频：视频\第6章\6-4-4.mp4

**01** 打开页面“源文件\第6章\6-4-4.html”，页面效果如图6-49所示。切换到代码视图中，在<body>与</body>标签之间添加<canvas>标签，并对相关属性进行设置，注意两个<canvas>标签的id名称不同，如图6-50所示。

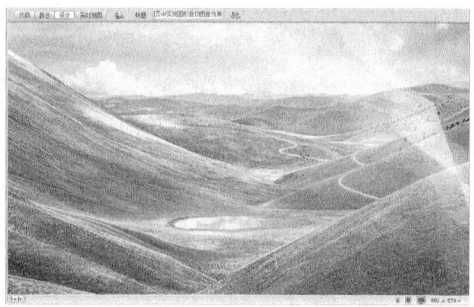

图6-49　打开页面

```
<body>
<canvas id="canvas2" width="400" height="400">
你的浏览器不支持该功能
</canvas>
<canvas id="canvas1" width="430" height="430">
你的浏览器不支持该功能
</canvas>
</body>
```

图6-50　编写标签及属性代码

**02** 切换到该网页所链接的外部CSS样式表文件中，创建名为#canvas1和名为#canvas2的CSS样式，如图6-51所示。返回网页设计视图中，使刚添加的id名称为canvas1和canvas2的两个canvas元素定位在页面水平居中的位置，如图6-52所示。

**提示**

在页面中添加两个<canvas>标签，一个用于绘制白色的圆形，一个用于将图像裁切为圆形。通过CSS样式进行设置，使两个canvas元素相互重叠。通过设置z-index属性，可以修改两个canvas元素之间的叠加顺序。

```
#canvas1{
    position: absolute;
    top: 50%;
    left: 50%;
    margin-top: -215px;
    margin-left: -215px;
    z-index: 1;
}
#canvas2{
    position: absolute;
    top: 50%;
    left: 50%;
    margin-top: -200px;
    margin-left: -200px;
    z-index: 2;
}
```

图6-51　CSS样式代码

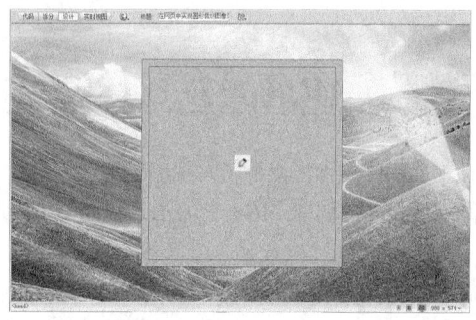

图6-52　页面效果

**03** 在<canvas>结束标签之后添加相应的JavaScript脚本代码。

```
<script type="text/javascript">
var canvas=document.getElementById("canvas1");
var context=canvas.getContext("2d");
//绘制底部白色圆形
context.arc(215,215,215,0,Math.PI*2,true);
```

```
context.fillStyle="#FFFFFF";
context.fill();
function Draw(){
    var canvas=document.getElementById("canvas2");
    var context=canvas.getContext("2d");
    //在画布对象中绘制图像
    var newImg=new Image();
    newImg.src="images/64402.jpg";
    newImg.onload=function(){
            ArcClip(context);
            context.drawImage(newImg,-20,0);
            }
}
function ArcClip(context) {
    //裁切路径
    context.beginPath();
    context.arc(200,200,200,0,Math.PI*2,true);//设置一个圆形绘图路径
    context.clip();                            //裁剪区域
}
window.addEventListener("load",Draw,true);
</script>
```

**04** 保存页面，在浏览器中预览页面，可以看到使用<canvas>标签与Java-Script脚本代码相结合在网页中实现的圆形图像效果，如图6-53所示。

> **提示**
>
> 在绘制图像之前，首先使用ArcClip(context)方法设置一个圆形裁剪区域。先设置一个圆形的绘图路径，再调用clip()方法，即可完成区域的裁剪。

图6-53　预览圆形裁切图像效果

## ▶▶▶ 6.5　图形颜色与样式设置

在前面已经向读者介绍了为图形设置填充颜色和描边颜色的方法，本节将向读者介绍为图形填充线性渐变、径向渐变颜色及边框样式的设置方法，从而使所绘制的图形更加多样化。

### 6.5.1　绘制线性渐变

渐变是一种很普遍的视觉效果，能带来视觉上的舒适感。在canvas中，绘图API提供了两个原生的渐变方法，包括线性渐变和径向渐变，可以应用在描边样式和填充样式中。

使用渐变需要3个步骤：首先是创建渐变对象；其次是设置渐变颜色和过渡方式；最后将渐变对象赋值给填充样式或描边样式。

线性渐变是指起始点和结束点之间线性的内插颜色值。绘图API提供的创建线性渐变的方法是createLinearGradient()，该方法的使用格式如下。

```
createLinearGradient(xStart, yStart, xEnd, yEnd);
```

xStart、yStart表示渐变的起始点的坐标。xEnd、yEnd表示渐变的结束点的坐标。返回值为一个渐变对象。

设置渐变颜色需要在渐变对象上使用addColorStop()方法,在渐变中的某一点添加一个颜色变化,addColor-Stop()方法的使用格式如下。

```
addColorStop(offset,color);
```

offset是一个范围在0.0~1.0的浮点值,表示渐变的开始点和结束点之间的一部分,offset为0对应开始点,offset为1对应结束点。color是一个颜色值,表示在指定offset显示的颜色。

---

**实战** 在网页中绘制矩形并填充线性渐变

最终文件:最终文件\第6章\6-5-1.html　　视频:视频\第6章\6-5-1.mp4

---

图6-54 打开页面

**01** 打开页面"源文件\第6章\6-5-1.html",页面效果如图6-54所示。切换到代码视图中,在<body>与</body>标签之间添加<canvas>标签,并对相关属性进行设置,如图6-55所示。

```
<body>
<div id="text"><img src="images/65102.png" width="733"
height="131"  alt=""/></div>
<canvas id="canvas1" width="900" height="400">
你的浏览器不支持该功能
</canvas>
</body>
```

图6-55 编写标签及属性代码

**02** 切换到该网页所链接的外部CSS样式表文件中,创建名为#canvas1的CSS样式,如图6-56所示。返回网页设计视图中,使刚添加的id名称为canvas1的canvas元素定位在页面水平居中的位置,如图6-57所示。

```
#canvas1 {
    position: absolute;
    top: 50%;
    left: 50%;
    margin-top: -200px;
    margin-left: -450px;
    z-index: 1;
}
```

图6-56 CSS样式代码

图6-57 页面效果

**03** 返回网页HTML代码中,在<canvas>结束标签之后添加相应的JavaScript脚本代码。

```
<script type="text/javascript">
var myCanvas=document.getElementById("canvas1");
var con1=myCanvas.getContext("2d");
//创建线性渐变
var grd=con1.createLinearGradient(0,0,0,400);
//设置渐变颜色
grd.addColorStop(0,"rgba(255,255,255,0.6)");
grd.addColorStop(1,"rgba(255,255,255,0)");
//绘制矩形并将填充设置为渐变
```

```
con1.fillStyle=grd;
con1.fillRect(0,0,900,400);
</script>
```

**04** 保存页面，在浏览器中预览页面，可以看到为所绘制的矩形填充线性渐变颜色的效果，如图6-58所示。

图6-58　预览填充线性渐变效果

> **技巧**
>
> 　　从预览效果图可以看到起始点到结束点的渐变从半透明白色到完全透明白色的渐变颜色；起始点到结束点可以确定一条线段，渐变会沿着该线段的垂直方向扩展。设置渐变颜色和过渡方式时，可以使用addColorStop()方法，以便实现更多颜色的线性渐变。

## 6.5.2　绘制径向渐变

　　径向渐变是指在两个指定圆的圆周之间放射性地插颜色值。绘图API提供的创建线性渐变的方法是createRadialGradient()，该方法的使用格式如下。

```
createRadialGradient(xStart, yStart, radiusStart, xEnd, yEnd, radiusEnd);
```

　　xStart和yStart表示开始圆的圆心坐标；radiusStart表示开始圆的半径；xEnd和yEnd表示结束圆的圆心坐标；radiusEnd表示结束圆的半径。该方法返回一个渐变对象gradient。

**实战**　在网页中绘制圆形并填充径向渐变
最终文件：最终文件\第6章\6-5-2.html　　　视频：视频\第6章\6-5-2.mp4

图6-59　打开页面

**01** 打开页面"源文件\第6章\6-5-2.html"，页面效果如图6-59所示。切换到代码视图中，在<body>与</body>标签之间添加<canvas>标签，并对相关属性进行设置，如图6-60所示。

```
<body>
<div id="logo"><img src="images/65201.png" width="250"
height="70"  alt=""/></div>
<canvas id="canvas1" width="400" height="400">
你的浏览器不支持该功能
</canvas>
</body>
```

图6-60　编写标签及属性代码

**02** 切换到该网页所链接的外部CSS样式表文件中，创建名为#canvas1的CSS样式，如图6-61所示。返回网页设计视图中，使刚添加的id名称为canvas1的canvas元素定位在页面水平居中的位置，如图6-62所示。

**03** 返回网页HTML代码中，在<canvas>结束标签之后添加相应的JavaScript脚本代码。

```
<script type="text/javascript">
```

```
var myCanvas=document.getElementById("canvas1");
var con1=myCanvas.getContext("2d");
//创建径性渐变
var grd=con1.createRadialGradient(200,200,0,200,200,200);
//设置渐变颜色
grd.addColorStop(0,"#FFFC20");
grd.addColorStop(1,"#FFA100");
//绘制圆形并将填充设置为渐变
con1.fillStyle=grd;
con1.beginPath();
con1.arc(200,200,200,0,Math.PI*2,true);
con1.fill();
</script>
```

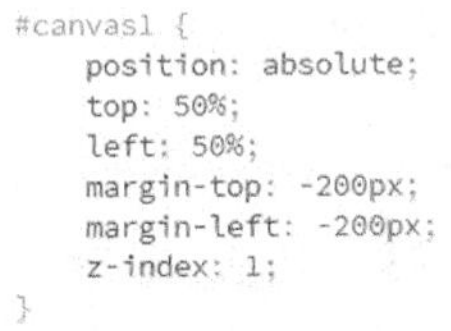

```
#canvas1 {
    position: absolute;
    top: 50%;
    left: 50%;
    margin-top: -200px;
    margin-left: -200px;
    z-index: 1;
}
```

图6-61 CSS样式代码

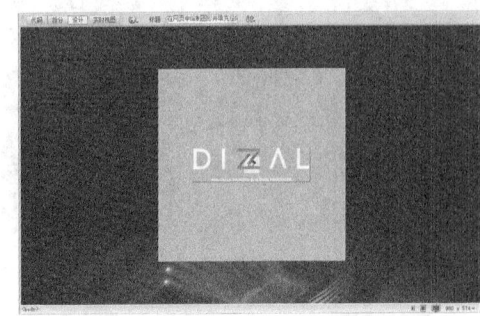

图6-62 页面效果

**04** 保存页面，在浏览器中预览页面，可以看到为所绘制的圆形填充径向渐变颜色的效果，如图6-63所示。

图6-63 预览填充径向渐变效果

提示

在本实例中设置起始圆的圆心坐标与结束圆的圆心坐标为相同的值，则表示起始圆与结束圆的中心点重合，设置起始圆的半径为0，即为一个点，结束圆的半径为200，则可以填充出一个从中心向四周的径向渐变。

## 6.5.3 创建对象阴影

阴影效果可以增加图像的立体感，可以利用绘图API提供的绘制阴影的属性为所绘制的图形或文字添加阴影效果。阴影属性不会单独去绘制阴影，需要在绘制任何图形或文字之前，添加阴影属性，就能绘制出带有阴影效果的图形或文字。

表6-5所示为设置阴影的4个属性。

表6-5 阴影属性

| 属性 | 值 | 说明 |
|---|---|---|
| shadowColor | 符合CSS规范的颜色值 | 可以使用半透明颜色 |
| shadowOffsetX | 数值 | 阴影的横向位移量，向右为正，向左为负 |
| shadowOffsetY | 数值 | 阴影的纵向位移量，向下为正，向上为负 |
| shadowBlur | 数值 | 高斯模糊，值越大，阴影边缘越模糊 |

**实战** 为图形和文字添加阴影效果

最终文件：最终文件\第6章\6-5-3.html 视频：视频\第6章\6-5-3.mp4

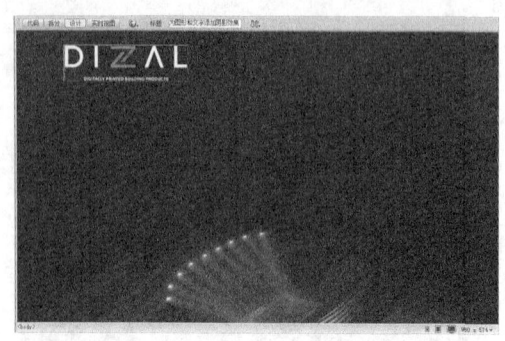

图6-64 打开页面

**01** 打开页面"源文件\第6章\6-5-3.html"，页面效果如图6-64所示。切换到代码视图中，在<body>与</body>标签之间添加<canvas>标签，并对相关属性进行设置，如图6-65所示。

```
<body>
<div id="logo"><img src="images/65201.png" width="250"
height="70"  alt=""/></div>
<canvas id="canvas1" width="800" height="400">
你的浏览器不支持该功能
</canvas>
</body>
```

图6-65 编写标签及属性代码

**02** 切换到该网页所链接的外部CSS样式表文件中，创建名为#canvas1的CSS样式，如图6-66所示。返回网页设计视图中，使刚添加的id名称为canvas1的canvas元素定位在页面水平居中的位置，如图6-67所示。

```
#canvas1 {
    position: absolute;
    top: 50%;
    left: 50%;
    margin-top: -200px;
    margin-left: -400px;
    z-index: 1;
}
```

图6-66 CSS样式代码

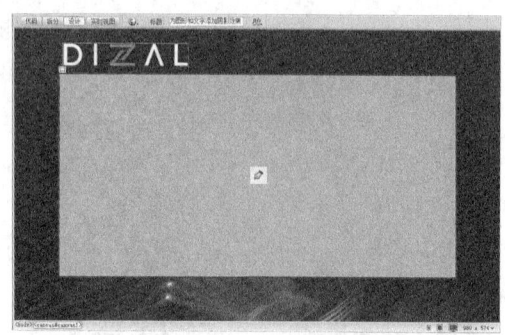

图6-67 页面效果

**03** 返回网页HTML代码中，在所添加的JavaScript脚本代码中添加绘制矩形和文字并添加阴影效果的代码。

```
<script type="text/javascript">
var myCanvas=document.getElementById("canvas1");
var con1=myCanvas.getContext("2d");
//设置阴影属性
con1.shadowColor="#FFFFFF";
con1.shadowOffsetX=3;
con1.shadowOffsetY=3;
```

```
con1.shadowBlur=1;
//绘制矩形
con1.fillStyle="rgba(0,0,0,0.2)";
con1.fillRect(0,50,790,300);
// 填充方式绘制文本
con1.fillStyle="#FF6600";
con1.font="bold 60px 微软雅黑";
con1.fillText("全新游戏震撼上线！",140,220);
</script>
```

**04** 保存页面，在浏览器中预览页面，可以看到所绘制的图形和文本添加阴影的效果，如图6-68所示。

图6-68　预览为对象添加阴影的效果

> **提示**
>
> 　　在绘制文本和图形之前，如果设置了阴影属性，其后所绘制的所有文本和图形都会附带阴影效果。阴影属性可以应用于任何绘制的图像中，也包括图片。

## ▶▶▶ 6.6　本章小结

　　本章全面地向读者介绍了使用HTML5中新增的canvas元素在网页中绘制各种图形的方法，包括各种基本图形、曲线、文字、渐变和裁剪区域等内容。本章内容很多地方涉及数学知识，不容易理解，读者需要仔细体会，多加练习，这样才能掌握使用canvas元素在网页中绘制各种图形的方法。

# 第7章

# HTML5音频与视频标签

HTML5为用户提供了在网页中嵌入音频和视频的简单便捷的解决方案，只需要使用HTML5中新增的<audio>和<video>标签即可在网页中嵌入音频和视频，不需要任何插件的支持。HTML5还为开发者提供了标准的接口属性和方法，大大方便了开发者对嵌入到网页中的音频和视频进行控制。本章将向读者介绍HTML5新增的音频和视频标签的使用和设置方法。

---

**本章知识点**

- 了解HTML5音频和视频的优势与不足
- 理解检查浏览器是否支持HTML5音频和视频的方法
- 掌握HTML5音频的使用和设置方法
- 掌握HTML5视频的使用和设置方法
- 理解<audio>与<video>的标签属性和接口属性
- 理解<audio>与<video>标签的方法和事件

---

## ▶▶▶ 7.1 HTML5多媒体基础

HTML5对多媒体的支持是顺势发展的，只是目前还没有规范得很完整，各种浏览器的支持差别也很大，如果想深入理解HTML5的多媒体内容，有必要对其相关的多媒体技术进行了解。

### 7.1.1 在线多媒体的发展

早在2000年，在线视频都是借助第三方工具实现的，如RealPlayer和QuickTime等，但它们存在隐私保护问题或兼容性问题。

HTML规范的发展与浏览器息息相关，当Microsoft赢得了2001年的浏览器大战时，即停止了对IE浏览器功能的改进。而W3C也声明了HTML规范已经"过时"，转而关注XHTML和XML，严谨的数据规范和验证弱化了HTML本身的功能。此时没有人认为在HTML中实现视频播放是个好主意。

然而根据实际的需要，开发人员仍然要在网页上实现多媒体功能，进而转向对Flash功能的改进。

2002年，为了满足使用Flash Video的开发人员的需要，Macromedia引入了Sorenson Spark。2003年，

该公司使用VP6编解码器（codec）引入了外部视频FLV格式。在当时，这是高质量、高压缩的。由此使用Flash开发的在线视频，有了近十年的发展，Flash Player的安装库也变得越来越大，Flash Video几乎没有缺点，Flash Video已经发展成为事实上的Web标准。

在HTML5之前，要在网页中添加音频和视频，最简单、最直接的方法就是使用Flash。这种实现方式的缺点是代码较长，而且需要安装Flash插件，同时，并非所有浏览器都拥有同样的插件。

如下所示为在网页中嵌入Flash Video视频的代码。

```
<object classid="clsid:D27CDB6E-AE6D-11cf-96B8-444553540000" width="479"
height="314" id="FLVPlayer">
  <param name="movie" value="FLVPlayer_Progressive.swf">
  <param name="quality" value="high">
  <param name="wmode" value="opaque">
  <param name="scale" value="noscale">
  <param name="salign" value="lt">
  <param name="FlashVars" value="&amp;MM_ComponentVersion=1&amp;skinName=Clear_
Skin_1&amp;streamName=images/flv15203&amp;autoPlay=false&amp;autoRewind=false">
  <param name="swfversion" value="8,0,0,0">
  <!-- 此 param 标签提示使用 Flash Player 6.0 r65 和更高版本的用户下载最新版本的 Flash
Player。如果您不想让用户看到该提示，请将其删除。 -->
  <param name="expressinstall" value="../Scripts/expressInstall.swf">
</object>
```

这种实现方式的缺点是代码较长，最重要的是需要安装Flash插件，而且并非所有浏览器都拥有同样的插件。

## 7.1.2 HTML5音频和视频优势

在HTML5中，不但不需要安装其他插件，而且实现还很简单。插放一个视频只需要一行代码，如下代码为使用HTML5在网页中插入音频和视频的代码。

```
<audio src="images/music.mp3" autoplay></audio>
<video src="images/movie.mp4" autoplay></video>
```

可见，在HTML5中省去了许多不必要的信息。

在HTML5中实现多媒体，不需要知道数据的类型，因为标签已经指明；也不需要设置版本信息，因为不涉及这方面的信息；可以由CSS样式表来控制尺寸，因为它们是页面元素。这些原生的优势，是其他任何第三方插件都无法企及的。

## 7.1.3 HTML5音频和视频的不足

直到现在，仍然不存在完整的音频和视频标准。尽管HTML5提供了音频和视频的规范，但其中所涉及的内容还不够完善。

### 1. 流式音频和视频

目前的HTML5视频规范中，还没有比特率切换标准，所以对视频的支持仅限于先全部加载完毕再播放的方式。但流式媒体格式是比较理想的格式，在未来的设计中，肯定会在这方面进行规范。

### 2. 跨源资源的共享

HTML5的媒体受到HTTP跨源资源共享的限制。HTML5针对跨源资源的共享，提供了专门的规范，这种规范不仅仅局限于音频和视频。

### 3. 全屏控制

从安全角度讲，浏览器中的脚本控制范围不会超出浏览器之外。如果需要控制全屏操作，可能还需要浏览器提供相关的控制功能。

### 4. 字幕支持

如果在HTML5中对音频和视频进行编程，可能还需要对字幕进行控制。基于流行的字幕格式SRT的字幕支持规范（WebSRT）仍在编写中，尚未完全纳入规范。

### 5. 编解码支持

使用HTML5媒体标签的最大缺点在于缺少通用编解码的支持。随着时间的推移，最终会形成一个通用的、高效的编解码器，到时候多媒体的应用形式会比现在更加丰富。未来的发展趋势，一定是我们所期待的那样，或许还会给我们意外的惊喜。

## 7.1.4　检查浏览器是否支持HTML5音频和视频

可以使用脚本代码来判断浏览器是否支持HTML5中新增的audio元素或者video元素。可以使用脚本代码动态地创建它，并检测其是否存在，脚本代码如下。

```
var support = !!document.createElement("audio").canPlayType;
```

这段脚本代码会动态创建audio元素，然后检查canPlayType()函数是否存在。通过执行两次逻辑非运算符"!"，将其结果转换成布尔值，就可以确定音频对象是否创建成功。同样，video元素也可以这样去检查。

## ▶▶▶ 7.2　使用HTML5音频

网络上有许多不同格式的音频文件，但HTML标签所支持的音乐格式并不是很多，并且不同的浏览器支持的格式也不相同。HTML5针对这种情况，新增了<audio>标签来统一网页音频格式，可以直接使用该标签在网页中添加相应格式的音乐。

## 7.2.1　<audio>标签所支持的音频格式

目前，HTML5新增的audio元素所支持的音频格式主要是MP3、Wav和Ogg，在各种主要浏览器中的支持情况如表7-1所示。

表7-1　　　　　　　　　　　　　　　HTML5音频在浏览器中的支持情况

| 格式 | IE11 | Firefox 28.0 | Opera 20.0 | Chrome 34.0 | Safari 5.34 |
|------|------|--------------|------------|-------------|-------------|
| Wav | × | √ | √ | √ | √ |
| MP3 | √ | √ | × | √ | √ |
| Ogg | × | √ | √ | √ | × |

## 7.2.2　使用<audio>标签

在HTML5中新增了<audio>标签，通过该标签可以在网页中嵌入音频并播放。在网页中使用HTML5中的<audio>标签嵌入音频时，只需要指定<audio>标签中的src属性值为一个音频源文件的路径即可，代码如下所示。

```
<audio src="images/music.mp3">
  你的浏览器不支持audio元素
</audio>
```

通过这种方法可以将音频文件嵌入到网页中，如果浏览器不支持HTML5的<audio>标签，将会在网页中显示替代文字"你的浏览器不支持audio元素"。这种不兼容的提示与<canvas>标签是一样的，也是HTML5处理不兼容的统一方法。

**实战** | 在网页中嵌入音频播放
最终文件：最终文件\第7章\7-2-2.html　　视频：视频\第7章\7-2-2.mp4

**01** 执行"文件>打开"命令，打开页面"源文件\第7章\7-2-2.html"，可以看到页面效果，如图7-1所示。切换到代码视图中，可以看到该页面的HTML代码，如图7-2所示。

图7-1　打开页面

```
<!doctype html>
<html>
<head>
<meta charset="utf-8">
<title>在网页中嵌入音频播放</title>
<link href="style/7-2-2.css" rel="stylesheet"
type="text/css">
</head>

<body>
<div id="music">此处显示  id "music" 的内容</div>
</body>
</html>
```

图7-2　网页HTML代码

**02** 将鼠标光标移至名为music的div中，将多余文字删除并加入<audio>标签，并为其设置相应的属性，如图7-3所示。保存页面，在浏览器中预览该页面的效果，可以看到播放器控件并播放音乐，如图7-4所示。

```
<body>
<div id="music">
    <audio src="images/music.mp3" controls></audio>
</div>
</body>
```

图7-3　添加<audio>标签和属性设置

图7-4　预览嵌入音频播放效果

---
**提示**

在<audio>标签中加入controls属性设置，可以使嵌入到网页中的音频文件显示音频播放控制条，可以对音频的播放、停止及音量等进行控制。

---

## ▶▶▶ 7.3　使用HTML5视频

视频标签的出现无疑是HTML5的一大亮点，但是旧版的浏览器不支持HTML5 Video，并且，涉及视频文件的格式问题，Firefox、Safari和Chrome的支持方式并不相同，所以，在现阶段要想使用HTML5的视频功能，浏览器兼容性是一个不得不考虑的问题。

## 7.3.1 &lt;video&gt;标签所支持的视频格式

目前，HTML5新增的video元素所支持的视频格式主要是MPEG4、WebM和Ogg，在各种主要浏览器中的支持情况如表7-2所示。

表7-2                      HTML5视频在浏览器中的支持情况

| 格式 | IE11 | Firefox 28.0 | Opera 20.0 | Chrome 34.0 | Safari 5.34 |
|------|------|--------------|------------|-------------|-------------|
| MPEG4 | √ | √ | × | √ | √ |
| WebM | × | × | √ | √ | × |
| Ogg | × | √ | √ | √ | × |

## 7.3.2 使用&lt;video&gt;标签

在网页中可以使用HTML5新增的video元素嵌入视频，其方法与audio元素相似，还可以在&lt;video&gt;标签中添加width属性和height属性，从而控制视频的宽度和高度，代码如下所示。

```
<video src="images/movie.mp4" width="600" height="400">
    你的浏览器不支持video元素
</video>
```

通过这种方法即可把视频添加到网页中，当浏览器不兼容时，显示替代文字"你的浏览器不支持video元素"。对于兼容性的处理方法，也可以增加丰富的标签内容，或者增加Flash的替代方案。

**实战**　在网页中嵌入视频播放
最终文件：最终文件\第7章\7-3-2.html　　视频：视频\第7章\7-3-2.mp4

**01** 执行"文件>打开"命令，打开页面"源文件\第7章\7-3-2.html"，可以看到页面效果，如图7-5所示。切换到代码视图中，可以看到该页面的HTML代码，如图7-6所示。

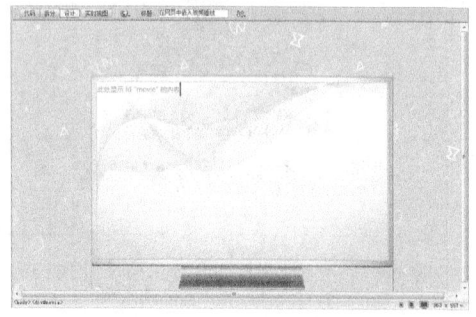

```
<!doctype html>
<html>
<head>
<meta charset="utf-8">
<title>在网页中嵌入视频播放</title>
<link href="style/7-3-2.css" rel="stylesheet"
type="text/css">
</head>

<body>
<div id="movie">此处显示 id "movie" 的内容</div>
</body>
</html>
```

图7-5　打开页面　　　　　　　　　　　图7-6　网页HTML代码

**02** 将鼠标光标移至名为movie的div中，将多余文字删除，在该div标签中加入&lt;video&gt;标签，并设置相关属性，如图7-7所示。在&lt;video&gt;标签之间加入&lt;source&gt;标签，并设置相关属性，如图7-8所示。

> **提示**
>
> 在&lt;video&gt;标签中的controls属性是一个布尔值，显示play/stop按钮；width属性用于设置视频所需要的宽度，默认情况下，浏览器会自动检测所提供的视频尺寸；height属性用于设置视频所需要的高度。

```
<body>
<div id="movie">
  <video controls width="625" height="365"></video>
</div>
</body>
```

图7-7 添加<video>标签并设置

```
<body>
<div id="movie">
  <video controls width="625" height="365">
    <source type="video/mp4" src="images/movie.mp4">
  </video>
</div>
</body>
```

图7-8 添加<source>标签并设置

**03** 返回网页设计视图中,可以看到<video>标签在网页中显示为一个灰色区域,如图7-9所示。保存页面,在浏览器中预览页面,可以看到视频播放的效果,如图7-10所示。

图7-9 页面效果

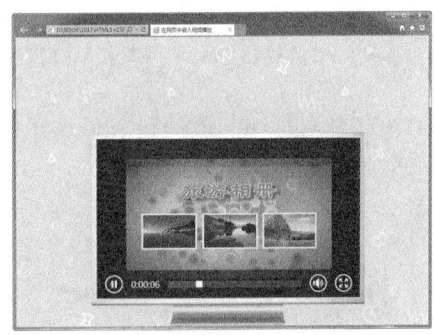

图7-10 预览嵌入视频效果

---
**提示**

　　HTML5的<video>标签,每个浏览器的支持情况不同,Firefox浏览器只支持.ogg格式的视频文件,Safari和Chrome浏览器只支持.mp4格式的视频文件,而IE11以下版本不支持<video>标签,IE11版本浏览器可以支持<video>标签,所以在使用该标签时一定需要注意。

---

## 7.3.3 使用<source>标签

　　由于各种浏览器对音频和视频的编解码器的支持不一样,为了能够在各种浏览器中都能正常显示音频和视频效果,可以提供多种不同格式的音频和视频文件。这就需要使用<source>标签为audio元素或video元素提供多个备用多媒体文件,代码如下所示。

```
<audio src="images/music.mp3">
  <source src="images/music.ogg" type="audio/ogg">
  <source src="images/music.mp3" type="audio/mpeg">
  你的浏览器不支持audio元素
</audio>
```

或

```
<video src="images/movie.mp4" width="562" height="423" controls>
  <source src="images/movie.ogg" type="video/ogg" codes="theora,vorbis">
  <source src="images/movie.mp4" type="video/mp4">
  你的浏览器不支持video元素
</video>
```

由上面可以看出,使用source元素代替了<audio>或<video>标签中的src属性,这样,浏览器可以根据自身的播放能力，按照顺序自动选择最佳的源文件进行播放。

此外，<source>标签有几个属性，分别介绍如下。

### 1. src属性

用于指定媒体文件的URL地址，可以是相对路径地址，也可以是绝对路径地址。

### 2. type属性

用于指定媒体文件的类型，属性值为媒体文件的MIME类型，该属性值还可以通过codes参数指定编码格式。为了提高执行效率，定义详细的type属性是非常必要的。

## ▶▶ 7.4　<audio>与<video>标签的属性

在HTML5新增的<audio>与<video>标签中都提供了相应的属性，通过在标签中添加相应的属性设置，可以对页面中的音频和视频进行设置。在<audio>标签与<video>标签中所提供的属性可以大致分为标签属性和接口属性。

### 7.4.1　标签属性

<audio>与<video>标签所提供的元素标签属性基本相同，主要用于对插入到网页中的音频或视频进行控制。

### 1. src属性

用于指定媒体文件的URL地址，可以是相对路径地址，也可以是绝对路径地址。

### 2. autoplay属性

用于设置媒体文件加载后自动播放，该属性在标签中使用方法如下。

```
<audio src="images/music.mp3" autoplay></video>
```

或

```
<video src="resources/video.mp4" autoplay></video>
```

### 3. controls属性

用于为视频和音频添加自带的播放控制条，控制条中包括播放/暂停、进度条、进度时间和音量控制等。该属性在标签中的使用方法如下。

```
<audio src="images/music.mp3" controls></video>
```

或

```
<video src="images/video.mp4" controls></video>
```

### 4. loop属性

用于设置音频或视频循环播放。该属性在标签中的使用方法如下。

```
<audio src="images/music.mp3" controls loop></video>
```

或

```
<video src="images/video.mp4" controls loop></video>
```

## 5. preload属性

表示页面加载完成后，如何加载视频数据。该属性有3个值：none表示不进行预加载；metadata表示只加载媒体文件的元数据；auto表示加载全部视频或音频，默认值为auto。用法如下。

```
<audio src="images/music.mp3" controls preload="auto"></video>
```

或

```
<video src="images/video.mp4" controls preload="auto"></video>
```

如果在标签中设置了autoplay属性，则忽略preload属性。

## 6. poster属性

该属性是<video>标签的属性，<audio>标签没有该属性。该属性用于指定一幅替代图片的URL地址，当视频不可用时，会显示该替代图片，用法如下。

```
<video src="images/video.mp4" controls poster="images/none.jpg"></video>
```

## 7. width属性和height属性

这两个属性是<video>标签的属性，<audio>标签没有这两个属性。该属性用于设置视频的宽度和高度，单位是像素，使用方法如下。

```
<video src="images/video.mp4" controls width="800" height="600"></video>
```

## 7.4.2 元素的接口属性

<audio>与<video>标签除了提供了标签属性外，还提供了一些接口属性，用于针音频和视频文件的编程。

### 1. currentSrc

该属性为只读属性，用来获取当前正在播放或已加载的媒体文件的URL地址。

### 2. videoWidth

该属性为只读属性，video元素特有属性，用于获取视频原始的宽度。

### 3. videoHeight

该属性为只读属性，video元素特有属性，用于获取视频原始的高度。

### 4. currentTime

该属性用于获取/设置当前媒体播放位置的时间点，单位为s（秒）。

### 5. starTime

该属性为只读属性，用于获取当前媒体播放的开始时间，通常是0。

### 6. duration

该属性为只读属性，用于获取整个媒体文件的播放时长，单位为s（秒）。如果无法获取，则返回NaN。

### 7. volume

该属性用于获取/设置媒体文件播放时的音量，取值范围0.0~0.1。

### 8. muted

该属性用于获取/设置媒体文件播放时是否静音。true表示静音，false表示消除静音。

### 9. ended

该属性为只读属性，如果媒体文件已经播放完毕，则返回true，否则返回false。

### 10. played

该属性为只读属性，用于获取已播放媒体的TimesRanges对象，该对象内容包括已播放部分的开始时间和结束时间。

### 11. paused

该属性为只读属性，如果媒体文件当前处于暂停或未播放状态，则返回true，否则返回false。

### 12. error

该属性为只读属性，用于读取媒体文件的错误代码。正常情况下，error属性值为null；有错误时返回MediaError对象code。

code有4个错误状态值。

（1）MEDIA_ERR_ABORTED（值为1）：中止。媒体资源下载过程中，由于用户操作原因而被中止。

（2）MEDIA_ERR_NETWORK（值为2）：网络中断。媒体资源可用，但下载出现网络错误而中止。

（3）MEDIA_ERR_DECODE（值为3）：解码错误。媒体资源可用，但解码时发生了错误。

（4）MEDIA_ERR_SRC_NOT_SUPPORTED（值为4）：不支持格式。媒体格式不被支持。

### 13. seeking

该属性为只读属性，用于获取浏览器是否正在请求媒体数据。true表示正在请求，false表示停止请求。

### 14. seekable

该属性为只读属性，用于获取媒体资源已请求的TimesRanges对象，该对象内容包括已请求部分的开始时间和结束时间。

### 15. networkState

该属性为只读属性，用于获取媒体资源的加载状态。该状态有如下4个值。

（1）NETWORK_EMPTY（值为0）：加载的初始状态。

（2）NETWORK_IDLE（值为1）：已确定编码格式，但尚未建立网络连接。

（3）NETWORK_LOADING（值为2）：媒体文件加载中。

（4）NETWORK_NO_SOURCE（值为3）：没有支持的编码格式，不加载。

### 16. buffered

该属性为只读属性，用于获取本地缓存的媒体数据的TimesRanges对象。TimesRanges对象可以是一个数组。

### 17. readyState

该属性为只读属性，用于获取当前媒体播放的就绪状态。该状态有如下5个值。

（1）HAVE_NOTHING（值为0）：还没有获取到媒体文件的任何信息。

（2）HAVE_METADATA（值为1）：已获取到媒体文件的元数据。

（3）HAVE_CURRENT_DATA（值为2）：已获取到当前播放位置的数据，但没有下一帧数据。

（4）HAVE_FUTURE_DATA（值为3）：已获取到当前播放位置的数据，且包含下一帧的数据。

（5）HAVE_ENOUGH_DATA（值为4）：已获取足够的媒体数据，可以正常播放。

### 18. playbackRate

该属性用于获取/设置媒体当前的播放速率。

### 19. defaultPlaybackRate

该属性用于获取/设置媒体默认的播放速率。

**实战** 实现网页中视频的快进

最终文件：最终文件\第7章\7-4-2.html　　视频：视频\第7章\7-4-2.mp4

**01** 执行"文件>打开"命令，打开页面"源文件\第7章\7-4-2.html"，可以看到页面效果，如图7-11所示。切换到代码视图中，可以看到该页面的HTML代码，如图7-12所示。

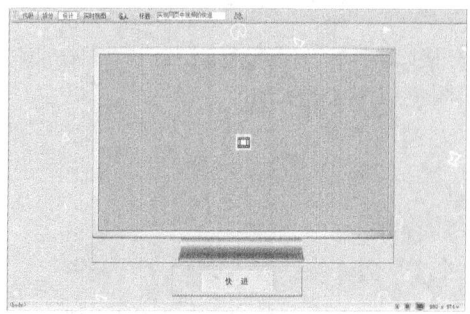

图7-11 打开页面

```
<body>
<div id="movie">
  <video id="myplayer" src="images/movie.mp4"
width="625" height="365" controls>
  </video>
</div>
<div id="btn">
  <input type="button" name="button" id="button"
value="快 进" class="btn1">
</div>
</body>
```

图7-12 网页HTML代码

**02** 在网页的&lt;head&gt;与&lt;/head&gt;之间添加JavaScript脚本代码，如图7-13所示。在id名为button的按钮中添加触发事件onClick，调用JavaScript脚本代码，如图7-14所示。

```
<head>
<meta charset="utf-8">
<title>实现网页中视频的快进</title>
<link href="style/7-4-2.css" rel="stylesheet"
type="text/css">
<script type="text/javascript">
function Forward() {
    var el=document.getElementById("myplayer");
    var time=el.currentTime;
    el.currentTime=time+6;
}
</script>
</head>
```

图7-13 添加JavaScript脚本代码

```
<body>
<div id="movie">
  <video id="myplayer" src="images/movie.mp4"
width="625" height="365" controls>
  </video>
</div>
<div id="btn">
  <input type="button" name="button" id="button"
value="快 进" class="btn1" onClick="Forward()">
</div>
</body>
```

图7-14 添加触发事件代码

---
**提示**

首先通过脚本获取video对象的currentTime，加上6s后再赋值给对象的currentTime属性，即可实现每次快进6s。由于currentTime属性是可读可写的，因此可以给该属性赋值。

---

**03** 保存页面，在浏览器中预览页面，可以看到页面中视频效果，如图7-15所示。单击"快进"按钮，可以看到视频快进6s的效果，如图7-16所示。

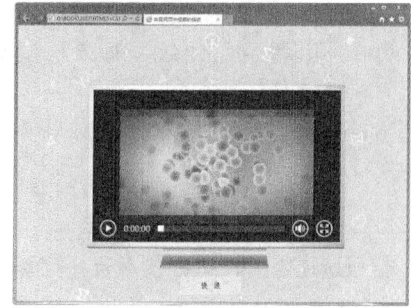

图7-15 预览页面效果

图7-16 单击"快进"按钮效果

> **提示**
>
> 　　如果接口属性是只读属性，则只能获取该属性的值，不能给该属性赋值。接口属性不能用于 <video> 标签中，只能通过脚本访问。

## ▶▶ **7.5　<audio> 与 <video> 标签的方法和事件**

　　HTML5还为audio与video元素提供了接口方法和一系列接口事件，方便通过脚本代码对嵌入到网页中的音频和视频进行控制，本节将向读者介绍audio和video元素的接口方法和接口事件。

### 7.5.1　接口方法

　　HTML5为audio和video元素提供了相同的接口方法，介绍如下。

#### 1. Load()

该方法用于加载媒体文件，为播放做准备。通常用于播放前的预加载，还用于重新加载媒体文件。

#### 2. Play()

该方法用于播放媒体文件。如果媒体文件没有加载，则加载并播放；如果是暂停状态，则变为播放，自动改变paused属性为false。

#### 3. Pause()

该方法用于暂停播放媒体文件，自动改变paused属性为true。

#### 4. canPlayType()

该方法用于测试浏览器是否支持指定的媒体类型。该方法的语法格式如下。

```
canPlayType(<type>)
```

　　<type>用于指定的媒体类型，与source元素的type参数的指定方法相同。指定方式如"video/mp4"，指定媒体文件的MIME类型，该属性值还可以通过codes参数指定编码格式。

　　该方法可以有如下3个返回值。

　　（1）空字符串：表示浏览器不支持指定的媒体类型。

　　（2）maybe：表示浏览器可能支持指定的媒体类型。

　　（3）probably：表示浏览器确定支持指定的媒体类型。

> **实战** 控制视频的播放与暂停
>
> 最终文件：最终文件\第7章\7-5-1.html　　视频：视频\第7章\7-5-1.mp4

**01** 执行"文件>打开"命令，打开页面"源文件\第7章\7-5-1.html"，可以看到页面效果，如图7-17所示。切换到代码视图中，可以看到该页面的HTML代码，如图7-18所示。

**02** 在<head>与</head>标签之间添加JavaScript脚本代码，如图7-19所示。分别在id名为button和button1的按钮中添加触发事件，调用JavaScript脚本代码，如图7-20所示。

> **提示**
>
> 　　设置了两个按钮，分别控制视频的播放与暂停。"播放"按钮通过定义的play()函数执行视频的接口方法play()；"暂停"按钮通过定义的pause()函数执行视频的接口方法puase()。

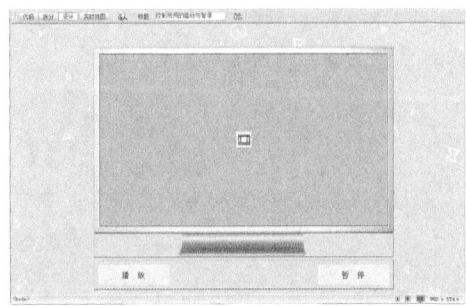

图7-17 打开页面

```html
<body>
<div id="movie">
  <video id="myplayer" src="images/movie.mp4"
width="625" height="365" controls>
  </video>
</div>
<div id="btn">
  <input type="button" name="button" id="button"
value="播 放" class="btn1">
  <input type="button" name="button1" id="button1"
value="暂 停" class="btn2">
</div>
</body>
```

图7-18 网页HTML代码

```html
<head>
<meta charset="utf-8">
<title>控制视频的播放与暂停</title>
<link href="style/7-5-1.css" rel="stylesheet" type
="text/css">
<script type="text/javascript">
var videoEl=null;
function play() {
    videoEl.play();
}
function pause() {
    videoEl.pause();
}
window.onload=function() {
    videoEl=document.getElementById("myplayer");
}
</script>
</head>
```

图7-19 添加JavaScript脚本代码

```html
<div id="movie">
  <video id="myplayer" src="images/movie.mp4"
width="625" height="365" controls>
  </video>
</div>
<div id="btn">
  <input type="button" name="button" id="button"
value="播 放" class="btn1" onclick="play()">
  <input type="button" name="button1" id="button1"
value="暂 停" class="btn2" onclick="pause()">
</div>
```

图7-20 添加触发事件代码

03 保存页面，在浏览器中预览页面，单击"播放"按钮，可以看到页面中的视频开始播放，如图7-21所示。单击"暂停"按钮，可以看到页面中的视频暂停播放，如图7-22所示。

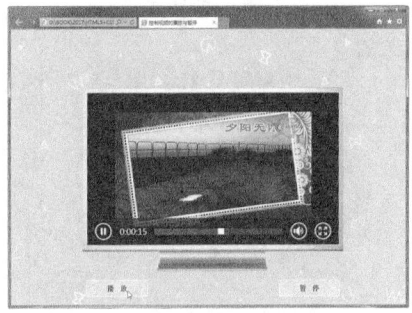

图7-21 单击"播放"按钮播放视频

图7-22 单击"暂停"按钮暂停播放

## 7.5.2 接口事件

HTML5为audio元素和video元素提供了相同的接口事件，介绍如下。

### 1. play

当执行play()方法时触发该事件。

### 2. playing

当多媒体文件正在播放时触发。

### 3. pause

当执行了pause()方法时触发。

## 4. timeupdate

当多媒体文件的播放位置被改变时触发，可能是播放过程中的自然改变，也可能是人为改变。

## 5. ended

当多媒体文件播放结束后停止播放时触发。

## 6. waiting

当等待加载多媒体文件的下一帧时触发。

## 7. ratechange

当多媒体文件的当前播放速率改变时触发。

## 8. volumechange

当多媒体文件的音量改变时触发。

## 9. canplay

多媒体文件以当前播放速率，需要缓冲时触发。

## 10. canplaythrough

多媒体文件以当前播放速率，不需要缓冲时触发。

## 11. durationchange

当多媒体文件的播放时长改变时触发。

## 12. loadstart

当浏览器开始在网上寻找数据时触发。

## 13. progress

当浏览器正在获取媒体文件时触发。

## 14. suspend

当浏览器暂停获取媒体文件，且文件获取并没有正常结束时触发。

## 15. abort

当中止获取媒体数据时触发。但这种中止不是由错误引起的。

## 16. error

当获取媒体文件过程中出错时触发。

## 17. emptied

当所在网络变为初始化状态时触发。

## 18. stalled

浏览器尝试获取媒体数据失败时触发。

## 19. loadedmetadata

在加载完媒体文件元数据时触发。

## 20. loadeddata

在加载完当前位置的媒体播放数据时触发。

## 21. seeking

浏览器正在请求数据时触发。

## 22. seeked

浏览器停止请求数据时触发。

### 7.5.3 接口事件的使用方法

HTML5还为audio元素和video元素提供了一系列的接口事件。在使用audio元素和video元素读取或播放媒体文件的时候，会触发一系列的事件，可以用JavaScript脚本来捕获这些事件，并进行相应的处理。

捕获事件有两种方法：一种是添加事件句柄，一种是监听。

在网页的<audio>标签和<video>标签中添加事件句柄，如下所示。

```
<video id="myplayer" src="images/movie.mp4" onplay="video_playing()"></video>
```

然后可以在函数video_playing()中添加需要的代码，监听方式如下。

```
var videoEl=document.getElementById("myPlayer");
videoEl.addEventListener("play",video_playing); /*添加监听事件*/
```

### 7.5.4 自定义视频播放控制组件

在网页中通过<audio>标签或<video>标签嵌入视频时，如果在标签中设置controls属性，则会在网页中显示音频或视频的播放控制条，使用起来非常方便，但对于设计者来说，播放控制条的外观风格千篇一律，没有太大的新意。通过对<audio>标签和<video>标签的接口方法和接口事件的设置，可以自定义出不同风格的播放控制条，使元素在网页中的应用更加个性化。

> **实战** 自定义视频播放控制组件
> 最终文件：最终文件\第7章\7-5-4.html 视频：视频\第7章\7-5-4.mp4

**01** 执行"文件>打开"命令，打开页面"源文件\第7章\7-5-4.html"，可以看到页面效果，如图7-23所示。切换到代码视图中，可以看到该页面的HTML代码，如图7-24所示。

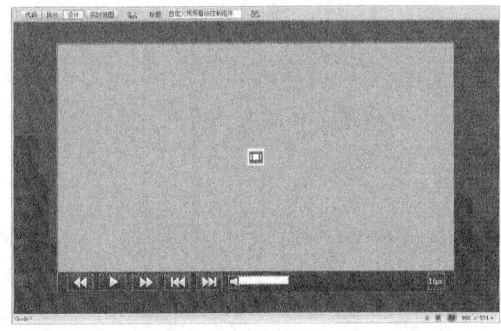

图7-23 打开页面

图7-24 网页HTML代码

**02** 为方便调用视频对象，把视频对象定义为全局变量，在<head>与</head>标签之间添加JavaScript脚本代码，代码如下。

```
<script type="text/javascript">
/*定义全局视频对象*/
var videoEl=null;
/*网页加载完毕后，读取视频对象*/
window.addEventListener("load",function() {
```

```
        videoEl=document.getElementById("myplayer")
});
</script>
```

**03** 继续在JavaScript脚本代码中添加实现视频播放和暂停功能的JavaScript脚本代码，代码如下。

```
/*播放/暂停*/
function play(e) {
    if(videoEl.paused) {
     videoEl.play();
     document.getElementById("play").innerHTML="<img src='images/75404.png'>"
    }else {
     videoEl.pause();
     document.getElementById("play").innerHTML="<img src='images/75403.png'>"
    }
}
```

**04** 在id名称为play的<div>标签中添加触发事件，输入相应的脚本代码，如图7-25所示。保存页面，在Chrome浏览器中预览页面，单击"播放"按钮开始播放视频，此时"播放"按钮变为"暂停"按钮，单击可以暂停视频的播放，如图7-26所示。

```
<div id="controls">
    <div id="slow"><img src="images/75402.png"
width="50" height="31" alt=""/></div>
    <div id="play" onClick="play(this)"><img src=
"images/75403.png" width="50" height="31" alt=""/>
</div>
    <div id="fast"><img src="images/75405.png"
width="50" height="31" alt=""/></div>
```

图7-25　添加触发事件代码

图7-26　测试视频播放功能

> **提示**
>
> 　　此处播放和暂停使用同一个按钮，可以使用if语句来实现，暂停时，播放功能有效，可单击播放视频；播放时，暂停功能有效，可单击暂停播放。

**05** 继续在JavaScript脚本代码中添加实现视频前进和后退功能的JavaScript脚本代码，代码如下。

```
/*后退：后退20s*/
function prev() {
    videoEl.currentTime-=20;
}
/*前进：前进20s*/
function next() {
    videoEl.currentTime+=20;
}
```

**06** 分别在id名称为prev和next的<div>标签中添加触发事件，输入相应的脚本代码，如图7-27所示。保存页面，在Chrome浏览器中预览页面，在视频播放过程中，每单击前进或后退按钮一次，则会向前或向后跳20s，如图7-28所示。

```
    <div id="prev" onClick="prev()"><img src=
"images/75406.png" width="50" height="31" alt=""/>
    </div>
        <div id="next" onClick="next()"><img src=
"images/75407.png" width="50" height="31" alt=""/>
    </div>
```

图7-27　添加触发事件代码　　　　　　图7-28　测试前进和后退功能

**07** 继续在JavaScript脚本代码中添加实现视频慢放和快放功能的JavaScript脚本代码，代码如下。

```
/*慢放：小于等于1时，每次只减慢0.2的速率；大于1时，每次减1*/
function slow() {
    if(videoEl.playbackRate<=1)
        videoEl.playbackRate-=0.2;
    else {
        videoEl.playbackRate-=1;
    }
    document.getElementById("rate").innerHTML=fps2fps(videoEl.playbackRate);
}
/*快放：小于1时，每次只加快0.2的速率；大于1时，每次加1*/
function fast() {
    if(videoEl.playbackRate<1)
        videoEl.playbackRate+=0.2;
    else {
        videoEl.playbackRate+=1;
    }
    document.getElementById("rate").innerHTML=fps2fps(videoEl.playbackRate);
}
/*速率数值处理*/
function fps2fps(fps) {
    if(fps<1)
        return fps.toFixed(1);
    else
        return fps
}
```

**08** 分别在id名称为slow和fast的&lt;div&gt;标签中添加触发事件，输入相应的脚本代码，如图7-29所示。保存页面，在Chrome浏览器中预览页面，在视频播放过程中，可以单击"慢放"或"快放"按钮，查看慢放和快放的效果，如图7-30所示。

> **提示**
>
> 　　此处慢放和快放是通过改变速率来实现的。默认速率为1。当速率小于1时，每次改变0.2的速率；当速率大于1时，每次改变的速率为1。速率改变后，会在播放工具条中显示出来。

```
<div id="controls">
    <div id="slow" onClick="slow()"><img src=
"images/75402.png" width="50" height="31" alt=""/>
    </div>
        <div id="play" onClick="play(this)"><img src=
"images/75403.png" width="50" height="31" alt=""/>
    </div>
        <div id="fast" onClick="fast()"><img src=
"images/75405.png" width="50" height="31" alt=""/>
    </div>
```

图7-29　添加触发事件代码

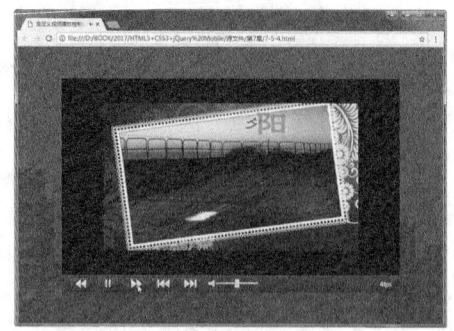

图7-30　测试慢放和快放功能

**09** 继续在JavaScript脚本代码中添加实现视频静音和音量功能的JavaScript脚本代码，代码如下。

```
/*静音*/
function muted(e) {
    if(videoEl.muted) {
        videoEl.muted=false;
        e.innerHTML="<img src='images/75408.png'>";
        document.getElementById("volume").value=videoEl.volume;
    }else {
        videoEl.muted=true;
        e.innerHTML="<img src='images/75409.png'>";
        document.getElementById("volume").value=0;
    }
}
/*调整音量*/
function volume(e) {
    video.volume=e.value;/*修改音量的值*/
}
```

**10** 分别在id名称为muted的<div>标签和id名称为volume的<input>标签中添加触发事件，输入相应的脚本代码，如图7-31所示。保存页面，在Chrome浏览器中预览页面，在视频播放过程中，单击"静音"按钮，可以实现静音效果，再次单击该按钮可消除静音，如图7-32所示。

```
<div id="muted" onClick="muted(this)"><img src=
"images/75408.png" width="20" height="24" alt=""/>
</div>
    <div class="volume">
        <input id="volume" type="range" min="0" max=
"1" step="0.1" onChange="volume(this)">
    </div>
```

图7-31　添加触发事件代码

图7-32　测试视频静音功能

**11** 继续在JavaScript脚本代码中添加显示视频时长功能的JavaScript脚本代码，代码如下。

```
function progresss() {
    document.getElementById("info").innerHTML=s2time(videoEl.currentTime)+"/"+
s2time(videoEl.duration);
}
/*把秒处理为时间格式*/
function s2time(s) {
    var m=parseFloat(s/60).toFixed(0);
    s=parseFloat(s%60).toFixed(0);
    return (m<10?"0"+m:m) +":"+ (s<10?"0"+s:s);
}
window.addEventListener("load",function(){videoEl.addEvenListener("timeupdate",
progresss)});
    window.addEventListener("load",progresss);
```

12 保存页面，在Chrome浏览器中预览页面，通过自定义的播放控制按钮，可以对视频的播放、暂停、前进、后退和音量等进行控制，效果如图7-33所示。

图7-33　预览并测试自定义视频播放组件功能

## ▶▶▶ 7.6　本章小结

　　本章主要讲解了HTML5的音频和视频的基础知识，还讲解了HTML5提供的音频和视频的接口及如何使用这些接口。其中，音频和视频都包含两类属性，容易混淆，所以读者一定要特别注意，认真地阅读本章，准确地理解和掌握使用HTML5在网页中嵌入视频和音频的方法及技巧。

# 第8章

# CSS样式的发展与选择器

对于网页设计而言，HTML是网页的基础和本质，任何网页的基础的源代码都是HTML，但是如果希望制作出来的网页美观大方，并且便于后期的升级维护，那么仅仅掌握HTML是远远不够的，还需要熟练地掌握CSS样式。CSS样式控制着网页的外观，是网页制作过程中不可缺少的重要内容。本章将向读者介绍CSS样式的相关基础知识及CSS样式中的各种CSS选择器，为读者进行后面的学习打下基础。

**本章知识点**

- 了解CSS样式的基本知识
- 掌握在网页中运用CSS样式的方法
- 掌握各类CSS选择器
- 了解CSS3新增的选择器

## ▶▶▶ 8.1 CSS样式的发展

CSS样式是对HTML语言的有效补充，通过使用CSS样式，能够节省许多重复性的格式设置，如网页文字的大小和颜色等。通过CSS样式可以轻松地设置网页元素的显示位置和格式，还可以使用CSS3新增的样式属性，在网页中实现动态的交互效果，大大提升网页的美观性。

### 8.1.1 使用CSS样式的优势

在HTML中，虽然有<b>、<u>、<i>和<p>等标签可以控制文本或图像等内容的显示效果，但这些标签的功能非常有限，而且对有些特定的网站需求，用这些标签是不能够完成的，所以需要引入CSS样式。

CSS样式称为层叠样式表，即多重样式定义被层叠在一起成为一个整体，是网页中标准的布局语言，用来控制元素的尺寸、颜色和排版等属性。CSS样式是由W3C发布的，用来取代基于表格布局、框架布局及其他非标准的表现方法。

引用CSS样式的目的是将"网页结构代码"和"网页格式风格代码"分离开，从而使设计者可以对网页的布局进行更多的控制。利用CSS样式，可以将站点上的所有网页都指向某个CSS文件，设计者只需要修改CSS样式中的代码，整个网页上对应的样式都会随之发生改变。

CSS样式是一组格式设置规则，用于控制Web页面的外观。通过使用CSS样式设置页面的格式，可以将页面的内容与表现形式分离。页面内容存放在HTML文档中，而用于定义表现形式的CSS规则存放在另一个文件中。将内容与表现形式分离，不仅可以使维护站点的外观更加容易，而且还可以使HTML文档代码更加简练，缩短浏览器的加载时间。

## 8.1.2　CSS1与CSS2概述

随着CSS的广泛应用，CSS技术也越来越成熟。现在CSS有3个不同层次的标准，即CSS1、CSS2和CSS3。CSS1主要定义了网页的基本属性，如字体、颜色和空白边等。CSS2在此基础上添加了一些高级功能，如浮动和定位，以及一些高级选择器，如子选择器和相邻选择器等。CSS3开始遵循模块化开发，有助于理清模块化规范之间的不同关系，减少完整文件的大小。

### 1. CSS1

CSS1是CSS的第一层次标准，它正式发布于1996年12月，在1999年1月进行了修改。该标准提供简单的CSS样式表机制，使得网页的编写者可以通过附属的样式对HTML文档的表现进行描述。

### 2. CSS2

CSS2是1998年5月正式作为标准发布的，CSS2基于CSS1，包含了CSS1的所有特点和功能，并在多个领域进行完善，将样式文档与文档内容相分离。CSS2支持多媒体样式表，使得网页设计者能够根据不同的输出设备给文档制定不同的表现形式。

## 8.1.3　全新的CSS3

随着互联网的发展，网页的表现方式更加多样化，需要新的CSS规则来适应网页的发展，所以在最近几年W3C已经开始着手CSS3标准的制定。CSS3目前还处于工作草案阶段，在该工作草案中制定了CSS3的发展路线，详细列出了所有模块，并在逐步进行规范。目前许多CSS3属性已经得到了浏览器的广泛支持，让我们已经可以领略到CSS3的强大功能和效果。

目前CSS3规范尚处于完善之中，因此浏览器的支持程度各有不同。为了让用户能够体验到CSS3的好处，各主流浏览器都定义了自己的私有属性。

CSS3开始遵循模块化的开发。以前的规范作为一个模块实在是太庞大而且比较复杂，所以，CSS3把它分解为多个小的模块，这样，有助于理清各个模块规范之间的关系。

CSS3的模块化规范，显得非常灵活。如果一个CSS规范要完整地获得浏览器的支持，是非常困难的，但是浏览器选择完整支持某个模块的规范是比较容易实现的。反过来，如果要衡量一个浏览器对CSS3的支持程度，可以通过各个模块分别衡量。

CSS3模块化的发展有利于未来的扩展。当CSS需要增加新的规范时，非常不希望其他规范也跟着变动。模块化的发展，使得每个独立的模块都能根据需要进行独立的更新。当增加新的特性或模块时，不会影响已经存在的特性。

## 8.1.4　浏览器对CSS3的支持情况

尽管CSS3很多新的特性颇受开发者的欢迎，但并不是所有的浏览器都支持它。各个主流浏览器都定义了各自的私有属性，以便能够让用户体验CSS3的新特性。

私有属性固然可以避免不同浏览器中解析同一个属性时出现冲突，但是也给设计师们带来诸多不便，需要编写更多的CSS代码，而且也没有解决同一页面在不同浏览器中表现不一致的问题。

尽管私有属性有很多弊端，但是也为设计师们提供了较大的选择空间，至少在CSS3规范发布以前，能表现一些特定的CSS3的效果。

采用Webkit内核浏览器（如Safari、Chrome）的私有属性的前缀是-webkit-；采用Gecko内核浏览器（如Firefox）的私有属性的前缀是-moz-；Opera浏览器的私有属性的前缀是-o-；IE浏览器（限于IE8+）的私有属性的前缀是-ms-。

## ▶▶▶ 8.2 CSS样式语法

CSS样式是纯文本格式文件，在编辑CSS时，可以使用一些简单的纯文本编辑工具，如记事本，同样也可以使用专业的CSS编辑工具，如Dreamweaver。CSS样式是由若干条样式规则组成的，这些样式规则可以应用到不同的元素或文档中来定义他们所显示的外观。

### 8.2.1 CSS样式基本语法

CSS样式由选择器和属性构成，CSS样式的基本语法如下。

```
CSS选择器 {
  属性1: 属性值1;
  属性2: 属性值2;
  属性3: 属性值3;
  ......
}
```

下面的代码展示的是在HTML页面内直接引用CSS样式，这个方法必须把CSS样式信息包括在<style>和</style>标签中，为了使样式在整个页面中产生作用，应把该组标签及内容放到<head>和</head>标签中去。

例如，需要设置HTML页面中所有<p>标签中的文字都显示为红色，其代码如下。

```
<!doctype html>
<html>
<head>
<meta charset="utf-8">
<title>CSS基本语法</title>
<style type="text/css">
p {color: red;}
</style>
</head>
<body>
<p>这里是页面的正文内容</p>
</body>
</html>
```

> 提示
>
> <style>标签中添加了type="text/css"属性设置，这是让浏览器知道是使用CSS样式规则。

在使用CSS样式过程中，经常会有几个选择器用到同一个属性，如规定页面中凡是粗体字、斜体字和1号标题字都显示为蓝色，按照上面介绍的写法应该将CSS样式写为如下的形式。

```
b { color: blue; }
i { color: blue; }
h1 { color: blue; }
```

这样书写十分麻烦，在CSS样式中引进了分组的概念，可以将相同属性的样式写在一起，CSS样式的代码就会简洁很多，其代码形式如下。

```
b,i,h1 {color: blue ;}
```

用逗号分隔各个CSS样式选择器，将3行代码合并写在一起。

## 8.2.2　CSS样式规则构成

所有CSS样式的基础就是CSS规则，每一条规则都是一条单独的语句，确定应该如何设计样式及应该如何应用这些样式。因此，CSS样式由规则列表组成，浏览器用它来确定页面的显示效果。

CSS由两部分组成：选择器和声明，其中声明由属性和属性值组成，所以简单的CSS规则形式如下。

### 1. 选择器

选择器部分指定对文档中的哪个对象进行定义，选择器最简单的类型是"标签选择器"，可以直接输入HTML标签的名称，便可以对其进行定义，如定义HTML中的<p>标签，只要给出< >尖括号内的标签名称，用户就可以编写标签选择器了。

### 2. 声明

声明包含在{}大括号内，在大括号中首先给出属性名，接着是冒号，然后是属性值，结尾分号是可选项，推荐使用结尾分号，整条规则以结尾大括号结束。

### 3. 属性

属性由官方CSS规范定义。用户可以定义特有的样式效果，与CSS兼容的浏览器会支持这些效果，尽管有些浏览器识别不是正式语言规范部分的非标准属性，但是大多数浏览器很可能会忽略一些非CSS规范部分的属性，最好不要依赖这些专有的扩展属性，不识别它们的浏览器只是简单的忽略它们。

### 4. 属性值

声明的值放置在属性名和冒号之后。它确切定义应该如何设置属性。每个属性值的范围也在CSS规范中定义。

## 8.2.3　应用CSS样式的4种方式

在网页中应用CSS样式表有4种方式：内联CSS样式、内部CSS样式、链接外部CSS样式表文件和导入外部CSS样式表文件。

### 1. 内联CSS样式

内联CSS样式是所有CSS样式中比较简单和直观的方法，就是直接把CSS样式代码添加到HTML的标签中，即作为HTML标签的属性存在。通过这种方法，可以很简单地对某个元素单独定义样式。

使用内联样式方法是直接在HTML标签中使用style属性，该属性的内容就是CSS的属性和值，其应用格式如下。

```
<p style="font-family:微软雅黑; font-size:14px; color:#CCC;">内联样式</p>
```

内联CSS样式由HTML文件中元素的style属性所支持，只需要将CSS代码用“;”分号隔开输入在style=" "中，便可以完成对当前标签的样式定义，是CSS样式定义的一种基本形式。

> **提示**
>
> 内联CSS样式仅仅是HTML标签对于style属性的支持所产生的一种CSS样式表编写方式，并不符合表现与内容分离的设计模式，用内联CSS样式与表格布局从代码结构上来说完全相同，仅仅利用了CSS对于元素的精确控制优势，并没有很好地实现表现与内容的分离，所以这种书写方式应当尽量少用。

### 2. 内部CSS样式

内部CSS样式就是将CSS样式代码添加到<head>与</head>标签之间，并且用<style>与<style>标签进行声明。这种写法虽然没有完全实现页头同内容与CSS样式表现得完全分离，但可以将内容与HTML代码分离在两个部分进行统一的管理。代码如下。

```
<html>
    <head>
    <title>内部样式表</title>
    <style type="text/css">
    body{
        font-family: "微软雅黑";
        font-size: 14px;
        color: #333333;
    }
    </style>
    </head>
    <body>
    内部CSS样式
    </body>
</html>
```

内部CSS样式是CSS样式的初级应用形式，它只针对当前页面有效，不能跨页面执行，因此不能实现CSS代码多用的目的，在实际的大型网站开发中，很少会用得到内部CSS样式。

> **提示**
>
> 在内部CSS样式中，所有的CSS代码都编写在<style>与</style>标签之间，方便了后期对页面的维护，页面相对于内联CSS样式的方式大大瘦身了。但是，如果一个网站拥有很多页面，对于不同页面中的<p>标签都希望采用同样的CSS样式设置时，内部CSS样式的方法都显得有点麻烦了。本方法只适合于单一页面设置单独的CSS样式。

### 3. 链接外部CSS样式表文件

外部CSS样式表文件是CSS样式中较为理想的一种形式。将CSS样式代码单独编写在一个独立文件之中，由网页进行调用，多个网页可以调用同一个外部CSS样式表文件，因此能够实现代码的最大化重用及网站文件的最优化配置。

链接外部CSS样式是指在外部定义CSS样式并形成以.css为扩展名的文件，在网页中通过<link>标签将外部的CSS样式文件链接到网页中，而且该语句必须放在页面的<head>与</head>标签之间，其语法格式如下。

```
<link rel="stylesheet" type="text/css" href="外部CSS样式表文件">
```

> **提示**
>
> rel属性指定链接到CSS样式，其值为stylesheet，type属性指定链接的文件类型为CSS样式表，href属性指定所定义链接的外部CSS样式文件的路径，可以使用相对路径或绝对路径。

> **提示**
>
> 推荐使用链接外部CSS样式文件的方式在网页中应用CSS样式，其优势主要有：（1）独立于HTML文件，便于修改；（2）多个文件可以引用同一个CSS样式文件；（3）CSS样式文件只需要下载一次，就可以在其他链接了该文件的页面内使用；（4）浏览器会先显示HTML内容，然后再根据CSS样式文件进行渲染，从而使访问者可以更快地看到内容。

### 4. 导入外部CSS样式表文件

导入外部CSS样式表文件与链接外部CSS样式表文件基本相同，都是创建一个独立的CSS样式表文件，然后再引入到HTML文件中，只不过在语法和运作方式上有所区别。采用导入的CSS样式，在HTML文件初始化时，会被导入到HTML文件内，成为文件的一部分，类似于内部CSS样式。链接CSS样式表是在HTML标签需要CSS样式风格时才以链接方式引入。

导入的外部CSS样式表文件是指在嵌入样式的<style>与</style>标签中，使用@import命令导入一个外部CSS样式表文件，其语法格式如下。

```
<style type="text/css">
@import url("外部CSS样式表文件");
</style>
```

> **技巧**
>
> 导入外部CSS样式与链接外部CSS样式相比较，最大的优点就是可以一次导入多个外部CSS样式文件。导入外部CSS样式文件相当于将CSS样式文件导入到内部CSS样式中，其方式更有优势。导入外部CSS样式文件必须在内部CSS样式开始部分，即其他内部CSS样式代码之前。

**实战** 创建并链接外部CSS样式表文件
最终文件：最终文件\第8章\8-2-3.html　　视频：视频\第8章\8-2-3.mp4

01 执行"文件>打开"命令，打开页面"源文件\第8章\8-2-3.html"，可以看到页面效果，如图8-1所示。执行"文件>新建"命令，新建一个CSS样式表文件，并保存名为"源文件\第8章\style\8-2-3.css"文件，如图8-2所示。

02 返回页面的设计视图中，打开"CSS设计器"面板，单击"源"选项中的"附加现有的CSS文件"按钮，在弹出的菜单中选择"附加现有的CSS文件"选项，如图8-3所示。将会弹出"使用现有的CSS文件"对话框，单击"浏览"按钮，选择需要链接的外部CSS样式文件，如图8-4所示。

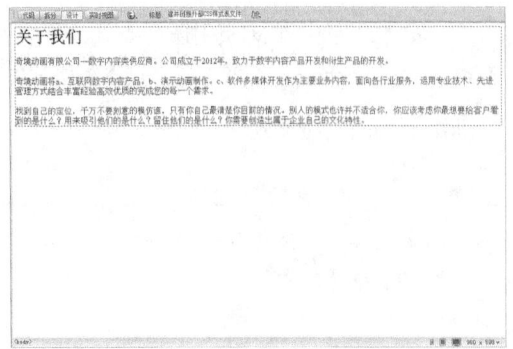

图8-1 打开页面

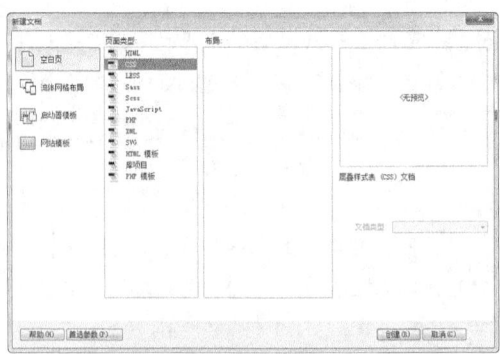

图8-2 "新建文档"对话框

图8-3 选择"附加现有的CSS文件"命令

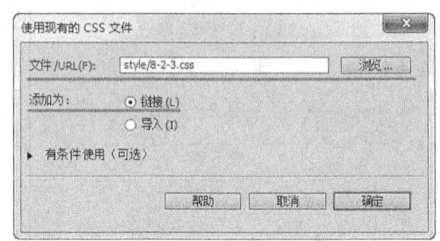

图8-4 "使用现有的CSS文件"对话框

**03** 单击"确定"按钮，链接刚创建的外部CSS样式表文件，切换到代码视图中，可以看见连接外部样式表文件的html代码，如图8-5所示。切换到外部样式表文件中，创建通配选择器*和body标签选择器的CSS样式，如图8-6所示。

```
<!doctype html>
<html>
<head>
<meta charset="utf-8">
<title>创建并链接外部css样式表文件</title>
<link href="style/8-2-3.css" rel="stylesheet" type="text/css">
</head>

<body>
<div id="text"><h1>关于我们</h1>
  <p>奇境动画有限公司-数字内容类供应商。公司成立于2012年，致力于
数字内容产品开发和衍生产品的开发。</p>
  <p>奇境动画有a、互联网数字内容产品。b、演示动画制作。c、软件多
媒体开发作为主要业务内容，面向各行业服务，运用专业技术、先进管理
方式结合丰富经验高效优质的完成您的每一个需求。</p>
  <p>找到自己的定位，千万不要刻意的模仿谁，只有你自己最清楚你目
前的情况。别人的模式也许并不适合你，你应该考虑你最想要给客户看到
的是什么？用来吸引他们的是什么？留住他们的是什么？你需要创造出属
于企业自己的文化特性。</p>
</div>
</body>
</html>
```

图8-5 链接外部CSS样式表文件代码

```
* {
    margin: 0px;
    padding: 0px;
}
body {
    font-family: 微软雅黑;
    font-size: 14px;
    color: #543026;
    line-height: 24px;
    background-image: url(../images/82301.jpg);
    background-repeat: no-repeat;
    background-position: left -100px;
}
```

图8-6 CSS样式代码

提示

　　CSS样式在页面中的应用主要目的在于实现良好的网站文件管理及样式管理，分离式的结构有助于合理分配表现与内容。

**04** 返回设计视图中，可以看到页面效果，如图8-7所示。切换到外部样式表文件中，创建名为#text的CSS样式，如图8-8所示。

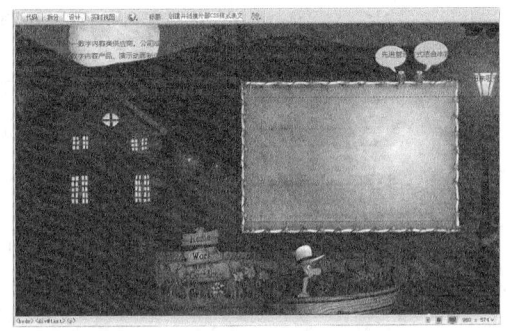

图8-7 页面效果

```
#text {
    width: 400px;
    height: 250px;
    padding-top: 135px;
    padding-left: 480px;
}
```

图8-8 CSS样式代码

**05** 返回设计视图中，可以看到页面效果，如图8-9所示。切换到外部样式表文件中，创建名为#text h1和名为#text p的复合CSS样式，如图8-10所示。

图8-9 页面效果

```
#text h1 {
    font-size: 20px;
    line-height: 35px;
    text-align: center;
    display: block;
}
#text p {
    text-indent: 28px;
}
```

图8-10 CSS样式代码

**06** 返回设计视图中，可以看到页面效果，如图8-11所示。保存页面并保存外部CSS样式表文件，在浏览器中预览页面，可以看到页面的效果，如图8-12所示。

图8-11 页面效果

图8-12 预览页面效果

## ▶▶▶ 8.3 CSS选择器

在CSS样式中提供了多种类型的CSS选择器，包括通配符选择器、标签选择器、类选择器、ID选择器和伪类选择器等，还有一些特殊的选择器，在创建CSS样式时，首先需要了解各种选择器类型的作用。

### 8.3.1 通配选择器

如果接触过DOS命令或是Word中替换功能，对于通配操作应该不会陌生，通配是指使用字符替代不确定的字，如在DOS命令中，使用*.*表示所有文件，使用*.bat表示所有扩展名为bat的文件。因此，所谓的通配符选择器，就是指对对象可以使用模糊指定的方式进行选择。CSS的通配符选择器可以使用*作为关键字，使用方法如下。

```
*{
    属性：属性值；
}
```

*号表示所有对象，包含所有不同id不同class的HTML的所有标签。使用如上的选择器进行样式定义，页面中所有对象都会使用相同的属性设置。

## 8.3.2  标签选择器

HTML文档由多个不同的标签组成，CSS标签选择器可以用来控制标签的应用样式。例如，p选择器是用来控制页面中的所有<p>标签的样式风格。

标签选择器的语法格式如下。

```
标签名{
    属性：属性值；
    ......
}
```

如果在整个网站中经常会出现一些基本样式，可以采用具体的标签来命名，从而实现对文档中标签出现的地方应用标签样式，使用方法如下。

```
body{
    font-family:微软雅黑；
    font-size:14px;
    color:#999999;
}
```

**实战**　创建通配选择器和标签选择器
最终文件：最终文件\第8章\8-3-2.html　　视频：视频\第8章\8-3-2.mp4

**01** 执行"文件>打开"命令，打开页面"源文件\第8章\8-3-2.html"，可以看到页面效果，如图8-13所示。在浏览器中预览该页面，可以看到预览效果，如图8-14所示。

图8-13  打开页面

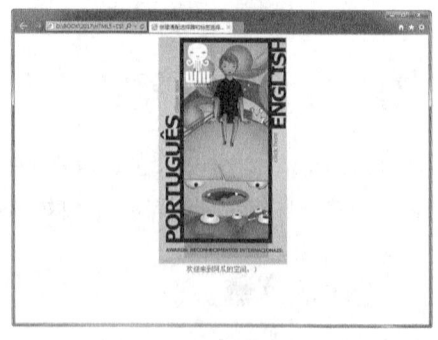

图8-14  预览页面效果

　　通过在页面的设计视图和在浏览器中预览，可以看出页面内容并没有顶到浏览器的四边边界，这是因为网页中许多元素默认的边界和填充属性值并不为0，包括<body>标签，所在页面内容并没有沿着浏览器窗口的四边边界显示。

02 切换到该网页所链接的外部CSS样式表文件中，创建通配符*的CSS样式，如图8-15所示。保存外部CSS样式表文件，在浏览器中预览页面，可以看到页面效果，如图8-16所示。

```
* {
    margin: 0px;
    padding: 0px;
}
```

图8-15　CSS样式代码　　　　　　　　　　　　图8-16　预览页面效果

　　在该网页中因为没有定义body标签的CSS样式，所以页面的背景显示为默认的白色背景，页面中的字体和字体大小也都显示为默认的效果。

03 切换到外部CSS样式表文件中，创建body标签的CSS样式，如图8-17所示。保存外部CSS样式表文件，在浏览器中预览页面，可以看到页面效果，如图8-18所示。

```
body {
    font-family: 微软雅黑;
    font-size: 14px;
    color: #333;
    line-height: 40px;
    background-color: #F09C24;
    background-image: url(../images/83201.jpg);
    background-repeat: repeat-y;
    background-position: center top;
}
```

图8-17　CSS样式代码　　　　　　　　　　　　图8-18　预览页面效果

　　HTML标签在网页中都是具有特定作用的，并且有些标签在一个网页中只能出现一次，如<body>标签，如果定义了两次<body>标签的CSS样式，则两个CSS样式中相同属性设置会出现覆盖的情况。

## 8.3.3 ID选择器

　　ID选择器是根据DOM文档对象模型原理出现的选择器类型，对于一个网页而言，其中的每一个标签（或其他对象），均可以使用一个id=" "的形式，对id属性进行一个名称的指派，id可以理解为一个标识，在网页中每个id名称只能使用一次。

```
<div id="box"></div>
```

如本例所示，HTML中的一个div标签被指定了id名称为box。

在CSS样式中，ID选择器使用#进行标识，如果需要对id名为box的标签设置样式，应当使用如下格式。

```
#box{
    属性：属性值；
    ……
}
```

id的基本作用是对每一个页面中的唯一出现的元素进行定义，如可以对导航条命名为nav，对网页头部和底部命名为header和footer，对于类似于此的元素在页面中均出现一次，使用id进行命名具有进行唯一性的指派含义，有助于代码阅读及使用。

## 8.3.4　类选择器

在网页中通过使用标签选择器，可以控制网页所有该标签显示的样式，但是，根据网页设计过程中的实际需要，标签选择器对设置个别标签的样式还是力不能及的，因此，就需要使用类（class）选择器，来实现特殊效果的设置。

类选择器用来为一系列的标签定义相同的显示样式，其基本语法如下。

```
.类名称 {
属性：属性值；
……
}
```

类名称表示类选择器的名称，其具体名称由CSS定义者自己命名。在定义类选择器时，需要在类名称前面加一个英文句点（.）。

```
.font01 { color: black;}
.font02 { font-size: 14px;}
```

以上定义了两个类选择器，分别是font01和font02。类的名称可以是任意英文字符串，也可以是以英文字母开头与数字组合的名称，通常情况下，这些名称都是其效果与功能的简要缩写。

可以使用HTML标签的class属性来引用类选择器。

```
<p class="font01">class属性是被用来引用类选择器的属性</p>
```

以上所定义的类选择器被应用于指定的HTML标签中（如<p>标签），同时它还可以应用于不同的HTML标签中，使其显示出相同的样式。

```
<p class="font01">段落样式</p>
<h1 class="font01">标题样式</h1>
```

**实战**　创建ID选择器和类选择器
最终文件：最终文件\第8章\8-3-4.html　　视频：视频\第8章\8-3-4.mp4

01 执行"文件>打开"命令，打开页面"源文件\第8章\8-3-4.html"，可以看到页面效果，如图8-19所示。切换到代码视图中，可以看到页面的HTML代码，如图8-20所示。

图8-19 打开页面

```
<!doctype html>
<html>
<head>
<meta charset="utf-8">
<title>创建ID选择器和类选择器</title>
<link href="style/8-3-4.css" rel="stylesheet" type="text/css">
</head>

<body>
<div id="text">快乐运动<br>
运动是保持身体健康的重要因素。早在2400年以前，医学之父希波克拉底
就讲过：《阳光、空气、水、和运动，这是生命和健康的源泉。"生命和健
康，离不开阳光、空气、水分和运动。长期坚持适量的运动，可以使人青
春永驻、精神焕发。
</div>
</body>
</html>
```

图8-20 网页HTML代码

---

**提示**

在该网页中因为没有定义ID名称为text的div的CSS样式，所以其内容在网页中显示的效果为默认的效
果，并不符合页面整体风格的需要。

---

**02** 切换到该网页所链接的外部CSS样式表文件中，创建名
称为#text的ID CSS样式，如图8-21所示。保存外部CSS
样式表文件，在浏览器中预览页面，可以看到页面效果，如图
8-22所示。

```
#text {
    width: 360px;
    height: auto;
    overflow: hidden;
    background-color: rgba(0,0,0,0.4);
    margin: 200px auto 0px 60px;
    padding: 20px;
}
```

图8-21 CSS样式代码

图8-22 预览页面效果

---

**技巧**

ID选择器与类选择器有一定的区别，ID选择器并不像类选择器那样可以给任意数量的标签定义样式，
它在页面的标签中只能使用一次；同时，如果在某个标签中同时应用了ID和类CSS样式，ID选择器比类
选择器还具有更高的优先级，当ID选择器与类选择器发生冲突时，将会优先使用ID选择器。

---

**03** 切换到外部CSS样式表文件中，创建名称为.font01的类CSS样式，如图8-23所示。返回设计页面中，选中页
面中相应的文字，在"属性"面板上的"类"下拉列表中选择刚定义的font01类CSS样式应用，如图8-24所示。

```
.font01 {
    color: #F15F2E;
    font-size: 20px;
    line-height: 45px;
    font-weight: bold;
}
```

图8-23 CSS样式代码

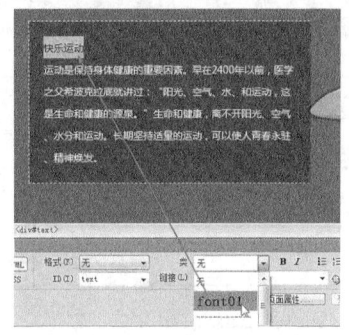

图8-24 应用类CSS样式

> **提示**
>
> 　　新建类CSS样式时，默认在类CSS样式名称前有一个"."。这个"."说明了此CSS样式是一个类CSS样式（class），根据CSS规则，类CSS样式（class）必须为网页中的元素应用才会生效，类CSS样式可以在一个HTML元素中被多次调用。

**04** 完成类CSS样式的应用，切换到网页HTML代码中，可以看到类CSS样式是通过class属性应用的，如图8-25所示。保存页面并保存外部CSS样式表文件，在浏览器中预览页面，可以看到页面效果，如图8-26所示。

```
<body>
<div id="text"><span class="font01">快乐运动</span><br>
运动是保持身体健康的重要因素。早在2400年以前，医学之父希波克拉底
就讲过：""阳光、空气、水、和运动，这是生命和健康的源泉。""生命和健
康，离不开阳光、空气、水分和运动。长期坚持适量的运动，可以使人青
春永驻、精神焕发。
</div>
</body>
```

图8-25　应用类CSS样式代码　　　　　　　　　　　图8-26　预览页面效果

## 8.3.5　伪类和伪对象选择器

　　伪类及伪对象是一种特殊的类和对象，由CSS样式自动支持，属于CSS的一种扩展类型和对象，名称不能被用户自定义，使用时只能够按标准格式进行应用。使用形式如下。

```
a:hover {
  background-color:#ffffff;
}
```

伪类和伪对象由以下两种形式组成。

选择器：伪类
选择器：伪对象

　　上面说到的hover便是一个伪类，用于指定对象的鼠标指针经过状态。CSS样式中内置了几个标准的伪类用于用户的样式定义。

　　CSS样式内置伪类如表8-1所示。

表8-1　　　　　　　　　　　　　　　　　CSS样式中内置的伪类

| 伪类 | 用途 |
| --- | --- |
| :link | a链接标签的未被访问前的样式 |
| :hover | 对象在鼠标指针移到元素上时的样式 |
| :active | 对象被用户单击及被单击释放之间的样式 |
| :visited | a链接对象被访问后的样式 |
| :focus | 对象成为输入焦点时的样式 |
| :first-child | 对象的第一个子对象的样式 |
| :first | 对于页面的第一页使用的样式 |

同样，CSS样式中内置了几个标准伪对象用于用户的样式定义，CSS样式中内置伪对象如表8-2所示。

表8-2                          CSS样式中内置的伪对象

| 伪对象 | 用途 |
| --- | --- |
| :after | 设置某一个对象之后的内容 |
| :first-letter | 对象内的第一个字符的样式设置 |
| :first-line | 对象内第一行的样式设置 |
| :before | 设置某一个对象之前的内容 |

实际上，除了对于链接样式控制的 :hover、:active 几个伪类之外，大多数伪类及伪对象在实际使用时并不常见。设计者所接触到的CSS布局中，大部分是有关于排版的样式，对于伪类及伪对象所支持的多类属性基本上很少用到，但是不排除使用的可能，由此也可看到CSS对于样式及样式中对象的逻辑关系、对象组织提供了很多便利的接口。

> **技巧**
>
> 伪类CSS样式在网页中应用最广泛的是应用在网页中的超链接中，但是也可以为其他的网页元素应用伪类CSS样式，特别是 :hover伪类，该伪类是当鼠标指针移至元素上时的状态，通过该伪类CSS样式的应用可以在网页中实现许多交互效果。

**实战**    创建超链接伪类选择器
最终文件：最终文件\第8章\8-3-5.html      视频：视频\第8章\8-3-5.mp4

**01** 执行"文件>打开"命令，打开页面"源文件\第8章\8-3-5.html"，可以看到页面效果，如图8-27所示。切换到网页的HTML代码中，分别为新闻标题文字创建空链接，如图8-28所示。

图8-27   打开页面

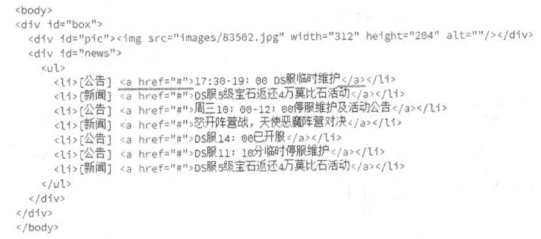

图8-28   添加空链接代码

**02** 在浏览器中预览该页面，可以看到网页中默认的超链接文字的效果，如图8-29所示。转换到该文件所链接的外部CSS样式表文件中，创建超链接标签a的4种伪类CSS样式，如图8-30所示。

**03** 返回设计视图中，可以看见链接文字的效果，如图8-31所示。保存页面，并保存外部CSS样式表文件，在浏览器中预览页面，可以看到页面中超链接文字的效果，如图8-32所示。

> **技巧**
>
> 通过对超链接<a>标签的4种伪类CSS样式进行设置，可以控制网页中所有的超链接文字的样式，如果需要在网页中实现不同的超链接样式，则可以定义类CSS样式的4种伪类或ID CSS样式的4种伪类来实现。

图8-29 预览超链接文字默认效果

```
a:link {
    color: #Be99BD;
    text-decoration: none;
}
a:hover {
    color: #06C;
    text-decoration: underline;
}
a:active {
    color: #F90;
    text-decoration: underline;
}
a:visited {
    color: #CCC;
    text-decoration: none;
}
```

图8-30 CSS样式代码

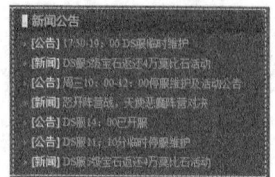

图8-31 页面效果

图8-32 预览超链接文字效果

### 8.3.6 群组选择器

可以对单个HTML对象进行CSS样式设置，同样可以对一组对象进行相同的CSS样式设置。

```
h1,h2,h3,p,span {
    font-size: 12px;
    font-family: 宋体;
}
```

使用逗号对选择器进行分隔，使得页面中所有的<h1>、<h2>、<h3>、<p>和<span>标签都将具有相同的样式定义，这样做的好处是对于页面中需要使用相同样式的地方只需要书写一次CSS样式即可，减少代码量，改善CSS代码的结构。

### 8.3.7 派生选择器

如下面的CSS样式代码。

```
h1 span {
    font-weight: bold;
}
```

当仅仅想对某一个对象中的"子"对象进行样式设置时，派生选择器就被派上了用场，派生选择器指选择器组合中前一个对象包含后一个对象，对象之间使用空格作为分隔符，如本例所示，对h1下的span进行样式设置，最后应用到HTML中的格式如下。

```
<h1>这是一段文本<span>这是span内的文本</span></h1>
```

```
<h1>单独的h1</h1>
<span>单独的span</span>
<h2>被h2标签套用的文本<span>这是h2下的span</span></h2>
```

h1标签之中的span标签将被应用font-weight:bold的样式，注意，仅仅对有此结构的标签有效，对于单独存在的h1或是单独存在的span及其他非h1标签下属的span均不会应用此样式。

这样做能帮助用户避免过多的id及class的设置，直接对所需要设置的元素进行设置，派生选择器除了可以二者包含，也可以多级包含，如下面的选择器样式同样能够使用。

```
Body h1 span {
    font-weight: bold;
}
```

**实战** 创建派生选择器
最终文件：最终文件\第8章\8-3-7.html     视频：视频\第8章\8-3-7.mp4

01 执行"文件>打开"命令，打开页面"源文件\第8章\8-3-7.html"，可以看到页面效果，如图8-33所示。在浏览器中预览该页面，可以看到网页的效果，如图8-34所示。

图8-33 打开页面

图8-34 预览页面效果

02 切换到代码视图中，可以看到该网页的HTML代码，如图8-35所示。切换到外部CSS样式表文件中，创建名称为#box img的派生选择器CSS样式，如图8-36所示。

```
<body>
<div id="box-out">
  <div id="box"><img src="images/83701.jpg" width="620" height=
"130" alt=""/><img src="images/83702.jpg" width="620" height=
"130" alt=""/><img src="images/83703.gif" width="620" height=
"130" alt=""/></div>
</div>
</body>
```

图8-35 网页HTML代码

```
#box img {
    margin-top: 10px;
    margin-bottom: 10px;
    border: 5px solid #336;
}
```

图8-36 CSS样式代码

03 返回设计视图中，可以看到ID名称为box的div中多张图片的效果，如图8-37所示。保存页面并保存外部CSS样式表文件，在浏览器中预览页面，可以看到页面的效果，如图8-38所示。

> 提示
>
> 派生选择器是指选择符组合中的前一个对象包含后一个对象，对象之间使用空格作为分隔符。这样做能够避免定义过多的ID和类CSS样式，直接对需要设置的元素进行设置。派生选择符除了可以二级包含，也可以多级包含。

图8-37 页面效果

图8-38 预览页面效果

## ▶▶▶ 8.4 CSS3新增选择器

在CSS样式表中，选择器是一个非常重要的功能。伴随着CSS3和HTML5的发展，选择器的功能已经超出了CSS的应用范围，发展成为一个独立的选择器规范。针对CSS样式表选择器，在CSS3中新增了4种选择器类型，分别是属性选择器、结构伪类选择器、UI元素状态伪类选择器和伪元素选择器。本节将详细地介绍这4种新增的选择器。

### 8.4.1 属性选择器

属性选择器是指直接使用属性控制HTML标签样式，它可以根据某个属性是否存在或者通过属性值来查找元素，具有很强大的效果。与使用CSS样式对HTML标签进行修饰有很大的不同，它避免了通过使用HTML标签名称或自定义名称指向具体的HTML元素，来达到控制HTML标签样式的目的，因此，具有很大的方便性。

常见的属性选择器说明如表8-3所示。

表8-3 常见的属性选择器

| 选择器 | 说明 |
|---|---|
| E[foo] | 选择匹配E的元素，且该元素定义了foo属性。注意，E选择器可以省略，表示选择定义了foo属性的任意类型元素 |
| E[foo="bar"] | 选择匹配E的元素，且该元素将foo属性值定义为"bar"。注意，E选择器可以省略，用法与上一个选择器类似 |
| E[foo~="bar"] | 选择匹配E的元素，且该元素定义了foo属性，foo属性值是一个以空格符分割的列表，其中一个列表的值为"bar"。注意，E选择符可以省略，表示可以匹配任意类型的元素。例如，a[title~="b1"]匹配<a title="b1 b2 b3"></a>，而不匹配<a title="b2 b3 b5"></a> |
| E[foo\|="en"] | 选择匹配E的元素，且该元素定义了foo属性，foo属性值是一个用连字符（－）分割的列表，值开头的字符为"en"。例如，[lang\|="en"]匹配<body lang="en-us"></body>，而不是匹配<body lang="f-ag"></body> |
| E[foo^="bar"] | 选择匹配E的元素，且该元素定义了foo属性，foo属性值包含了前缀为"bar"的子字串符。注意，E选择符可以省略，表示可以匹配任意类型的元素。例如，body[lang^="en"]匹配<body lang="en-us"></body>，而不匹配<body lang="f-ag"></body> |
| E[foo$="bar"] | 选择匹配E的元素，且该元素定义了foo属性，foo属性值包含后缀为"bar"的子字符串。注意E选择符可以省略，表示可以匹配任意类型的元素。例如，img[src$="jpg"]匹配<img src="p.jpg"/>，而不匹配<img src="p.gif"/> |
| E[foo*="bar"] | 选择匹配E的元素，且该元素定义了foo属性，foo属性值包含"b"的子字符串。注意，E选择器可以省略，表示可以匹配任意类型的元素。例如，img[src$="jpg"]匹配<img src="p.jpg"/>，而不匹配<img src="p.gif"/> |

**实战** 在网页中使用属性选择器
最终文件：最终文件\第8章\8-4-1.html　　　视频：视频\第8章\8-4-1.mp4

**01** 执行"文件>打开"命令，打开页面"源文件\第8章\8-4-1.html"，可以看到页面效果，如图8-39所示。切换到代码视图中，可以看到该网页新闻列表部分的HTML代码，如图8-40所示。

```
<div id="news">
    <ul>
        <li dc="notice">[公告] 17:30-19: 00 DS服临时维护</li>
        <li dc="news">[新闻] DS服 5级宝石返还4万莫比石活动</li>
        <li dc="notice">[公告] 周三 10: 00-12: 00停服维护及活动公告</li>
        <li dc="news">[新闻] 怒开阵营战, 天使恶魔阵营对决</li>
        <li dc="notice">[公告] DS服14: 00已开服</li>
        <li dc="notice">[公告] DS服11: 10分临时停服维护</a></li>
        <li dc="activity">[活动] DS服 5级宝石返还4万莫比石活动</li>
    </ul>
</div>
```

图8-39　打开页面　　　　　　　　　　　　　　　图8-40　网页HTML代码

**02** 切换到外部CSS样式表文件中，创建属性选择器，如图8-41所示。返回设计视图中，可以看到列表中dc属性值以字母n开始的列表项字体颜色发生变化，如图8-42所示。

> **提示**
>
> 　　#news li[dc^="n"] 匹配了属性dc的值是以"n"开头的id名称为news的div中的li元素，此处包含了notice和news两个属性的相关元素。

```
/*属性选择符E[attr^="val"]*/
#news li[dc^="n"] {
    color: #00eeDB;
}
```

图8-41　CSS样式代码　　　　　　図8-42　页面效果

**03** 切换到外部CSS样式表文件中，修改属性选择器设置代码，如图8-43所示。返回设计视图中，可以看到列表中以字母notice开始的列表项字体颜色发生变化，如图8-44所示。

**04** 切换到外部CSS样式表文件中，修改属性选择器设置代码，如图8-45所示。返回设计视图中，可以看到列表中以字母y结束的列表项字体颜色发生变化，如图8-46所示。

```
/*属性选择符E[attr^="val"]*/
#news li[dc^="news"] {
    color: #00eeDB;
}
```

图8-43　CSS样式代码　　　　　図8-44　页面效果

```
/*属性选择符E[attr$="val"]*/
#news li[dc$="y"] {
    color: #00eeDB;
}
```

图8-45　CSS样式代码

**05** 切换到外部CSS样式表文件中，修改属性选择器设置代码，如图8-47所示。返回设计视图中，可以看到列表中含有字母o的列表项字体颜色发生变化，如图8-48所示。

```
/*属性选择符E[attr*="val"]*/
#news li[dc*="o"] {
    color: #00eeDB;
}
```

图8-46　页面效果　　　　　　図8-47　CSS样式代码　　　　　図8-48　页面效果

## 8.4.2 结构伪类选择器

结构伪类选择器是指运用文档结构树来实现元素过滤，简单地说，就是利用文档结构之间的相互关系来匹配指定的元素，用来减少文档内对class属性及id属性的定义，从而可以使整个文档更加简练。

常见的结构伪类选择器说明如表8-4所示。

表8-4 常见的结构伪类选择器

| 选择器 | 说明 |
| --- | --- |
| E:root | 选择匹配E所在文档的根元素。所谓根元素就是位于文档结构中的顶层元素。在HTML页面中，根元素就是html元素，此时该选择器与html类型选择器匹配的内容相同 |
| E:not(s) | 选择匹配所有不匹配简单选择器s的E元素 |
| E:empty | 选择匹配E的元素，且该元素不包含子节点。文本也属于节点 |
| E:target | 选择匹配当前链接地址指向的E元素 |
| E:first-child | 匹配父元素的第一个子元素 |
| E:last-child | 匹配父元素的最后一个子元素，等同于:nth-last-child(1) |
| E:nth-child(n) | 匹配父元素中第n个位置的子元素。其中，参数n可以是一个数字、关键字（odd、event）、公式（2n、2n+1等）。参数n的索引起始值为1，而不是0。使用方法如下：tr:nth-child(3)匹配表格中的第三个tr元素；tr:nth-child(2n)和tr:nth-child(event)匹配表格中的第偶数个tr元素；tr:nth-child(2n+1)和tr:nth-child(odd)匹配表格中第奇数个tr元素 |
| E:nth-last-child(n) | 匹配父元素的倒数第n个子元素E |
| E:only-child | 匹配父元素下仅有的一个子元素E |
| E:first-of-type | 匹配父元素下使用同种标签的第一个同级兄弟元素E |
| E:last-of-type | 匹配父元素下使用同种标签的最后一个同级兄弟元素E |
| E:only-of-type | 匹配父元素下使用同种标签的唯一一个同级兄弟元素E |
| E:nth-of-type(n) | 匹配父元素下使用同种标签的第n个同级兄弟元素E |
| E:nth-last-of-type(n) | 匹配父元素下使用同种标签的倒数第n个同级兄弟元素E |

## 8.4.3 UI元素状态伪类选择器

UI元素状态包括可用、不可用、选中、未选中、获取焦点、失去焦点、锁定和待机等。在CSS3中提供了UI元素状态伪类选择器，可以设置元素处在某种状态下的样式，在人机交互过程中，只要元素的状态发生了变化，选择器就有可能会匹配成功。

常用的UI元素状态伪类选择器说明如表8-5所示。

表8-5 常见的UI元素状态伪类选择器

| 选择器 | 说明 |
| --- | --- |
| E:enabled | 选择匹配E的所有可用UI元素。注意，在网页中，UI元素一般是指包含在form元素内的表单元素。例如，input:enabled 匹配 \<form>\<input type=text/>\<input type=button disabled="disabled"/>\</form>代码中的文本框，而不匹配代码中的按钮 |

续表

| 选择器 | 说明 |
|---|---|
| E:disabled | 选择匹配E的所有不可用元素。注意，在网页中，UI元素一般是指包含在form元素内的表单元素。例如，input:disabled匹配\<form>\<input type=text>\<input type=button disabled="disabled">\</form>代码中的按钮，而不匹配代码中的文本框 |
| E:checked | 选择匹配E的所有可用UI元素。注意在网页中，UI元素一般是指包含在from元素内的表单元素。例如，input:checked匹配\<form>\<input type=checkbox>\<input type=radio checked="checked">\</form>代码中的单选按钮，但不匹配该代码中的复选框 |

> **提示**
> CSS3中新增的这3个UI元素状态伪类选择器主要应用于表单的设计，可以设计出交互性更强、更具有人性化的表单UI界面。

## 8.4.4　伪元素选择器

在CSS3中，还有一种伪元素选择器，它并不是针对真正的元素使用的选择器，而是针对CSS已经定义好的伪元素使用的选择器。

CSS伪元素选择器的说明如表8-6所示。

表8-6　　　　　　　　　　　　　　CSS伪选择器的说明

| 选择器 | 说明 |
|---|---|
| E:first-letter/E::first-letter | 设置对象内的第一个字符的样式 |
| E:first-line/E::first-line | 设置对象内的第一行的样式 |
| E:before/E::before | 设置在对象前（依据对象树的逻辑结构）发生的内容。用来和content属性一起使用 |
| E:after/E::after | 设置在对象后（依据对象树的逻辑结构）发生的内容，用来和content属性一起使用 |
| E::selection | 设置对象被选中时的颜色 |

**实战**　在网页中使用伪元素选择器
最终文件：最终文件\第8章\8-4-4.html　　　视频：视频\第8章\8-4-4.mp4

**01** 执行"文件>打开"命令，打开页面"源文件\第8章\8-4-4.html"，可以看到页面效果，如图8-49所示。切换到代码视图中，可以看到该网页的HTML代码，如图8-50所示。

图8-49　打开页面

```
<!doctype html>
<html>
<head>
<meta charset="utf-8">
<title>在网页中使用伪元素选择器</title>
<link href="style/8-4-4.css" rel="stylesheet"
type="text/css">
</head>

<body>
<div id="box">
  <div id="word"><a href="#"><p>进入网站</p></a>
</div>
</div>
</body>
</html>
```

图8-50　网页HTML代码

02 切换到外部CSS样式表文件中，创建伪元素选择器，如图8-51所示。返回设计视图中，可以看到指定的超链接首字符发生变化，如图8-52所示。

03 切换到外部CSS样式表文件中，创建伪元素选择器，如图8-53所示。保存页面并保存外部CSS样式表文件，在浏览器中预览页面，可以看到链接文字前添加的图片效果，如图8-54所示。

```
/*突出第一个字*/
#word a p:first-letter {
    font-size: 20px;
    font-weight: bold;
}
```

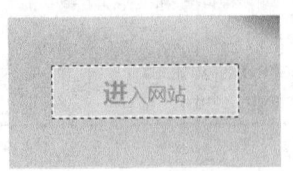

图8-51 CSS样式代码

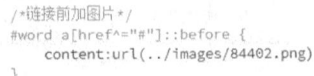

图8-52 页面效果

```
/*链接前加图片*/
#word a[href^="#"]::before {
    content:url(../images/84402.png);
}
```

图8-53 CSS样式代码

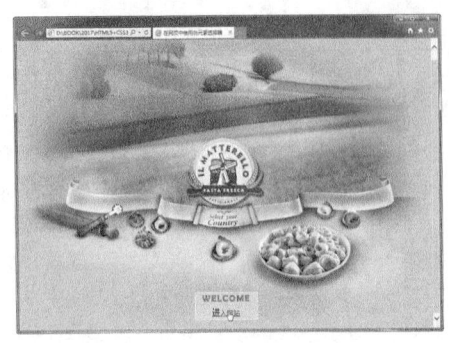

图8-54 预览页面效果

> **提示**
>
> 由此可以看出，链接前面的图片也可以通过伪元素before来实现，首个字符的设置也可以使用伪元素first-letter来实现，其他伪元素的使用方法是一致的。

## 8.5 本章小结

CSS样式是网页设计制作的必备技能，本章主要介绍了有关CSS样式的基础知识，包括CSS样式的版本、CSS样式语法、CSS选择器和在网页中应用CSS样式的方式等内容。通过本章的学习，使读者对CSS样式的理解更加深入，以便熟练地掌握并使用CSS样式。

# 设置文字与段落样式

文字作为传递信息的主要手段，一直都是网页中必不可少的元素。网站中文字的表现形式非常丰富，网站越大，图形和文字内容越多，需要管理的文字样式也越多。使用CSS对文字样式进行控制是一种非常好的方法，不仅能够灵活控制文字样式，还便于设计师对网页内容进行修改和设置。本章主要介绍通过CSS样式对网页中的文字和段落进行有效控制的方法。

---

**本章知识点**

- 掌握文字相关CSS样式属性的设置方法
- 理解并掌握CSS3新增的文本控制属性的设置和使用方法
- 掌握段落相关CSS样式属性的设置方法
- 掌握列表样式CSS属性的设置方法

---

## ▶▶▶ **9.1** 文字样式

在制作网站页面时，可以通过CSS控制文字样式，对文字的字体、大小、颜色、粗细、斜体、下划线、顶划线和删除线等属性进行设置。使用CSS控制文字样式的最大好处是，可以同时为多段文字赋予同一CSS样式，在修改时只需修改某一个CSS样式，即可同时修改应用该CSS样式的所有文字。

### 9.1.1 字体——font-family属性

在HTML中提供了字体样式设置的功能，在HTML语言中文字样式是通过<font face="字体名称">来设置的，而在CSS样式中则是通过font-family属性来进行设置的。font-family属性的语法格式如下。

```
font-family: name1,name2,name3…;
```

通过font-family属性的语法格式可以看出，可以为font-family属性定义多个字体，按优先顺序，用逗号隔开，当系统中没有第一种字体时会自动应用第二种字体，以此类推。需要注意的是，如果字体名称中包含空格，则字体名称需要用双引号括起来。

## 9.1.2 字体大小——font-size 属性

在网页应用中，字体大小的区别可以起到突出网站主题的作用。字体大小可以是相对大小，也可以是绝对大小。在CSS样式中，可以通过设置font-size属性来控制字体的大小。font-size属性的基本语法如下。

```
font-size: 字体大小;
```

在设置字体大小时，可以使用绝对大小单位，也可以使用相对大小单位。

在CSS样式中，绝对单位用于设置绝对值，主要有5种绝对单位，如表9-1所示。

**表9-1**                 CSS样式中的绝对单位

| 单位 | 说明 |
| --- | --- |
| in（英寸） | in（英寸）是国外常用的量度单位，对于国内设计而言，使用较少。1in（英寸）等于2.54cm（厘米），而1cm（厘米）等于0.394in（英寸） |
| cm（厘米） | cm（厘米）是常用的长度单位。它可以用来设定距离比较大的页面元素框 |
| mm（毫米） | mm（毫米）可以用来精确地设定页面元素距离或大小。10mm（毫米）等于1cm（厘米） |
| pt（磅） | pt（磅）是标准的印刷量度，一般用来设定文字的大小。它广泛应用于打印机、文字程序等。72pt（磅）等于1in（英寸），也就是等于2.54cm（厘米）。另外，in（英寸）、cm（厘米）和mm（毫米）也可以用来设定文字的大小 |
| pc（派卡） | pc（派卡）是另一种印刷量度，1pc（派卡）等于12pt（磅），该单位并不经常使用 |

相对单位是指在度量时需要参照其他页面元素的单位值。使用相对单位所度量的实际距离可能会随着这些单位值的变化而变化。CSS样式中提供了3种相对单位，如表9-2所示。

**表9-2**                 CSS样式中的相对单位

| 单位 | 说明 |
| --- | --- |
| em | em用于给定字体的font-size值。1em总是字体的大小值，它随着字体的大小的变化而变化，如一个元素的字体大小为12pt，那么1em就是12pt；若该元素字体大小改为15pt，则1em就是15pt |
| ex | ex是以给定字体的小写字母"x"高度作为基准，对于不同的字体来说，小写字母"x"高度是不同的，因而，ex的基准也不同 |
| px | px也叫像素，是目前广泛的一种量度单位，1px就是屏幕上的一个小方格，这个通常是看不出来的，由于显示器的大小不同，它的每个小方格是有所差异的，因而，以像素为单位的基准也是不同的 |

## 9.1.3 字体颜色——color 属性

在HTML页面中，通常在页面的标题部分或者需要浏览者注意的部分使用不同的颜色，使其与其他文字有所区别，从而能够吸引浏览者的注意。在CSS样式中，文字的颜色是通过color属性进行设置的。color属性的基本语法如下。

```
color: 颜色值;
```

在CSS样式中颜色值的表示方法有多种，可以使用颜色英文名称、RGB和HEX等多种方式设置颜色值。

> **实战** 设置网页文字基本效果
>
> 最终文件：最终文件\第9章\9-1-3.html      视频：视频\第9章\9-1-3.mp4

01 执行"文件>打开"命令，打开页面"源文件\第9章\9-1-3.html"，可以看到页面效果，如图9-1所示。切换

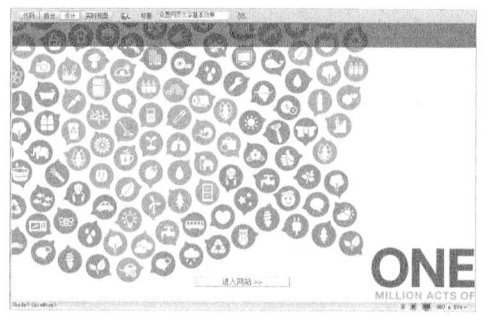

图9-1 打开页面

到该网页链接的外部样式表文件中,创建名为.font01的类CSS样式,如图9-2所示。

```
.font01 {
    font-family: "Arial Black";
    font-size: 30px;
    color: #FFF;
}
```

图9-2 CSS样式代码

02 返回设计界面中,选中页面中相应的文字,在"类"下拉列表中选择刚定义的CSS样式font01应用,如图9-3所示。完成类CSS样式的应用后,可以看到页面中字体的效果,如图9-4所示。

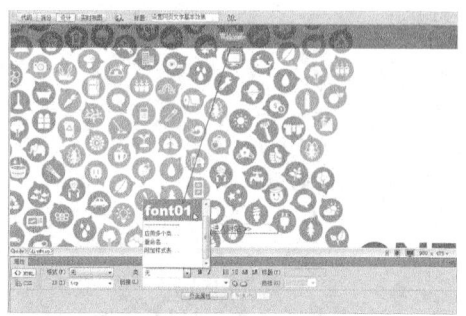

图9-3 应用类CSS样式

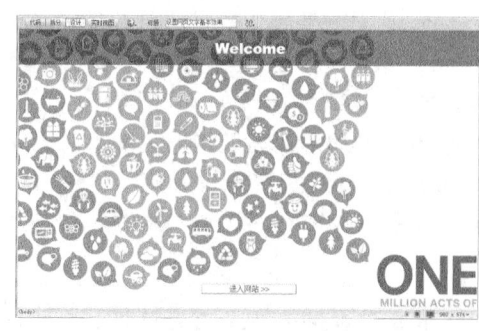

图9-4 应用样式后文字效果

03 切换到外部样式表文件中,创建名为.font02的类CSS样式,如图9-5所示。返回设计视图中,选中相应的文字,在"类"下拉列表中选择刚定义的CSS样式font02应用,如图9-6所示。

```
.font02 {
    font-family: 微软雅黑;
    font-size: 16px;
    color: #3A6F8F;
}
```

图9-5 CSS样式代码

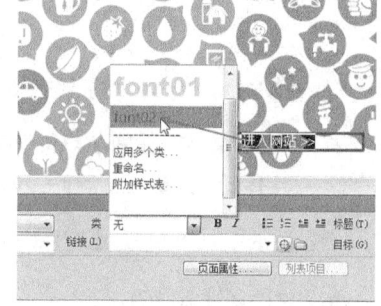

图9-6 应用类CSS样式

04 完成类CSS样式的应用后,可以看到文字的效果,如图9-7所示。保存页面并保存外部CSS样式文件,在浏览器中预览页面,效果如图9-8所示。

图9-7 应用样式后文字效果

图9-8 预览页面效果

> **提示**
>
> 　　默认情况下，中文操作系统中默认的中文字体有宋体、黑体、幼圆和微软雅黑，其他的字体都不是系统默认支持的字体。在网页中，默认的颜色表现方式是十六进制，如#000000，以＃号开头，前面两位代表红色的分量，中间两位代表绿色的分量，最后两位代表蓝色的分量。

## 9.1.4 字体粗细——font-weight属性

　　在HTML页面中，将字体加粗或是变细是吸引浏览者注意的另一种方式，同时还可以使网页的表现形式更加多样。在CSS样式中通过font-weight属性对字体的粗细进行控制。定义字体粗细font-weight属性的基本语法如下。

```
font-weight: normal | bold | bolder | lighter | inherit | 100~900;
```

　　font-weight属性的属性值说明如下。

- **normal**：该属性值设置字体为正常的字体，相当于参数为400。
- **bold**：该属性值设置字体为粗体，相当于参数为700。
- **bolder**：该属性值设置的字体为特粗体。
- **lighter**：该属性值设置的字体为细体。
- **inherit**：该属性设置字体的粗细为继承上级元素的font-weight属性设置。
- **100~900**：还可以通过100~900的数值来设置字体的粗细。

> **提示**
>
> 　　使用font-weight属性设置网页中文字的粗细时，将font-weight属性设置为bold和bolder，对于中文字体在视觉效果上几乎是一样的，没有什么区别，对于部分英文字体会有区别。

## 9.1.5 字体样式——font-style属性

　　所谓字体样式，也就是平常所说的字体风格，在Dreamweaver中有3种不同的字体样式，分别是正常、斜体和偏斜体。在CSS中，字体的样式是通过font-style属性进行定义的。定义字体样式font-style属性的基本语法如下。

```
font-style: normal | italic | oblique;
```

　　font-style属性的属性值说明如下。

- **normal**：该属性值是默认值，显示的是标准字体样式。
- **italic**：显示的是斜体的字体样式。
- **oblique**：显示的是倾斜的字体样式。

**实战** 设置网页文字的加粗和倾斜效果
最终文件：最终文件\第9章\9-1-5.html　　视频：视频\第9章\9-1-5.mp4

**01** 执行"文件>打开"命令，打开页面"源文件\第9章\9-1-5.html"，可以看到页面效果，如图9-9所示。切换到该网页链接的外部样式表文件中，找到名为.font01的类CSS样式，如图9-10所示。

**02** 在.font01的类CSS样式中添加font-style属性设置代码，如图9-11所示。返回设计视图中，可以看到应用了该类CSS样式的文字会显示为斜体的效果，如图9-12所示。

**03** 切换到外部样式表文件中，找到名为.font02的类CSS样式，添加font-weight属性设置代码，如图9-13所示。

返回设计视图中，可以看到应用了该类CSS样式的文字会显示为加粗的效果，如图9-14所示。

图9-9 打开页面

```
.font01 {
    font-family: "Arial Black";
    font-size: 30px;
    color: #FFF;
}
```

图9-10 CSS样式代码

```
.font01 {
    font-family: "Arial Black";
    font-size: 30px;
    color: #FFF;
    font-style: italic;
}
```

图9-11 CSS样式代码

图9-12 文字倾斜效果

```
.font02 {
    font-family: 微软雅黑;
    font-size: 16px;
    color: #3A6F8F;
    font-weight: bold;
}
```

图9-13 CSS样式代码

图9-14 文字加粗效果

**04** 保存页面并保存外部CSS样式文件，在浏览器中预览页面，可以看到页面效果，如图9-15所示。

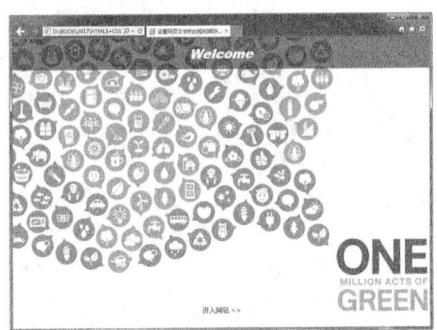

图9-15 预览页面效果

> **提示**
>
> 　　斜体是指斜体字，也可以理解为使用文字的斜体；偏斜体则可以理解为强制文字进行斜体，并不是所有的文字都具有斜体属性，一般只有英文才具有这个属性，如果想对一些不具备斜体属性的文字进行斜体设置，则需要通过设置偏斜体强行对其进行斜体设置。

## 9.1.6 英文字体大小写——text-transform属性

text-transform属性可以实现转换页面中英文字体的大小写格式，是非常实用的功能之一。text-transform属性的基本语法如下。

```
text-transform: capitalize | uppercase | lowercase;
```

text-transform属性的属性值说明如下。

● **capitalize**：该属性值表示单词首字母大写。

- **uppercase**：该属性值表示单词所有字母全部大写。
- **lowercase**：该属性值表示单词所有字母全部小写。

---

**实战** 设置网页中英文字体大小写

最终文件：最终文件\第9章\9-1-6.html 视频：视频\第9章\9-1-6.mp4

图9-16 打开页面

**01** 执行"文件>打开"命令，打开页面"源文件\第9章\9-1-6.html"，可以看到页面效果，如图9-16所示。切换到该网页链接的外部样式表文件中，创建名为.font01的类CSS样式，如图9-17所示。

```
.font01 {
    text-transform: lowercase;
}
```

图9-17 CSS样式代码

**02** 返回设计页面中，选择页面中相应的文字，在"类"下拉列表中选择刚定义的类CSS样式font01，如图9-18所示。完成类CSS样式的应用后，可以看到应用该类CSS样式的英文字母全部小写，如图9-19所示。

**03** 切换到外部样式表文件中，创建名为.font02的类CSS样式，如图9-20所示。返回设计页面中，为相应的文字应用名为font02的类CSS样式，可以看到英文单词首字母大写效果，如图9-21所示。

图9-18 应用类CSS样式

图9-19 英文字母全部小写效果

```
.font02 {
    text-transform: capitalize;
}
```

图9-20 CSS样式代码

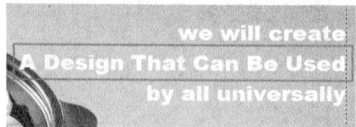

图9-21 英文单词首字母大写效果

**04** 切换到外部样式表文件中，创建名为.font03的类CSS样式，如图9-22所示。返回设计页面中，为相应的文字应用名为font03的类CSS样式，可以看到所有英文字母大写的效果，如图9-23所示。

```
.font03 {
    text-transform: uppercase;
}
```

图9-22 CSS样式代码

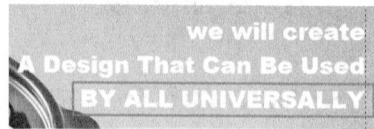

图9-23 英文字母全部大写效果

---

**技巧**

在CSS样式中，设置text-transform属性值为capitalize，便可定义英文单词的首字母大写。需要注意的是，如果单词之间有逗号和句号等标点符号隔开，那么标点符号后的英文单词便不能实现首字母大写的效果，解决的办法是，在该单词前面加上一个空格。

## 9.1.7 文字修饰效果——text-decoration属性

在网站页面的设计中，为文字添加下划线、顶划线和删除线是美化和装饰网页的一种方法。在CSS样式中，可以通过text-decoration属性来实现这些效果。text-decoration属性的基本语法如下。

```
text-decoration: underline | overline | line-through;
```

text-decoration属性的属性值说明如下。

- **underline**：该属性值可以为文字添加下划线效果。
- **overline**：该属性值可以为文字添加顶划线效果。
- **line-through**：该属性值可以为文字添加删除线效果。

**实战** 为网页文字添加修饰
最终文件：最终文件\第9章\9-1-7.html　　视频：视频\第9章\9-1-7.mp4

**01** 执行"文件>打开"命令，打开页面"源文件\第9章\9-1-7.html"，可以看到页面效果，如图9-24所示。切换到该网页链接的外部样式表文件中，创建名为.font01的类CSS样式，如图9-25所示。

```
.font01 {
    text-decoration: underline;
}
```

图9-24 打开页面　　　　图9-25 CSS样式代码

**02** 返回设计页面中，为相应的文字应用名为font01的类CSS样式，可以看到为文字添加下划线的效果，如图9-26所示。切换到外部样式表文件中，创建名为.font02的类CSS样式，如图9-27所示。

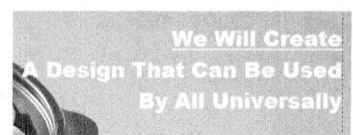

```
.font02 {
    text-decoration: line-through;
}
```

图9-26 文字添加下划线效果　　　　图9-27 CSS样式代码

**03** 返回设计页面中，为相应的文字应用名为font02的类CSS样式，可以看到为文字添加删除线的效果，如图9-28所示。切换到外部样式表文件中，创建名为.font03的类CSS样式，如图9-29所示。

**04** 返回设计页面中，为相应的文字应用名为font03的类CSS样式，在实时视图中预览页面，可以看到为文字添加顶划线的效果，如图9-30所示。保存页面并保存外部CSS样式文件，在浏览器中预览页面，效果如图9-31所示。

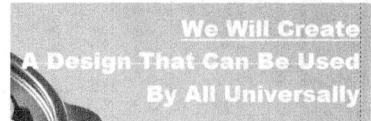

```
.font03 {
    text-decoration: overline;
}
```

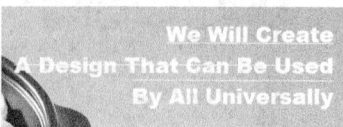

图9-28 文字添加删除线效果　　　图9-29 CSS样式代码　　　图9-30 文字添加顶划线效果

图9-31 预览页面效果

技巧

在对Web页面进行设计时,如果希望文字既有下划线,同时也有顶划线或删除线,在CSS样式中,可以将下划线和顶划线或者删除线的值同时赋予到text-decoration属性上。

## 9.1.8 字符间距——letter-spacing属性

在CSS样式中,字间距的控制是通过letter-spacing属性来进行调整的,该属性既可以设置相对数值,也可以设置绝对数值,大多数情况下使用相对数值进行设置。letter-spacing属性的语法格式如下。

```
letter-spacing: 字符间距;
```

**实战** 设置中文字符间距
最终文件:最终文件\第9章\9-1-8.html    视频:视频\第9章\9-1-8.mp4

图9-32 打开页面

**01** 执行"文件>打开"命令,打开页面"源文件\第9章\9-1-8.html",可以看到页面效果,如图9-32所示。切换到该网页链接的外部样式表文件中,创建名为.font01的类CSS样式,如图9-33所示。

```css
.font01 {
    font-family: 微软雅黑;
    font-size: 18px;
    font-weight: bold;
    color: #C4806D;
    text-decoration: underline;
    letter-spacing: 10px;
}
```

图9-33 CSS样式代码

**02** 返回设计视图中,为相应的文字应用名为font01的类CSS样式,可以看到所设置的文字间距的效果,如图9-34所示。保存页面并保存外部CSS样式文件,在浏览器中预览页面,效果如图9-35所示。

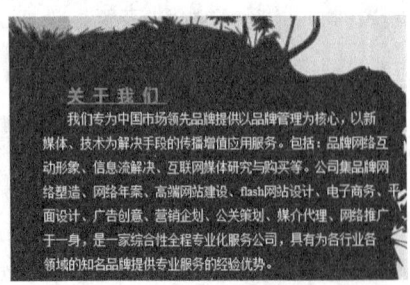

图9-34 文字效果

图9-35 预览页面效果

# ▶▶▶ 9.2 CSS3新增文本样式属性

对于网页而言，文字永远都是不可缺少的重要元素，文字也是传递信息的主要手段。在CSS3中新增了几种有关网页文字控制的属性，下面分别对这几种新增的文字控制属性进行介绍。

## 9.2.1 文本溢出处理——text-overflow属性

在网页中显示信息时，如果指定显示信息过长，超过了显示区域的宽度，其结果就是信息撑破指定的信息区域，从而破坏了整个网页布局。如果设置的信息显示区域过长，就会影响整体页面的效果。以前遇到这种情况，需要使用JavaScript将超出的信息进行省略。现在，只需要使用CSS3中新增的text-overflow属性，就可以解决这个问题。

text-overflow属性用于设置是否使用一个省略标记（…）标示对象内文本的溢出。text-overflow属性仅是注解，当文本溢出时是否显示省略标记，并不具备其他的样式属性定义。要实现溢出时产生省略号的效果还需要定义：强制文本在一行内显示（white-space: nowrap）及溢出内容为隐藏（overflow: hidden），只有这样才能实现溢出文本显示省略号的效果。text-overflow属性的语法格式如下。

```
text-overflow: clip | ellipsis;
```

text-overflow属性的属性值说明如下。

- **clip**：不显示省略标记（…），而是简单的裁切。
- **ellipsis**：当对象内文本溢出时显示省略标记（…）。

| 实战 | 控制文本溢出效果 |
|------|------|
| | 最终文件：最终文件\第9章\9-2-1.html　　　视频：视频\第9章\9-2-1.mp4 |

**01** 执行"文件>打开"命令，打开页面"源文件\第9章\9-2-1.html"，可以看到页面效果，如图9-36所示。切换到网页HTML代码中，可以看到名称为text1和text2的两个div中的文字内容，如图9-37所示。

```
<body>
<div id="box">
  <div id="title">欢迎来到小威工作室</div>
  <div id="pic"><img src="images/92103.png" width="166"
  height="205" alt=""/><img src="images/92102.png" width=
  "166" height="205" alt=""/><img src="images/92104.png"
  width="166" height="205" alt=""/></div>
  <div id="text1">我是网站在线客服，有什么可以帮助您，请
  单击头像即可获取帮助</div>
  <div id="text2">我们可以帮助您解决一切在网站中所遇到的
  问题，并及时为您提供相应的解决方案</div>
</div>
</body>
```

图9-36　打开页面　　　　　　　　　　　图9-37　网页HTML代码

**02** 切换到该网页链接的外部样式表文件中，找到名为#text1的CSS样式，如图9-38所示。在名为#text1的CSS样式中添加white-space和text-overflow属性设置代码，如图9-39所示。

> **提示**
>
> 在CSS样式代码中white-space: nowrap;是强制文本在一行内显示，overflow: hidden;是设置溢出内容为隐藏，要想通过text-overflow属性实现溢出文本显示省略号，就必须添加这两个属性定义，否则无法实现。

```
#text1 {
    width: 400px;
    height: auto;
    overflow: hidden;
    border-top: 1px solid #2C8224;
    border-bottom: 1px solid #2C8224;
    text-align: center;
    font-size: 16px;
    margin: 10px auto;
    padding: 10px 0px;
}
```

图9-38 CSS样式代码

```
#text1 {
    width: 400px;
    height: auto;
    overflow: hidden;
    border-top: 1px solid #2C8224;
    border-bottom: 1px solid #2C8224;
    text-align: center;
    font-size: 16px;
    margin: 10px auto;
    padding: 10px 0px;
    white-space: nowrap;
    text-overflow: clip;
}
```

图9-39 添加属性设置代码

**03** 保存页面并保存外部样式表文件，在浏览器中预览页面，可以看到通过text-overflow属性实现的溢出文字内容被自动裁切，如图9-40所示。切换到该网页链接的外部样式表文件中，找到名为#text2的CSS样式，如图9-41所示。

图9-40 预览页面效果

```
#text2{
    width: 400px;
    height: auto;
    overflow: hidden;
    border-top: 1px solid #2C8224;
    border-bottom: 1px solid #2C8224;
    text-align: center;
    font-size: 16px;
    margin: 0px auto;
    padding: 10px 0px;
}
```

图9-41 CSS样式代码

**04** 在名为#text2的CSS样式中添加white-space和text-overflow属性设置代码，如图9-42所示。返回设计视图中，保存页面并保存外部样式表文件，在浏览器中预览页面，可以看到通过text-overflow属性实现的溢出文本显示为省略号的效果，如图9-43所示。

```
#text2{
    width: 400px;
    height: auto;
    overflow: hidden;
    border-top: 1px solid #2C8224;
    border-bottom: 1px solid #2C8224;
    text-align: center;
    font-size: 16px;
    margin: 0px auto;
    padding: 10px 0px;
    white-space: nowrap;
    text-overflow: ellipsis;
}
```

图9-42 添加属性设置代码

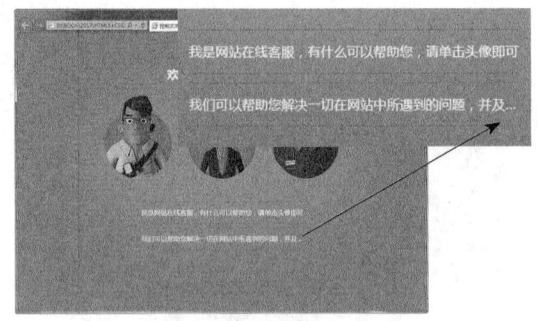

图9-43 预览页面效果

## 9.2.2 文本换行——word-wrap和word-break属性

word-wrap属性用于设置当文本行超过指定容器的边界时是否断开转行，word-wrap属性的语法格式如下。

```
word-wrap: normal | break-word;
```

word-wrap属性的属性值说明如下。

- **normal**：控制连续文本换行。

- **break-word**：内容将在边界内换行。如果需要，词内换行（word-break）也会发生。

word-break属性用于设置指定容器内文本的字内换行行为，尤其在出现多种语言时。word-break属性的语法格式如下。

```
word-break: normal | break-all | keep-all;
```

word-break属性的属性值与使用的文本语言有关系，属性值说明如下。

- **normal**：根据亚洲语言和非亚洲语言的文本规则，允许在字内换行。
- **break-all**：与亚洲语言的normal相同，允许强行截断英文单词，达到词内换行的效果。
- **keep-all**：与所有非亚洲语言的normal相同，对于中文、韩文、日文不允许字断开，适合包含少量亚洲文本的非亚洲文本。

**实战** 控制英文内容强制换行

最终文件：最终文件\第9章\9-2-2.html　　视频：视频\第9章\9-2-2.mp4

01 执行“文件>打开”命令，打开页面“源文件\第9章\9-2-2.html”，可以看到页面效果，如图9-44所示。切换到HTML代码中，可以看到id名为text1和text2中的内容是相同的，不同的是text1中的英文单词与单词之间没有空格和标点符号，如图9-45所示。

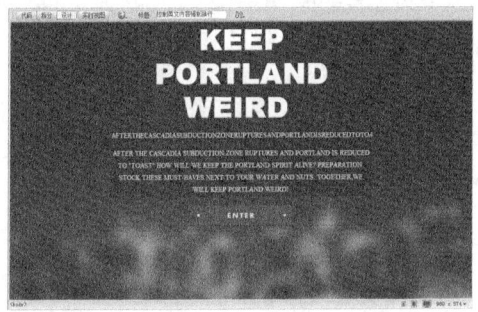

图9-44　打开页面

```
<body>
<div id="box">
  <p class="font01">KEEP<br>
    PORTLAND<br>
    WEIRD
  </p>
  <div id="text1">
AFTERTHECASCADIASUBDUCTIONZONERUPTURESANDPORTLANDISREDUC
EDTOTOASTHOWWILLWEKEEPTHEPORTLANDSPIRITALIVEPREPARATIONS
TOCKTHESEMUSTHAVESNEXTTOYOURWATERANDNUTSTOGETHERWEWILLKE
EPPORTLANDWEIRD!</div>
  <div id="text2">AFTER THE CASCADIA SUBDUCTION ZONE
RUPTURES AND PORTLAND IS REDUCED TO &quot;TOAST&quot;
HOW WILL WE KEEP THE PORTLAND SPIRIT ALIVE? PREPARATION.
 STOCK THESE MUST-HAVES NEXT TO YOUR WATER AND NUTS.
TOGETHER,WE WILL KEEP PORTLAND WEIRD!</div>
  <img src="images/92202.png" width="219" height="41"
alt=""/></div>
</body>
```

图9-45　网页HTML代码

02 在浏览器中预览，可以看到id名为text1中的英文内容显示到该div的右边界后，超出部分内容被隐藏了，并没有自动换行显示，而id名为text2中的英文内容正常显示，如图9-46所示。切换到外部样式表文件中，可以看到名为#text1和名为#text2的CSS样式完全一样，如图9-47所示。

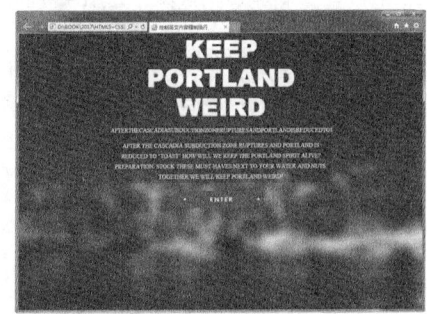

图9-46　预览页面效果

```
#text1 {
    background-color: rgba(0,0,0,0.2);
    border: solid 1px #336;
    margin-top: 10px;
}
#text2 {
    background-color: rgba(0,0,0,0.2);
    border: solid 1px #336;
    margin-top: 10px;
}
```

图9-47　CSS样式代码

03 在名为#text1的CSS样式中添加word-wrap属性设置代码，如图9-48所示。保存页面并保存外部CSS样式文件，在浏览器中预览页面，可以看到强制换行的效果，如图9-49所示。

```
#text1 {
    background-color: rgba(0,0,0,0.2);
    border: solid 1px #336;
    margin-top: 10px;
    word-wrap: break-word;
}
```

图9-48 CSS样式代码

图9-49 预览页面效果

> **提示**
>
> word-wrap属性主要是针对英文或阿拉伯数字进行强制换行，而中文内容本身具有遇到容器边界后自动换行的功能，所以将该属性应用于中文起不到什么效果。

## 9.2.3 文字阴影——text-shadow属性

在显示文字时有时需要制作出文字的阴影效果，从而增强文字的瞩目性。通过CSS3中新增的text-shadow属性可以轻松地实现为文字添加阴影的效果，text-shadow属性的语法格式如下。

```
text-shadow: length | length |opacity | color;
```

text-shadow属性的属性值说明如下。

- **length**：由浮点数字和单位标识符组成的长度值，可以为负值，用于指定阴影在水平和垂直方向上的延伸距离。
- **opacity**：由浮点数字和单位标识符组成的长度值，不可以为负值，用于指定模糊效果的作用距离。如果仅仅需要模糊效果，将前两个length属性全部设置为0即可。
- **color**：指定阴影颜色。

**实战** 为网页文字添加阴影效果
最终文件：最终文件\第9章\9-2-3.html 视频：视频\第9章\9-2-3.mp4

01 执行"文件>打开"命令，打开页面"源文件\第9章\9-2-3.html"，可以看到页面效果，如图9-50所示。在浏览器中预览页面，可以看到页面中文字效果，如图9-51所示。

图9-50 打开页面

图9-51 预览页面效果

**02** 切换到该网页链接的外部样式表文件中，创建名为.font01的类CSS样式，如图9-52所示。返回设计视图中，为相应的文字应用名为font01的类CSS样式，保存页面并保存外部CSS样式文件，在浏览器中预览页面，可以看到文字阴影的效果，如图9-53所示。

```
.font01 {
    text-shadow: 3px 3px 2px #744D00;
}
```

图9-52  CSS样式代码

图9-53  预览文字阴影效果

### 9.2.4  服务器端字体——@font-face规则

在CSS的字体样式中，通常会受到客户端的限制，只有在客户端安装了该字体后，样式才能正确显示。如果使用的不是常用的字体，对于没有安装该字体的用户而言，是看不到真正的文字样式的。因此，设计师会避免使用不常用的字体，更不敢使用艺术字体。

为了弥补这一缺陷，CSS3新增了字体自定义功能，通过@font-face规则来引用互联网任意服务器中存在的字体。这样在设计页面时，就不会因为字体稀缺而受限制。

通过@font-face规则可以加载服务器端的字体文件，让客户端显示客户端没有安装的字体，@font-face规则的语法格式如下。

```
@font-face: {font-family:取值; font-style:取值; font-variant:取值; font-weight:取值;
font-stretch:取值; font-size:取值; src:取值; }
```

@font-face规则的相关属性说明如下。

- **font-family**：设置文本的字体名称。
- **font-style**：设置文本样式。
- **font-variant**：设置文本是否大小写。
- **font-weight**：设置文本的粗细。
- **font-stretch**：设置文本是否横向的拉伸变形。
- **font-size**：设置文本字体大小。
- **src**：设置自定义字体的相对路径或者绝对路径，可以包含format信息。注意，此属性只能在@font-face规则中使用。

> **提示**
>
> 对于@font-face规则的兼容，主要是字体format的问题。因为不同的浏览器对字体格式的支持是不一致的，各种版本的浏览器支持的字体格式有所区别。TrueType(.ttf)格式的字体对应的format属性为truetype；OpenType(.otf)格式的字体对应的format属性为opentype；Embedded Open Type(.eot)格式的字体对应的format属性为eot。

**实战** 在网页中实现特殊字体效果
最终文件：最终文件\第9章\9-2-4.html    视频：视频\第9章\9-2-4.mp4

**01** 执行"文件>打开"命令，打开页面"源文件\第9章\9-2-4.html"，可以看到页面效果，如图9-54所示。在

Chrome浏览器中预览该页面，可以看到页面中默认的字体显示效果，如图9-55所示。

图9-54 打开页面

图9-55 预览页面效果

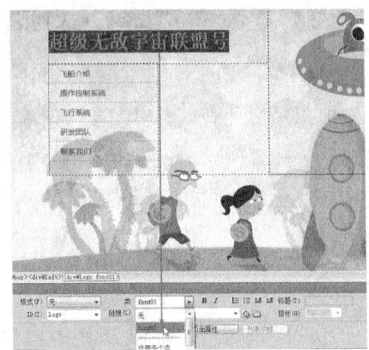

02 切换到该网页链接的外部样式表文件中，创建@font-face规则和名为.font01的类CSS样式，如图9-56所示。返回设计视图中，为相应的文字应用名为font01的类CSS样式，如图9-57所示。

```
@font-face {
    font-family: myfont1; /*声明字体名称*/
    src: url(../images/FZJZJW.ttf) format("truetype");
/*指定字体路径*/
}
.font01 {
    font-family: myfont1;
}
```

图9-56 CSS样式代码

图9-57 应用类CSS样式

---
提示

    在@font-face规则中，通过font-family属性声明了字体名称myfont1，并通过src属性指定了字体文件的url相对地址。接下来，在名称为font01的类CSS样式中，就可以通过名称myfont1来引用字体定义的规则了。

---

03 保存页面，并保存外部CSS样式文件，在Chrome浏览器中预览页面，可以看到特殊的字体效果，如图9-58所示。返回外部CSS样式表文件中，再次创建@font-face规则，定义另外一种特殊字体，如图9-59所示。

04 在外部CSS样式表文件中创建名为.font02的类CSS样式，如图9-60所示。返回设计视图中，分别为各导航菜单文字应用刚创建的名为font02的类CSS样式，保存页面，在Chrome浏览器中预览页面，可以看到特殊的字体效果，如图9-61所示。

图9-58 预览页面效果

```
@font-face {
    font-family: myfont2;
    src: url(../images/FZKATJW.ttf) format("truetype");
}
```

图9-59 CSS样式代码

```
.font02 {
    font-family: myfont2;
    font-size: 20px;
}
```

图9-60 CSS样式代码

图9-61 预览页面效果

# ▶▶▶ 9.3 段落样式

在设计网页时，CSS样式可以控制字体样式，同时也可以控制字间距和段落样式。一般情况下，设置字体样式只能对少数文字起作用，对于文字段落来说，还需要通过设置段落样式来加以控制。

## 9.3.1 行间距——line-height属性

在CSS中，可以通过line-height属性对段落的行间距进行设置。line-height的值表示的是两行文字基线之间的距离，既可以设置相对数值，也可以设置绝对数值。line-height属性的基本语法格式如下。

```
line-height: 行间距;
```

通常在静态页面中，字体的大小使用的是绝对数值，从而实现页面整体的统一，但在一些论坛或者博客等用户可以自由定义字体大小的网页中，使用的则是相对数值，从而便于用户通过设置字体大小来改变相应行距。

## 9.3.2 段落首行缩进——text-indent属性

段落首行缩进在一些文章开头通常都会用到。段落首行缩进是对一个段落的第1行文字缩进两个字符进行显示。在CSS样式中是通过text-indent属性进行设置的。Text-indent属性的基本语法如下。

```
Text-indent: 首行缩进量;
```

**实战** 美化网页中的段落文字
最终文件：最终文件\第9章\9-3-2.html    视频：视频\第9章\9-3-2.mp4

01 执行"文件>打开"命令，打开页面"源文件\第9章\9-3-2.html"，可以看到页面效果，如图9-62所示。切换到代码视图中，可以看到该网页的HTML代码，如图9-63所示。

02 切换到该网页链接的外部CSS样式表文件中，创建名为#box h1的类CSS样式，如图9-64所示。返回设计视图中，可以看到名称为box的div中应用了\<h1>标签的文字效果，如图9-65所示。

03 切换到该网页链接的外部CSS样式表文件中，创建名为#box p的类CSS样式，如图9-66所示。返回设计视图中，保存页面并保存外部CSS样式文件，在浏览器中预览页面，可以看到设置行距和段落首行缩进的效果，如图9-67所示。

图9-62 打开页面

```
<body>
<div id="box">
    <h1>关于我们</h1>
    <p>插画工厂是一家专业插画设计工作室。我们提供完整的插画解决方
案，服务领域包括手持移动设备，PC平台，各类服务终端设备等。其中最
为擅长的设计：游戏界面、手机界面、以及手机应该程序界面、软件界面
、网页界面、图标设计等。我们拥有一套实践总结的设计流程与方法。我
们拥有资深的插画设计师，服务于国际知名设计公司担任插画设计主管，
拥有丰富的项目经验以及强大的设计实力。这些实力使我们的设计能达到
视觉上易用性与原创性的平衡，产品诉求传达给用户。</p>
</div>
</body>
```

图9-63 网页HTML代码

```
#box h1 {
    font-family: 微软雅黑;
    font-size: 20px;
    font-weight: bold;
    line-height: 35px;
}
```

图9-64 CSS样式代码

图9-65 文字效果

```
#box p {
    line-height: 24px;
    text-indent: 28px;
}
```

图9-66 CSS样式代码

图9-67 预览页面效果

> 提示
>
> 通常，一般文章段落的首行缩进在两个字符的位置，因此，在使用CSS样式对段落设置首行缩进时，首先需要明白该段落字体的大小，然后再根据字体的大小设置首行缩进的数值。

## 9.3.3 水平对齐方式——text-align属性

在CSS样式中，段落的水平对齐是通过text-align属性进行控制的，水平对齐有4种方式，分别为左对齐、水平居中对齐、右对齐和两端对齐。text-align属性的基本语法如下。

```
text-align: left | center | right | justify;
```

text-align属性的属性值说明如下。

- **left**：该属性值表示段落的水平对齐方式为左对齐。
- **center**：该属性值表示段落的水平对齐方式为居中对齐。
- **right**：该属性值表示段落的水平对齐方式为右对齐。
- **justify**：该属性值表示段落的水平对齐方式为两端对齐。

> 提示
>
> 两端对齐是美化段落文本的一种方法，可以使段落的两端与边界对齐。但两端对齐的方式只对整段的英文起作用，对于中文来说没有什么作用。这是因为英文段落在换行时为保留单词的完整性，整个单词会一起换行，所以会出现段落两端不对齐的情况。两端对齐只能对这种两端不对齐的段落起作用，而中文段落由于每一个文字与符号的宽度相同，在换行时段落是对齐的，因此自然不需要使用两端对齐。

实战　设置文本水平对齐

最终文件：最终文件\第9章\9-3-3.html　　视频：视频\第9章\9-3-3.mp4

图9-68　打开页面

01 执行"文件>打开"命令，打开页面"源文件\第9章\9-3-3.html"，可以看到页面效果，如图9-68所示。切换到该网页链接的外部样式表文件中，找到名为#text的CSS样式，如图9-69所示。

```
#text {
    width: 450px;
    height: auto;
    overflow: hidden;
}
```

图9-69　CSS样式代码

02 在名为#text的CSS样式中添加text-align属性设置代码，如图9-70所示。返回设计界面中，可以看到id名为text的div中的内容水平居中显示，效果如图9-71所示。

03 切换到外部样式表文件中，在名为#text的CSS样式中修改text-align属性设置代码，如图9-72所示。返回设计视图中，可以看到id名为text的div中的内容水平右对齐显示，效果如图9-73所示。

```
#text {
    width: 450px;
    height: auto;
    overflow: hidden;
    text-align: center;
}
```

图9-70　CSS样式代码

图9-71　水平居中对齐效果

```
#text {
    width: 450px;
    height: auto;
    overflow: hidden;
    text-align: right;
}
```

图9-72　CSS样式代码

图9-73　水平右对齐效果

04 保存页面并保存外部CSS样式文件，在浏览器中预览页面，可以看到页面的效果，如图9-74所示。

图9-74　预览页面效果

提示

在设置文字的水平对齐时，如果需要设置对齐的段落不只一段，根据不同的文字，页面的变化也会有所不同。如果是英文，那么段落中每一个单词的位置都会相对于整体而发生一些变化；如果是中文，那么段落中除了最后一行文字的位置会发生变化外，其他段落中文字的位置相对于整体则不会发生变化。

## 9.3.4　垂直对齐方式——vertical-align属性

在CSS样式中，文本垂直对齐是通过vertical-align属性进行设置的，常见的文本垂直对齐方式有3种，分别为顶端对齐、垂直居中对齐和底端对齐。vertical-align属性的语法格式如下。

```
vertical-align: baseline | sub | super | top | text-top | middle | bottom | text-
bottom | length;
```

vertical-align属性的属性值说明如下。

- **baseline**：该属性值表示与对象基线对齐。
- **sub**：该属性值表示垂直对齐文本的下标。
- **super**：该属性值表示垂直对齐文本的上标。
- **top**：该属性值表示与对象的顶部对齐。
- **text-top**：该属性值表示对齐文本顶部。
- **middle**：该属性值表示与对象中部对齐。
- **bottom**：该属性值表示与对象底部对齐。
- **text-bottom**：该属性值表示对齐文本底部。
- **length**：设置具体的长度值或百分比数值，可以使用正值或负值，定义由基线算起的偏移量。基线对于数值来说为0，对于百分比数来说是0%。

---
**提示**

段落垂直对齐只对行内元素起作用，行内元素也称为内联元素。在没有任何布局属性作用时，默认排列方式是同行排列，直到宽度超出包含的容器宽度时才会自动换行。段落垂直对齐需要在行内元素中进行，如<span></span>、<p></p>及图片等，否则段落垂直对齐不会起作用。

---

**实战** 设置文本垂直对齐
最终文件：最终文件\第9章\9-3-4.html　　视频：视频\第9章\9-3-4.mp4

图9-75 打开页面

**01** 执行"文件>打开"命令，打开页面"源文件\第9章\9-3-4.html"，可以看到页面效果，如图9-75所示。切换到该网页链接的外部样式表文件中，创建名为.font01的类CSS样式，如图9-76所示。

```
.font01{
    vertical-align:top;
}
```

图9-76 CSS样式代码

**02** 返回设计页面中，选中相应的图片，在Class下拉列表中选择刚定义的类CSS样式应用，如图9-77所示。完成类CSS样式的应用，可以看到页面中文本相对于图像顶端对齐的效果，如图9-78所示。

---
**提示**

由于文字并不属于行内元素，因此，在div中不能直接对文字进行垂直对齐的设置，必须要选择一个参照物，也就是行内元素，此处选择文字旁边的图片作为参照物，对图片进行垂直对齐设置，从而实现文字的垂直对齐效果。

---

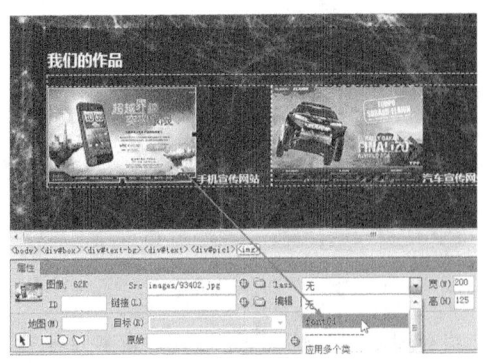

图9-77　应用类CSS样式

图9-78　页面效果

**03** 切换到外部样式表文件中，创建名为.font02的类CSS样式，如图9-79所示。返回设计页面中，为相应的文字旁的图片应用名为font02的类CSS样式，可以看到页面中文本相对于图像垂直居中对齐的效果，如图9-80所示。

```
.font02{
    vertical-align:middle;
}
```

图9-79　CSS样式代码

图9-80　页面效果

**04** 切换到外部样式表文件中，创建名为.font03的类CSS样式，如图9-81所示。返回设计页面中，为相应的文字旁的图片应用名为font03的类CSS样式，保存页面并保存外部CSS样式文件，在浏览器中预览页面，可以看到页面中文本垂直对齐的效果，如图9-82所示。

```
.font03{
    vertical-align:bottom;
}
```

图9-81　CSS样式代码

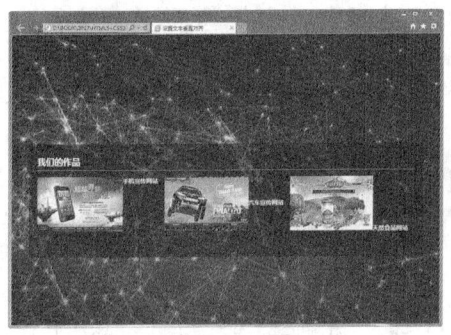

图9-82　预览页面效果

# ▶▶▶ 9.4　列表样式

通过CSS属性来控制列表，能够从更多方面控制列表的外观，使列表看起来更加整齐和美观，使网站实用性更强。在CSS样式中专门提供了控制列表样式的属性，下面就不同类型的列表分别进行介绍。

## 9.4.1　列表符号——list-style-type属性

列表可分为无序项目列表和有序编号列表，所以在两种列表中list-style-type属性的属性值也是有很大区别的，下面依次介绍。

无序项目列表是网页中运用得非常多的一种列表形式，用于将一组相关的列表项目排列在一起，并且列表中的项目没有特别的先后顺序。无序列表使用<li>标签来罗列各个项目，并且每个项目前面都带有特殊符号。

在CSS样式中，list-style-type属性用于控制无序列表项目前面的符号，list-style-type属性的语法格式如下。

```
List-style-type: disc | circle | square | none;
```

在设置无序列表时，list-style-type属性的属性值说明如下。

- **disc**：该属性值表示项目列表前的符号为实心圆。
- **circle**：该属性值表示项目列表前的符号为空心圆。
- **square**：该属性值表示项目列表前的符号为实心方块。
- **none**：该属性值表示项目列表前不使用任何符号。

有序列表与无序列表相反，有序列表即具有明确先后顺序的列表，默认情况下，创建的有序列表在每条信息前加上序号1、2、3……。通过CSS样式中的list-style-type属性可以对有序列表进行控制。List-style-type属性的基本语法格式如下。

```
List-style-type: decimal | decimal-leading-zero | lower-roman | upper-roman |
lower-alpha | upper-alpha | none | inherit;
```

在设置有序列表时，list-style-type属性的属性值说明如下。

- **decimal**：该属性值表示有序列表前使用十进制数字标记（1、2、3……）。
- **decimal-leading-zero**：该属性值表示有序列表前使用有前导零的十进制数字标记（01、02、03……）。
- **lower-roman**：该属性值表示有序列表前使用小写罗马数字标记（i、ii、iii……）。
- **upper-roman**：该属性值表示有序列表前使用大写罗马数字标记（I、II、III……）。
- **lower-alpha**：该属性表值示有序列表前使用小写英文字母标记（a、b、c……）。
- **upper-alpha**：该属性值表示有序列表前使用大写英文字母标记（A、B、C……）。
- **none**：该属性值表示有序列表前不使用任何形式的符号。
- **inherit**：该属性值表示有序列表继承父元素的list-style-type属性设置。

---

**实战** 设置新闻列表效果

最终文件：最终文件\第9章\9-4-1.html　　视频：视频\第9章\9-4-1.mp4

---

**01** 执行"文件>打开"命令，打开页面"源文件\第9章\9-4-1.html"，可以看到页面效果，如图9-83所示。切换到代码视图中，可以看到页面中项目列表的代码，如图9-84所示。

**02** 切换到该网页所链接的外部CSS样式文件中，创建名为#news li的CSS样式，如图9-85所示。保存外部CSS样式文件，在浏览器中预览页面，可以看到页面中无序列表的效果，如图9-86所示。

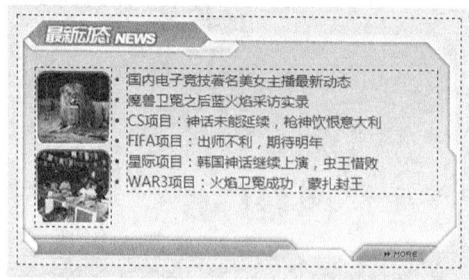

图9-83　打开页面

```
<div id="news">
    <ul>
        <li>国内电子竞技著名美女主播最新动态</li>
        <li>冀兽卫冤之后蓝火焰采访实录</li>
        <li>CS项目：神话未能延续，枪神饮恨意大利</li>
        <li>FIFA项目：出师不利，期待明年</li>
        <li>星际项目：韩国神话继续上演，虫王惜败</li>
        <li>WAR3项目：火焰卫冤成功，蒙扎封王</li>
    </ul>
</div>
```

图9-84　项目列表部分代码

```
#news li {
    list-style-type: square;
    list-style-position: inside;
    line-height: 25px;
    border-bottom: dashed 1px #F67F0C;
}
```

图9-85　CSS样式代码

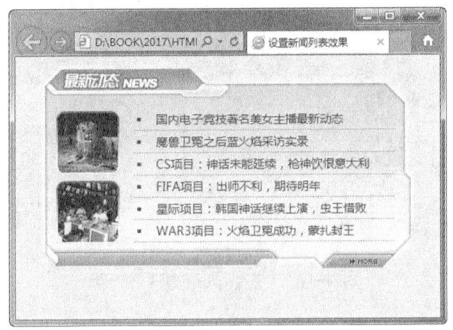

图9-86 预览项目列表效果

提示

　　list-style-position属性用于设置列表符号的位置，该属性有3个属性值。属性值为inside，则列表符号放置在文本以内，且环绕文本根据标记对齐；属性值为outside，则列表符号放置在文本以外，且环绕文本不根据标记对齐；属性值为inherit，则从父元素继承list-style-position属性的值。

## 9.4.2 自定义列表符号——list-style-image属性

除了可以使用CSS样式中的列表符号，还可以使用list-style-image属性自定义列表符号，list-style-image属性的基本语法如下。

```
list-style-image: url("图片地址");
```

在CSS样式中，list-style-image属性用于设置图片作为列表样式，输入图片的路径作为属性值即可。

**实战** 自定义新闻列表符号

最终文件：最终文件\第9章\9-4-2.html　　　视频：视频\第9章\9-4-2.mp4

**01** 执行"文件>打开"命令，打开页面"源文件\第9章\9-4-2.html"，可以看到页面效果，如图9-87所示。在浏览器中预览页面，可以看到默认的列表符号的效果，如图9-88所示。

图9-87 打开页面

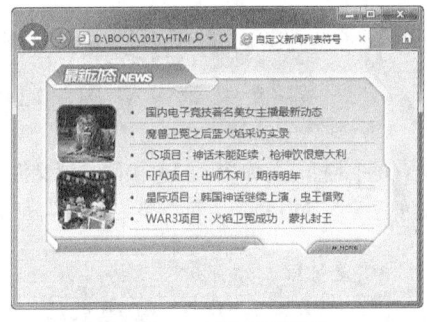

图9-88 预览页面效果

**02** 切换到该网页所链接的外部CSS样式文件中，找到名为#news li的CSS样式，添加list-style-type属性设置代码，如图9-89所示。返回设计视图中，可以看到列表前没有任何形式的符号，如图9-90所示。

**03** 切换到外部CSS样式文件中，在名为#news li的CSS样式中添加list-style-image属性设置代码，如图9-91所示。保存外部CSS样式表文件，在浏览器中预览页面，可以看到自定义列表符号的效果，如图9-92所示。

技巧

　　除了可以使用CSS样式中的list-style-image属性定义列表符号，还可以使用background-image属性来实现，首先在列表项左边添加填充，为图像符号预留出需要占用的空间，然后将图像符号作为背景图像应用于列表项即可。在网页页面中，经常将图片作为列表样式，用来美化网页界面、提升网页整体视觉效果。

```
#news li {
    list-style-type: none;
    list-style-position: inside;
    line-height: 25px;
    border-bottom: dashed 1px #F67F0C;
}
```

图9-89 CSS样式代码

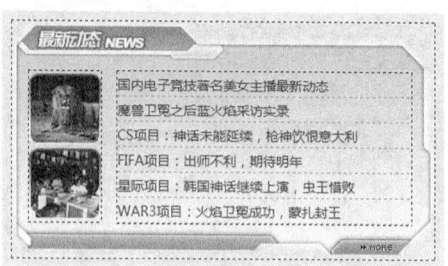

图9-90 去除列表符号效果

```
#news li {
    list-style-type: none;
    list-style-image: url(../images/94201.gif);
    list-style-position: inside;
    line-height: 25px;
    border-bottom: dashed 1px #F67F0C;
}
```

图9-91 CSS样式代码

图9-92 预览页面效果

## 9.4.3 定义列表样式

定义列表是一种比较特殊的列表形式，相对于有序列表和无序列表来说，应用得比较少。定义列表的 `<dl>` 标签是成对出现的，并且需要在"代码"视图手动添加代码。从 `<dl>` 开始到 `</dl>` 结束，列表中每个元素的标题使用 `<dt></dt>` 标签，后跟随 `<dd></dd>` 标签，用于描述列表中元素的内容。

**实战**　设置复杂新闻列表效果
最终文件：最终文件\第9章\9-4-3.html　　视频：视频\第9章\9-4-3.mp4

**01** 执行"文件>打开"命令，打开页面"源文件\第9章\9-4-3.html"，可以看到页面效果，如图9-93所示。切换到代码视图中，可以看到页面中定义列表的HTML代码，如图9-94所示。

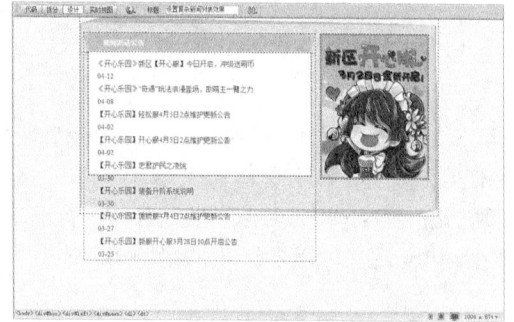

图9-93 打开页面

```
<div id="title">新闻活动公告</div>
<div id="news">
    <dl>
        <dt>《开心乐园》新区【开心服】今日开启，冲级送萌币</dt><dd>04-12</dd>
        <dt>《开心乐园》&ldquo;奇遇&rdquo;玩法浪漫登场，即萌王一臂之力</dt><dd>04-08</dd>
        <dt>【开心乐园】轻松服4月5日2点维护更新公告</dt><dd>04-02</dd>
        <dt>【开心乐园】开心服4月5日2点维护更新公告</dt><dd>04-02</dd>
        <dt>【开心乐园】忠君护民之凌统</dt><dd>03-30</dd>
        <dt>【开心乐园】装备升阶系统说明</dt><dd>03-30</dd>
        <dt>【开心乐园】傲娇服4月4日2点维护更新公告</dt><dd>03-27</dd>
        <dt>【开心乐园】新服开心服3月28日18点开启公告</dt><dd>03-25</dd>
    </dl>
</div>
```

图9-94 定义列表部分代码

**02** 切换到该网页所链接的外部CSS样式文件中，创建名为#news dt和#news dd的CSS样式，如图9-95所示。保存外部CSS样式文件，在浏览器中预览页面，可以看到页面中定义列表的效果，如图9-96所示。

```
#news dt {
    width: 365px;
    float: left;
    line-height: 27px;
    background-image: url(../images/94304.gif);
    background-repeat: no-repeat;
    background-position: left center;
    padding-left: 15px;
    border-bottom: dashed 1px #0FBC7F;
}
#news dd {
    width: 40px;
    float: left;
    line-height: 27px;
    text-align: right;
    color: #666;
    border-bottom: dashed 1px #0FBC7F;
}
```

图9-95　CSS样式代码

图9-96　预览定义列表效果

---

**提示**

　　定义列表是一种比较特殊的列表形式，设计者必须手动添加相关的 \<dl\>、\<dt\> 和 \<dd\> 标签来创建定义列表，注意，\<dl\>、\<dt\> 和 \<dd\> 标签都是成对出现的。

---

## ▶▶▶ 9.5　本章小结

　　本章主要讲解了使用CSS样式对网页中的文字和段落效果进行设置的方法和技巧，每个知识点都详细解析了语法，配合实例练习，操作性强。完成本章内容的学习后，读者不仅能够在CSS样式中对文字和段落的效果进行设置，还要能在以后制作网页的过程中更加深入地理解其中的含义。

# 第10章

## 设置背景样式

为网页设置一个合适的背景能够烘托网页的视觉效果，给人一种协调和统一的视觉感，实现美化页面的效果。不同的背景给人的心理感受并不相同，因此为网页选择一个合适的背景非常重要。本章将向读者介绍通过CSS样式对网页中的背景颜色及背景图片进行设置的方法，从而使页面更加美观。

**本章知识点**

- 掌握网页元素背景颜色的设置方法
- 理解并掌握CSS3新增的颜色设置方式
- 理解通过CSS3实现线性渐变和径向渐变颜色的方法
- 掌握通过CSS样式对网页背景相关元素进行设置的方法
- 理解CSS3新增的背景相关属性的设置方法

## ▶▶▶ 10.1 背景颜色——background-color 属性

在CSS样式中添加background-color属性，即可设置网页的背景颜色，它接受任何有效的颜色值，但是如果对背景颜色没有进行相应的定义，将默认背景颜色为透明。background-color的语法格式如下。

```
background-color: color | transparent;
```

background-color属性的属性值说明如下。

- **color**：设置背景的颜色，它可以采用英文单词、十六进制、RGB、HSL、HSLA和RGBA格式。
- **transparent**：默认值，表示透明。

background-color属性还可以使用transparent和inherit值。transparent值实际上是所有元素的默认值，意味着显示已经存在的背景；如果确实需要继承background-color属性，则可以使用inherit值。

> **提示**
>
> background-color属性类似于HTML中的bgcolor属性。CSS样式中的background-color属性更加实用，不仅仅是因为它可以用于页面中的任何元素，bgcolor属性只能对 \<body\>、\<table\>、\<tr\>、\<th\>和\<td\> 标签进行设置。通过CSS样式中的background-color属性可以设置页面中任意特定部分的背景颜色。

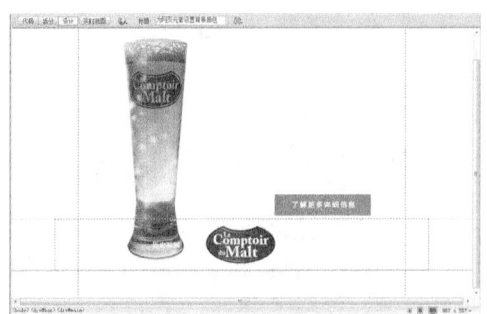

**实战** 为网页元素设置背景颜色

最终文件：最终文件\第10章\10-1.html　　视频：视频\第10章\10-1.mp4

01 执行“文件>打开”命令，打开页面“源文件\第10章\10-1.html”，可以看到页面效果，如图10-1所示。切换到外部CSS样式表文件中，找到名为body的CSS样式代码，如图10-2所示。

图10-1　打开页面

```
body {
    font-family: 微软雅黑;
    font-size: 14px;
    color: #FFF;
}
```

图10-2　CSS样式代码

02 在body标签的CSS样式中添加background-color属性设置代码，如图10-3所示。保存外部样式表文件，在浏览器中预览页面，可以看到为网页设置背景颜色的效果，如图10-4所示。

```
body {
    font-family: 微软雅黑;
    font-size: 14px;
    color: #FFF;
    background-color: #112562;
}
```

图10-3　添加属性设置代码

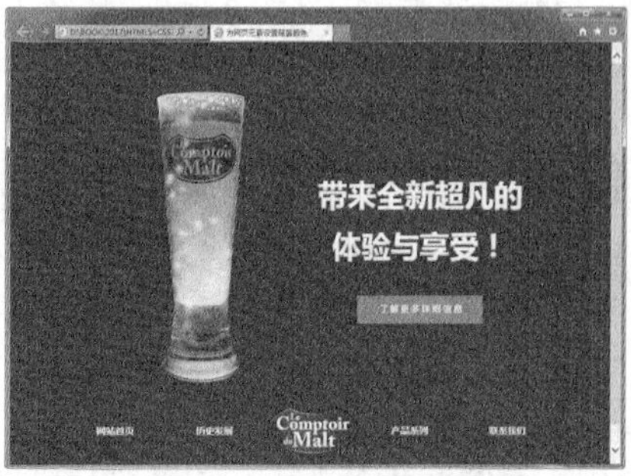


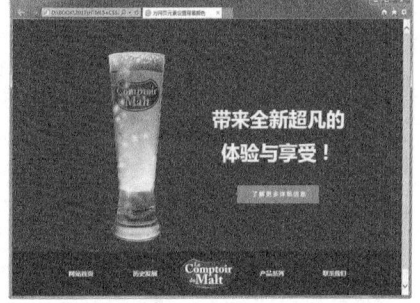

图10-4　预览页面效果

03 切换到外部CSS样式表文件中，找到名为#bottom的CSS样式代码，添加background-color属性设置代码，如图10-5所示。保存外部样式表文件，在浏览器中预览页面，可以看到为页面元素设置背景颜色的效果，如图10-6所示。

```
#bottom {
    position: absolute;
    width: 100%;
    height: 106px;
    bottom: 0px;
    background-color: #1C0E04;
}
```

图10-5　添加属性设置代码

图10-6　预览页面效果

## 10.2 CSS3新增颜色设置

网页中的颜色搭配可以更好地吸引浏览者的目光，在CSS3中新增了几种网页中定义颜色的方法，下面依次进行介绍。

### 10.2.1 RGBA颜色值

RGBA是在RGB的基础上多了控制Alpha透明度的参数，RGBA颜色定义语法如下。

```
Rgba (r,g,b,<opacity>);
```

R、G和B分别表示红色、绿色和蓝色3种原色所占的比重，R、G和B的值可以是正整数或百分数，正整数值的取值范围为0~255，百分比数值的取值范围为0%~100%，超出范围的数值将被截至其最近的取值极限。注意，并非所有浏览器都支持百分数值。第4个属性值<opacity>表示不透明度，取值范围为0~1。

**实战** 使用RGBA方式设置背景颜色
最终文件：最终文件\第10章\10-2-1.html　　视频：视频\第10章\10-2-1.mp4

**01** 执行"文件>打开"命令，打开页面"源文件\第10章\10-2-1.html"，可以看到页面效果，如图10-7所示。切换到该网页所链接的外部CSS样式表文件中，找到名为#box的CSS样式，如图10-8所示。

图10-7　打开页面

```
#box {
    width: 100%;
    height: 120px;
    line-height: 120px;
    font-size: 36px;
    color: #036;
    text-align: center;
    margin-top: 230px;
    background-color: #FFF;
}
```

图10-8　CSS样式代码

**02** 在名为#box的CSS样式代码中修改背景颜色的设置，并使用RGBA颜色定义方法，如图10-9所示。保存页面并保存外部样式表文件，在浏览器中预览页面，可以看到元素半透明背景色效果，如图10-10所示。

```
#box {
    width: 100%;
    height: 120px;
    line-height: 120px;
    font-size: 36px;
    color: #036;
    text-align: center;
    margin-top: 230px;
    background-color: rgba(255,255,255,0.4);
}
```

图10-9　修改CSS样式设置

图10-10　预览页面效果

## 10.2.2　HSL颜色值

HSL是一种工业界广泛使用的颜色标准，通过对色调（H）、饱和度（S）和亮度（L）3个颜色通道的改变，以及它们相互之间的叠加来获得各种颜色。CSS3中新增了HSL颜色设置方式，在使用HSL方法设置颜色时，需要定义3个值，分别是色调（H）、饱和度（S）和亮度（L）。HSL颜色定义语法如下。

```
hsl (<length>,<percentage>,<percentage>);
```

HSL的相关属性值说明如下。

- **length**：表示Hue（色调），0（或360）表示红色，120表示绿色，240表示蓝色，当然也可以取其他的数值来确定其他颜色。

- **percentage**：表示Saturation（饱和度），取值为0%~100%的值。
- **percentage**：表示Lightness（亮度），取值为0%~100%的值。

## 10.2.3 HSLA颜色值

HSLA是HSL颜色定义方法的扩展，在色相、饱和度、亮度三要素的基础上增加了不透明度的设置。使用HSLA颜色定义方法，能够灵活地设置各种不同的透明效果。HSLA颜色定义的语法如下。

```
Hsla (<length>,<percentage>,<percentage>,<opacity>);
```

前3个属性与HSL颜色定义方法的属性相同，第4个参数即用于设置颜色的不透明度，取值范围为0~1之间，如果值为0，则表示颜色完全透明，如果值为1，则表示颜色完全不透明。

> **实战** 使用HSLA方式设置背景颜色
> 最终文件：最终文件\第10章\10-2-3.html　　视频：视频\第10章\10-2-3.mp4

**01** 执行"文件>打开"命令，打开页面"源文件\第10章\10-2-3.html"，可以看到页面效果，如图10-11所示。切换到该网页所链接的外部CSS样式表文件中，找到名为#box的CSS样式，如图10-12所示。

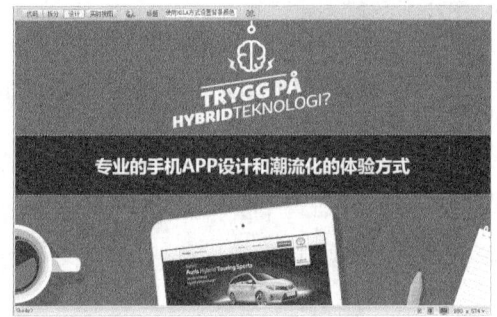

图10-11　打开页面

```
#box {
    width: 100%;
    height: 120px;
    line-height: 120px;
    font-size: 36px;
    color: #FFF;
    text-align: center;
    margin-top: 230px;
    background-color: #000;
}
```

图10-12　CSS样式代码

**02** 在名为#box的CSS样式中修改背景颜色的设置，使用HSL颜色定义方法，如图10-13所示。保存页面并保存外部样式表文件，在浏览器中预览页面，可以看到所设置的背景色效果，如图10-14所示。

```
#box {
    width: 100%;
    height: 120px;
    line-height: 120px;
    font-size: 36px;
    color: #FFF;
    text-align: center;
    margin-top: 230px;
    background-color: hsl(240,100%,10%);
}
```

图10-13　修改CSS样式设置

图10-14　预览页面效果

**03** 切换到外部样式表文件中，在名为#box的CSS样式中修改背景颜色的设置，使用HSLA颜色定义方法，如图10-15所示。保存外部样式表文件，在浏览器中预览页面，可以看到所设置的透明背景色效果，如图10-16所示。

```
#box {
    width: 100%;
    height: 120px;
    line-height: 120px;
    font-size: 36px;
    color: #FFF;
    text-align: center;
    margin-top: 230px;
    background-color: hsla(240,100%,10%,0.2);
}
```

图 10-15　修改 CSS 样式设置

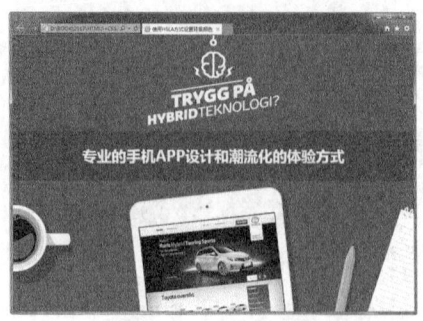

图 10-16　预览页面效果

## 10.2.4　元素不透明度——opacity 属性

opacity 属性用来设置一个元素的透明度，能够使页面元素呈现透明效果，并且可以通过具体的数值设置透明的程度。opacity 属性的语法格式如下。

```
opacity: <length> | inherit;
```

opacity 属性的属性值说明如下。

● **length**：由浮点数字和单位标识符组成的长度值，不可以为负值，默认值为 1。

● **inherit**：默认继承，继承父级元素的 opacity 属性设置。

opacity 属性取值为 1 的元素完全不透明，反之，取值为 0 是完全透明的，0~1 的任何值都表示该元素的透明度。

| 实战 | 实现网页元素的半透明效果 |
| --- | --- |
| | 最终文件：最终文件\第 10 章\10-2-4.html　　视频：视频\第 10 章\10-2-4.mp4 |

图 10-17　打开页面

**01** 执行"文件>打开"命令，打开页面"源文件\第 10 章\10-2-4.html"，可以看到页面效果，如图 10-17 所示。切换到该网页所链接的外部 CSS 样式表文件中，创建名为 .pic01 的类 CSS 样式，如图 10-18 所示。

```
.pic01{
    opacity:0.25;
}
```

图 10-18　CSS 样式代码

**02** 返回设计视图，选中页面中插入的图像，在"属性"面板的 Class 下拉列表框中选择刚定义的 pic01 样式应用，如图 10-19 所示。保存页面并保存外部样式表文件，在浏览器中预览页面，可以看到半透明图像的效果，如图 10-20 所示。

**03** 切换到外部样式表文件中，创建名为 .pic02 和 .pic03 的类 CSS 样式，如图 10-21 所示。返回设计视图，为页面中相应的图像分别应用名为 pic02 和 pic03 的类 CSS 样式，保存页面并保存外部样式表文件，在浏览器中预览页面，可以看到半透明图像的效果，如图 10-22 所示。

图 10-19 应用类CSS样式

图 10-20 预览页面效果

```
.pic02{
    opacity:0.5;
}
.pic03{
    opacity:0.8;
}
```

图 10-21 CSS样式代码

图 10-22 预览页面效果

## 10.2.5 transparent颜色值

如果在CSS样式中设置颜色值为transparent，则会将背景颜色、文字颜色或边框颜色等设置为完全透明。在CSS1中，只能在background-color属性中设置transparent属性值。在CSS2中，可以在background-color和border-color属性中设置transparent属性值。在CSS3中，可以在一切指定颜色值的属性中设置transparent属性值。现在，transparent属性值已经得到Firefox、Chrome、Safari、Opera和IE等浏览器的支持。

# ▶▶▶ 10.3 CSS3新增渐变背景

以前，必须使用图像来实现渐变效果。但是，在CSS3中新增了渐变设置属性gradients，通过该属性可以在网页中实现渐变颜色填充的效果。避免了过多地使用渐变图片所带来的麻烦，而且在放大页面的情况下仍然能过渡自然。

在网页中可以实现线性渐变和径向渐变两种方式的渐变填充效果，但目前浏览器还没有统一的标准对渐变gradients属性提供支持，所以目前还只能使用浏览器提供的私有化属性来实现渐变颜色填充效果。

## 10.3.1 线性渐变背景

### 1. 基于Webkit内核的实现

基于Webkit内核的线性渐变，语法如下。

```
-webkit-gradient ( linear,<point>,<point>,from(<color>),to(<color>) [ , color-
stop(<percent>, <color>)]*)
```

基于Webkit内核线性渐变属性值说明如下。

- **linear**：表示线性渐变类型。
- **\<point\>**：定义渐变的起始点和结束点：第一个表示起始点，第二个表示结束点。该坐标点的取值，支持数值、百分比和关键字，如（0.5，0.5）、（50%，50%）、（left，top）等。关键字包括定义横坐标的left和right，定义纵坐标的top和bottom。
- **\<color\>**：表示任意CSS颜色值。
- **\<percent\>**：表示百分比值，用于确定起始点和结束点之间的某个位置。
- **from()**：定义起始点的颜色。
- **to()**：定义结束点的颜色。
- **color-stop()**：可选函数，在渐变中多次添加过滤颜色，可以实现多种颜色的渐变。

### 2. 基于Gecko内核的实现

基于Gecko内核的线性渐变，语法如下。

```
-moz-linear-gradient ( [ <point> || <angle>,] ? <color> [, (<color>) [<percent>]?]*,
<color>)
```

基于Gecko内核线性渐变属性值说明如下。

- **\<point\>**：定义渐变的起始点，该坐标的取值支持数值、百分比和关键字，关键字包括定义横坐标的left、center和right，定义纵坐标的top、center和bottom。默认坐标为（top center）。当制定一个值时，另一个值默认为center。
- **\<color\>**：表示渐变使用的CSS颜色值。
- **\<angle\>**：定义线性渐变的角度，单位可以是deg（角度）、grad（梯度）和rad（弧度）。
- **\<percent\>**：表示百分比值，用于确定起始点和结束点之间的某个位置。

---

> **提示**
>
> 基于Gecko内核的实现方法中并没有函数作为参数，可以直接在某个百分比位置添加过渡颜色。第一个颜色值为渐变开始的颜色，最后一个颜色值为渐变结束的颜色。基于Gecko内核的线性渐变的实现，比较符合W3C语法标准。

---

**实战** 为网页设置线性渐变背景颜色
最终文件：最终文件\第10章\10-3-1.html    视频：视频\第10章\10-3-1.mp4

图10-23 打开页面

**01** 执行"文件>打开"命令，打开页面"源文件\第10章\10-3-1.html"，可以看到页面效果，如图10-23所示。切换到该网页所链接的外部CSS样式表文件中，找到名为body的CSS样式，如图10-24所示。

```
body {
    font-family: 微软雅黑;
    font-size: 14px;
    color: #FFF;
    background-color: #FEE125;
}
```

图10-24 CSS样式代码

**02** 删除background-color属性设置代码，并添加线性渐变设置代码，如图10-25所示。保存外部CSS样式文件，在Chrome浏览器中预览页面，可以看到所设置的从上至下的线性渐变背景效果，如图10-26所示。

```
body {
    font-family: 微软雅黑;
    font-size: 14px;
    color: #FFF;
    /*基于Webkit内核的实现*/
    background:-webkit-gradient(linear,left top,left bottom,
from(#FEE125),to(#F90));
    /*基于Gecko内核的实现*/
    background:-moz-linear-gradient(top,#FEE125,#F90);
}
```

图 10-25　添加线性渐变设置代码

图 10-26　预览页面效果

---
提示

此处是实现了基于Webkit和Gecko两种内核浏览器的线性渐变，其中基于Gecko内核的渐变实现，应用了其默认的设置：当不设置起点和弧度方向时，默认的是从上至下的渐变，在IE浏览器中显示不出效果，在Chrome或Firefox浏览器中可以显示效果。

---

**03** 切换到外部样式表文件中，修改刚刚设置的渐变颜色代码，如图10-27所示。保存外部样式表文件，在Chrome浏览器中预览页面，可以看到所设置的从左至右的线性渐变背景效果，如图10-28所示。

```
body {
    font-family: 微软雅黑;
    font-size: 14px;
    color: #FFF;
    /*基于Webkit内核的实现*/
    background:-webkit-gradient(linear,left top,right top,
from(#FEE125),to(#F90));
    /*基于Gecko内核的实现*/
    background:-moz-linear-gradient(left,#FEE125,#F90);
}
```

图 10-27　修改线性渐变设置代码

图 10-28　预览页面效果

**04** 切换到外部样式表文件中，修改刚刚所设置的渐变颜色代码，如图10-29所示。保存外部CSS样式文件，在Chrome浏览器中预览页面，可以看到所设置的从左上角至右下角的线性渐变背景效果，如图10-30所示。

```
body {
    font-family: 微软雅黑;
    font-size: 14px;
    color: #FFF;
    /*基于Webkit内核的实现*/
    background:-webkit-gradient(linear,left top,right bottom,
from(#FEE125),to(#F90));
    /*基于Gecko内核的实现*/
    background:-moz-linear-gradient(left top,#FEE125,#F90);
}
```

图 10-29　修改线性渐变设置代码

图 10-30　预览页面效果

**05** 切换到外部样式表文件中，修改刚刚所设置的渐变颜色代码，如图10-31所示。保存外部CSS样式文件，在

Chrome浏览器中预览页面，可以看到所设置的多种颜色的线性渐变背景效果，如图10-32所示。

```
body {
    font-family: 微软雅黑;
    font-size: 14px;
    color: #FFF;
    /*基于Webkit内核的实现*/
    background:-webkit-gradient(linear,left top,right top,
from(#FEE125),to(#F90),color-stop(50%,#9C0));
    /*基于Gecko内核的实现*/
    background:-moz-linear-gradient(left,#FEE125,#9C0,#F90);
}
```

图10-31　修改线性渐变设置代码　　　　　　　　　　图10-32　预览页面效果

---
**提示**

　　从本案例可以看出，基于Gecko内核的渐变实现比较容易，但不易理解；基于Webkit内核的渐变实现代码较长，但逻辑层次比较清晰。

---

## 10.3.2　径向渐变背景

### 1. 基于Webkit内核的实现

基于Webkit内核的径向渐变，语法如下。

```
-webkit-gradient ( radial [,<point>,<radius>]{2},from(<color>),to(<color>)
[, color-stop(<percent>, <color>)]*)
```

基于Webkit内核径向渐变属性值说明如下。

- **radial**：表示径向渐变类型。
- **<point>**：定义渐变的起始圆的圆心坐标和结束圆的圆心坐标。该坐标点的取值，支持数值、百分比和关键字，如（0.5，0.5）、（50%，50%）、（left，top）等。关键字包括定义横坐标的left和right，定义纵坐标的top和bottom。
- **<radius>**：表示圆的半径，定义起始圆的半径和结束圆的半径，默认为元素尺寸的一半。
- **<color>**：表示任意CSS颜色值。
- **<percent>**：表示百分比值，用于确定起始点和结束点之间的某个位置。
- **from()**：定义起始圆的颜色。
- **to()**：定义结束圆的颜色。
- **color-stop()**：可选函数，在渐变中多次添加过滤颜色，可以实现多种颜色的渐变。

### 2. 基于Gecko内核的实现

基于Gecko内核的径向渐变，语法如下。

```
-moz- radial-gradient ( [ <point> || <angle>,] ? <shape> || <radius>] ? <color>
[, (<color>) [<percent>]?]*,<color> )
```

基于Gecko内核径向渐变属性值说明如下。

- **<point>**：定义渐变的起始点，该坐标的取值支持数值、百分比和关键字，关键字包括定义横坐标的left、center和right，定义纵坐标的top、center和bottom。默认坐标为（top center）。当制定一个值时，另一个值默认为center。

- **&lt;angle&gt;**：定义径向渐变的角度，单位可以是deg（角度）、grad（梯度）和rad（弧度）。
- **&lt;shape&gt;**：定义径向渐变的形状，包括circle（圆形）和ellipse（椭圆形）。默认为ellipse。
- **&lt;radius&gt;**：定义圆的半径或者椭圆的轴长度。
- **&lt;color&gt;**：表示渐变使用的CSS颜色值。
- **&lt;percent&gt;**：表示百分比值，用于确定起始点和结束点之间的某个位置。

> **实战** 为网页设置径向渐变背景颜色
> 最终文件：最终文件\第10章\10-3-1.html    视频：视频\第10章\10-3-1.mp4

图10-33 打开页面

**01** 执行"文件>打开"命令，打开页面"源文件\第10章\10-3-2.html"，可以看到页面效果，如图10-33所示。切换到该网页所链接的外部CSS样式表文件中，找到名为body的CSS样式，如图10-34所示。

```
body {
    font-family: 微软雅黑;
    font-size: 14px;
    color: #FFF;
    background-color: #FEE125;
}
```

图10-34 CSS样式代码

**02** 删除background-color属性设置代码，并添加径向渐变设置代码，如图10-35所示。保存外部CSS样式文件，在Chrome浏览器中预览页面，可以看到设置径向渐变的背景效果，如图10-36所示。

```
body {
    font-family: 微软雅黑;
    font-size: 14px;
    color: #FFF;
    /*基于Webkit内核的实现*/
    background:-webkit-gradient(radial,500 400,150,500
400,500,from(#FF9),to(#F90),color-stop(50%,#FC0));
    /*基于Gecko内核的实现*/
    background:-moz-radial-gradient(500px 400px,circle,#FF9
150px,#FC0,#F90 500px);
}
```

图10-35 添加径向渐变设置代码

图10-36 预览页面效果

> **提示**
>
> 由于基于Webkit和Gecko的径向渐变实现方法不同，复杂的渐变很难同时实现。例如，使用基于Webkit的-webkit-gradient()，可以轻松实现放射效果；基于Gecko的-moz-radial-gradient()，则可以轻松实现椭圆效果。正因为这些无法统一的问题存在，径向渐变在实际使用过程中比较受限制。

## ▶▶▶ **10.4 背景图像样式**

通过为网页或网页中的元素设置背景图像能够更好地表现页面的设计风格，并有效突出相应内容的表现。

在CSS样式中提供了多种对背景图像设置相关属性，能够更加方便地设置出美观的背景图像效果。

## 10.4.1 背景图像——background-image属性

在CSS样式中，可以通过background-image属性设置背景图像。Background-image属性的语法格式如下。

```
Background-image: none | url;
```

background-image属性的属性值说明如下。

- **none**：该属性值是默认属性，表示无背景图片。
- **url**：该属性值定义了所需使用的背景图片地址，图片地址可以是相对路径地址，也可以是绝对路径地址。

## 10.4.2 背景图像平铺方式——background-repeat属性

使用background-image属性设置的背景图像默认会以平铺的方式显示，在CSS中可以通过background-repeat属性设置背景图像重复或不重复的样式，以及背景图像的重复方式。Background-repeat属性的语法格式如下。

```
Background-repeat: no-repeat | repeat-x | repeat-y | repeat;
```

background-repeat属性的属性值说明如下。

- **no-repeat**：表示背景图像不重复平铺，只显示一次。
- **repeat-x**：表示背景图像在水平方向重复平铺。
- **repeat-y**：表示背景图像在垂直方向重复平铺。
- **repeat**：表示背景图像在水平和垂直方向都重复平铺，该属性值为默认值。

> **实战** 为网页设置背景图像
> 最终文件：最终文件\第10章\10-4-2.html    视频：视频\第10章\10-4-2.mp4

图10-37 打开页面

**01** 执行"文件>打开"命令，打开页面"源文件\第10章\10-4-2.html"，可以看到页面效果，如图10-37所示。切换到外部CSS样式表文件中，找到名为body的CSS样式代码，如图10-38所示。

```
body {
    font-family: 微软雅黑;
    font-size: 14px;
    color: #FFF;
    line-height: 30px;
    background-color: #7B8D8F;
}
```

图10-38 CSS样式代码

**02** 在body标签的CSS样式代码中添加background-imge属性设置代码，如图10-39所示。保存外部样式表文件，在浏览器中预览页面，可以看到为网页设置背景图像的效果，如图10-40所示。

> **提示**
>
> 使用background-image属性设置背景图像，背景图像默认在网页中是以左上角为原点显示的，并且背景图像在网页中会重复平铺显示。

```
body {
    font-family: 微软雅黑;
    font-size: 14px;
    color: #FFF;
    line-height: 30px;
    background-color: #7B8D8F;
    background-image: url(../images/104201.jpg);
}
```

图 10-39　添加属性设置代码

图 10-40　预览页面效果

**03** 切换到外部 CSS 样式表文件中，在 body 标签的 CSS 样式代码中添加 background-repeat 属性设置代码，如图 10-41 所示。保存外部样式表文件，在浏览器中预览页面，可以看到背景图像不平铺只显示一次的效果，如图 10-42 所示。

```
body {
    font-family: 微软雅黑;
    font-size: 14px;
    color: #FFF;
    line-height: 30px;
    background-color: #7B8D8F;
    background-image: url(../images/104201.jpg);
    background-repeat: no-repeat;
}
```

图 10-41　添加属性设置代码

图 10-42　预览页面效果

**04** 切换到外部 CSS 样式表文件中，在 body 标签的 CSS 样式代码中修改 background-repeat 属性的属性值，如图 10-43 所示。保存外部样式表文件，在浏览器中预览页面，可以看到背景图像只在水平方向平铺的效果，如图 10-44 所示。

```
body {
    font-family: 微软雅黑;
    font-size: 14px;
    color: #FFF;
    line-height: 30px;
    background-color: #7B8D8F;
    background-image: url(../images/104201.jpg);
    background-repeat: repeat-x;
}
```

图 10-43　添加属性设置代码

图 10-44　预览页面效果

**05** 切换到外部 CSS 样式表文件中，在 body 标签的 CSS 样式代码中修改 background-repeat 属性的属性值，如图 10-45 所示。保存外部样式表文件，在浏览器中预览页面，可以看到背景图像只在垂直方向上平铺的效果，如图 10-46 所示。

**06** 切换到外部 CSS 样式表文件中，在 body 标签的 CSS 样式代码中修改 background-repeat 属性的属性值，如图 10-47 所示。保存外部样式文件，在浏览器中预览页面，可以看到背景图像在水平和垂直方向上都平铺的效果，如图 10-48 所示。

```
body {
    font-family: 微软雅黑;
    font-size: 14px;
    color: #FFF;
    line-height: 30px;
    background-color: #7B8D8F;
    background-image: url(../images/104201.jpg);
    background-repeat: repeat-y;
}
```

图10-45 添加属性设置代码

图10-46 预览页面效果

```
body {
    font-family: 微软雅黑;
    font-size: 14px;
    color: #FFF;
    line-height: 30px;
    background-color: #7B8D8F;
    background-image: url(../images/104201.jpg);
    background-repeat: repeat;
}
```

图10-47 添加属性设置代码

图10-48 预览页面效果

---

**提示**

　　为背景图像设置重复方式，背景图像就会沿x轴或y轴方向进行平铺。在网页设计中，这是一种很常见的方式。该方法一般用于设置渐变类背景图像，通过这种方法，可以使渐变图像沿设定的方向进行平铺，形成渐变背景、渐变网格等效果，从而实现减小背景图片大小，加快网页下载速度的目的。

---

## 10.4.3 背景图像位置——background-position属性

　　在传统的网页布局方式中，还没有办法实现精确到像素单位的背景图像定位。CSS样式打破了这种局限，通过CSS样式中的background-position属性，可以在页面中精确定位背景图像，更改初始背景图像的位置。该属性值可以分为4种类型：绝对定义位置（length）、百分比定义位置（percentage）、垂直对齐值和水平对齐值。background-position属性的语法格式如下。

```
background-position: length | percentage | top | center | bottom | left | right;
```

　　background-position属性的属性值说明如下。

- **length**：该属性值用于设置背景图像与边距水平和垂直方向的距离长度，长度单位为cm（厘米）、mm（毫米）和px（像素）等。
- **percentage**：该属性值用于根据页面元素的宽度或高度的百分比放置背景图像。
- **top**：该属性用于设置背景图像顶部显示。
- **center**：该属性用于设置背景图像居中显示。
- **bottom**：该属性用于设置背景图像底部显示。
- **left**：该属性用于设置背景图像居左显示。
- **right**：该属性用于设置背景图像居右显示。

**实战** **定位网页中的背景图像**

最终文件：最终文件\第10章\10-4-3.html　　视频：视频\第10章\10-4-3.mp4

01 执行“文件>打开”命令，打开页面“源文件\第10章\10-4-3.html”，可以看到页面效果，如图10-49所示。在浏览器中预览页面，可以看到网页的效果，如图10-50所示。

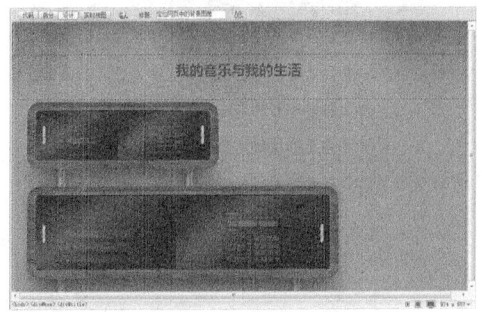

图10-49　打开页面

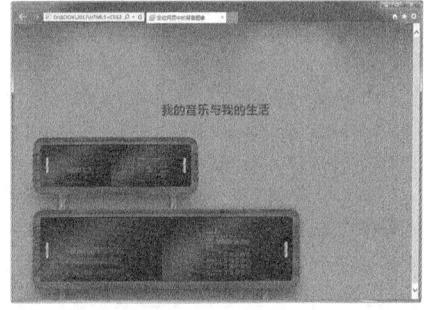

图10-50　预览页面效果

02 切换到外部CSS样式表文件中，找到名为#box的CSS样式，添加背景图像和背景图像平铺的设置代码，如图10-51所示。保存外部样式表文件，在浏览器中预览页面，可以看到为该网页元素设置背景图像的效果，如图10-52所示。

```
#box {
    position: absolute;
    width: 964px;
    height: 490px;
    left: 50%;
    margin-left: -482px;
    bottom: 0px;
    padding-top: 120px;
    background-image: url(../images/104303.png);
    background-repeat: no-repeat;
}
```

图10-51　添加背景图像设置代码

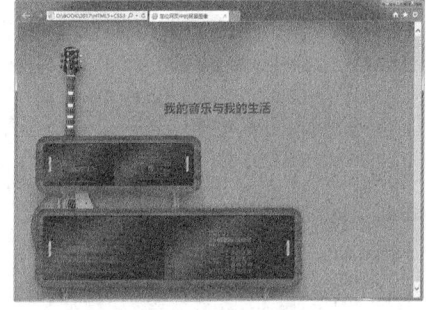

图10-52　预览页面效果

03 切换到外部样式表文件中，在名为#box的CSS样式中添加background-position属性设置代码，如图10-53所示。保存外部样式表文件，在浏览器中预览页面，可以看到使用绝对值对背景图像进行定位的效果，如图10-54所示。

```
#box {
    position: absolute;
    width: 964px;
    height: 490px;
    left: 50%;
    margin-left: -482px;
    bottom: 0px;
    padding-top: 120px;
    background-image: url(../images/104303.png);
    background-repeat: no-repeat;
    background-position:738px 0px;
}
```

图10-53　添加背景图像定位设置代码

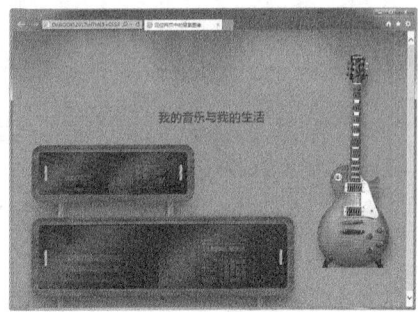

图10-54　预览页面效果

04 切换到外部样式表文件中，在名为#box的CSS样式中修改background-position属性值，如图10-55所示。保存外部样式表文件，在浏览器中预览页面，可以看到所设置的背景图像定位效果，如图10-56所示。

```
#box {
    position: absolute;
    width: 964px;
    height: 490px;
    left: 50%;
    margin-left: -482px;
    bottom: 0px;
    padding-top: 120px;
    background-image: url(../images/104303.png);
    background-repeat: no-repeat;
    background-position: right bottom;
}
```

图 10-55　修改背景图像定位设置代码

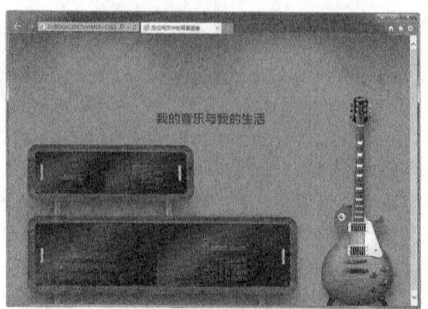

图 10-56　预览页面效果

> ┌─ 技巧
>
> 　　background-position 属性的默认值为 top left，它与 0% 0% 是一样的。与 background-repeat 属性相似，该属性的值不从包含的块继承。background-position 属性可以与 background-repeat 属性一起使用，在页面上水平或者垂直放置重复的图像。

## 10.4.4　背景图像固定——background-attachment 属性

在页面中设置的背景图像，默认情况下在浏览器中预览时，当拖动滚动条时，页面背景会自动跟随滚动条的下拉操作与页面的其余部分一起滚动。在 CSS 样式表中，针对背景元素的控制，提供了 Background-attachment 属性，通过对该属性的设置可以使页面的背景不受滚动条的限制，始终保持在固定位置。Background-attachment 属性的语法格式如下。

```
Background-attachment: scroll | fixed;
```

background-attachment 属性的属性值说明如下。

- **scroll**：该属性是默认值，当页面滚动时，页面背景图像会自动跟随滚动条的下拉操作与页面的其余部分一起滚动。
- **fixed**：该属性值用于设置背景图像在页面的可见区域，也就是背景图像固定不动。

┌─────────────────────────────────────────────
│ **实战**　固定网页中的背景图像
│ 　　最终文件：最终文件\第10章\10-4-4.html　　视频：视频\第10章\10-4-4.mp4
└─────────────────────────────────────────────

**01** 执行"文件>打开"命令，打开页面"源文件\第10章\10-4-4.html"，可以看到页面效果，如图 10-57 所示。在浏览器中预览页面，可以看到鼠标指针拖动滚动条时，背景图像会跟着滚动，如图 10-58 所示。

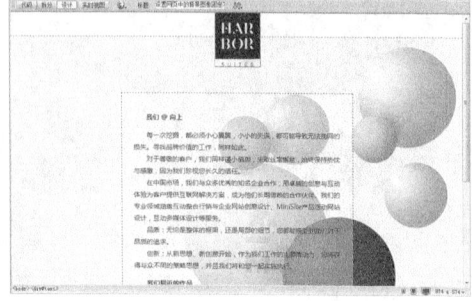

图 10-57　打开页面

图 10-58　预览页面效果

**02** 切换到外部CSS样式表文件中，在名为body的CSS样式中添加background-attachment属性设置代码，如图10-59所示。保存外部样式文件，在浏览器中预览页面，可以看到无论如何拖动滚动条，背景图像的位置始终是固定的，如图10-60所示。

```
body {
    font-family: 微软雅黑;
    font-size: 14px;
    color: #333;
    line-height: 25px;
    background-color: #F8F8F8;
    background-image: url(../images/104401.jpg);
    background-repeat: no-repeat;
    background-position: center 50px;
    background-attachment: fixed;
}
```

图 10-59　添加属性设置代码

图 10-60　预览页面效果

## ▶▶▶ 10.5　CSS3新增背景属性

在CSS3中新增加了有关网页背景控制的几种属性，下面分别对这几种新增的背景设置属性进行介绍。

### 10.5.1　多背景图像——background属性

在CSS3中可以通过background属性为一个元素应用一个或多个图片作为背景。代码和CSS2中一样，只需要用逗号来区分各个图片。第一个声明的图片定位在元素顶部，其他的图片依次在其下排列。

> **技巧**
>
> 如果定义多重背景图像，则需要使用逗号隔开各个背景图像设置，如果使用子属性直接定义，那么各个子属性也用逗号对应依次隔开。

**实战**　为网页设置多个背景图像
最终文件：最终文件\第10章\10-5-1.html　　视频：视频\第10章\10-5-1.mp4

图 10-61　打开页面

**01** 执行"文件>打开"命令，打开页面"源文件\第10章\10-5-1.html"，可以看到页面效果，如图10-61所示。切换到该网页所链接的外部CSS样式表文件中，找到名为body的CSS样式，如图10-62所示。

```
body {
    font-family: 微软雅黑;
    font-size: 14px;
    color: #333;
    background-color: #B8BDC3;
}
```

图 10-62　CSS样式代码

**02** 添加background属性设置代码，设置多个背景图像，如图10-63所示。保存外部CSS样式表文件，在浏览器中预览页面，可以看到为页面同时设置多个背景图像的效果，如图10-64所示。

```
body {
    font-family: 微软雅黑;
    font-size: 14px;
    color: #333;
    background-color: #B8BDC3;
    background: url(../images/105102.png) no-repeat center center,
                url(../images/105101.jpg) no-repeat center top;
}
```

图 10-63　添加多背景图像设置代码

图 10-64　预览页面效果

> **提示**
>
> 　　此处同时设置了两个背景图像，中间使用逗号隔开。在设置多背景图像时，可以为每个背景图像设置不同的平铺方式和背景图像定位，写在前面的背景图像会显示在上面，写在后面的背景图像则显示在下面。

## 10.5.2　背景图像大小——background-size属性

　　以前在网页中背景图像的大小是无法控制的，如果想让背景图像填充整个页面背景，则需要事先设计一个较大的背景图像，只能让背景图像以平铺的方式来填充页面元素。在CSS3中新增了一个background-size属性，通过该属性可以自由控制背景图像的大小。background-size属性的语法格式如下。

```
background-size: [<length> | <percentage> | auto] {1,2} | cover | contain ;
```

background-size的相关属性值说明如下。

* **length**：由浮点数字和单位标识符组成的长度值，不可以为负值。
* **percentage**：取值为0%~100%的值，不可以为负值。
* **cover**：保持背景图像本身的宽高比，将背景图像缩放到正好完全覆盖所定义的背景区域。
* **contain**：保持背景图像本身的宽高比，将图片缩放到宽度和高度正好适应所定义的背景区域。

> **提示**
>
> 　　background-size属性可以使用 <length> 和 <percentage> 属性来设置背景图像的宽度和高度，第一个值设置宽度，第二个值设置高度，如果只给出一个值，则第二个值为auto。

> **实战**　控制背景图像的大小
>
> 最终文件：最终文件\第10章\10-5-2.html　　视频：视频\第10章\10-5-2.mp4

`01` 执行"文件>打开"命令，打开页面"源文件\第10章\10-5-2.html"，可以看到页面效果，如图10-65所示。切换到该网页所链接的外部CSS样式表文件中，找到名为body的CSS样式，如图10-66所示。

`02` 添加背景图像和背景图像平铺方式的设置代码，如图10-67所示。保存外部样式表文件，在浏览器中预览页面，可以看到为该div设置背景图像的效果，如图10-68所示。

`03` 切换到外部CSS样式表文件中，在名为body的CSS样式代码中添加background-size属性，如图10-69所示。保存外部样式表文件，在浏览器中预览页面，可以看到控制背景图像显示大小的效果，如图10-70所示。

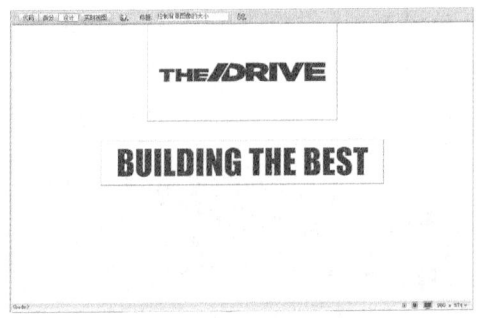

图10-65　打开页面

```
body {
    font-family: Impact;
    font-size: 14px;
    color: #333;
    background-color: #FFF;
    padding: 20px;
}
```

图10-66　CSS样式代码

```
body {
    font-family: Impact;
    font-size: 14px;
    color: #333;
    background-color: #FFF;
    padding: 20px;
    background-image: url(../images/105201.jpg);
    background-repeat: no-repeat;
}
```

图10-67　添加背景图像设置代码

图10-68　预览页面效果

```
body {
    font-family: Impact;
    font-size: 14px;
    color: #333;
    background-color: #FFF;
    padding: 20px;
    background-image: url(../images/105201.jpg);
    background-repeat: no-repeat;
    background-size: 100% auto;
}
```

图10-69　添加背景图像大小设置代码

图10-70　预览页面效果

---

技巧

　　使用background-size属性设置背景图像的大小，可以使用像素或百分比的方式指定背景图像的大小。当使用百分比值时，大小由所在区域的宽度和高度所决定。

---

04 当设置背景图像的宽度为100%，高度为自动时，可以看到背景图像会随着浏览器窗口的大小而进行等比例缩放，这样就会出现背景漏白的情况。切换到外部CSS样式表文件中，在名为body的CSS样式代码中修改background-size属性设置，如图10-71所示。保存外部样式表文件，在浏览器中预览页面，可以看到背景图像完全覆盖窗口区域的效果，如图10-72所示。

---

提示

　　在元素的CSS样式中设置background-size属性为cover时，必须为元素设置高度，否则无法起到作用。在本实例中已经定义了body,html的height属性为100%。

---

```
body {
    font-family: Impact;
    font-size: 14px;
    color: #333;
    background-color: #FFF;
    padding: 20px;
    background-image: url(../images/105201.jpg);
    background-repeat: no-repeat;
    background-size: cover;
}
```

图 10-71 修改背景图像大小设置代码

图 10-72 预览页面效果

### 10.5.3 背景图像原点——background-origin属性

默认情况下，background-position属性总是以元素左上角原点作为背景图像定位，使用CSS3中新增的background-origin属性可以改变这种背景图像定位方式，通过该属性可以大大改善背景图像的定位方式，能够更加灵活地对背景图像进行定位。Background-origin属性的语法格式如下。

```
Background-origin: border-box | padding-box | content-box;
```

background-origin的相关属性值说明如下。

- **border-box**：从元素的border区域开始显示背景图像。
- **padding-box**：从元素的padding区域开始显示背景图像。
- **content-box**：从元素的center区域开始显示背景图像。

**实战** 控制背景图像开始显示的原点位置
最终文件：最终文件\第10章\10-5-3.html   视频：视频\第10章\10-5-3.mp4

**01** 执行"文件>打开"命令，打开页面"源文件\第10章\10-5-3.html"，可以看到页面效果，如图10-73所示。切换到该网页所链接的外部CSS样式表文件中，找到名为#box的CSS样式，如图10-74所示。

图 10-73 打开页面

```
#box {
    position: absolute;
    width: 820px;
    height: 560px;
    left: 50%;
    margin-left: -450px;
    top: 50%;
    margin-top: -320px;
    padding: 20px;
    border: dashed 20px #333;
    background-image: url(../images/105301.jpg);
    background-repeat: no-repeat;
}
```

图 10-74 CSS样式代码

**02** 添加background-origin属性设置代码，如图10-75所示。保存外部样式表文件，在浏览器中预览页面，可以看到控制背景图像开始显示的原点位置的效果，如图10-76所示。

> **提示**
>
> background-origin属性用于控制背景图像的显示区域，默认情况下，在网页中设置的背景图像都是以元素左上角的原点位置的定位点进行显示，对于背景图像显示区域的控制不是很灵活，通过background-origin属性，可以灵活地控制背景图像是从border区域开始显示，是从padding区域开始显示，还是从content区域开始显示。

```
#box {
    position: absolute;
    width: 820px;
    height: 560px;
    left: 50%;
    margin-left: -450px;
    top: 50%;
    margin-top: -320px;
    padding: 20px;
    border: dashed 20px #333;
    background-image: url(../images/105301.jpg);
    background-repeat: no-repeat;
    background-origin: content-box;
}
```

图10-75　添加属性设置代码

图10-76　预览页面效果

## 10.5.4　背景图像显示区域——background-clip属性

在CSS3中新增了背景图像裁剪区域属性background-clip，通过该属性可以定义背景图像的裁剪区域。background-clip属性与background-origin属性类似，background-clip属性用来判断背景图像是否包含边框区域，而background-origin属性用来决定background-position属性定位的参考位置。

background-clip属性的语法格式如下。

```
background-clip: border-box | padding-box | content-box | no-clip;
```

background-clip的相关属性值说明如下。

- **border-box**：从元素的border区域向外裁剪背景图像。
- **padding-box**：从元素的padding区域向外裁剪背景图像。
- **content-box**：从元素的center区域向外裁剪背景图像。
- **no-clip**：与border-box属性值相同，从border区域向外裁剪背景图像。

> **实战**　控制背景图像的显示区域
> 最终文件：最终文件\第10章\10-5-4.html　视频：视频\第10章\10-5-4.mp4

**01** 执行"文件＞打开"命令，打开页面"源文件\第10章\10-5-4.html"，可以看到页面效果，如图10-77所示。切换到该网页所链接的外部CSS样式文件中，找到名为#box的CSS样式，如图10-78所示。

图10-77　打开页面

```
#box {
    position: absolute;
    width: 820px;
    height: 560px;
    left: 50%;
    margin-left: -450px;
    top: 50%;
    margin-top: -320px;
    padding: 20px;
    border: dashed 20px #333;
    background-image: url(../images/105301.jpg);
    background-repeat: no-repeat;
}
```

图10-78　CSS样式代码

**02** 添加background-clip属性设置代码，如图10-79所示。保存外部样式表文件，在浏览器中预览页面，可以看到对背景图像进行裁剪的效果，如图10-80所示。

```
#box {
    position: absolute;
    width: 820px;
    height: 560px;
    left: 50%;
    margin-left: -450px;
    top: 50%;
    margin-top: -320px;
    padding: 20px;
    border: dashed 20px #333;
    background-image: url(../images/105301.jpg);
    background-repeat: no-repeat;
    background-clip: content-box;
}
```

图10-79　添加属性设置代码　　　　　　　　　图10-80　预览页面效果

提示

　　background-clip属性使用方法和background-origin属性一样，其值也是根据盒模型的结构来确定的，这两个属性常常会结合起来使用，以实现对背景的灵活控制。

# ▶▶▶ 10.6　本章小结

　　本章详细地介绍了在CSS样式中对背景相关元素进行控制的各种CSS样式属性的设置和使用方法，并通过实例的制作使读者能够快速的理解和掌握对网页中背景相关元素的控制，还介绍了CSS3中新增的背景设置属性，通过本章的学习，读者可以灵活地运用CSS样式来控制网页中背景元素。

# 设置超链接和边框样式

超链接在网页中是必不可少的部分，在浏览网页时，单击一张图片或者一段文字就可以跳转到相应的网页中，这些功能都是通过超链接来实现的，在网页中超链接的创建是很简单的，但是默认的超链接效果不能符合所有网页外观的需要。本章通过CSS样式可以对网页中的超链接和图片边框样式进行设置，使边框效果和超链接表现出的效果更加美观和精致。

---

**本章知识点**

- 掌握超链接4种伪类样式的设置方法
- 掌握通过CSS样式设置网页中的超链接效果的方法
- 掌握鼠标指针CSS样式属性的设置和使用方法
- 掌握边框样式CSS属性的设置和使用方法
- 了解CSS3新增边框CSS属性的设置和使用方法

---

## ▶▶▶ **11.1** 超链接样式伪类

对于网页中超链接文本的修饰，通常可以采用CSS样式伪类。伪类是一种特殊的选择符，能被浏览器自动识别。其最大的用处是在不同状态下可以对超链接定义不同的样式效果，是CSS本身定义的一种类。CSS样式中用于超链接的伪类有如下4种。

:link伪类，用于定义超链接对象在没有访问前的样式。

:hover伪类，用于定义当鼠标指针移至超链接对象上时的样式。

:active伪类，用于定义当用鼠标单击超链接对象时的样式。

:visited伪类，用于定义超链接对象已经被访问过的样式。

### 11.1.1 :link伪类

:link伪类用于设置超链接对象在没有被访问时的样式。在很多的超链接应用中，可能会直接定义<a>标签的CSS样式，这种方法与定义a:link的CSS样式有什么不同呢？

HTML代码如下。

```
<a>超链接文字样式</a>
<a href="#">超链接文字样式</a>
```

CSS样式代码如下。

```
a {
  color: black;
}
a:link {
  color: red;
}
```

预览效果中<a>标签的样式表显示为黑色，使用a:link显示为红色（实际演示可看到）。也就是说a:link只对拥有href属性的<a>标签产生影响，也就是拥有实际链接地址的对象，而对直接使用<a>标签嵌套的内容不会产生实际效果，如图11-1所示。

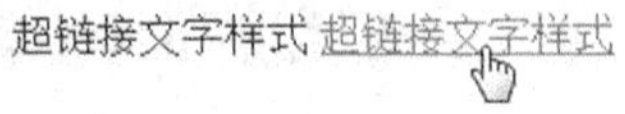

超链接文字样式 超链接文字样式

图11-1 预览超链接link状态效果

## 11.1.2 :hover 伪类

:hover 伪类用来设置对象在鼠标指针悬停时的样式表属性。该状态是非常实用的状态之一，当鼠标指针移动到链接对象上时，改变其颜色或是改变下划线状态，这些都可以通过a:hover状态控制实现。对于无href属性的<a>标签，该伪类不发生作用。在CSS样式中该伪类可以应用于任何对象。

CSS样式代码如下。

```
a {
    color: #ffffff;
    background-color: #CCCCCC;
    text-decoration: none;
    display: block;
    float:left;
    padding: 20px;
    margin-right: 1px;
}
a:hover {
    background-color: #FF9900
}
```

在浏览器中预览，当鼠标指针没有移至超链接对象上时，初始背景为灰色，当鼠标指针经过链接区域时，背景色由灰色变成橙色，效果如图11-2所示。

图11-2 预览超链接hover状态效果

## 11.1.3 :active 伪类

:active 伪类用于设置链接对象在被用户激活（在被单击与释放之间发生的事件）时的样式。 在实际应用中，本状态很少使用。对于无href属性的<a>标签，该伪类不发生作用。在CSS样式中该伪类可以应用于任何对象，:active状态可以和:link及:visited状态同时发生。

CSS样式代码如下。

```
a:active {
    background-color:#0099FF;
}
```

在浏览器中预览，当鼠标指针没有移至超链接对象上时，初始背景为灰色，当用鼠标单击链接而且还没有释放之前，链接块呈现出a:active中定义的蓝色背景，效果如图11-3所示。

图11-3　预览超链接active状态效果

## 11.1.4　:visited伪类

:visited伪类用于设置超链接对象在其链接地址已被访问过后的样式属性。页面中每一个链接被访问之后在浏览器内部都会做一个特定的标记，这个标记能够被CSS所识别，a:visited就是能够针对浏览器检测已经被访问过的链接进行样式设置。通过a:visited的样式设置，能够设置访问过的链接呈现为另外一种颜色或删除线的效果。定义网页过期时间或用户清空历史记录将影响该伪类的作用，对于无href属性的<a>标签，该伪类不发生作用。

CSS样式代码如下。

```
a:link {
    color: #FFFFFF;
    text-decoration: none;
}
a:visited {
    color: #FF0000;
}
```

在浏览器中预览，当鼠标指针没有移至超链接对象上时，初始背景为灰色，当单击设置了超链接的文本并释放鼠标左键后，被访问过后的链接文本会由白色变为红色，如图11-4所示。

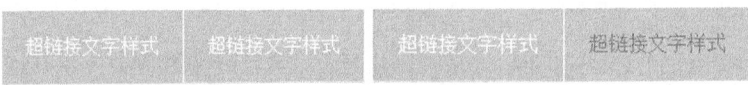

图11-4　预览超链接visited状态效果

| 实战 | 设置网页中超链接文字效果<br>最终文件：最终文件\第11章\11-1-4.html　　视频：视频\第11章\11-1-4.mp4 |

[01] 执行"文件>打开"命令，打开页面"源文件\第11章\11-1-4.html"，效果如图11-5所示，选中页面中的标题文字，分别为各标题设置空链接，效果如图11-6所示。

[02] 切换到代码视图中，可以看到所设置的链接代码，如图11-7所示。保存页面，在浏览器中预览页面，可以看到默认的超链接文字效果，如图11-8所示。

图 11-5 打开页面

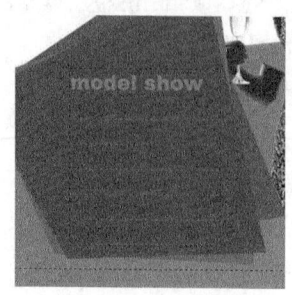

图 11-6 创建空链接

```
<div id="news">
  <h1>model show</h1>
  <ul>
    <li><a href="#">品牌时装发布会模特</a></li>
    <li><a href="#">会展礼仪模特 </a></li>
    <li><a href="#">时尚品牌平面广告片影视</a></li>
    <li><a href="#">时尚part礼仪接待</a></li>
    <li><a href="#">企业品牌形象代言人</a></li>
    <li><a href="#">服装品牌平面形象广告片</a></li>
  </ul>
</div>
```

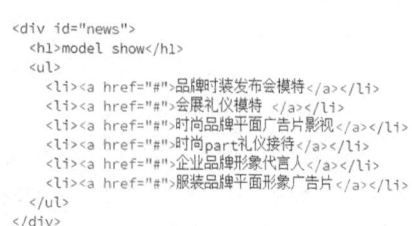

图 11-7 超链接代码

图 11-8 默认超链接文字效果

**03** 切换到该网页所链接的外部CSS样式表文件中,创建名为.link1的类CSS样式的4种伪类CSS样式,如图11-9所示。返回设计视图中,选中第1条标题,在"类"下拉列表框中选择刚定义的CSS样式link1应用,如图11-10所示。

```
.link1:link {
    color: #FFF;
    text-decoration: none;
}
.link1:hover {
    color: #F60;
    text-decoration: underline;
}
.link1:active {
    color: #58ACCE;
    text-decoration: underline;
}
.link1:visited {
    color:#CCC;
    text-decoration: line-through;
}
```

图 11-9 CSS样式代码

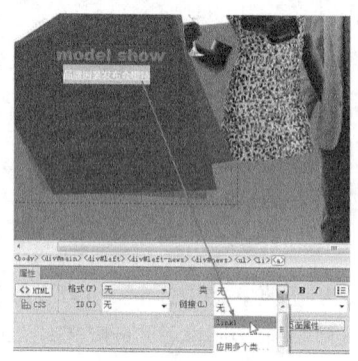

图 11-10 应用类CSS样式

**04** 在页面中可以看到应用超链接文本的效果,如图11-11所示。切换到代码视图中,可以看到名为link1的类CSS样式是直接应用在<a>标签中的,如图11-12所示。

图 11-11 页面效果

```
<div id="news">
  <h1>model show</h1>
  <ul>
    <li><a href="#" class="link1">品牌时装发布会模特</a></li>
    <li><a href="#">会展礼仪模特 </a></li>
    <li><a href="#">时尚品牌平面广告片影视</a></li>
    <li><a href="#">时尚part礼仪接待</a></li>
    <li><a href="#">企业品牌形象代言人</a></li>
    <li><a href="#">服装品牌平面形象广告片</a></li>
  </ul>
</div>
```

图 11-12 HTML代码

**05** 保存页面，并保存外部CSS样式表文件，在浏览器中预览页面，将鼠标指针移至超链接文本上时，可以看到超链接文本显示为蓝色有下划线的效果，如图11-13所示。当用鼠标单击超链接文本过后时，可以看到超链接文本显示为灰色的效果，如图11-14所示。

图11-13　鼠标指针经过状态效果

图11-14　超链接访问后的效果

**06** 返回外部CSS样式表文件中，创建名为.link2的类CSS样式的4种伪类CSS样式，如图11-15所示。返回设计视图中，选中第2条标题，在"类"下拉列表中选择刚定义的CSS样式link2应用，用相同的方法，可以为其他新闻标题应用超链接样式，如图11-16所示。

```
.link2:link {
    color: #FFF;
    text-decoration: underline;
}
.link2:hover {
    color: #F90;
    text-decoration: none;
    margin-top: 1px;
    margin-left: 1px;
}
.link2:active {
    color: #58ACCE;
    text-decoration: none;
    margin-top: 1px;
    margin-left: 1px;
}
.link2:visited {
    color: #CCC;
    text-decoration: overline;
}
```

图11-15　CSS样式代码

图11-16　页面效果

**07** 保存页面，并保存外部CSS样式表文件，在浏览器中预览页面，可以看到网页中超链接文字的效果，如图11-17所示。把鼠标光标移至某个超链接文本上，可以看到鼠标指针经过超链接时的文字效果，如图11-18所示。

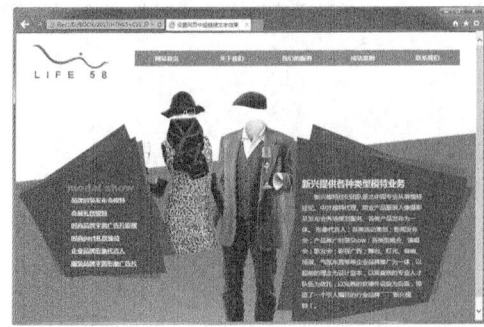

图11-17　预览页面效果

图11-18　鼠标指针移至超链接文字上方时效果

---

**提示**

在本实例中，定义了类CSS样式的4种伪类，再将该类CSS样式应用于<a>标签，同样可以实现超链接文本样式的设置。如果直接定义<a>标签的4种伪类，则对页面中的所有<a>标签起作用，这样页面中的所有链接文本的样式效果都是一样的。通过定义类CSS样式的4种伪类，就可以在页面中实现多种不同的文本超链接效果。

---

## 11.1.5 按钮式超链接

在很多网页中，将超链接制作成各种按钮的效果，这些效果大多采用图像的方式来实现。通过CSS样式的设置，同样可以制作出类似于按钮效果的导航菜单超链接。

**实战** 制作网站导航菜单
最终文件：最终文件\第11章\11-1-5.html　　视频：视频\第11章\11-1-5.mp4

**01** 执行"文件>打开"命令，打开页面"源文件\第11章\11-1-5.html"，可以看到页面效果，如图11-19所示。将鼠标光标移至名为menu的div中，将多余文字删除，输入相应的段落文本，并将段落文本创建为项目列表，如图11-20所示。

**02** 切换到代码视图中，可以看到该部分内容的代码，如图11-21所示。切换到该网页所链接的外部CSS样式文件中，创建名为#menu li的CSS样式，如图11-22所示。

图11-19 打开页面

图11-20 页面效果

```
<div id="menu">
  <ul>
    <li>首页</li>
    <li>产品介绍</li>
    <li>新品上市</li>
    <li>黄金食谱</li>
    <li>美味集锦</li>
    <li>营养大讲堂</li>
  </ul>
</div>
```

图11-21 页面代码

```
#menu li{
    list-style-type:none;
}
```

图11-22 CSS样式代码

**03** 返回网页设计视图中，分别为各导航菜单项设置空链接，可以看到超链接文字效果，如图11-23所示。切换到代码视图中，可以看到该部分内容代码，如图11-24所示。

图11-23 设置空链接

```
<div id="menu">
  <ul>
    <li><a href="#">首页</a></li>
    <li><a href="#">产品介绍</a></li>
    <li><a href="#">新品上市</a></li>
    <li><a href="#">黄金食谱</a></li>
    <li><a href="#">美味集锦</a></li>
    <li><a href="#">营养大讲堂</a></li>
  </ul>
</div>
```

图11-24 该部分内容代码

04 切换到外部CSS样式文件中,定义名称为#menu li a的CSS样式,如图11-25所示。返回设计视图中,可以看到所设置的超链接文字效果,如图11-26所示。

05 切换到外部CSS样式表文件中,定义名称为#menu li a:link,#menu li a:visited的CSS样式,如图11-27所示。返回设计视图中,可以看到所设置的超链接文字效果,如图11-28所示。

```css
#menu li a{
    width:265px;
    height:30px;
    line-height:30px;
    margin-top:10px;
    padding-left:80px;
    display: block;
}
```

图11-25 CSS样式代码　　　　　图11-26 页面效果

```css
#menu li a:link,#menu li a:visited{
    color:#FFF;
    text-decoration:none;
}
```

图11-27 CSS样式代码

06 切换到外部CSS样式表文件中,定义名称为#menu li a:hover, #menu li a:active的CSS样式,如图11-29所示。返回设计视图中,可以看到所设置的超链接文字效果,如图11-30所示。

```css
#menu li a:hover,#menu li a:active{
    color:#abd124;
    text-decoration:none;
    background-image:url(../images/111504.png);
    background-repeat:no-repeat;
}
```

图11-28 页面效果　　　　图11-29 CSS样式代码　　　　图11-30 页面效果

07 完成导航菜单的制作,保存页面,并保存外部CSS样式表文件,在浏览器中预览页面,如图11-31所示。将鼠标指针移至导航菜单项上,可以看到使用CSS样式实现的按钮式导航菜单效果,如图11-32所示。

图11-31 预览页面效果　　　　　图11-32 鼠标指针移至导航菜单上的效果

# ▶▶▶ 11.2 鼠标指针样式

在浏览网页时,通常能看到鼠标指针形状有箭头、手形和I字形,而在Windows环境下实际看到的鼠标指针种类要比这个多得多。CSS弥补了HTML语言在这方面的不足,通过cursor属性可以设置各种鼠标指针样式。

## 11.2.1 鼠标指针效果——cursor 属性

cursor 属性包含17个属性值，对应鼠标指针的17种样式，还可以通过 url 链接地址自定义鼠标指针，cursor 属性的相关属性值如表11-1所示。

表11-1 　　　　　　　　　　　　　　　　　cursor 属性值说明

| 属性值 | 说明 | 属性值 | 说明 |
|---|---|---|---|
| auto | 浏览器默认设置 | nw-resize | ↖ |
| crosshair | ＋ | pointer | 👆 |
| default | ↖ | se-resize | ↘ |
| e-resize | ⟷ | s-resize | ↕ |
| help | ↖? | sw-resize | ↗ |
| inherit | 继承 | text | I |
| move | ✦ | wait | ○ |
| ne-resize | ↗ | w-resize | ⟷ |
| n-resize | ↕ | | |

## 11.2.2 设置网页中鼠标效果

在CSS样式中，可以通过cursor属性设置鼠标指针效果，该属性可以在网页的任何标签中使用，从而可以改变各种页面元素的鼠标指针效果。在网页中将鼠标光标移至某个超链接对象上时，可以实现超链接颜色变化和背景图像变化，并且鼠标指针也可以发生变化。

> **实战** 在网页中实现多种鼠标指针效果
> 最终文件：最终文件\第11章\11-2-2.html 　　视频：视频\第11章\11-2-2.mp4

图11-33 打开页面

**01** 执行"文件>打开"命令，打开页面"源文件\第11章\11-2-2.html"，效果如图11-33所示，切换到该网页所链接的外部CSS样式表文件中，找到名为body的标签CSS样式设置代码，如图11-34所示。

```
body {
    font-size: 14px;
    color: #FFF;
    background-color: #BEC3C7;
}
```

图11-34 CSS样式代码

**02** 在名为body的标签CSS样式设置代码中添加cursor属性设置，如图11-35所示。保存页面，并保存CSS样式文件，在浏览器中预览页面，可以看到网页中鼠标指针的效果，如图11-36所示。

**03** 返回外部CSS样式表文件中，创建名为#box img的CSS样式，添加cursor属性设置，如图11-37所示。保存页面，并保存CSS样式文件，在浏览器中预览页面，可以看到当鼠标指针移至页面图像上方时，鼠标指针将发生变化，如图11-38所示。

```
body {
    font-size: 14px;
    color: #FFF;
    background-color: #BEC3C7;
    cursor: move;
}
```

图11-35 添加鼠标指针属性设置代码　　　图11-36 查看鼠标指针效果

```
#box img {
    cursor: help;
}
```

图11-37 CSS样式代码

图11-38 查看鼠标指针效果

> **提示**
>
> CSS样式不仅能够准确地控制及美化页面，而且还能定义鼠标指针的样式。当鼠标指针移至不同的HTML元素对象上时，鼠标指针会以不同形状显示。很多时候，浏览器调用的鼠标是操作系统的鼠标效果，因此，同一浏览器之间的差别很小，但不同操作系统的用户之间还是存在差异的。

# ▶▶▶ 11.3　边框样式

通过HTML定义的元素边框风格较为单一，只能改变边框的粗细，边框显示的都是黑色，无法设置边框的其他样式。在CSS样式中，通过对border属性进行设置，可以使网页元素的边框有更加丰富的样式，从而使元素的效果更加多样。

border属性的基本语法格式如下。

```
border: border-style | border-color | border-width;
```

## 11.3.1　边框宽度——border-width属性

可以通过CSS样式中的border-width属性来设置元素边框的宽度，以增强边框的效果。border-width的语法格式如下。

```
border-width: medium | thin | thick | length;
```

medium属性值为默认值，表示中等宽度；thin属性值是比medium细的宽度；thick属性值是比medium粗的宽度；length属性值表示自定义宽度。

border-width属性还可以拆分为border-top-width、border-right-width、border-bottom-width

和border-left-width 4个子属性，分别用于设置元素上、右、下、左4边的边框宽度。

## 11.3.2 边框样式——border-style属性

border-style属性用于设置元素边框的样式，即定义图片边框的风格。border-style的语法格式如下。

```
border-style: none | hidden | dotted | dashed | solid | double | groove | ridge |
inset | outset;
```

border-style属性的相关属性值说明如下。

- **none**：元素无边框。
- **hidden**：与none相同，对于表格，可以用来解决边框的冲突。
- **dotted**：点状边框效果。
- **dashed**：虚线边框效果。
- **solid**：实线边框效果。
- **double**：双线边框效果，双线宽度等于border-width的值。
- **groove**：3D凹槽边框效果，其效果取决于border-color的值。
- **ridge**：脊线式边框效果。
- **inset**：内嵌效果的边框。
- **outset**：突起效果的边框。

如果需要在border-style属性中同时定义元素4边为不同的边框样式，可以按照顺时针顺序依次定义，各属性值之间使用空格进行分隔。如下面的边框样式设置代码。

```
.border01{
border-style: dashed solid double dotted;
}
```

border-style属性同样可以拆分为border-top-style、border-right-style、border-bottom-style和border-left-style 4个子属性，分别用于设置元素上、右、下、左4边的边框样式。

## 11.3.3 边框颜色——border-color属性

在定义页面元素的边框时，不仅可以对边框的样式进行设置，为了突出显示边框的效果，还可以通过CSS样式中的border-color属性来定义边框的颜色。border-color的语法格式如下。

```
border-color: 颜色值;
```

border-color属性的颜色值，可以使用十六进制和RGB等各种方式进行设置。

border-color属性同样可以拆分为border-top-color、border-right-color、border-bottom-color和border-left-color 4个子属性，分别用于设置元素上、右、下、左4边的边框颜色。

**实战** 为网页元素添加边框效果
最终文件：最终文件\第11章\11-3-3.html　　视频：视频\第11章\11-3-3.mp4

01 执行"文件>打开"命令，打开页面"源文件\第11章\11-3-3.html"，效果如图11-39所示，切换到该网页所链接的外部CSS样式表文件中，创建名为.border01的类CSS样式，如图11-40所示。

图11-39 打开页面

```
.border01 {
    border: solid 6px #663300;
}
```

图11-40 CSS样式代码

**02** 返回设计视图中，选中相应的图片，为其应用名为border01的类CSS样式，如图11-41所示。完成该CSS样式的应用，可以看到图片的边框效果，如图11-42所示。

图11-41 应用类CSS样式

图11-42 页面效果

**03** 切换到外部CSS样式表文件中，创建名为.border02的类CSS样式，如图11-43所示。返回设计视图中，选中相应的图片，为其应用名为border02的类CSS样式，效果如图11-44所示。

```
.border02 {
    border-top: dashed 6px #CC9900;
    border-right: solid 6px #663300;
    border-bottom: solid 6px #663300;
    border-left: dashed 6px #CC9900;
}
```

图11-43 CSS样式代码

图11-44 页面效果

**04** 使用相同的制作方法，为网页中其他图片应用相应的类CSS样式，保存页面，在浏览器中预览页面，可以看到为图片添加边框的效果，如图11-45所示。

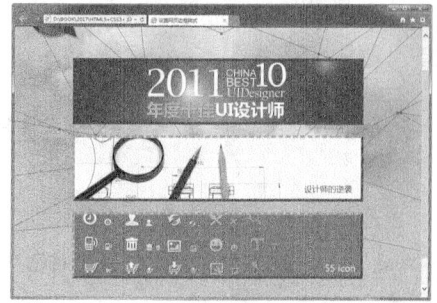

图11-45 预览页面效果

> **技巧**
>
> 　　边框属性可以不完全定义，仅单独定义宽度与样式，不定义边框的颜色，通过这种方法设置的边框，默认颜色是黑色。如果单独定义宽度与样式，元素边框也会有效果，但是如果单独定义颜色，元素边框不会有任何效果。

# ▶▶ 11.4　CSS3新增边框属性

在CSS3之前，页面边框效果比较单调，通过border属性只能设置边框的粗细、样式和颜色，如果想实现更加丰富的边框效果，只能事先设计好边框图片，然后通过使用背景或直接插入图片的方式来实现。在CSS3中新增了3个有关边框设置的属性，分别是border-colors、order-radius和border-image，通过这3个新增的边框属性能够实现更加丰富的边框效果。

## 11.4.1　多边框颜色——border-color属性

border-color属性可以用来设置对象边框的颜色，在CSS3中增强了该属性的功能。如果设置了border的宽度为Npx，那么就可以在这个border上使用N种颜色，每种颜色显示1px的宽度。如果所设置的border的宽度为10px，但只声明了5或6种颜色，那么最后一个颜色将被添加到剩下的宽度。

border-colors语法格式如下。

```
border-colors: [<color> | transparent] {1,4}
```

border-colors属性的属性值说明如下。

> **提示**
>
> border-colors属性在设置时遵循CSS赋值的方位规则，可以分别为元素的4个边框设置颜色。

border-colors属性本身可以定义1~4种颜色，用于设置各个边框的颜色，但无法同时为各个边框指定多种颜色，因为这会导致歧义。border-colors属性可以派生出4个子属性，border-top-colors、border-right-colors、border-bottom-colors和border-left-colors，这4个子属性可以分别为各个边框指定颜色，可以指定多种颜色。但是指定多种颜色的功能目前仅Firefox浏览器的私有属性支持，其他浏览器目前都不支持。

---

**实战**　实现网页元素多色彩边框效果

最终文件：最终文件\第11章\11-4-1.html　　　视频：视频\第11章\11-4-1.mp4

图11-46　打开页面

**01** 执行"文件>打开"命令，打开页面"源文件\第11章\11-4-1.html"，效果如图11-46所示，切换到外部CSS样式表文件中，找到名为#main img的CSS样式设置代码，如图11-47所示。

```
#main img {
    margin-top: 10px;
    margin-bottom: 10px;
    border: solid 10px #FFF;
}
```

图11-47　CSS样式代码

**02** 在该CSS样式代码中添加border-colors属性设置，如图11-48所示。保存页面，在Firefox浏览器中预览页面，可以看到为元素添加多彩边框的效果，如图11-49所示。

> **提示**
>
> 在该CSS样式设置中，设置边框的宽度为10px，在边框颜色设置中设置了9个颜色值，颜色从外到内显示，每种颜色只占有1px的宽度，最后一种颜色将被用于剩下的宽度。

```
#main img {
    margin-top: 10px;
    margin-bottom: 10px;
    border: solid 10px #FFF;
    -moz-border-top-colors: #FFF #993300 #3333FF #FF9900
#66CC00 #CC33FF #CC6600 #0066CC #FFF;
    -moz-border-right-colors: #FFF #993300 #3333FF #FF9900
#66CC00 #CC33FF #CC6600 #0066CC #FFF;
    -moz-border-bottom-colors: #FFF #993300 #3333FF #FF9900
#66CC00 #CC33FF #CC6600 #0066CC #FFF;
    -moz-border-left-colors: #FFF #993300 #3333FF #FF9900
#66CC00 #CC33FF #CC6600 #0066CC #FFF;
}
```

图11-48 添加多颜色边框属性设置代码

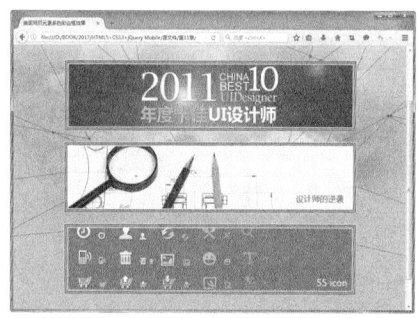

图11-49 在Firefox浏览器中预览页面

## 11.4.2 图像边框——border-image属性

在CSS3之前，图像不能直接应用于边框，设计师通常把边框的每个角或每条边单独做成一张图，使用背景图像的方式来模拟实现图像边框的效果。为了增强边框效果，CSS3中新增了border-image属性，专门用于图像边框的处理，它的强大之处在于它能灵活地分割图像，并应用于边框。

border-image属性的语法格式如下。

```
border-image: none | <image> [ <number> | <percentage>]{1,4}[ / <border-width>{1,4} ]?
[stretch | repeat | round] {0,2}
```

border-image属性的属性值说明如下。

- **none**：该属性值为默认值，表示无边框。
- **<image>**：用于设置边框图像，可以使用绝对地址或相对地址。
- **<number>**：裁切边框图像大小，该属性值没有单位，默认单位为像素。
- **<percentage>**：裁切边框图像大小，使用百分比表示。
- **<border-width>**：由浮点数字和单位标识符组成的长度值，不可以为负值，用于设置边框宽度。
- **stretch | repeat | round**：分别表示拉伸、重复、平铺，其中stretch是默认值。

> **实战** 为网页元素添加图像边框效果
> 最终文件：最终文件\第11章\11-4-2.html　　视频：视频\第11章\11-4-2.mp4

01 执行"文件>打开"命令，打开页面"源文件\第11章\11-4-2.html"，可以看到页面效果，如图11-50所示。切换到该网页所链接的外部CSS样式表文件中，找到名为#title的CSS样式，如图11-51所示。

图11-50 打开页面

```
#title {
    width: 300px;
    height: 45px;
    margin: 0px auto;
    font-weight: bold;
    font-size: 20px;
    color: #FFF;
    line-height: 45px;
    text-align: center;
}
```

图11-51 CSS样式代码

**02** 在该CSS样式代码中添加border-width属性和border-image属性的设置代码，如图11-52所示。在这里所设置的边框图像是一个比较小的图像，效果如图11-53所示。

**03** 保存页面，并保存外部CSS样式文件，在Chrome浏览器中预览页面，可以看到所实现的图像边框效果，如图11-54所示。

```
#title {
    width: 300px;
    height: 45px;
    margin: 0px auto;
    font-weight: bold;
    font-size: 20px;
    color: #FFF;
    line-height: 45px;
    text-align: center;
    border-width: 0 12px;
    -webkit-border-image: url(../images/114201.png)
0 12 0 12 stretch stretch;
}
```

图11-52 添加图像边框设置代码　　图11-53 图像效果　　图11-54 在Chrome浏览器中预览页面效果

## 11.4.3 圆角边框——border-radius属性

在CSS3之前，如果需要在网页中实现圆角边框的效果，通常都是使用图像来实现，而在CSS3中新增了圆角边框的定义属性border-radius，通过该属性，可以轻松地在网页中实现圆角边框效果。

border-radius属性的语法格式如下。

```
border-radius: none | <length>{1,4} [ / <length>{1,4} ]?
```

border-radius属性的属性值说明如下。

- **none**：该属性值为默认值，表示不设置圆角效果。
- **length**：用于设置圆角度数值，由浮点数字和单位标识符组成，不可以设置为负值。该值分为两组，每组可以有1~4个值。第一组为水平半径，第二组为垂直半径，如果第二组省略，则默认等于第一组的值。

Border-radius属性又针对边框的4个角派生出4个子属性，border-top-left-radius子属性用于设置元素左上角的圆角；border-top-right-radius子属性用于设置元素右上角的圆角；border-bottom-left-radius子属性用于设置元素左下角的圆角；border-bottom-right-radius子属性用于设置元素右下角的圆角。

**实战**　在网页中实现圆角边框效果
最终文件：最终文件\第11章\11-4-3.html　　视频：视频\第11章\11-4-3.mp4

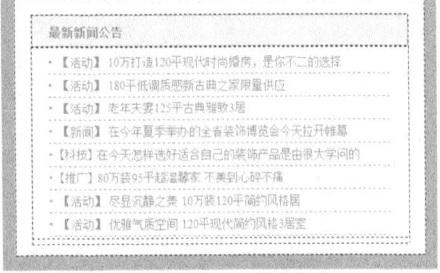

图11-55 打开页面

**01** 执行"文件>打开"命令，打开页面"源文件\第11章\11-4-3.html"，效果如图11-55所示。切换到该网页所链接的外部CSS样式表文件中，找到名为#box的CSS样式设置代码，如图11-56所示。

```
#box {
    width: 480px;
    height: 280px;
    background-color: #FFF;
    margin: 50px auto 0px auto;
    padding: 20px 0px 0px 20px;
}
```

图11-56 CSS样式代码

**02** 在该CSS样式代码中添加圆角边框的CSS样式设置代码，如图11-57所示。保存页面，并保存外部CSS样式文件，在浏览器中预览页面，可以看到所实现的圆角边框效果，如图11-58所示。

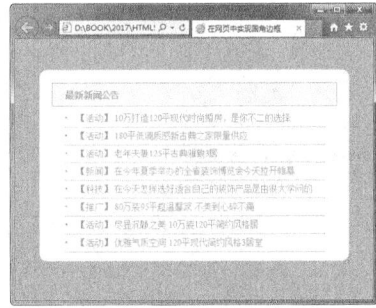

```
#box {
    width: 480px;
    height: 280px;
    background-color: #FFF;
    margin: 50px auto 0px auto;
    padding: 20px 0px 0px 20px;
    border-radius: 12px;
}
```

图11-57 添加圆角边框设置代码

图11-58 预览页面效果

---
**提示**

border-radius属性本身又包含4个子属性，当为该属性赋一组值的时候，将遵循CSS的赋值规则。从border-radius属性的语法可以看出，其值也可以同时包含2个值、3个值或4个值，多个值的情况使用空格进行分隔。

---

**03** 返回外部CSS样式表文件中，找到名为#title的CSS样式，在该CSS样式中添加圆角边框的CSS样式设置代码，如图11-59所示。保存页面，并保存外部CSS样式文件，在浏览器中预览页面，可以看到所实现的圆角边框效果，如图11-60所示。

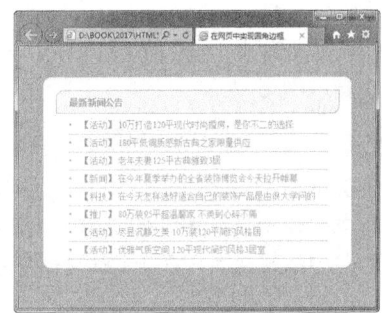

```
#title {
    font-size: 14px;
    font-weight: bold;
    width: 438px;
    height: 30px;
    background-color: #CFF;
    padding: 5px 0px 0px 20px;
    border: #0C9 1px solid;
    border-radius: 12px 0px 12px 0px;
}
```

图11-59 添加圆角边框设置代码

图11-60 预览页面效果

---
**技巧**

为border-radius属性设置属性值时，第1个值是水平半径值。如果第2个值省略，则它等于第1个值，这时这个角就是一个1/4圆角。如果4个角中任意1个角的属性值为0，则该角为矩形，而不会是圆角，该属性所设置的属性值不允许为负值。

---

## ▶▶▶ **11.5** 本章小结

超链接是网页中非常重要的功能，通过CSS样式不但可以设置超链接标签<a>的样式，还可以对超链接4种伪类的样式分别进行设置，从而实现更加美观的网页超链接效果。本章主要介绍使用CSS设置边框和超链接，以及新增的CSS3属性，并通过实战练习的方式介绍了各种CSS样式属性的使用方法和技巧，通过对本章的学习，读者能够掌握CSS样式属性的设置方法，并能够将其应用于实际的工作中。

# 第**12**章

# 设置元素的定位与布局属性

在设计制作网站页面时，能否控制好各个元素在页面中的位置是非常关键的，通过CSS样式的定位属性可以实现网页元素的相对定位、绝对定位、固定定位和浮动定位等多种定位方式，大大方便了网页内容的排版制作。本章将向读者详细介绍CSS样式中的各种定位属性及使用方法，还将介绍CSS3新增的有关界面设计的相关属性和多列布局属性。

---

**本章知识点**

- 了解position属性的作用
- 理解并掌握各种定位方式的使用方法
- 理解并掌握浮动定位的设置和使用方法
- 理解CSS3新增的有关界面设计的相关属性
- 掌握CSS3新增的多列布局属性的设置和使用方法

---

## ▶▶▶ **12.1** 元素定位样式

CSS的排版是一种比较新的排版理念，有别于传统的排版方式，它将页面首先在整体上进行\<div\>标签的分块，然后对各个块进行CSS定位，最后再在各个块中添加相应的内容。通过CSS排版的页面，更新十分容易，甚至页面的拓扑结构都可以通过修改CSS属性来重新定位。

### 12.1.1 position属性

在使用Div+CSS布局制作页面的过程中，都是通过CSS的定位属性对元素完成位置和大小的控制的。定位就是精确地定义HTML元素在页面中的位置，可以是页面中的绝对位置，也可以是相对于父级元素或另一个元素的相对位置。

position属性是最主要的定位属性，position属性既可以定义元素的绝对位置，又可以定义元素的相对位置。position属性的语法格式如下。

```
position: static | absolute | fixed | relative;
```

position的相关属性值说明如下。

- **static**：设置position属性值为static，表示无特殊定位，元素定位的默认值，对象遵循HTML元素定位规则，不能通过z-index属性进行层次分级。
- **absolute**：设置position属性值为absolute，表示绝对定位，相对于其父级元素进行定位，元素的位置可以通过top、right、bottom和left等属性进行设置。
- **fixed**：设置position属性为fixed，表示悬浮，使元素固定在屏幕的某个位置，其包含块是可视区域本身，因此它不随滚动条的滚动而滚动，IE5.5+及以下版本浏览器不支持该属性。
- **relative**：设置position属性为relative，表示相对定位，对象不可以重叠，可以通过top、right、bottom和left等属性在页面中偏移位置，可以通过z-index属性进行层次分级。

在CSS样式中设置了position属性后，还可以对其他的定位属性进行设置，包括width、height、z-index、top、right、bottom、left、overflow和clip，其中top、right、bottom和left只有在position属性中使用才会起到作用。

其他定位相关属性如下。

- **top**、**right**、**bottom和left**：top属性用于设置元素垂直距顶部的距离；right属性用于设置元素水平距右部的距离；bottom属性用于设置元素垂直距底部的距离；left属性用于设置元素水平距左部的距离。
- **z-index**：用于设置元素的层叠顺序。
- **width和height**：width属性用于设置元素的宽度，height属性用于设置元素的高度。
- **overflow**：用于设置元素内容溢出的处理方法。
- **clip**：用于设置元素剪切方式。

## 12.1.2 相对定位

设置position属性为relative，即可将元素的定位方式设置为相对定位。对一个元素进行相对定位，首先该元素必须出现在它原本所在的位置上。然后通过设置垂直或水平位置，让这个元素相对于它的原始起点进行移动。另外，相对定位时，无论是否进行移动，元素仍然占据原来的空间。因此，移动元素会导致它覆盖其他元素。

> **实战** 实现网页元素的叠加显示
> 最终文件：最终文件\第12章\12-1-2.html　　视频：视频\第12章\12-1-2.mp4

**01** 执行"文件>打开"命令，打开页面"源文件\第12章\12-1-2.html"，效果如图12-1所示。将鼠标光标移至名为pic的div中，将多余的文字删除，插入图像"源文件\第12章\images\121204.png"，效果如图12-2所示。

图12-1 打开页面

图12-2 插入图像

02 切换到外部CSS样式表文件中，创建名为#pic的CSS样式，在该CSS样式中添加相应的相对定位代码，如图12-3所示。保存页面，并保存外部CSS样式文件，在浏览器中预览页面，可以看到网页元素相对定位的效果，如图12-4所示。

```
#pic {
    position: relative;
    width: 88px;
    height: 89px;
    left: 184px;
    top: -185px;
}
```

图12-3 CSS样式代码

图12-4 预览页面效果

提示
　　此处在CSS样式代码中设置元素的定位方式为相对定位，使元素相对于原位置向右移动了184px，向上移动了185px。

提示
　　在使用相对定位时，无论是否进行移动，元素仍然占据原来的空间。因此，移动元素会导致它覆盖其他元素。

## 12.1.3 绝对定位

　　设置position属性为absolute，即可将元素的定位方式设置为绝对定位。绝对定位是参照浏览器的左上角，配合top、right、bottom和left进行定位的，如果没有设置上述的4个值，则默认依据父级元素的坐标原点为原始点。

　　在父级元素的position属性为默认值时，top、right、bottom和left的坐标原点以body的坐标原点为起始位置。

**实战** 网页元素固定在右侧显示
最终文件：最终文件\第12章\12-1-3.html　　视频：视频\第12章\12-1-3.mp4

01 执行"文件>打开"命令，打开页面"源文件\第12章\12-1-3.html"，效果如图12-5所示。将鼠标光标移至名为pic的div中，将多余的文字删除，插入图像"源文件\第12章\images\121302.png"，效果如图12-6所示。

图12-5 打开页面

图12-6 插入图像

02 切换到该网页所链接的外部CSS样式表文件中，创建名为#pic的CSS样式，在该CSS样式中添加相应的绝对定位代码，如图12-7所示。保存页面，并保存外部CSS样式表文件，在浏览器中预览页面，可以看到网页中元素绝对定位的效果，如图12-8所示。

```
#pic {
    position: absolute;
    width: 417px;
    height: 652px;
    right: 40px;
    bottom: 0px;
}
```

图 12-7　CSS样式代码

图 12-8　预览页面效果

提示

　　在名为#pic的CSS样式设置中，通过设置position属性为absolute，将id名为pic的div设置为绝对定位，通过设置right属性为40px，将id名为pic的div显示在距离浏览器右边界40px的位置，通过设置bottom属性为0px，将id名为pic的div显示在距离浏览器下边界0px的位置。

技巧

　　定位的主要问题是要记住每种定位的意义。相对定位是相对于元素在文档流中的初始位置，而绝对定位是相对于最近的已定位的父元素，如果不存在已定位的父元素，就相对于最初的包含块。因为绝对定位的框与文档流无关，所以它们可以覆盖页面上的其他元素。可以通过设置z-index属性来控制这些框的堆放次序。z-index属性的值越大，框在堆中的位置就越高。

## 12.1.4　固定定位

　　设置position属性为fixed，即可将元素的定位方式设置为固定定位。固定定位和绝对定位相似，它是绝对定位的一种特殊形式，固定定位的容器不会随着滚动条的拖动而变化位置。在视线中，固定定位的容器位置是不会改变的。固定定位可以把一些特殊效果固定在浏览器的视线位置。

**实战**　　**实现网页元素显示在固定的位置**
最终文件：最终文件\第12章\12-1-4.html　　视频：视频\第12章\12-1-4.mp4

**01** 执行"文件＞打开"命令，打开页面"源文件\第12章\12-1-4.html"，效果如图12-9所示。在浏览器中预览页面，发现底部的文字不会跟着滚动条一起滚动，如图12-10所示。

图 12-9　打开页面

图 12-10　预览页面效果

**02** 切换到该网页所链接的外部CSS样式表文件中，找到名为#text的CSS样式，如图12-11所示。在该CSS样式代码中添加相应的固定定位代码，如图12-12所示。

```
#text {
    bottom: 20px;
    font-size: 18px;
    line-height: 40px;
    font-weight: bold;
    padding-top: 15px;
    padding-bottom: 15px;
    text-align: center;
    background-color: #021323;
    width: 100%;
}
```

图12-11　CSS样式代码

```
#text {
    position: fixed;
    bottom: 20px;
    font-size: 18px;
    line-height: 40px;
    font-weight: bold;
    padding-top: 15px;
    padding-bottom: 15px;
    text-align: center;
    background-color: #021323;
    width: 100%;
}
```

图12-12　添加固定定位代码

**03** 保存页面，并保存外部CSS样式文件，在浏览器中预览页面，可以看到页面效果，如图12-13所示。拖动浏览器滚动条可以发现，底部文字始终固定在浏览器底部相应的位置不动，如图12-14所示。

图12-13　预览页面效果

图12-14　元素位置固定不动

---

**提示**

　　固定定位的参照位置不是上级元素块而是浏览器窗口。所以，可以使用固定定位来设定类似传统框架样式布局，以及广告框架或导航框架等。使用固定定位的元素可以脱离页面，无论页面如何滚动，元素始终处在页面的同一位置上。

---

## 12.1.5　浮动定位——float属性

　　除了使用position属性进行定位外，还可以使用float属性定位。float定位只能在水平方向上定位，不能在垂直方向上定位。float属性表示浮动属性，它用来改变元素块的显示方式。

　　浮动定位是CSS排版中非常重要的手段。浮动的框可以左右移动，直到它外边缘碰到包含框或另一个浮动框的边缘。

　　float属性语法格式如下。

```
float: none | left | right;
```

float的相关属性值说明如下。

- **none**：设置float属性为none，表示元素不浮动。
- **left**：设置float属性为left，表示元素向左浮动。
- **right**：设置float属性为right，表示元素向右浮动。

---

**提示**

　　浮动定位是在网页布局制作过程中使用最多的定位方式，通过设置浮动定位可以将网页中的块状元素在一行中显示。

---

▼ **实战**　制作顺序排列的图像列表

最终文件：最终文件\第12章\12-1-5.html　　　视频：视频\第12章\12-1-5.mp4

---

`01` 执行"文件>打开"命令，打开页面"源文件\第12章\12-1-5.html"，效果如图12-15所示。切换到外部CSS样式表文件中，分别创建名为#pic1、#pic2和#pic3的CSS样式代码，如图12-16所示。

图12-15　打开页面

```
#pic1 {
    width: 250px;
    height: 150px;
    background-color: #FFF;
    margin: 0px 10px;
    padding: 4px;
}
#pic2 {
    width: 250px;
    height: 150px;
    background-color: #FFF;
    margin: 0px 10px;
    padding: 4px;
}
#pic3 {
    width: 250px;
    height: 150px;
    background-color: #FFF;
    margin: 0px 10px;
    padding: 4px;
}
```

图12-16　CSS样式代码

`02` 将id名为pic1的div向右浮动，在名为#pic1的CSS样式代码中添加向右浮动代码，如图12-17所示。返回设计视图中，可以看到id名为pic1的div脱离文档流并向右浮动，直到该div的边缘碰到包含框box的右边框，如图12-18所示。

```
#pic1 {
    width: 250px;
    height: 150px;
    background-color: #FFF;
    margin: 0px 10px;
    padding: 4px;
    float: right;
}
```

图12-17　添加浮动设置代码

图12-18　元素向右浮动效果

`03` 切换到外部样式表文件中，将id名为pic1的div向左浮动，在名为#pic1的CSS样式代码中添加向左浮动代码，如图12-19所示。返回网页设计视图，id名为pic1的div向左浮动，id名为pic2的div被遮盖了，如图12-20所示。

```
#pic1 {
    width: 250px;
    height: 150px;
    background-color: #FFF;
    margin: 0px 10px;
    padding: 4px;
    float: left;
}
```

图12-19　修改浮动设置代码

图12-20　元素向左浮动效果

---
**提示**

　　当id名为pic1的div脱离文档流并向左浮动时，直到它的边缘碰到包含box的左边缘。因为它不再处于文档流中，所以它不占据空间，实际上覆盖住了id名为pic2的div，使pic2的div从视图中消失，但是该div中的内容还占据着原来的空间。

---

```
#pic2 {
    width: 250px;
    height: 150px;
    background-color: #FFF;
    margin: 0px 10px;
    padding: 4px;
    float: left;
}
#pic3 {
    width: 250px;
    height: 150px;
    background-color: #FFF;
    margin: 0px 10px;
    padding: 4px;
    float: left;
}
```

图12-21　添加浮动设置代码

**04** 切换到外部CSS样式表文件中，分别在#pic2和#pic3的CSS样式中添加向左浮动代码，如图12-21所示。将这3个div都向左浮动，返回网页设计视图，可以看到页面效果，如图12-22所示。

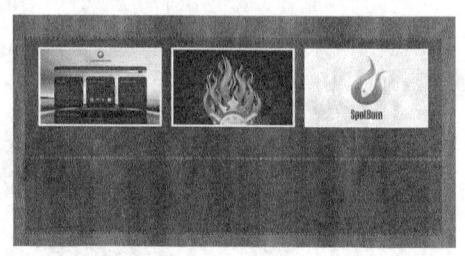

图12-22　元素向左浮动效果

---
**提示**

　　将3个div都向左浮动，那么id名为pic1的div向左浮动直到碰到包含box的左边缘，另两个div向左浮动直到碰到前一个浮动div。

---

**05** 返回网页设计视图，在id名为pic3的div之后分别插入id名为pic4~pic6的div，并在各div中插入相应的图像，如图12-23所示。切换到代码视图中，可以看到的页面代码，如图12-24所示。

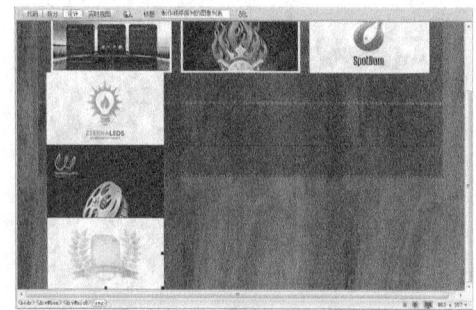

图12-23　页面效果

```
<body>
<div id="box"><img src="images/121503.jpg" width="250" height="150" alt=""/></div>
    <div id="pic1"><img src="images/121503.jpg" width="250" height="150" alt=""/></div>
    <div id="pic2"><img src="images/121504.jpg" width="250" height="150" alt=""/></div>
    <div id="pic3"><img src="images/121505.jpg" width="250" height="150" alt=""/></div>
    <div id="pic4"><img src="images/121506.jpg" width="250" height="150" alt=""/></div>
    <div id="pic5"><img src="images/121507.jpg" width="250" height="150" alt=""/></div>
    <div id="pic6"><img src="images/121508.jpg" width="250" height="150" alt=""/></div>
</div>
</body>
```

图12-24　该部分内容代码

---
**提示**

　　在网页中分为行内元素和块元素，行内元素是可以显示在同一行上的元素，如<span>，块元素是占据整行空间的元素，如<div>。如果需要将两个<div>显示在同一行上，就需要使用float属性。

---

**06** 切换到外部CSS样式表文件中，定义名为#pic4,#pic5,#pic6的CSS样式，如图12-25所示。保存页面，并保存外部CSS样式文件，在浏览器中预览页面，可以看到页面效果，如图12-26所示。

---
**提示**

　　如果包含框太窄，无法容纳水平排列的多个浮动元素，那么其他浮动元素将向下移动，直到有足够空间的地方。如果浮动元素的高度不同，那么当它们向下移动时可能会被其他浮动元素卡住。

---

```
#pic4,#pic5,#pic6 {
    width: 250px;
    height: 150px;
    background-color: #FFF;
    margin: 20px 10px;
    padding: 4px;
    float: left;
}
```

图12-25　CSS样式代码　　　　　　　　　　　　　　　图12-26　预览页面效果

## ▶▶▶ 12.2　CSS3新增界面设计属性

在界面设计方面，为了增强用户体验，设计师会想尽办法来实现理想的页面效果，也因此增加了许多工作量。CSS3在用户界面设计方面有很大的改进，可以允许改变元素尺寸、设置元素外轮廓线、改变焦点导航顺序、让元素变身，以及给元素添加内容等。

### 12.2.1　改变元素尺寸——resize属性

在CSS3中新增了区域缩放调节的功能设置，通过新增的resize属性，可以实现页面中元素的区域缩放操作，调节元素的尺寸大小。

resize属性的语法格式如下。

```
resize: none | both | horizontal | vertical | inherit;
```

resize的相关属性值说明如下。

- **none**：不提供元素尺寸调整机制，用户不能调节元素的尺寸。
- **both**：提供元素尺寸的双向调整机制，让用户可以调节元素的宽度和高度。
- **horizontal**：提供元素尺寸的单向水平方向调整机制，让用户可以调节元素的宽度。
- **vertical**：提供元素尺寸的单向垂直方向调整机制，让用户可以调节元素的高度。
- **inherit**：默认继承。

> **提示**
>
> resize属性需要和溢出处理属性overflow或overflow-x或overflow-y一起使用才能把元素定义成可以调整大小的效果，且溢出属性值不能为visible。

**实战**　实现网页元素尺寸可任意缩放
最终文件：最终文件\第12章\12-2-1.html　　　视频：视频\第12章\12-2-1.mp4

01 执行"文件>打开"命令，打开页面"源文件\第12章\12-2-1.html"，效果如图12-27所示。切换到该网页所链接的外部CSS样式表文件中，在名为#text的CSS样式中添加resize属性设置，如图12-28所示。

02 保存外部CSS样式文件，在Chrome浏览器中预览页面，可以看到页面的效果，如图12-29所示。在网页中可以使用鼠标指针拖动id名为text的div，从而调整该div的大小，如图12-30所示。

图 12-27　打开页面

```
#text {
    position: absolute;
    width: 300px;
    height: auto;
    overflow: hidden;
    top: 70px;
    right: 150px;
    padding: 15px;
    background-color: rgba(0,0,0,0.4);
    resize: both;
}
```

图 12-28　添加 resize 属性设置代码

图 12-29　预览页面效果

图 12-30　拖动调整页面元素大小

---

**提示**

在本实例的CSS样式中设置resize属性为both，并且设置overflow属性为hidden，这样在浏览器中预览页面时，可以在网页中任意调整该元素的大小。

CSS3中新增的resize属性，可以为页面中其他元素应用，同样可以起到调整大小的作用。

---

## 12.2.2　轮廓外边框——outline属性

CSS3中新增的outline属性可以为元素添加外轮廓线，以突出显示元素。外轮廓线看起来很像元素边框，而且语法也与边框类似，但是外轮廓线并不占用元素的尺寸空间。

Outline属性的语法格式如下。

```
Outline: [outline-color] || [outline-style] || [outline-width] | inherit;
```

outline的相关属性值说明如下。

- **outline-color**：用于指定轮廓边框的颜色。
- **outline-style**：用于指定轮廓边框的样式。
- **outline-width**：用于指定轮廓边框的宽度。
- **inherit**：默认继承。

Outline属性与border属性有很多相似的地方，但也有很大的不同。Outline属性定义的外轮廓线总是封闭的、完全闭合的；外轮廓线也可能不是矩形，如果元素的display属性值为inline，外轮廓就可能变得不规则。

Outline属性是一个复合属性，它包含了4个子属性：outline-width属性、outline-style属性、outline-color属性和outline-offset属性。

### 1. 轮廓宽度属性 outline-width

outline-width 属性用于定义元素轮廓的宽度，语法格式如下。

```
Outline-width: thin | medium | thick | <length> | inherit;
```

### 2. 轮廓样式属性 outline-style

outline-style 属性用于定义元素轮廓外边框的轮廓样式，语法格式如下。

```
Outline-style: none | dotted | dashed | solid | double | groove | ridge | inset |
outset | inherit;
```

### 3. 轮廓颜色 outline-color

outline-color 属性用于定义元素外轮廓边框的颜色，语法格式如下。

```
Outline-color: <color> | invert | inherit;
```

### 4. 轮廓偏移 outline-offset

outline-offset 属性用于定义元素外轮廓边框与元素边界的距离，语法格式如下。

```
Outline-offset: <length> | inherit;
```

outline-offset 的相关属性值说明如下。

- **<length>**：该属性值用于自定义轮廓偏移的距离值，包含长度单位，可以为负值。
- **inherit**：该属性值表示继承父元素。

---
提示

在复合 outline 的语法中没有包含 outline-offset 子属性，因为这样会造成长度值指定不明确，无法正确解析。

---

▽ **实战** 为网页元素添加轮廓外边框

最终文件：最终文件\第12章\12-2-2.html　　视频：视频\第12章\12-2-2.mp4

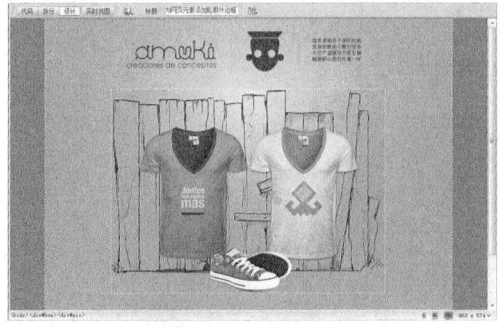

图 12-31　打开页面

**01** 执行"文件>打开"命令，打开页面"源文件\第12章\12-2-2.html"，效果如图12-31所示。切换到该网页所链接的外部CSS样式表文件中，找到名为#pic的CSS样式设置代码，如图12-32所示。

```
#pic{
    width: 551px;
    height: 400px;
    margin: 0px auto;
}
```

图 12-32　CSS样式代码

**02** 在该CSS样式代码中添加outline-width、outline-style和outline-color属性设置代码，如图12-33所示。保存页面并保存外部CSS样式表文件，在Chrome浏览器中预览页面，可以看到为网页元素所添加的轮廓外边框的效果，如图12-34所示。

```
#pic{
    width: 551px;
    height: 400px;
    margin: 0px auto;
    outline-style: groove;
    outline-width: 10px;
    outline-color: #362A1A;
}
```

图 12-33　添加属性设置代码

图 12-34　在 Chrome 浏览器中预览效果

**03** 返回外部 CSS 样式表文件中，在名为 #pic 的 CSS 样式中添加轮廓偏移 outline-offset 属性设置代码，如图 12-35 所示。保存页面，并保存外部 CSS 样式表文件，在 Chrome 浏览器中预览页面，可以看到为网页元素所添加的轮廓外边框的效果，如图 12-36 所示。

```
#pic{
    width: 551px;
    height: 400px;
    margin: 0px auto;
    outline-style: groove;
    outline-width: 10px;
    outline-color: #362A1A;
    outline-offset: 10px;
}
```

图 12-35　添加属性设置代码

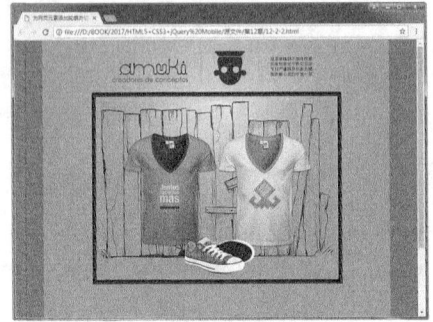

图 12-36　在 Chrome 浏览器中预览效果

## 12.2.3　伪装元素——appearance 属性

CSS3 中新增 appearance 属性，通过该属性可以方便地把元素伪装成其他类型的元素，给网页界面设计带来极大的灵活性。基于 webkit 内核的替代私有属性是 -webkit-appearance，基于 gecko 内核的替代私有属性是 -moz-appearance。

appearance 属性的语法格式如下。

```
appearance: normal | icon | window | button | menu | field;
```

appearance 的相关属性值说明如下。

- **normal**：该属性值表示正常的修饰元素。
- **icon**：该属性值表示把元素修饰得像一个图标。
- **window**：该属性值表示把元素修饰得像一个视窗。
- **button**：该属性值表示把元素修饰得像一个按钮。
- **menu**：该属性值表示把元素修饰得像菜单。
- **field**：该属性值表示把元素修饰得像一个输入框。

> 提示
>
> 需要说明的是，使用 appearance 属性定义的元素，仍然保留元素的功能，仅在外观上做了改变。由于受到元素本身功能的限制，不是每一个元素都可以任意被修饰，但是恰当地修饰大部分是可行的。

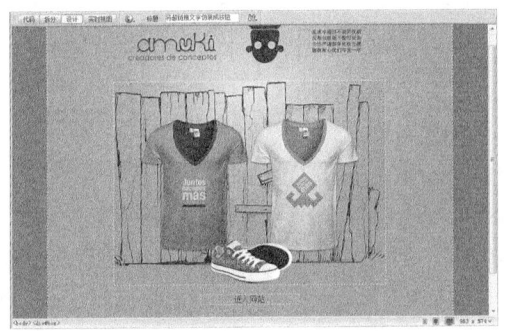 

图12-37　打开页面　　　　　　　　图12-38　设置空链接

**01** 执行"文件>打开"命令，打开页面"源文件\第12章\12-2-3.html"，效果如图12-37所示。为页面中相应的文字创建空链接，可以看到默认的文字超链接效果，如图12-38所示。

**02** 切换到该网页所链接的外部CSS样式表文件中，创建名为#text a的CSS样式，如图12-39所示。保存页面，并保存外部CSS样式表文件，在Chrome浏览器中预览页面，可以看到超链接文字的效果，如图12-40所示。

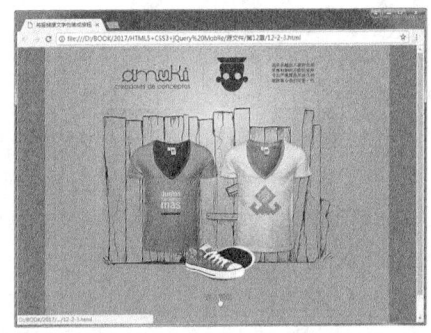

```
#text a {
    padding: 0px 15px;
    line-height: 30px;
    text-decoration: none;
    color: #06F;
}
```

图12-39　CSS样式代码　　　　　　图12-40　在Chrome浏览器预览效果

**03** 返回外部CSS样式表文件中，在名为#text a的CSS样式中添加伪装元素appearance属性的设置，如图12-41所示。保存页面，并保存外部CSS样式表文件，在Chrome浏览器中预览页面，可以看到超链接文字显示为按钮的外观，效果如图12-42所示。

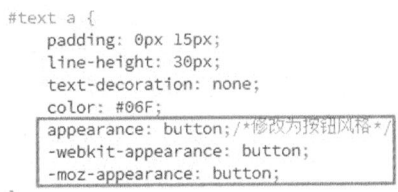
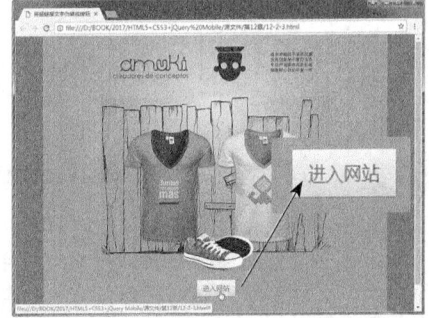

```
#text a {
    padding: 0px 15px;
    line-height: 30px;
    text-decoration: none;
    color: #06F;
    appearance: button;/*修改为按钮风格*/
    -webkit-appearance: button;
    -moz-appearance: button;
}
```

图12-41　添加属性设置代码　　　　图12-42　在Chrome浏览器中预览效果

## 12.2.4　赋予内容——content属性

如果需要为网页中的元素插入内容，很少有人会想到使用CSS样式来实现。在CSS样式中，可以使用content属性为元素添加内容，通过该属性可以替代JavaScript的部分功能。Content属性与:before及:after

伪元素配合使用，可以将生成的内容放在一个元素内容的前面或后面。

Content属性的语法格式如下。

```
Content: none | normal | <string> | counter(<counter>) | attr(<attribute>) |
url(<url>) | inherit;
```

content属性的各属性值介绍如下。

- **none**：如果有指定的添加内容，则设置为空。
- **normal**：默认值，表示不赋予内容。
- **string**：该属性值用于赋予指定的文本内容。
- **counter(<counter>)**：该属性值用于指定一个计数器作为添加内容。
- **attr(<attribute>)**：把选择的元素的属性值作为添加内容，<attribute>为元素的属性。
- **url(<url>)**：指定一个外部资源（图像、声音、视频或浏览器支持的其他任何资源）作为添加内容，<url>为一个网络地址。
- **inherit**：该属性值表示继承父元素。

**实战** 为网页元素赋予内容
最终文件：最终文件\第12章\12-2-4.html　　视频：视频\第12章\12-2-4.mp4

**01** 执行"文件>打开"命令，打开页面"源文件\第12章\12-2-4.html"，效果如图12-43所示。将鼠标光标移至名为title的div中，将多余的文字删除，如图12-44所示。

**02** 切换到该网页所链接的外部CSS样式表文件中，创建名为#title:before的CSS样式，如图12-45所示。保存页面，并保存外部CSS样式文件，在浏览器中预览页面，可以看到通过content属性为id名为title的div赋予文字内容的效果，如图12-46所示。

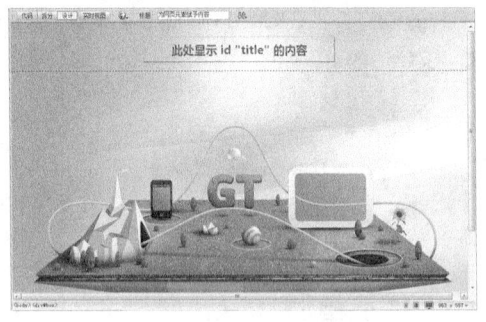

图12-43　打开页面

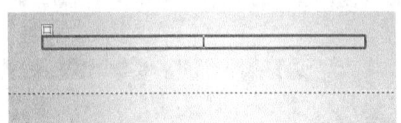

图12-44　删除提示文字

```
#title:before {
    content: "欢迎光临我们的网站";
}
```

图12-45　CSS样式代码

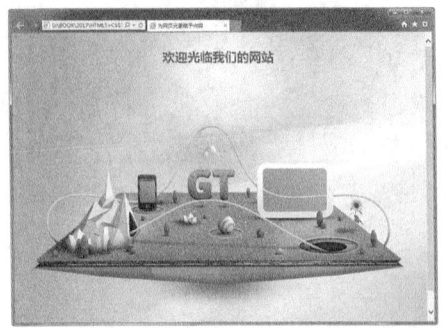

图12-46　预览页面效果

> **提示**
> 使用content属性可以为网页中的容器赋予相应的内容，但是content属性必须与:after或者:before伪类元素结合使用。

# ▶▶ 12.3 CSS3新增多列布局属性

如果网页设计师要设计多列布局，有两种方法，一种是浮动布局，另一种是定位布局。浮动布局比较灵，但容易发生错位，需要添加大量的附加代码或无用的换行符，增加了不必要的工作量。定位布局可以精确地确定位置，不会发生错位，但是无法满足模块的适应能力。在CSS3中新增了多列布局相关属性，可以从多个方面去设置，包括多列的列数、每列的宽度、列与列之间的距离、列与列之间的分隔线、跨多列设置等，本节将详细进行介绍。

## 12.3.1 多列布局——columns属性

CSS3新增了columns属性，该属性用于快速定义多列布局的列数目和每列的宽度。基于webkit内核的替代私有属性是-webkit-columns，gecko内核的浏览器暂不支持此属性。

columns属性的语法格式如下。

```
columns: <column-width> || <column-count>;
```

columns属性的属性值介绍如下。

- **<column-width>**：该属性值用于设置每列的宽度。
- **<column-count>**：该属性值用于设置多列的列数。

---

提示

在实际布局的时候，所定义的多列的列数是最大列数。当外围宽度不足时，多列的列数会适当减少，而每列的宽度会自适应宽度，填满整个范围区域。

---

**实战** 快速将网页内容分为多列
最终文件：最终文件\第12章\12-3-1.html　　视频：视频\第12章\12-3-1.mp4

**01** 执行"文件>打开"命令，打开页面"源文件\第12章\12-3-1.html"，效果如图12-47所示。在浏览器中预览该页面，可以看到页面的默认显示效果，如图12-48所示。

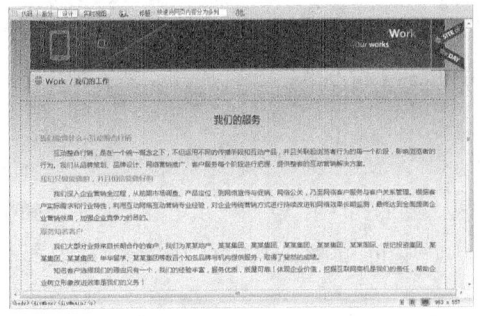

图12-47 打开页面

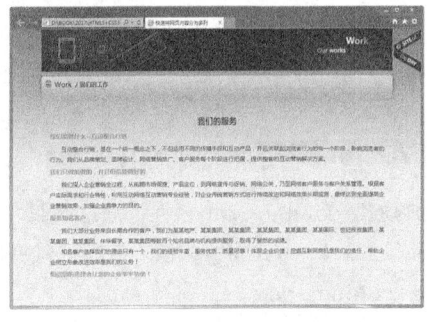

图12-48 预览页面效果

**02** 切换到该网页所链接的外部CSS样式表文件中，找到名为#main的CSS样式设置代码，添加columns属性设置代码，如图12-49所示。保存页面，并保存外部CSS样式文件，在浏览器中预览页面，可以看到页面元素被分为3列的显示效果，如图12-50所示。

```
#main {
    width: 840px;
    margin: 0px auto 20px auto;
    padding: 20px;
    columns: 3;
}
```

图12-49 添加分栏样式设置

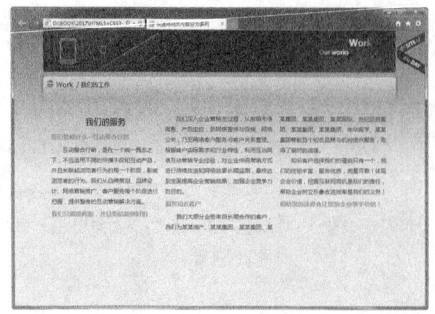

图12-50 预览页面效果

## 12.3.2 列宽度——column-width属性

CSS3新增column-width属性，该属性可以定义多列布局中每列的宽度，可以单独使用，也可以和其他多列布局属性组合使用。基于webkit内核的替代私有属性是-webkit-column-width，基于gecko内核的替代私有属性是-moz-column-width。

column-width属性的语法格式如下。

```
column-width: auto | <length>;
```

如果将column-width属性设置为auto，则表示列的宽度由浏览器决定；还可以为该属性指定列的宽度值，该值是由浮点数和单位标识符组成的长度值，不可以为负值。

## 12.3.3 列数——column-count属性

CSS3新增column-count属性，该属性可以设置多列布局的列数，不需要通过列宽度自动调整列数。基于webkit内核的替代私有属性是-webkit-column-count，基于gecko内核的替代私有属性是-moz-column-count。

column-count属性的语法格式如下。

```
column-count: auto | <number>;
```

如果将column-count属性设置为auto，则表示列的数目由其他属性决定，如由column-width属性决定；还可以为该属性指定列的数量，取值为大于0的整数，该值决定了最大列数。

## 12.3.4 列间距——column-gap属性

CSS3新增column-gap属性，通过该属性可以设置列与列之间的间距，从而可以更好地控制多列布局中的内容和版式。基于webkit内核的替代私有属性是-webkit-column-gap，基于gecko内核的替代私有属性是-moz-column-gap。

column-gap属性的语法格式如下。

```
column-gap: normal | <length>;
```

column-gap的相关属性值说明如下。

- **normal**：该属性值为默认值，显示浏览器默认的列间距，一般为1em。
- **<length>**：该属性值用于指定列与列之间的距离，由浮点数字和单位标识符组成，不可以为负值。

> **提示**
>
> column-gap属性不能单独设置，只有通过column-width或column-count属性为元素进行分栏后，才可以使用column-gap属性设置列间距。

## 12.3.5 列分栏线——column-rule属性

边框是非常重要的CSS属性之一，通过边框可以划分不同的区域。CSS3新增column-rule属性，在多列布局中，通过该属性设置多列布局的边框，用于区分不同的列。基于webkit内核的替代私有属性是-webkit-column-rule，基于gecko内核的替代私有属性是-moz-column-rule。

column-rule属性的语法格式如下。

```
column-rule: [column-rule-width] || [column-rule-style] || [column-rule-color];
```

column-rule属性的相关属性值说明如下。

● **<column-rule-width>**：该属性值用于设置分隔线的宽度，由浮点数和单位标识符组成的长度值，不可以为负值。
● **<column-rule-style>**：该属性值用于设置分隔线的样式。
● **<column-rule-color>**：该属性值用于设置分隔线的颜色。

## 12.3.6 横跨所有列——column-span属性

CSS3新增column-span属性，在多列布局中，该属性用于定义元素跨列显示。基于webkit内核的替代私有属性是-webkit-column-span，gecko内核的浏览器暂不支持该属性。

column-span属性的语法格式如下。

```
column-span: 1 | all;
```

设置该属性值为1，表示元素在一列中显示；设置该属性值为all，表示元素横跨所有列显示。

**实战** 实现网页内容的分栏显示效果
最终文件：最终文件\第12章\12-3-6.html　　视频：视频\第12章\12-3-6.mp4

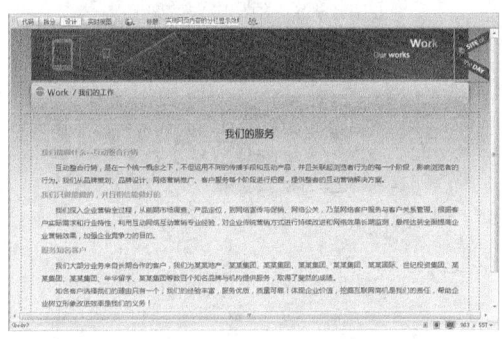

图12-51 打开页面

**01** 执行"文件>打开"命令，打开页面"源文件\第12章\12-3-6.html"，效果如图12-51所示。切换到该网页所链接的外部CSS样式表文件中，找到名为#main的CSS样式，如图12-52所示。

```
#main {
    width: 840px;
    margin: 0px auto 20px auto;
    padding: 20px;
}
```

图12-52 CSS样式代码

**02** 在该CSS样式中添加列宽度column-width属性设置代码，如图12-53所示。保存页面，并保存外部CSS样式表文件，在浏览器中预览页面，可以看到网页元素被分为多栏，并且第一栏的宽度为150px，效果如图12-54所示。

```
#main {
    width: 840px;
    margin: 0px auto 20px auto;
    padding: 20px;
    column-width: 150px;
}
```

图12-53　添加属性设置代码

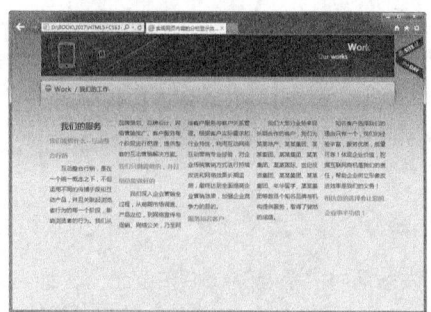

图12-54　预览页面效果

**03** 返回外部CSS样式表文件中，在名为#main的CSS样式中，将刚添加的column-width属性设置删除，添加定义栏目列数column-count属性设置代码，如图12-55所示。保存页面，并保存外部CSS样式表文件，在浏览器中预览页面，可以看到网页元素被分为2栏，如图12-56所示。

```
#main {
    width: 840px;
    margin: 0px auto 20px auto;
    padding: 20px;
    column-count: 2;
}
```

图12-55　添加属性设置代码

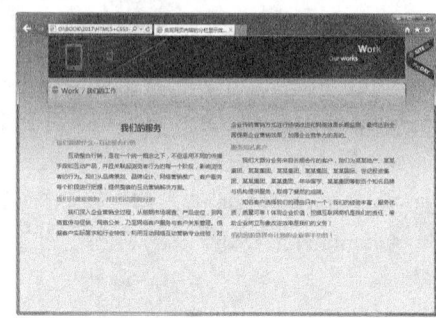

图12-56　预览页面效果

**04** 返回外部CSS样式表文件中，在名为#main的CSS样式中添加列间距column-gap属性设置代码，如图12-57所示。保存页面，并保存外部CSS样式表文件，在浏览器中预览页面，可以看到所设置的列间距效果，如图12-58所示。

```
#main {
    width: 840px;
    margin: 0px auto 20px auto;
    padding: 20px;
    column-count: 2;
    column-gap: 40px;
}
```

图12-57　添加属性设置代码

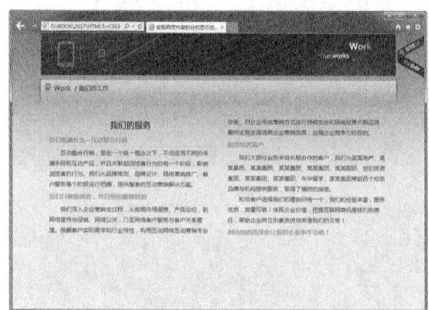

图12-58　预览页面效果

**05** 返回外部CSS样式表文件中，在名为#main的CSS样式中添加列分隔线column-rule属性设置代码，如图12-59所示。保存页面，并保存外部CSS样式表文件，在浏览器中预览页面，可以看到所设置的列分隔线效果，如图12-60所示。

```
#main {
    width: 840px;
    margin: 0px auto 20px auto;
    padding: 20px;
    column-count: 2;
    column-gap: 40px;
    column-rule: dashed 1px #999;
}
```

图12-59　添加属性设置代码

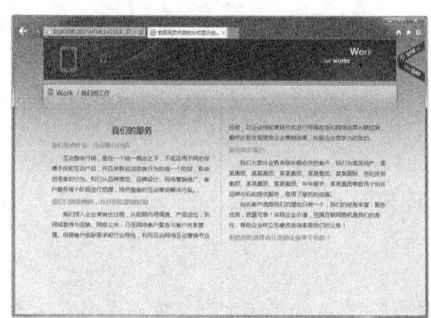

图12-60　预览页面效果

06 返回外部CSS样式表文件中，找到名为#main h1的类CSS样式，在该CSS样式中添加横跨所有列column-span属性设置代码，如图12-61所示。保存页面，并保存外部CSS样式表文件，在浏览器中预览页面，可以看到文章标题横跨所有列的效果，如图12-62所示。

```
#main h1 {
    font-size: 20px;
    line-height: 40px;
    color: #036;
    width: 100%;
    text-align: center;
    column-span: all;
}
```

图 12-61　添加属性设置代码

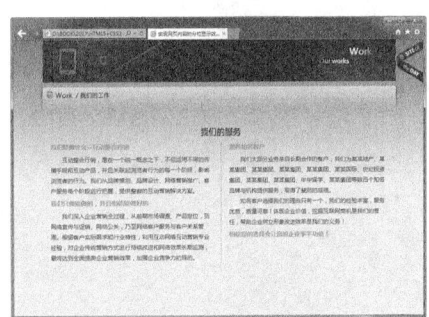

图 12-62　预览页面效果

## ▶▶▶ 12.4　本章小结

　　本章主要介绍了通过CSS样式对网页元素进行布局定位的相关属性的设置和使用方法，通过对本章内容的学习，读者能够熟练掌握各种网页元素定位方法，并能够在网页制作过程中灵活运用。网页布局的好坏，直接影响到网页加载的速度。

# CSS3盒模型

基于Web标准的网站设计的核心在于如何运用众多Web标准盒中的各种技术来实现表现和内容的分离。只有真正实现了结构分离的网页，才是符合Web标准的网页设计，而CSS盒模型则是网页布局设计中非常重要的概念。本章将向读者介绍CSS盒模型的相关知识，从而使读者对网页布局设计的理解更加透彻。

**本章知识点**

- 理解传统的CSS盒模型
- 了解CSS3弹性和增强的盒模型
- 认识并掌握CSS3新增用户界面设计属性

## ▶▶▶ **13.1** 传统CSS盒模型

盒模型是使用Div+CSS对网页元素进行控制时一个非常重要的概念，只有很好地理解和掌握了盒模型及其中每个元素的用法，才能真正地控制页面中各元素的位置。

### 13.1.1 什么是CSS盒模型

在CSS中，所有的页面元素都包含在一个矩形框内，这个矩形框就称为盒模型。盒模型描述了元素及其属性在页面布局中所占的空间大小，因此盒模型可以影响其他元素的位置及大小。一般来说，这些被占据的空间往往都比单纯的内容要大。换句话说，可以通过整个盒子的边框和距离等参数，来调节盒子的位置。

盒模型是由margin（边界）、border（边框）、padding（填充）和content（内容）几个部分组成的，此外，在盒模型中，还具备高度和宽度两个辅助属性，如图13-1所示。

从图中可以看出，盒模型包含4个部分的内容。

**1. margin属性**

margin属性称为边界或称为外边距，用来设置内容与内容之间的距离。

**2. border属性**

border属性称为边框或内容边框线，可以设置边框的粗细、颜色和样式等。

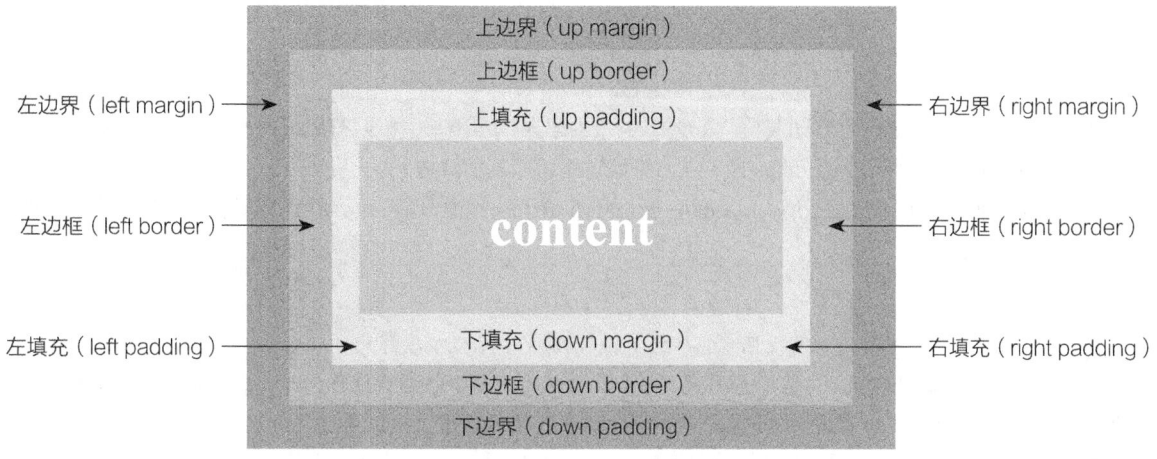

图13-1　CSS盒模型示意图

### 3. padding属性

padding属性称为填充或称为内边距，用来设置内容与边框之间的距离。

### 4. content

content称为内容，是盒模型中必需的一部分，可以放置文字、图像等内容。

---

提示

　　一个盒子的实际高度或宽度是由content+padding+border+margin组成的。在CSS中，可以通过设置width或height属性来控制content部分的大小，并且对于任何一个盒子，都可以分别设置4边的border、margin和padding。

---

## 13.1.2　CSS盒模型要点

关于CSS盒模型，在使用过程中有以下几个要点需要注意。

（1）边框默认的样式（border-style）可设置为不显示（none）。

（2）填充值（padding）不可为负。

（3）边界值（margin）可以为负，其显示效果在各浏览器中可能不同。

（4）内联元素，如<a>，定义上下边界不会影响到行高。

（5）对于块级元素，未浮动的垂直相邻元素的上边界和下边界会被压缩。例如，有上下两个元素，上面元素的下边界为10px，下面元素的上边界为5px，则实际两个元素的间距为10px（两个边界值中较大的值），这就是盒模型的垂直空白边叠加的问题。

（6）浮动元素（无论是左还是右浮动）边界不压缩。如果浮动元素不声明宽度，则其宽度趋向于0，即压缩到其内容能承受的最小宽度。

（7）如果盒中没有内容，则即使定义了宽度和高度都为100%，实际上只占0，因此不会被显示，此处在使用Div+CSS布局的时候需要特别注意。

## 13.1.3　边距——margin属性

margin属性用于设置页面中元素和元素之间的距离，即定义元素周围的空间范围，是页面排版中一个比较重要的概念。

margin属性的语法格式如下。

```
margin: auto | length;
```

其中，auto表示根据内容自动调整，length表示由浮点数字和单位标识符组成的长度值或百分数，百分数是基于父对象的高度。对于内联元素来说，左右外缘边距可以是负数值。

Margin属性包含margin-top、margin-right、margin-bottom和margin-left这4个子属性，分别用于控制元素4周的边距。

---技巧---

在给margin设置值时，如果提供4个参数值，将按顺时针的顺序作用于上、右、下、左4边；如果只提供1个参数值，则将作用于4边；如果提供2个参数值，则第1个参数值作用于上、下两边，第2个参数值作用于左、右两边；如果提供3个参数值，第1个参数值作用于上边，第2个参数值作用于左、右两边，第3个参数值作用于下边。

---

## 13.1.4 边框——border属性

border属性是内边距和外边距的分界线，可以分离不同的HTML元素，border的外边是元素的最外围。在网页设计中，如果计算元素的宽和高，则需要把border属性值计算在内。

Border属性的语法格式如下。

```
Border : border-style | border-color | border-width;
```

border属性有3个子属性，分别是border-style（边框样式）、border-width（边框宽度）和border-color（边框颜色）。

## 13.1.5 填充——padding属性

在CSS中，可以通过设置padding属性定义内容与边框之间的距离，即内边距。

Padding属性的语法格式如下。

```
Padding: length;
```

padding属性值可以是一个具体的长度，也可以是一个相对于上级元素的百分比，但不可以使用负值。

Padding属性包括padding-top、padding-right、padding-bottom和padding-left这4个子属性，分别用于控制元素4周的填充。

---技巧---

在给padding设置值时，如果提供4个参数值，将按顺时针的顺序作用于上、右、下、左4边；如果只提供1个参数值，则将作用于4边；如果提供2个参数值，则第1个参数值作用于上、下两边，第2个参数值作用于左、右两边；如果提供3个参数值，第1个参数值作用于上边，第2个参数值作用于左、右两边，第3个参数值作用于下边。

---

**实战** 设置网页元素盒模型
最终文件：最终文件\第13章\13-1-5.html    视频：视频\第13章\13-1-5.mp4

01 执行"文件>打开"命令，打开页面"源文件\第13章\13-1-5.html"，效果如图13-2所示。将鼠标光标移至名为pic的div中，将多余的文字删除，插入图像"源文件\第13章\images\131503.jpg"，效果如图13-3所示。

图13-2　打开页面

图13-3　插入图像

02 切换到该网页所链接的外部CSS样式表文件中，创建名称为#pic的CSS样式，在该CSS样式中添加margin外边距属性设置，如图13-4所示。返回网页设计视图中，选中页面中id名称为pic的div，可以看到设置的外边距的效果，如图13-5所示。

```
#pic {
    width: 937px;
    height: 751px;
    background-color: rgba(0,0,0,0.5);
    margin: 50px auto 0px auto;
}
```

图13-4　CSS样式代码

图13-5　页面效果

> 提示
>
> 在网页中如果希望元素水平居中显示，则可以通过margin属性设置左边距和右边距均为auto，则该元素在网页中会自动水平居中显示。

03 返回到外部CSS样式表文件中，在名为#pic的CSS样式中添加border属性设置，如图13-6所示。返回网页设计视图中，可以看到为页面中id名称为pic的div设置边框的效果，如图13-7所示。

```
#pic {
    width: 937px;
    height: 751px;
    background-color: rgba(0,0,0,0.5);
    margin: 50px auto 0px auto;
    border: solid 10px #FFF;
}
```

图13-6　添加边框属性设置代码

图13-7　页面效果

> 提示
>
> border属性不仅可以设置图像的边框，还可以为其他元素设置边框，如表单元素、div等。在本实例中，主要讲解的是使用border属性为div元素添加边框。

04 返回到外部CSS样式表文件中，在名为#pic的CSS样式中添加padding属性设置，如图13-8所示。返回网页设计视图中，选中页面中id名称为pic的div，可以看到设置的填充效果，如图13-9所示。

```
#pic {
    width: 897px;
    height: 711px;
    background-color: rgba(0,0,0,0.5);
    margin: 50px auto 0px auto;
    border: solid 10px #FFF;
    padding: 20px;
}
```

图13-8 添加填充属性设置代码

图13-9 页面效果

> **提示**
>
> 　　在CSS样式代码中，width和height属性分别定义的是div的内容区域的宽度和高度，并不包括margin、border和padding，此处在CSS样式中添加了padding属性设置4边的填充均为20px，则需要在高度值上减去40px，在宽度值上同样减去40px，这样才能够保证div的整体宽度和高度不变。

**05** 保存页面，并保存外部CSS样式表文件，在浏览器中预览页面，效果如图13-10所示。

图13-10 预览页面效果

> **提示**
>
> 　　从盒模型中可以看出，中间部分就是content（内容），它主要用来显示内容，这部分也是整个盒模型的主要部分，其他的如margin、border、padding所做的操作都是对content部分所做的修饰。对于内容部分的操作，也就是对文、图像等页面元素的操作。

## ▶▶▶ 13.2　CSS3弹性盒模型

　　弹性盒子模型是CSS3最新引进的盒子模型处理机制，使用弹性盒模型，可以实现盒元素内部的多种布局，包括排列方向、排列顺序、空间分配和对齐方式等，大大增强了布局的灵活性，可以轻松地设计出自适应浏览器窗口的流动布局或者自适应大小的弹性布局。

　　CSS3为弹性盒子模型新增了8个属性，如表13-1所示。

表13-1　　　　　　　　　　　　　　　　新增的盒子模型的相关属性

| 属性 | 说明 |
| --- | --- |
| box-orient | box-orient属性用于定义盒子分布的坐标轴 |
| box-align | box-align属性用于定义子元素在盒子内垂直方向上的空间分配方式 |
| box-direction | box-direction属性用于定义盒子的显示顺序 |
| box-flex | box-flex属性定义子元素在盒子内的自适应尺寸 |

| 属性 | 说明 |
|---|---|
| box-flex-group | box-flex-group属性用于定义自适应子元素群组 |
| box-lines | box-lines属性用于定义子元素分布显示 |
| box-ordinal-group | box-ordinal-group属性用于定义子元素在盒子内的显示位置 |
| box-pack | box-pack属性用于定义子元素在盒子内水平方向上的空间分配方式 |

## 13.2.1　开启弹性盒模型

弹性盒模型是CSS3新增的新型布局方式，它比传统的浮动布局方式更加完善、更加灵活，而使用方法却非常简单。

开启弹性盒模型的方法，就是把display属性值设置为box或inline-box。目前还没有浏览器支持box属性值，为了能兼容webkit内核和gecko内核的浏览器，可以分别使用-webkit-box和-moz-box属性。开启弹性盒模型后，文档就会按照弹性盒模型默认的方式来布局子元素。

如下面的页面代码。

```
<!doctype html>
<html>
<head>
<meta charset="utf-8">
<title>CSS3弹性盒模型</title>
<style type="text/css">
body {
    display: box;                /*标准声明显示盒子*/
    display: -moz-box;           /*兼容gecko核心浏览器*/
    display: -webkit-box;        /*兼容webkit核心浏览器*/
}
#left {
    width: 160px;
    height: 500px;
    background-color: #09F;
    text-align: center;
    padding: 20px;
}
#main {
    width: 560px;
    height: 500px;
    background-color: #F90;
    text-align: center;
    padding: 20px;
}
#right {
    width: 160px;
    height: 500px;
```

```
    background-color: #9C0;
    text-align: center;
    padding: 20px;
}
</style>
</head>
<body>
<div id="left">左侧盒子</div>
<div id="main">中间盒子</div>
<div id="right">右侧盒子</div>
</body>
</html>
```

在以上的代码中，在body标签的CSS样式中设置了display
属性为box，并针对webkit内核和gecko内核设置了各自的
私有属性值，body标签中的内部元素将改变原有的文档流动方
式，使用弹性盒模型默认的文档流动方式布局。

在Chrome浏览器中预览该页面，可以看到在页面中显
示了3个盒子，并且这3个盒子是并列在一行中显示的，而在
CSS样式代码中并没有设置任何的定位属性。效果如图13-11
所示。

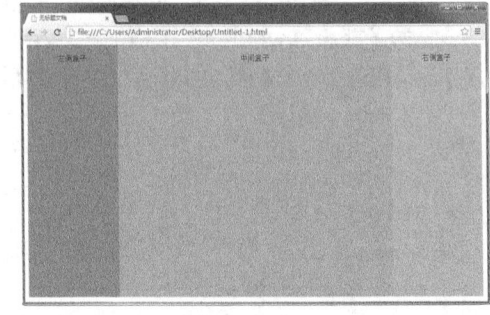

图13-11　预览页面效果

## 13.2.2　布局方向——box-orient属性

元素布局方向是指弹性盒模型内部的元素流动布局方向，包括横排和竖排两种。在CSS中，元素布局方向
可以通过CSS3新增的box-orient属性进行控制。基于webkit内核的替代私有属性是-webkit-box-orient，
基于gecko内核的替代私有属性是-moz-box-orient。

box-orient属性的语法格式如下。

```
box-orient: horizontal | vertical | inline-axis | block-axis | inherit;
```

box-orient的相关属性值说明如下。

- **horizontal**：可以将盒子元素从左到右在一条水平线上显示它的子元素。
- **vertical**：可以将盒子元素从上到下在一条垂直线上显示它的子元素。
- **inline-axis**：可以将盒子元素沿着内联轴显示它的子元素。
- **block-axis**：可以将盒子元素沿着块轴显示它的子元素。
- **inherit**：表示盒子继承父元素的相关属性。

例如，修改CSS样式代码时，在开启弹性盒模型布局的基础上，改变3个div的布局方向为竖向显示。

```
<style type="text/css">
body {
    display: box;                     /*标准声明显示盒子*/
    display: -moz-box;                /*兼容gecko核心浏览器*/
    display: -webkit-box;             /*兼容webkit核心浏览器*/
    box-orient: vertical;             /*设置为竖向布局方式*/
    -webkit-box-orient: vertical;     /*兼容webkit核心浏览器*/
```

```
    -moz-box-orient: vertical;          /*兼容gecko核心浏览器*/
}
#left {
    width: 960px;
    height: 200px;
    background-color: #09F;
    text-align: center;
    padding: 20px;
}
#main {
    width: 960px;
    height: 200px;
    background-color: #F90;
    text-align: center;
    padding: 20px;
}
#right {
    width: 960px;
    height: 200px;
    background-color: #9C0;
    text-align: center;
    padding: 20px;
}
</style>
```

添加box-orient属性，将该属性设置为vertical，表示弹性盒模型内部按垂直方向布局，并设置了兼容样式。为了显示整齐同时也修改了3个div的宽度和高度。在Chrome浏览器中预览页面，可以看到3个盒子垂直布局的效果，如图13-12所示。

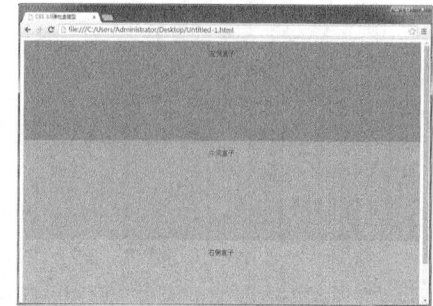

图13-12　预览页面效果

## 13.2.3　布局顺序——box-direction属性

元素布局顺序是用来控制弹性盒模型中子元素的排列顺序，也可以说是控制弹性盒模型内部元素的流动顺序。在CSS样式中，元素布局顺序可以通过CSS3新增的box-direction属性进行设置。基于webkit内核的替代私有属性是-webkit-box-direction，基于gecko内核的替代私有属性是-moz-box-direction。

box-direction属性的语法格式如下。

```
box-direction: normal | reverse | inherit;
```

box-direction的相关属性值说明如下。

- **normal**：表示盒子顺序为正常显示顺序，即当盒子元素的box-orient属性值为horizontal时，则其包含的子元素按照从左到右的顺序进行显示，也就是说，每个子元素的左边总是靠着前一个子元素的右边；当盒子元素的box-orient属性值为vertical时，则其包含的子元素按照从上到下的顺序进行显示。
- **reverse**：表示盒子所包含的子元素的显示顺序与normal相反。
- **inherit**：表示继承上级元素的显示顺序。

例如，修改CSS样式代码时，在开启弹性盒模型布局的基础上，改变3个div的布局方向为反向显示。

```
<style type="text/css">
body {
    display: box;                          /*标准声明显示盒子*/
    display: -moz-box;                     /*兼容gecko核心浏览器*/
    display: -webkit-box;                  /*兼容webkit核心浏览器*/
    box-direction: reverse;                /*设置为反向布局顺序*/
    -webkit-box-direction: reverse;        /*兼容webkit核心浏览器*/
    -moz-box-direction: reverse;           /*兼容gecko核心浏览器*/
}
#left {
    width: 160px;
    height: 500px;
    background-color: #09F;
    text-align: center;
    padding: 20px;
}
#main {
    width: 560px;
    height: 500px;
    background-color: #F90;
    text-align: center;
    padding: 20px;
}
#right {
    width: 160px;
    height: 500px;
    background-color: #9C0;
    text-align: center;
    padding: 20px;
}
</style>
```

添加box-direction属性，将该属性值设置为reverse，表示弹性盒模型内部的子元素按反向顺序布局，并设置了兼容样式。弹性盒模型内默认的布局方式为水平方向布局，在Chrome浏览器中预览页面，可以看到3个盒子在水平方向上反向显示的效果，如图13-13所示。

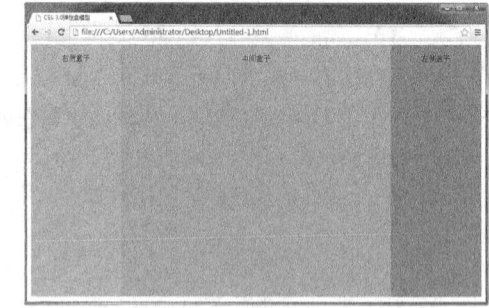

图13-13　预览页面效果

## 13.2.4　元素位置——box-ordinal-group 属性

元素位置指的是元素在弹性盒模型中的具体位置。在CSS样式中，元素位置可以通过CSS3新增的box-ordinal-group属性进行设置。基于webkit内核的替代私有属性是-webkit-box-ordinal-group，基于gecko内核的替代私有属性是-moz-box-ordinal-group。

box-ordinal-group属性的语法格式如下。

```
box-ordinal-group: <integer>;
```

参数值<integer>代表的是一个自然数，从1开始，用来设置子元素的位置序号，子元素会根据该属性的参数值从小到大进行排列。当不确定子元素的box-ordinal-group属性值时，其序号全部默认为1，并且相同序号的元素会按照其在文档中加载的顺序进行排列。

例如，修改CSS样式代码时，在开启弹性盒模型布局的基础上，修改左侧div和中间div的显示位置。

```
<style type="text/css">
body {
    display: box;                       /*标准声明显示盒子*/
    display: -moz-box;                  /*兼容gecko核心浏览器*/
    display: -webkit-box;               /*兼容webkit核心浏览器*/
}
#left {
    width: 160px;
    height: 500px;
    background-color: #09F;
    text-align: center;
    padding: 20px;
    box-ordinal-group: 2;               /*标准设置元素位置用法*/
    -webkit-box-ordinal-group: 2;       /*兼容webkit核心浏览器*/
    -moz-box-ordinal-group: 2;          /*兼容gecko核心浏览器*/
}
#main {
    width: 560px;
    height: 500px;
    background-color: #F90;
    text-align: center;
    padding: 20px;
}
#right {
    width: 160px;
    height: 500px;
    background-color: #9C0;
    text-align: center;
    padding: 20px;
    box-ordinal-group: 3;               /*标准设置元素位置用法*/
    -webkit-box-ordinal-group: 3;       /*兼容webkit核心浏览器*/
    -moz-box-ordinal-group: 3;          /*兼容gecko核心浏览器*/
}
</style>
```

在名为#left的CSS样式设置中添加box-ordinal-group属性设置，设置值为2，在名为#right的CSS样式设置中添加box-ordinal-group属性设置，设置值为3，从而改变3个div的显示顺序。在Chrome浏览器中预览页面，可以看到3个盒子在水平方向上改变显示顺序的效果，如图13-14所示。

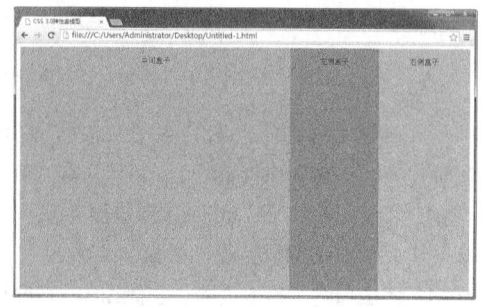

图13-14　预览页面效果

## 13.2.5 空间分配——box-flex属性

CSS3中新增的box-flex属性，用于定义弹性盒模型内部子元素是否具有空间弹性。当盒元素的尺寸缩小（或扩大）时，被定义为有空间弹性的子元素的尺寸也会缩小（或扩大）。每当盒元素有额外的空间时，具有空间弹性的子元素，会扩大自身大小来填补这一空间。基于webkit内核的替代私有属性是-webkit-box-flex，基于gecko内核的替代私有属性是-moz-box-flex。

box-flex属性的语法格式如下。

```
box-flex: <value>;
```

参数值<value>代表的是一个整数或者小数，不可以为负值，默认值为0.0。使用空间弹性属性设置，使得盒元素的内部元素的总宽度和总高度始终等于盒元素的宽度与高度。不过只有当盒元素具有确定的宽度或高度时，才能表现出子元素的空间弹性。

例如，修改CSS样式代码时，在开启弹性盒模型布局的基础上，设置3个div的宽度相同，并在左侧的div中添加box-flex属性，使其具有空间弹性。

```
<style type="text/css">
body {
    display: box;                    /*标准声明显示盒子*/
    display: -moz-box;               /*兼容gecko核心浏览器*/
    display: -webkit-box;            /*兼容webkit核心浏览器*/
}
div {
    width: 160px;                    /*设置3个div的固定宽度为160px*/
    height: 500px;
    padding: 20px;
}
#left {
    background-color: #09F;
    text-align: center;
    box-flex: 1;                     /*标准用法*/
    -webkit-box-flex: 1;             /*兼容webkit核心浏览器*/
    -moz-box-flex: 1;                /*兼容gecko核心浏览器*/
}
#main {
    background-color: #F90;
    text-align: center;
}
#right {
    background-color: #9C0;
    text-align: center;
}
</style>
```

在弹性盒模型中左侧的div的CSS样式设置中添加box-flex属性设置，设置其属性值为1，使其具有空间弹性以分配弹性盒模型中的剩余空间。在Chrome浏览器中预览页面，可以看到3个盒子中左侧盒子的弹性空间效果，如图13-15所示。在本示例中，当浏览器窗口的宽度改变时，左侧div的宽度也会跟着变化。

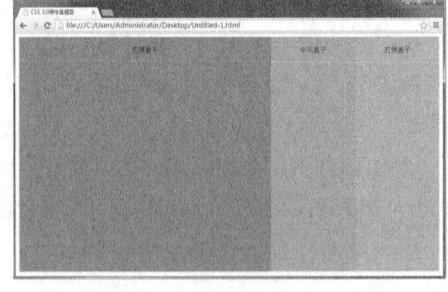

图13-15　预览页面效果

# 13.2.6 对齐方式——box-pack和box-align属性

CSS3中新增的box-pack和box-align属性，分别用于设置弹性盒模型内部元素的水平对齐方式和垂直对齐方式。这种对齐方式，对盒元素内部的文字、图像及子元素都是有效的。基于webkit内核的替代私有属性是-webkit-box-pack和-webkit-box-align，基于gecko内核的替代私有属性是-moz-box-pack和-moz-box-align。

box-pack属性可以设置子元素在水平方向上的对齐方式，box-pack属性的语法格式如下。

```
box-pack: start | end | center | justify;
```

box-pack的相关属性值说明如下。

- **start**：表示所有子容器都分布在父容器的左侧，右侧留空。
- **end**：表示所有子容器都分布在父容器的右侧，左侧留空。
- **center**：表示所有子容器平均分布（默认值）。
- **justify**：表示平均分配父容器中的剩余空间（能压缩子容器的大小，并且具有全局居中的效果）。

box-align属性可以设置子元素在垂直方向上的对齐方向，box-align属性的语法格式如下。

```
box-align: start | end | center | baseline | stretch;
```

box-align的相关属性值说明如下。

- **start**：表示子容器从父容器的顶部开始排列，富余空间将显示在盒子的底部。
- **end**：表示子容器从父容器的底部开始排列，富余空间将显示在盒子的顶部。
- **center**：表示子容器横向居中，富余空间在子容器的两侧分配，上下各一半。
- **baseline**：表示所有盒子沿着它们的基线排列，富余空间可以前后显示。
- **stretch**：表示每个子元素的高度被调整到适合盒子的高度显示，即所有子容器和父容器将保持同一高度。

---
提示 ─

　box-pack属性和box-align属性仅在弹性盒模型中使用。在传统的对齐方式中，text-align属性和vertical-align属性分别定义元素内的水平方向和垂直方向对齐，但不适用于弹性盒模型布局。

---

# 13.2.7 实现网页元素水平和垂直居中对齐

在以前想要实现元素在网页中的水平和垂直方向同时居中显示的效果，通常需要借助于绝对定位的方法来实现，有可能还会遇到浏览器兼容性的问题。在CSS3中，通过新增的box-pack属性和box-align属性，可以轻松地将元素放置在页面中水平居中和垂直居中的位置。

**实战** 实现网页元素水平和垂直居中对齐
最终文件：最终文件\第13章\13-2-7.html　　　视频：视频\第13章\13-2-7.mp4

[01] 打开页面"源文件\第13章\13-2-7.html"，页面效果如图13-16所示。切换到代码视图中可以看到该页面的HTML代码，如图13-17所示。

[02] 切换到该网页所链接的外部CSS样式表文件中，可以看到页面的CSS样式代码，如图13-18所示。在Chrome浏览器中预览页面，可以看到，页面中名称为logo的div中的图像默认显示在页面的左上角位置，如图13-19所示。

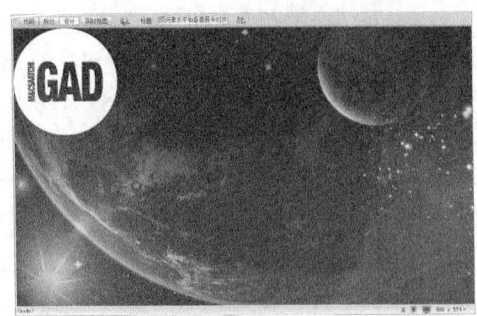

图13-16　打开页面

```
<!doctype html>
<html>
<head>
<meta charset="utf-8">
<title>实现网页元素水平和垂直居中对齐</title>
<link href="style/13-2-7.css" rel="stylesheet"
type="text/css">
</head>

<body>
<div id="box">
  <div id="logo"><img src="images/132703.png"
width="220" height="220"  alt=""/></div>
</div>
</body>
</html>
```

图13-17　网页HTML代码

```
* {
    margin: 0px;
    padding: 0px;
}
html,body {
    height: 100%;
}
body {
    background-image: url(../images/132701.jpg);
    background-repeat: no-repeat;
    background-position: center top;
}
#box {
    width: 100%;
    height: 100%;
    background-image: url(../images/132702.png);
    background-repeat: repeat;
}
#logo {
    width: 220px;
    height: 220px;
}
```

图13-18　CSS样式代码

图13-19　在Chrome浏览器中预览页面

**03** 返回外部CSS样式表文件中，在名为#box的CSS样式设置代码中添加相应的CSS样式设置，如图13-20所示。保存外部CSS样式表文件，在Chrome浏览器中预览页面，可以看到，页面中名称为logo的div中的图像显示在页面水平和垂直居中的位置，如图13-21所示。

```
#box {
    width: 100%;
    height: 100%;
    background-image: url(../images/132702.png);
    background-repeat: repeat;
    /*开启弹性盒模型*/
    display: box;
    display: -webkit-box;
    display: -moz-box;
    /*水平居中*/
    box-pack: center;
    -webkit-box-pack: center;
    -moz-box-pack: center;
    /*垂直居中*/
    box-align: center;
    -webkit-box-align: center;
    -moz-box-align: center;
}
```

图13-20　添加设置代码

图13-21　在Chrome浏览器中预览页面

提示

　　在名为#box的CSS样式中首先添加display:box设置代码，将该div设置为弹性盒模型，接着设置box-pack属性为center，使弹性盒模型中的元素水平居中，设置box-align属性为center，使弹性盒模型中的元素垂直居中。

## 13.2.8 实现网页元素底部对齐

在CSS3出现之前，可以通过绝对定位的方式实现将元素与页面的底部对齐，而通过CSS3中新增的box-pack属性和box-align属性，能够轻松地实现元素底部对齐效果。

**实战** 实现网页元素底部对齐
最终文件：最终文件\第13章\13-2-8.html　　视频：视频\第13章\13-2-8.mp4

**01** 打开页面"源文件\第13章\13-2-8.html"，页面效果如图13-22所示。在Chrome浏览器中预览页面，可以看到实现的元素在页面中水平和垂直居中对齐的效果，如图13-23所示。

图13-22 打开页面

图13-23 在Chrome浏览器中预览页面

**02** 返回网页所链接的外部CSS样式表文件中，找到名为#box的CSS样式设置代码，如图13-24所示。对该CSS样式设置代码中的box-align属性进行修改，如图13-25所示。

```
#box {
    width: 100%;
    height: 100%;
    background-image: url(../images/132702.png);
    background-repeat: repeat;
    /*开启弹性盒模型*/
    display: box;
    display: -webkit-box;
    display: -moz-box;
    /*水平居中*/
    box-pack: center;
    -webkit-box-pack: center;
    -moz-box-pack: center;
    /*垂直居中*/
    box-align: center;
    -webkit-box-align: center;
    -moz-box-align: center;
}
```

图13-24 CSS样式代码

```
#box {
    width: 100%;
    height: 100%;
    background-image: url(../images/132702.png);
    background-repeat: repeat;
    /*开启弹性盒模型*/
    display: box;
    display: -webkit-box;
    display: -moz-box;
    /*水平居中*/
    box-pack: center;
    -webkit-box-pack: center;
    -moz-box-pack: center;
    /*垂直底部对齐*/
    box-align: end;
    -webkit-box-align: end;
    -moz-box-align: end;
}
```

图13-25 修改属性设置

**03** 保存外部CSS样式表文件，在Chrome浏览器中预览页面，可以看到元素在页面中水平居中和垂直居底的显示效果，如图12-26所示。无论如何修改浏览器窗口的大小，元素始终与底部对齐，如图12-27所示。

— 技巧 —
　　在名为#box的CSS样式中设置box-pack属性为center，使弹性盒模型中的元素水平居中，设置box-align属性为end，使弹性盒模型中的元素紧贴底部对齐。

图13-26　在Chrome浏览器中预览页面

图13-27　元素始终位于页面底部居中的位置

# ▶▶▶ 13.3　增强的CSS3盒模型

盒模型是网页设计中最基本、最重要的模型。CSS3新增的与盒模型有关的属性，如盒子阴影、盒子尺寸和溢出处理等，为前端设计师带来更多的便利及人性化设计。

## 13.3.1　元素阴影——box-shadow属性

在CSS3中新增了为元素添加阴影的新属性box-shadow，通过该属性可以轻松地实现网页中元素的阴影效果。

Box-shadow属性的语法格式如下。

```
Box-shadow: none | [inset]? [<length>]{2,4} [<color>]?;
```

box-shadow的相关属性值说明如下。

- **none**：默认值，表示没有阴影。
- **inset**：可选值，表示设置阴影的类型为内阴影，默认为外阴影。
- **length**：是由浮点数字和单位标识符组成的长度值，可以取负值。4个length分别表示阴影的水平偏移、垂直偏移、模糊距离和阴影大小，其中水平偏移和垂直偏移是必需的值，模糊半径和阴影大小可选。
- **color**：可选值，该属性值用于设置阴影的颜色。

完整的阴影属性值包含6个参数值：阴影类型、水平偏移长度、垂直偏移长度、模糊半径、阴影大小和阴影颜色，其中水平偏移长度和垂直偏移长度是必需的，其他的参数都可以有选择地省略。

> **提示**
>
> 元素阴影box-shadow属性和文本阴影text-shadow属性看起来很相像，但是它们的语法是有所区别的，元素阴影主要应用于页面元素，而文本阴影则应用于文字。

---

**实战** ▸ **为网页元素添加阴影效果**

最终文件：最终文件\第13章\13-3-1.html　　　视频：视频\第13章\13-3-1.mp4

---

**01** 执行"文件>打开"命令，打开页面"源文件\第13章\13-3-1.html"，效果如图13-28所示。切换到外部CSS样式表文件中，找到名为#pic的CSS样式设置代码，如图13-29所示。

**02** 在该样式代码中添加定义元素阴影的box-shadow属性设置代码，如图13-30所示。保存页面，并保存外部

CSS样式表文件，在浏览器中预览页面，可以看到页面中元素阴影的效果，如图13-31所示。

图13-28 打开页面

```
#pic {
    height: 553px;
    width: 820px;
    margin: 50px auto 0px auto;
    border: solid 8px #FFF;
}
```

图13-29 CSS样式代码

```
#pic {
    height: 553px;
    width: 820px;
    margin: 50px auto 0px auto;
    border: solid 8px #FFF;
    box-shadow: 12px 12px 20px #666;
}
```

图13-30 添加元素阴影属性设置代码

图13-31 预览页面效果

> **提示**
>
> 此处在box-shadow属性中设置了阴影的水平偏移值、垂直偏移值、模糊半径和阴影颜色，没有设置阴影的类型，所以默认的阴影类型为外部阴影。

## 13.3.2 元素尺寸大小——box-sizing属性

当为一个盒元素同时设置border、padding和width或height属性时，在不同的浏览器下会有不同的尺寸。特别是在IE浏览器中，width和height是包含border和padding的，标准的width和height是不包含border和padding的。为此，要写大量的hack，以满足不同浏览器的需要。

CSS3对盒模型进行了改善，新增的box-sizing属性可用于定义width和height的计算方法，可自由定义是否包含border和padding。

box-sizing属性的语法格式如下。

```
box-sizing: content-box | padding-box | border-box | inherit;
```

box-sizing的属性值说明如下。

- **content-box**：默认值，计算方法为width/height=content，表示指定的宽度和高度仅限内容区域，边框和内填充的宽度不包含在内。
- **padding-box**：计算方法为width/height=content+padding，表示指定的宽度和高度包含内填充和内容区域，边框宽度不包含在内。
- **border-box**：计算方法为width/height=content+padding+border，表示指定的宽度和高度包含边框、内填充和内容区域。

● **inherit**：表示继承父元素中 box-sizing 属性的值。

## 13.3.3 元素溢出处理——overflow-x 和 overflow-y 属性

在 CSS2 规范中，就已经有处理溢出的 overflow 属性，该属性定义当盒子的内容超出盒子边界时的处理方法。CSS3 新增的 overflow-x 属性和 overflow-y 属性，是对 overflow 属性的补充，分别表示水平方向上溢出处理和垂直方向上的溢出处理。

overflow-x 属性和 overflow-y 属性的语法格式如下。

```
overflow-x: visible | auto | hidden | scroll | no-display | no-content;
overflow-y: visible | auto | hidden | scroll | no-display | no-content;
```

overflow-x 属性和 overflow-y 的属性值说明如下。

● **visible**：默认值，盒子内容溢出时，不裁剪溢出的内容，超出盒子边界的部分将显示在盒元素之外。
● **auto**：盒子溢出时，显示滚动条。
● **hidden**：盒子溢出时，溢出的内容将被裁剪，并且不显示滚动条。
● **scroll**：始终显示滚动条。
● **no-display**：当盒子溢出时，不显示元素，该属性值是新增的。
● **no-content**：当盒子溢出时，不显示内容，该属性值是新增的。

---

**实战** 设置内容溢出处理方式

最终文件：最终文件\第13章\13-3-3.html　　　视频：视频\第13章\13-3-3.mp4

---

**01** 执行"文件>打开"命令，打开页面"源文件\第13章\13-3-3.html"，页面效果如图 13-32 所示。将鼠标光标移至名为 box 的 div 中，将多余文字删除，插入相应的图像，如图 13-33 所示。

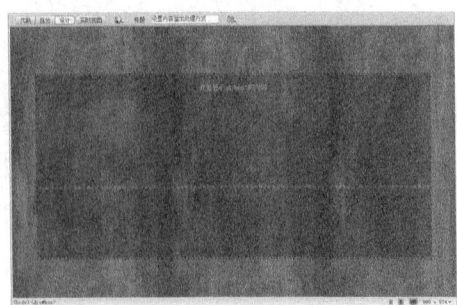

图 13-32 打开页面

图 13-33 插入图像

**02** 切换到该文件所链接的外部 CSS 样式表中，创建名为 #box img 的 CSS 样式，如图 13-34 所示。返回页面设计视图，效果如图 13-35 所示。

```
#box img {
    border: solid 5px #FFF;
    margin-top: 10px;
    margin-bottom: 10px;
}
```

图 13-34 CSS 样式代码

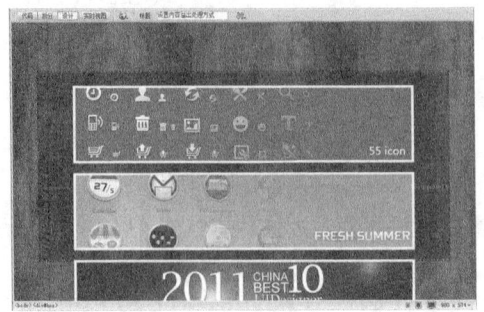

图 13-35 页面效果

03　执行"文件>保存"命令，保存页面，并保存外部CSS样式，在浏览器中预览页面，效果如图13-36所示。返回到该文件所链接的外部CSS样式表文件中，在名为#box的CSS样式中添加overflow-y属性设置，如图13-37所示。

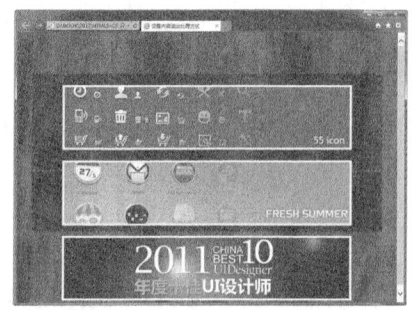

图13-36　预览页面效果

```
#box {
    width: 830px;
    height: 352px;
    background-image: url(../images/133302.png);
    background-repeat: no-repeat;
    margin: 100px auto 0px auto;
    padding: 20px;
    text-align: center;
    overflow-y: hidden;
}
```

图13-37　添加属性设置代码

04　保存页面，并保存外部CSS样式，在浏览器中预览页面，可以看出溢出内容被隐藏，如图13-38所示。返回到该文件所链接的外部CSS样式表文件中，修改overflow-y的属性值为auto，如图13-39所示。

提示

　　默认情况下，当元素中的内容产生溢出时会自动扩展该元素从而适应元素中的内容显示。此处，很明显是元素在垂直方向上溢出，所以在元素的CSS样式中添加overflow-y属性设置，设置其属性值为hidden，是指垂直方向上的溢出内容自动隐藏。

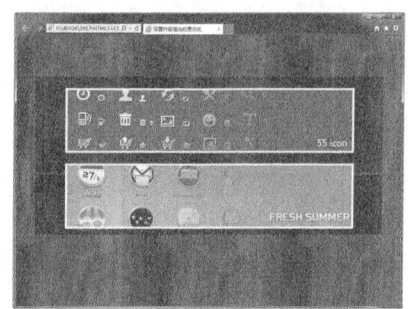

图13-38　预览页面效果

05　保存页面，并保存外部CSS样式，在浏览器中预览页面，可以看到当垂直方向上内容有溢出时，会自动添加垂直方向的滚动条，如图13-40所示。

```
#box {
    width: 830px;
    height: 352px;
    background-image: url(../images/133302.png);
    background-repeat: no-repeat;
    margin: 100px auto 0px auto;
    padding: 20px;
    text-align: center;
    overflow-y: auto;
}
```

图13-39　修改属性设置代码

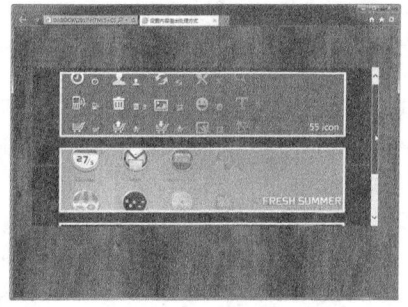

图13-40　预览页面效果

## 13.4　本章小结

本章主要介绍了CSS盒模型和界面设计内容的相关知识，通过本章的学习能够使读者了解CSS盒模型和新增的CSS3功能属性。一个网页布局的好坏，直接影响到网页加载的速度。完成本章内容的学习，读者能够掌握这些相关知识，并对网页布局有进一步的认识和了解。

# 第14章

# CSS3 动画效果

在网页中适当地使用动画效果，可以使页面更加生动和友好。CSS3为设计师带来了革命性的改变，不但可以实现元素的变形操作，还能够在网页中实现动画效果。本章将带领读者详细学习CSS3中新增的2D和3D变形动画属性，从而掌握通过CSS样式实现动画的方法。

## 本章知识点

- 了解元素变换transform属性
- 掌握transform属性各变换函数的设置和使用方法
- 掌握定义变形中心点transform-origin的设置方法
- 掌握元素过渡效果transition属性的设置和使用方法
- 理解实现网页动画的@keyframes规则和animation属性

## ▶▶▶ 14.1 CSS3变换效果

在网页中如果需要使一些元素产生倾斜等变换效果，则需要通过将图像制作成倾斜的效果来实现，在CSS3中新增了transform属性，通过该属性的设置可以使网页中的元素产生各种变换效果。

### 14.1.1 transform属性

CSS3新增的transform属性可以在网页中实现元素的旋转、缩放、移动和倾斜等变换效果。transform属性的语法如下。

```
transform: none | <transform-function>;
```

transform属性的属性值说明如下。

- **none**：默认值，不设置元素变换效果。
- **<transform-function>**：设置一个或多个变形函数。变形函数包括旋转rotate()、缩放scale()、移动translate()、倾斜skew()和矩阵变形matrix()等。设置多个变形函数时，使用空格进行分隔。

基于webkit内核的替代私有属性是-webkit-transform，基于gecko内核的替代私有属性是-moz-transform，基于presto内核的替代私有属性是-o-transform，IE浏览器的替代私有属性是-ms-transform。

> ── 提示 ──
>
> 　　元素在变换过程中，仅元素的显示效果变换，实际尺寸并不会因为变换而改变。所以，元素变换后，可能会超出原有的限定边界，但不会影响自身尺寸及其他元素的布局。

## 14.1.2　旋转

　　设置transform属性值为rotate()函数，即可实现网页元素的旋转变换。rotate()函数用于定义网页元素在二维空间中的旋转变换效果。rotate()函数的语法如下。

```
transform: rotate(<angle>);
```

　　<angle>参数表示元素旋转角度，为带有角度单位标识符的数值，角度单位是deg。该值为正数时，表示顺时针旋转；该值为负数时，表示逆时针旋转。

**实战**　　实现网页元素的旋转
　　最终文件：最终文件\第14章\14-1-2.html　　视频：视频\第14章\14-1-2.mp4

**01** 打开页面"源文件\第14章\14-1-2.html"，页面效果如图14-1所示。切换到代码视图中，可以看到该网页的HTML代码，如图14-2所示。

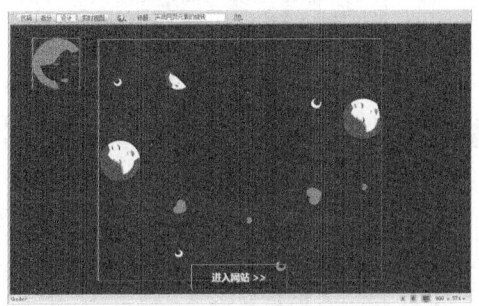

图14-1　打开页面

```
<body>
<div id="logo"><img src="images/141201.png" width=
"100" height="107"  alt=""/></div>
<div id="pic"><img src="images/141202.png" width=
"600" height="513"  alt=""/></div>
<div id="text">进入网站 &gt;&gt;</div>
</body>
```

图14-2　网页HTML代码

**02** 切换到该网页所链接的外部CSS样式表文件中，创建名为#pic:hover的CSS样式，如图14-3所示。保存外部CSS样式表文件，在浏览器中预览页面，效果如图14-4所示。

```
#pic:hover {
    cursor: pointer;
    transform: rotate(90deg);          /*标准写法*/
    -webkit-transform: rotate(90deg);  /*标准webkit内核写法*/
    -moz-transform: rotate(90deg);     /*标准gecko内核写法*/
    -o-transform: rotate(90deg);       /*标准presto内核写法*/
    -ms-transform: rotate(90deg);      /*标准IE9写法*/
}
```

图14-3　CSS样式代码

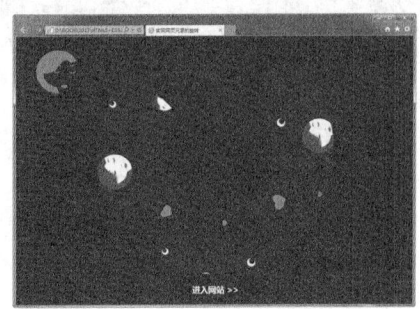

图14-4　预览页面效果

**03** 当鼠标指针移至设置了id名称为pic的元素上方时，可以看到该元素按顺时针方向旋转90°，如图14-5所示。

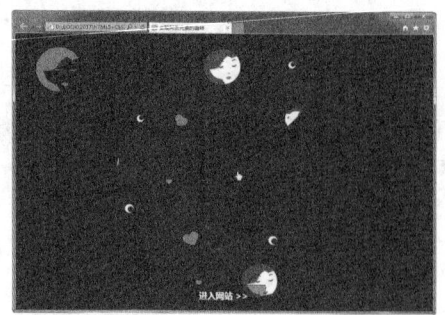

图14-5 元素旋转变形效果

> **提示**
>
> 在id名称为pic的元素的鼠标指针经过状态中，设置transform属性值为旋转变形函数rotate()，旋转角度为90deg，实现当鼠标指针经过该元素上方时，元素顺时针旋转90°。

## 14.1.3 缩放

设置transform属性值为scale()函数，即可实现网页元素的缩放和翻转效果。scale()函数用于定义网页元素在二维空间的缩放和翻转效果。scale()函数的语法如下。

```
transform: scale(<x>,<y>);
```

scale()函数的参数说明如下。

- **<x>**：表示元素在水平方向上的缩放倍数。
- **<y>**：表示元素在垂直方向上的缩放倍数。

<x>和<y>参数的值可以为整数、负数和小数。当取值的绝对值大于1时，表示放大；绝对值小于1时，表示缩小。当取值为负数时，元素会被翻转。如果<y>参数值省略，则说明垂直方向上的缩放倍数与水平方向上的缩放倍数相同。

**实战** 实现网页元素的缩放和翻转

最终文件：最终文件\第14章\14-1-3.html　　视频：视频\第14章\14-1-3.mp4

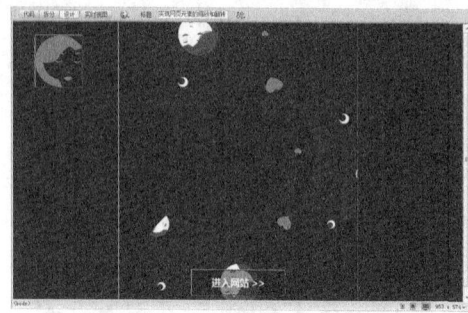

图14-6 打开页面

**01** 打开页面"源文件\第14章\14-1-3.html"，页面效果如图14-6所示。切换到代码视图中，可以看到该网页的HTML代码，如图14-7所示。

```
<body>
<div id="logo"><img src="images/141201.png" width=
"100" height="107"  alt=""/></div>
<div id="pic"><img src="images/141301.png" width=
"513" height="600"  alt=""/></div>
<div id="text">进入网站 &gt;&gt;</div>
</body>
```

图14-7 网页HTML代码

**02** 切换到该网页所链接的外部CSS样式表文件中，创建名为#pic:hover的CSS样式，如图14-8所示。保存页面，并保存外部CSS样式表文件，在浏览器中预览页面，可以看到页面的效果，如图14-9所示。

```
#pic:hover {
  cursor: pointer;
  transform: scale(-0.8,0.8);          /*标准写法*/
  -webkit-transform: scale(-0.8,0.8);  /*webkit内核写法*/
  -moz-transform: scale(-0.8,0.8);     /*gecko内核写法*/
  -o-transform: scale(-0.8,0.8);       /*presto内核写法*/
  -ms-transform: scale(-0.8,0.8);      /*IE9写法*/
}
```

图14-8 CSS样式代码

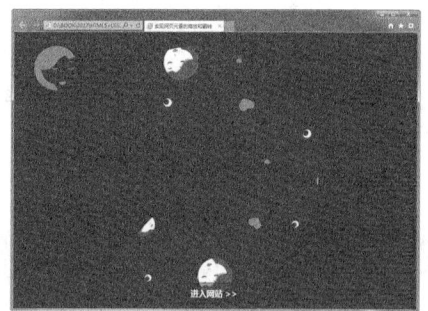

图14-9　预览页面效果

> **提示**
>
> 在名为#pic:hover的CSS样式中，在scale()函数中设置水平方向的值为负值，表示元素在水平方向上翻转，而垂直方向为正值，则垂直方向不变，值小于1说明元素缩小。

03 当鼠标指针移至页面中id名称为pic的元素上方时，可以看到，该元素进行了水平翻转并且等比例缩小了，如图14-10所示。返回外部CSS样式表文件中，创建名为#text:hover的CSS样式，如图14-11所示。

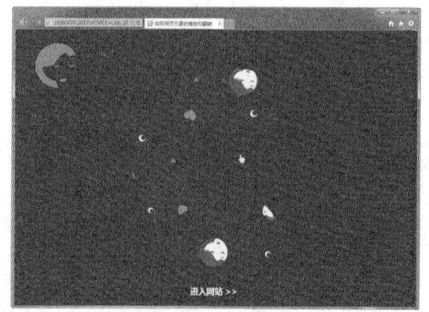

图14-10　元素水平翻转并缩小

```
#text:hover {
    cursor: pointer;
    transform: scale(1.2);                /*标准写法*/
    -webkit-transform: scale(1.2);  /*webkit内核写法*/
    -moz-transform: scale(1.2);      /*gecko内核写法*/
    -o-transform: scale(1.2);         /*presto内核写法*/
    -ms-transform: scale(1.2);       /*IE9写法*/
}
```

图14-11　CSS样式代码

04 保存页面并保存CSS样式表文件，在浏览器中预览页面，当将鼠标指针移至页面中id名称为text的元素上方时，可以看到该元素产生放大效果，如图14-12所示。

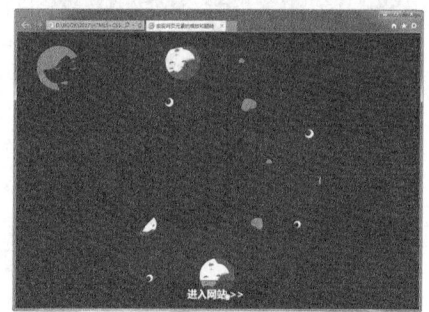

图14-12　元素放大效果

> **提示**
>
> 在id名称为text的元素的鼠标指针经过状态中，设置transform属性值为缩放变形函数scale()，缩放值为1.2，实现当鼠标指针经过该元素上方时，该元素放大至1.2倍。

## 14.1.4 移动

设置transform属性值为translate()函数，即可实现网页元素的移动。translate()函数用于定义网页元素在二维空间的偏移效果。translate()函数的语法如下。

```
transform: translate(<x>,<y>);
```

translate()函数的参数说明如下。

- **<x>**：表示元素在水平方向上的偏移距离。

● **<y>**: 表示元素在垂直方向上的偏移距离。

<x>和<y>参数的值是带有长度单位标识符的数值，可以为负数和带有小数的值。如果取值大于0，则表示元素向右或向下偏移；如果取值小于0，则表示元素向左或向上偏移。如果<y>值省略，则说明垂直方向上偏移距离默认为0。

**实战** 实现网页元素的移动
最终文件：最终文件\第14章\14-1-4.html　　　视频：视频\第14章\14-1-4.mp4

**01** 打开页面"源文件\第14章\14-1-4.html"，页面效果如图14-13所示。切换到代码视图中，可以看到该网页的HTML代码，如图14-14所示。

图14-13　打开页面

```html
<body>
<div id="logo"><img src="images/141402.png" width=
"120" height="120"  alt=""/></div>
<div id="title"><img src="images/141404.png" width=
"800" height="409"  alt=""/></div>
<div id="pic"><img src="images/141403.gif" alt=""/>
</div>
</body>
```

图14-14　网页HTML代码

**02** 切换到该网页所链接的外部CSS样式表文件中，创建名为#title:hover的CSS样式，如图14-15所示。保存外部CSS样式表文件，在浏览器中预览页面，效果如图14-16所示。

```css
#title:hover {
    transform: translate(0,350px);        /*标准写法*/
    -webkit-transform: translate(0,350px); /*webkit内核写法*/
    -moz-transform: translate(0,350px);   /*gecko内核写法*/
    -o-transform: translate(0,350px);     /*presto内核写法*/
    -ms-transform: translate(0,350px);    /*IE9写法*/
}
```

图14-15　CSS样式代码

图14-16　预览页面效果

**03** 当将鼠标指针移至页面中id名称为title的元素上方时，可以看到该元素产生垂直向下移动的效果，如图14-17所示。

图14-17　元素向下移动位置

**提示**

在id名称为title的元素的鼠标指针经过状态中，设置transform属性值为移动变形函数translate()，水平方向值为0，即不在水平方向上产生移动，垂直方向设置了一个正值，表示元素在垂直方向上产生向下移动。

## 14.1.5 倾斜

设置transform属性值为skew()函数，即可实现网页元素的倾斜效果。skew()函数用于定义网页元素在二维空间中的倾斜变换，skew()函数的语法如下。

```
transform: skew(<angleX>,<angleY>);
```

skew()函数的参数说明如下。

- **\<angleX\>**：表示元素在空间$x$轴上的倾斜角度。
- **\<angleY\>**：表示元素在空间$y$轴上的倾斜角度。

\<angleX\>和\<angleY\>参数的值是带有角度单位标识符的数值，角度单位是deg。取值为正数时，表示顺时针旋转；值取为负数时，表示逆时针旋转。如果\<angleY\>参数值省略，则说明垂直方向上的倾斜角度默认为0deg。

> **实战** 实现网页元素的倾斜效果
>
> 最终文件：最终文件\第14章\14-1-5.html　　视频：视频\第14章\14-1-5.mp4

**01** 打开页面"源文件\第14章\14-1-5.html"，页面效果如图14-18所示。切换到代码视图中，可以看到该网页的HTML代码，如图14-19所示。

图14-18　打开页面

```
<body>
<div id="btn">进入音乐世界</div>
<div id="logo"><img src="images/141402.png" width=
"120" height="120"  alt=""/></div>
<div id="title"><img src="images/141404.png" width=
"800" height="409"  alt=""/></div>
<div id="pic"><img src="images/141403.gif" alt=""/>
</div>
</body>
```

图14-19　网页HTML代码

**02** 切换到该网页所链接的外部CSS样式表文件中，创建名为#btn:hover的CSS样式，如图14-20所示。保存外部CSS样式表文件，在浏览器中预览页面，效果如图14-21所示。

```
#btn:hover {
    cursor: pointer;
    transform: skew(-30deg);         /*标准写法*/
    -webkit-transform: skew(-30deg); /*webkit内核写法*/
    -moz-transform: skew(-30deg);    /*gecko内核写法*/
    -o-transform: skew(-30deg);      /*presto内核写法*/
    -ms-transform: skew(-30deg);     /*IE9写法*/
}
```

图14-20　CSS样式代码

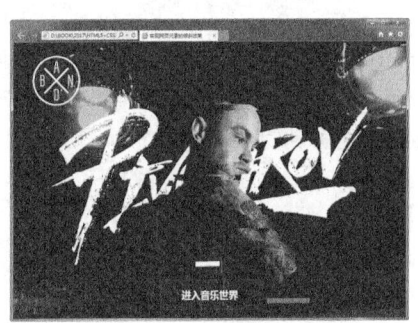

图14-21　预览页面效果

**03** 当将鼠标指针移至页面中id名称为btn的元素上方时，可以看到该元素产生的倾斜效果，如图14-22所示。

图14-22 元素倾斜变形效果

## 14.1.6　矩阵变形

设置transform属性值为matrix()函数，即可实现网页元素的矩阵变形。matrix()函数用于定义网页元素在二维空间的矩阵变形效果，matrix()函数的语法如下。

```
transform: matrix(<m11>,<m12>,<m21>,<m22>,<x>,<y>);
```

matrix()函数中的6个参数均为可计算的数值，组成一个变形矩阵，与当前网页元素旧的参数组成的矩阵进行乘法运算，形成新的矩阵，元素的参数被改变。该变形矩阵的形式如下。

```
| m11    m21     x |
| m12    m22     y |
| 0      0       1 |
```

关于详细的矩阵变形原理，需要掌握矩阵的相关知识，具体可以参考数学及图形学相关的资料，这里不做过多的说明。不过，这里可以先通过几个特例了解其大概的使用方法。前面已经讲解了移动、缩放和旋转这些变换操作，其实都可以看作是矩阵变形的特例。

旋转rotate(A)，相当于矩阵变形matrix(cosA,sinA,−sinA,cosA,0,0)。

缩放scale(sx,sy)，相当于矩阵变形matrix(sx,0,0,sy,0,0)。

移动translate(dx,dy)，相当于矩阵变形translate(1,0,0,1,dx,dy)。

可见，通过矩形变形可以使网页元素的变形变得更加灵活。

## 14.1.7　定义变形中心点

transform属性可以实现对网页元素的变换，默认的变换原点是元素对象的中心点。在CSS3中新增了transform-origin属性，通过该属性可以设置元素变换的中心点位置，这个位置可以是元素对象的中心点以外的任意位置，这样就使得使用transform属性对网页元素进行变换操作时更加灵活。

transform-origin属性的语法如下。

```
transform-origin: <x-axis> <y-axis>;
```

transform-origin属性的属性值说明如下。

- **<x-axis>**：定义变形原点的横坐标位置，默认值为50%，取值包括left、center、right、百分比值和长度值。
- **<y-axis>**：定义变形原点的纵坐标位置，默认值为50%，取值包括top、middle、bottom、百分比值和长度值。

基于webkit内核的替代私有属性是-webkit-transform-origin，基于gecko内核的替代私有属性是-moz-transform-origin，基于presto内核的替代私有属性是-o-transform-origin，IE浏览器的替代私有属性是-ms-transform-origin。

---

**实战**　设置网页元素的变形中心点
最终文件：最终文件\第14章\14-1-7.html　　　视频：视频\第14章\14-1-7.mp4

---

**01** 打开页面"源文件\第14章\14-1-7.html"，页面效果如图14-23所示。在浏览器中预览页面，可以看到页面的效果，如图14-24所示。

图14-23　打开页面

图14-24　预览页面效果

**02** 切换到该网页所链接的外部样式表文件中，找到名为#pic的CSS样式设置代码，如图14-25所示。在该CSS样式代码中添加transform属性设置，对该网页元素进行旋转操作，如图14-26所示。

**03** 保存页面并保存外部CSS样式表文件，在浏览器中预览页面，可以看到网页元素旋转的效果。默认情况下，以元素的中心点位置进行旋转，效果如图14-27所示。返回到外部CSS样式表中，在名为#pic的CSS样式中添加transform-origin属性设置，如图14-28所示。

```
#pic {
    position: absolute;
    width: 382px;
    height: 663px;
    right: 5%;
    bottom: 50px;
}
```

图14-25　CSS样式代码

```
#pic {
    position: absolute;
    width: 382px;
    height: 663px;
    right: 5%;
    bottom: 50px;
    transform: rotate(30deg);
    -webkit-transform: rotate(30deg);
    -moz-transform: rotate(30deg);
    -o-transform: rotate(30deg);
    -ms-transform: rotate(30deg);
}
```

图14-26　添加旋转变换设置代码

图14-27　预览页面效果

```
#pic {
    position: absolute;
    width: 382px;
    height: 663px;
    right: 5%;
    bottom: 50px;
    transform: rotate(30deg);
    -webkit-transform: rotate(30deg);
    -moz-transform: rotate(30deg);
    -o-transform: rotate(30deg);
    -ms-transform: rotate(30deg);
    transform-origin: 0% 0%;
    -webkit-transform-origin: 0% 0%;
    -moz-transform-origin: 0% 0%;
    -o-transform-origin: 0% 0%;
    -ms-transform-origin: 0% 0%;
}
```

图14-28　添加变换中心点设置代码

**04** 保存页面并保存外部CSS样式表文件，在浏览器中预览页面，可以看到设置变换中心点后，元素旋转变形的效果，如图14-29所示。

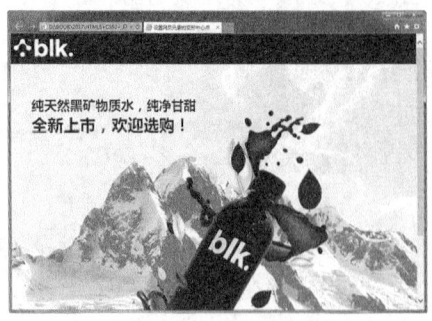

图14-29 预览页面效果

> **技巧**
>
> 设置transform-origin属性的值为0%和0%，即将元素的变形原点设置为元素的左上角。如果需要将变形原点设置为元素的左上角，还可以将CSS样式写为transform-origin: 0 0;和transform-origin: left top;的形式。

## 14.1.8 同时使用多个变形函数

矩阵变形虽然非常灵活，但是并不容易理解，也不是很直观。Transform属性允许同时设置多个变形函数，这使得元素变形可以更加的灵活。在为transform属性设置多个函数时，各函数之间使用空格进行分隔，表现形式如下所示。

```
Transform: rotate(<angle>) scale(<x>,<y>) translate(<x>,<y>) skew(<angleX>,<angleY>)
matrix(<m11>,<m12>,<m21>,<m22>,<x>,<y>);
```

**实战 为网页元素同时应用多个变形效果**

最终文件：最终文件\第14章\14-1-8.html　　视频：视频\第14章\14-1-8.mp4

01 打开页面“源文件\第14章\14-1-8.html”，页面效果如图14-30所示。切换到该网页所链接的外部样式表文件中，找到名为#pic的CSS样式设置代码，如图14-31所示。

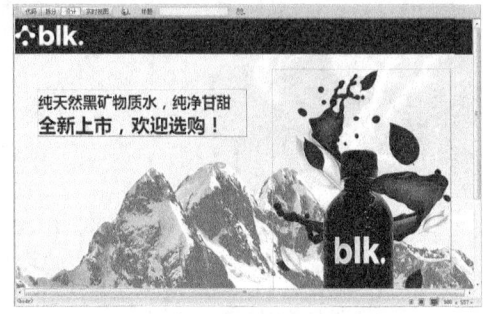

图14-30 打开页面

```
#pic {
    position: absolute;
    width: 382px;
    height: 663px;
    right: 5%;
    bottom: 50px;
}
```

图14-31 CSS样式代码

```
#pic {
    position: absolute;
    width: 382px;
    height: 663px;
    right: 5%;
    bottom: 50px;
    transform: translate(-100px,0px) rotate(20deg) scale(1.1);
    -webkit-transform: translate(-100px,0px) rotate(20deg) scale(1.1);
    -moz-transform: translate(-100px,0px) rotate(20deg) scale(1.1);
    -o-transform: translate(-100px,0px) rotate(20deg) scale(1.1);
    -ms-transform: translate(-100px,0px) rotate(20deg) scale(1.1);
}
```

图14-32 添加变换属性设置代码

02 在该CSS样式代码中添加transform属性设置，对该网页元素同时进行移动、旋转和缩放操作，如图14-32所示。保存页面并保存外部CSS样式表文件，在浏览器中预览页面，可以看到元素同时应用多种变形的效果，如图14-33所示。

图 14-33 预览页面效果

**03** 返回外部 CSS 样式表文件中，对刚刚添加的 transform 属性中多个变形函数的顺序进行调整，如图 14-34 所示。保存页面并保存外部 CSS 样式表文件，在浏览器中预览页面，可以看到元素的效果，如图 14-35 所示。

```
#pic {
    position: absolute;
    width: 382px;
    height: 663px;
    right: 5%;
    bottom: 50px;
    transform: rotate(20deg) translate(-100px,0px) scale(1.1);
    -webkit-transform: rotate(20deg) translate(-100px,0px) scale(1.1);
    -moz-transform: rotate(20deg) translate(-100px,0px) scale(1.1);
    -o-transform: rotate(20deg) translate(-100px,0px) scale(1.1);
    -ms-transform: rotate(20deg) translate(-100px,0px) scale(1.1);
}
```

图 14-34 修改变换属性设置代码　　　　　　　　　图 14-35 预览页面效果

# ▶▶▶ 14.2　CSS3变换过渡效果

　　在 14.1 中介绍的 transform 属性所实现的是网页元素的变换效果，仅仅呈现的是元素变换的结果。在 CSS3 中还新增了 transition 属性，通过该属性可以设置元素的变换过渡效果，可以让元素的变换过程看起来更加平滑。

## 14.2.1　transition属性

　　CSS3 新增了 transition 属性，通过该属性可以实现网页元素变换过程中的过渡效果，即在网页中实现了基本的动画效果。与实现元素变换的 transform 属性一起使用，可以展现出网页元素的变形过程，丰富动画的效果。

　　transition 属性的语法如下。

```
transition: transition-property || transition-duration || transition-timing-
function || transition-delay;
```

　　transition 属性是一个复合属性，可以同时定义过渡效果所需要的参数信息。其中包含 4 个方面的信息，就是 4 个子属性：transition-property、transition-duration、transition-timing-function 和 transition-delay。

transition属性所包含的子属性说明如下。

- **transition-property**：该属性用于设置过渡效果。
- **transition-duration**：该属性用于设置过渡过程的时间长度。
- **transition-timing-function**：该属性用于设置过渡方式。
- **transition-delay**：该属性用于设置开始过渡的延迟时间。

基于webkit内核的浏览器需要在属性名称前增加前缀 "–webkit–"，基于gecko内核的浏览器需要在属性名称前增加前缀 "–moz–"，基于presto内核的浏览器需要在属性名称前增加前缀 "–o–"，以使用各种内核的私有属性。

---

技巧

　　transition属性可以同时定义两组或两组以上的过渡效果，每组之间使用逗号进行分隔。

---

## 14.2.2 过渡效果——transition-property属性

transition-property属性用于设置元素的动画过渡效果，该属性的语法如下。

```
transition-property: none | all | <property>;
```

transition-property属性的属性值说明如下。

- **none**：表示没有任何CSS属性有过渡效果。
- **all**：该属性值为默认值，表示所有的CSS属性都有过渡效果。
- **<property>**：指定一个用逗号分隔的多个属性，针对指定的这些属性有过渡效果。

## 14.2.3 过渡时间——transition-duration属性

transition-duration属性用于设置动画过渡过程中需要的时间，该属性的语法如下。

```
transition-duration: <time>;
```

<time>参数用于指定一个用逗号分隔的多个时间值，时间的单位可以是s（秒）或ms（毫秒）。默认情况下为0，即看不到过渡效果，看到的直接是变换后的结果。

## 14.2.4 过渡延迟时间——transition-delay属性

transition-delay属性用于设置动画过渡的延迟时间，该属性的语法如下。

```
transition-delay: <time>;
```

<time>参数用于指定一个用逗号分隔的多个时间值，时间的单位可以是s（秒）或ms（毫秒）。默认情况下为0，即没有时间延迟，立即开始过渡效果。

<time>参数的取值可以为负值，但过渡的效果会从该时间点开始，之前的过渡效果将会被截断。

## 14.2.5 过渡方式——transition-timing-function属性

transition-timing-function属性用于设置动画过渡的速度曲线，即过渡方式。该属性的语法如下。

```
transition-timing-function: linear | ease | ease-in | ease-out | ease-in-out |
cubic-bezier(n,n,n,n);
```

transition-timing-function属性的属性值说明如下。

- **linear**：表示过渡动画一直保持同一速度，相当于cubic-bezier(0,0,1,1)。
- **ease**：该属性值为transition-timing-function属性的默认值，表示过渡的速度先慢、再快，最后非常慢，相当于cubic-bezier(0.25,0.1,0.25,1)。
- **ease-in**：表示过渡的速度先慢，后来越来越快，直到动画过渡结束，相当于cubic-bezier(0.42,0,1,1)。
- **ease-out**：表示过渡的速度先快，后来越来越慢，直到动画过渡结束，相当于cubic-bezier(0,0,0.58,1)。
- **ease-in-out**：表示过渡的速度在开始和结束的时候都比较慢，相当于cubic-bezier(0.42,0,0.58,1)。
- **cubic-bezier(n,n,n,n)**：自定义贝赛尔曲线效果，其中的4个参数为0~1的数字。

**实战** 设置网页元素的变换过渡动画效果

最终文件：最终文件\第14章\14-2-5.html　　　视频：视频\第14章\14-2-5.mp4

**01** 打开页面"源文件\第14章\14-2-5.html"，页面效果如图14-36所示。切换到该网页所链接的外部样式表文件中，找到名为#logo的CSS样式设置代码，如图14-37所示。

图14-36　打开页面

```
#logo {
    position: absolute;
    width: 320px;
    height: 232px;
    left: 50%;
    margin-left: -160px;
    top: 50%;
    margin-top: -160px;
    background-color: rgba(0,0,0,0.4);
    border: solid 1px #000;
    text-align: center;
    padding-top: 88px;
}
```

图14-37　CSS样式代码

```
#logo {
    position: absolute;
    width: 320px;
    height: 232px;
    left: 50%;
    margin-left: -160px;
    top: 50%;
    margin-top: -160px;
    background-color: rgba(0,0,0,0.4);
    border: solid 1px #000;
    text-align: center;
    padding-top: 88px;
    transition-property: all;/*实现过渡*/
    -moz-transition-property: -moz-all;
    -webkit-transition-property: -webkit-all;
    -o-transition-property: -o-all;
    transition-duration: 2s;/*设置过渡时间*/
    -moz-transition-duration: 2s;
    -webkit-transition-duration: 2s;
    -o-transition-duration: 2s;
}
```

图14-38　添加属性设置代码

**02** 在该CSS样式代码中添加transition-property属性和transition-duration属性设置，设置元素过渡效果和过渡时间，如图14-38所示。创建名为#logo:hover的CSS样式，在该CSS样式中设置元素在鼠标指针经过状态下的变形效果，如图14-39所示。

```
#logo:hover {
    cursor: pointer;
    background-color: rgba(255,102,0,0.4);
    border: solid 1px #F30;
    transform: rotate(360deg);/*设置元素旋转变形*/
    -moz-transform: rotate(360deg);
    -webkit-transform: rotate(360deg);
    -o-transform: rotate(360deg);
}
```

图14-39　CSS样式代码

---

**提示**

设置transition-property属性值为all，则表示在两个状态中所有属性的变化都显示相应的过渡效果，所以在元素变换过程中包括元素的旋转、背景颜色和边框颜色都会形成过渡动画。

---

**03** 保存页面并保存外部CSS样式表文件，在浏览器中预览页面，效果如图14-40所示。当将鼠标指针移至页面中logo元素上方时，可以看到该元素的过渡动画效果，如图14-41所示。

图14-40 预览页面效果

图14-41 显示元素过渡动画

04 切换所链接的外部样式表文件中，在名为#logo的CSS样式中修改transition-property属性和transition-duration属性设置，如图14-42所示。保存页面并保存外部CSS样式表文件，在浏览器中预览页面，当鼠标指针移至页面中logo元素上方时，可以看到元素两种属性不同过渡持续时间的效果，如图14-43所示。

```
#logo {
    position: absolute;
    width: 320px;
    height: 232px;
    left: 50%;
    margin-left: -160px;
    top: 50%;
    margin-top: -160px;
    background-color: rgba(0,0,0,0.4);
    border: solid 1px #000;
    text-align: center;
    padding-top: 88px;
    transition-property: background-color,transform;/*实现过渡*/
    -moz-transition-property: background-color,-moz-transform;
    -webkit-transition-property: background-color,-webkit-transform;
    -o-transition-property: background-color,-o-transform;
    transition-duration: 1s,4s;/*设置过渡时间*/
    -moz-transition-duration: 1s,4s;
    -webkit-transition-duration: 1s,4s;
    -o-transition-duration: 1s,4s;
}
```

图14-42 修改属性设置代码

图14-43 显示元素过渡动画

> **提示**
>
> 通过transition-duration属性设置两个过渡持续时间1s和4s，分别应用于背景颜色和变形属性。在预览过程中可以发现，背景颜色过渡效果已经结束了，变形的过渡效果还在持续，直至变形的过渡完成。

```
#logo {
    position: absolute;
    width: 320px;
    height: 232px;
    left: 50%;
    margin-left: -160px;
    top: 50%;
    margin-top: -160px;
    background-color: rgba(0,0,0,0.4);
    border: solid 1px #000;
    text-align: center;
    padding-top: 88px;
    transition-property: all;/*实现过渡*/
    -moz-transition-property: -moz-all;
    -webkit-transition-property: -webkit-all;
    -o-transition-property: -o-all;
    transition-duration: 3s;/*设置过渡时间*/
    -moz-transition-duration: 3s;
    -webkit-transition-duration: 3s;
    -o-transition-duration: 3s;
    transition-delay: 500ms;/*设置过渡延迟时间*/
    -moz-transition-delay: 500ms;
    -webkit-transition-delay: 500ms;
    -o-transition-delay: 500ms;
}
```

05 切换所链接的外部样式表文件中，修改transition-property属性值为all，并添加transition-delay属性设置，如图14-44所示。保存页面并保存外部CSS样式表文件，在浏览器中预览页面，当将鼠标指针移至页面中logo元素上方时，需要等待延迟时间后才开始显示过渡效果，如图14-45所示。

图14-44 修改属性设置代码

图14-45 显示元素过渡动画

---

**提示**

设置transition-property属性为all，表示元素的所有属性都显示过渡效果。此处设置延迟过渡时间transition-delay属性为500ms，表示当鼠标指针经过该元素时，需要等待500ms后才产生过渡效果。

---

**06** 切换所链接的外部样式表文件中，删除transition-delay属性设置，添加transition-timing-function属性设置，如图14-46所示。保存页面并保存外部CSS样式表文件，在浏览器中预览页面，当将鼠标指针移至页面中logo元素上方时，可以看到元素的变形过渡方式，如图14-47所示。

```
#logo {
    position: absolute;
    width: 320px;
    height: 232px;
    left: 50%;
    margin-left: -160px;
    top: 50%;
    margin-top: -160px;
    background-color: rgba(0,0,0,0.4);
    border: solid 1px #000;
    text-align: center;
    padding-top: 88px;
    transition-property: all;/*实现过渡*/
    -moz-transition-property: -moz-all;
    -webkit-transition-property: -webkit-all;
    -o-transition-property: -o-all;
    transition-duration: 3s;/*设置过渡时间*/
    -moz-transition-duration: 3s;
    -webkit-transition-duration: 3s;
    -o-transition-duration: 3s;
    transition-timing-function: ease-out;/*设置过渡方式*/
    -moz-transition-timing-function: ease-out;
    -webkit-transition-timing-function: ease-out;
    -o-transition-timing-function: ease-out;
}
```

图14-46　修改属性设置代码

图14-47　显示元素过渡动画

---

**提示**

设置transition-timing-function属性为ease-out，表示过渡效果的速度越来越慢。当鼠标指针经过该元素时，快速产生过渡效果，然后缓慢地结束。

---

### 14.2.6　制作网页图片交互特效

通过使用CSS过渡效果，能够在网页中实现许多动态的交互效果，最常见的就是鼠标指针移至某个网页元素上方时，该网页元素出现平滑的动画过渡效果。了解了各种CSS样式属性的设置，接下来通过一个实例向读者介绍使用CSS过渡在网页中实现动态的交互效果的方法。

**实战** 制作网页图片交互特效
最终文件：最终文件\第14章\14-2-6.html　　视频：视频\第14章\14-2-6.mp4

**01** 执行"文件>打开"命令，打开页面"源文件\第14章\14-2-6.html"，页面效果如图14-48所示。将鼠标指针移至名为pic的div中，将多余文字删除，插入图像"源文件\第14章\images\142605.jpg"，如图14-49所示。
**02** 在刚插入的图像后按顺序插入其他两张图像，如图14-50所示。切换到该网页所链接的外部CSS样式表文件中，创建名为#pic img的CSS样式，如图14-51所示。
**03** 返回设计视图，可以看到刚插入的图像效果，如图14-52所示。切换到外部CSS样式表文件中，创建名为.pic01的类CSS样式，如图14-53所示。

图14-48 打开页面

图14-49 插入图像

图14-50 插入图像

```
#pic img {
    background-color: #FFF;
    padding: 10px;
    border: solid 1px #000;
    width: 224px;
    height: 150px;
    position: relative;
    z-index: 1;
    display: block;
}
```

图14-51 CSS样式代码

图14-52 页面效果

```
.pic01 {
    transform: rotate(6deg);
    transform-origin: right top;
    margin-top: 20px;
}
```

图14-53 CSS样式代码

**04** 返回设计视图，选中相应的图像，在"属性"面板上的Class下拉列表中选择名称为pic01的类CSS样式应用，如图14-54所示。保存页面，在浏览器中预览页面，可以看到图片实现了旋转效果，如图14-55所示。

图14-54 应用类CSS样式

图14-55 预览页面效果

05　返回外部CSS样式表文件中，创建名为.pic02的类CSS样式，如图14-56所示。返回设计视图，分别为其他两个图像应用名为pic02和pic01的类CSS样式，保存页面，在浏览器中预览页面，可以看到页面的效果，如图14-57所示。

```
.pic02 {
    transform: rotate(-6deg);
    transform-origin: right bottom;
    margin-top: -40px;
}
```

图14-56　CSS样式代码

图14-57　预览页面效果

06　返回外部CSS样式表文件中，创建名为#pic img:hover的CSS样式，如图14-58所示。保存页面，在浏览器中预览页面，当鼠标指针移至图像上方时可以看到图像效果的变换，但是并没有变换过渡动画，如图14-59所示。

```
#pic img:hover {
    cursor: pointer;
    -webkit-transform: rotate(0deg) scale(1.33);
    -moz-transform: rotate(0deg) scale(1.33);
    -ms-transform: rotate(0deg) scale(1.33);
    -o-transform: rotate(0deg) scale(1.33);
    transform: rotate(0deg) scale(1.33);
    z-index: 10;
}
```

图14-58　CSS样式代码

图14-59　鼠标指针移动图像上方图像变换

07　返回外部CSS样式表文件中，找到名为#pic img的CSS样式，在该CSS样式中添加相应的属性设置代码，如图14-60所示。保存页面，在浏览器中预览页面，当鼠标指针移至图像上方时可以看到图像变换过渡的动画效果，如图14-61所示。

```
#pic img {
    background-color: #FFF;
    padding: 10px;
    border: solid 1px #000;
    width: 224px;
    height: 150px;
    position: relative;
    z-index: 1;
    display: block;
    transition: all 0.5s ease-out 0.2s;
    -webkit-transition: all 0.5s ease-out 0.2s;
    -moz-transition: all 0.5s ease-out 0.2s;
    -ms-transition: all 0.5s ease-out 0.2s;
    -o-transition: all 0.5s ease-out 0.2s;
}
```

图14-60　添加过渡属性设置代码

图14-61　预览变抽过渡动画效果

提示

　　此处采用了简写的方式在transition属性中按顺序设置了过渡效果为所有属性，过渡持续时间长度为0.5s，过渡方式为速度先快后慢，过渡延迟时间为0.2s。

▶▶▶ **14.3　CSS3动画效果**

在14.1和14.2小节中介绍的元素变换和过渡效果是使用CSS样式制作动画效果的基础，本节将介绍完整的

CSS3动画效果的实现方法，不但可以创建动画关键帧，还可以对关键帧动画设置播放时间、播放次数和播放方向等，实现更加复杂、更加灵活的网页动画效果。

## 14.3.1 关键帧动画——@keyframes规则

在CSS动画设计中，关键帧动画是非常重要的功能，它所包含的是一段连续的动画。

CSS样式所实现的动画效果，是通过从一种样式逐步转变到另一种样式来创建的。@keyframes规则的语法如下。

```
@keyframes<animationname> {
  <keyframes-selector> {
    <css-styles>
  }
}
```

@keyframes规则的参数说明如下。

- **<animationname>**：动画的名称。必须定义一个动画名称，方便与动画属性animation绑定。
- **<keyframes-selector>**：动画持续时间的百分比，也可以是from和to。from对应的是0%，to对应的是100%，建议使用百分比。该参数必须定义才能实现动画。
- **<css-styles>**：设置的一个或多个合法的样式属性。该参数必须定义才能实现动画。

关键帧动画是通过名称与动画绑定的，使用动画属性来控制动画的呈现。在指定CSS样式变化时，可以取0%~100%，逐步设计样式的变化。

## 14.3.2 animation属性——实现元素动画效果

在CSS3中新增了专门用于实现动画效果的animation属性，通过该属性可以把一个或多个关键帧动画绑定到元素上，从而实现更加复杂的动画效果。

animation属性用于同时定义动画所需要的完整信息，该属性的语法如下。

```
animation: <name> <duration> <timing-function> <delay> <iteration-count> <direction>;
```

animation属性的属性值说明如下。

- **<name>**：用于设置动画的名称，绑定指定的关键帧动画。
- **<duration>**：用于设置动画播放的周期时间。
- **<timing-function>**：用于设置动画播放的方式，即速度曲线。
- **<delay>**：用于设置动画的延迟时间。
- **<iteration-count>**：用于设置动画播放的次数。
- **<direction>**：用于设置动画播放的顺序方向。

---
提示
---
    animation属性可定义一个动画的6个方面的参数信息，还可以同时定义多个动画，每个动画的参数信息为一组，使用逗号进行分隔。

---

animation属性是一个复合属性，根据其语法定义，animation属性包含6个子属性：animation-name（指定动画名称）、animation-duration（指定动画播放时间）、animation-timing-function（延迟动画播放方式）、animation-delay（指定动画延迟时间）、animation-iteration-count（指定动画播放次数）和animationdirection（指定动画播放方向）。

基于webkit内核的浏览器需要在属性名称前增加前缀"-webkit-"，基于gecko内核的浏览器需要在属性名称前增加前缀"-moz-"，基于presto内核的浏览器需要在属性名称前增加前缀"-o-"，以使用各种内核的私有属性。

### 1. animation-name属性

animation-name属性用来定义动画的名称，该名称是一个动画关键帧的名称，是由@keyframes规则定义的。animation-name属性的语法如下。

```
animation-name: <keyframename> | none;
```

animation-name属性的属性值说明如下。

- **<keyframename>**：用于指定动画名称，即指定名称对应的动画关键帧。
- **none**：默认值，表示没有动画效果。

如果动画关键帧的名称为none，则不会显示动画；可以同时指定多个动画名称，多个名称之间使用逗号进行分隔；如果需要，可以使用none，取消任何动画效果。

### 2. animation-duration属性

animation-duration属性用来定义动画播放的周期时间，语法如下。

```
animation-duration: <time>;
```

<time>参数值用于指定播放动画的时间长度，单位为s（秒）或ms（毫秒）。默认值为0，表示没有动画。

### 3. animation-timing-function属性

animation-timing-function属性用来定义动画的播放方式，语法如下：

```
animation-timing-function: linear | ease | ease-in | ease-out | ease-in-out |
cubic-bezier(n,n,n,n);
```

animation-timing-function属性的属性值与tuansition-timing-function属性的属性值相同，其作用也是相同的。

### 4. animation-delay属性

animation-delay属性用来定义动画播放的延迟时间，可以定义一个动画延迟一段时间再开始播放。animation-delay属性的语法如下。

```
animation-delay: <time>;
```

<time>参数值用于指定延迟的时间长度，单位为s（秒）或ms（毫秒），默认值为0，表示没有时间延迟，直接播放动画。

### 5. animation-iteration-count属性

animation-iteration-count属性用来定义动画循环播放的次数，语法如下。

```
animation-iteration-count: infinite | <n>;
```

animation-iteration-count属性的属性值说明如下。

- **infinite**：表示无限循环进行播放。
- **<n>**：该值为数字，表示循环播放的次数。Animation-iteration-count属性的默认值为1，表示动画只播放一次。

### 6. animation-direction 属性

animation-direction 属性用来定义动画循环播放的方向，语法如下。

```
animation-direction: normal | alternate;
```

animation-direction 属性的属性值说明如下。

- **normal**：该属性值为默认值，表示按照关键帧所设置的动画方向播放。
- **alternate**：表示动画的播放方向与上一播放周期相反，第一播放周期依然按照关键帧所设置的动画方向播放。

---

**实战** 制作图片移动并旋转的关键帧动画

最终文件：最终文件\第14章\14-3-2.html　　视频：视频\第14章\14-3-2.mp4

---

`01` 打开页面"源文件\第14章\14-3-2.html"，页面效果如图 14-62 所示。切换到该网页所链接的外部样式表文件中，找到名为 #logo 的 CSS 样式设置代码，如图 14-63 所示。

`02` 在该 CSS 样式代码中添加 animation 属性设置，绑定动画，如图 14-64 所示。在外部 CSS 样式表中创建 @keyframes 规则，创建关键帧动画，如图 14-65 所示。

图 14-62　打开页面

---

提示

　　通过 @keyframes 规则创建了名为 mymove 的关键帧动画，并将该关键帧动画绑定到相应的元素中。在浏览器中预览页面时，可以看到 logo 图片在网页中按指定位置移动的关键帧动画效果。

---

```
#logo {
    position: absolute;
    width: 150px;
    height: 150px;
    overflow: hidden;
}
```

图 14-63　CSS 样式代码

```
#logo {
    position: absolute;
    width: 150px;
    height: 150px;
    overflow: hidden;
    /*针对gecko内核，mymove绑定到动画*/
    -moz-animation: mymove 10s infinite;
    /*针对webkit内核，mymove绑定到动画*/
    -webkit-animation: mymove 10s infinite;
}
```

图 14-64　添加 CSS 样式属性设置

```
/*针对gecko内核，创建关键帧动画*/
@-moz-keyframes mymove {
    0% {top:20%; left:20%;}
    25% {top:30%; left:30%;}
    50% {top:70%; left:50%;}
    75% {top:20%; left:70%;}
    100% {top:100%; left:90%;}
}
/*针对webkit内核，创建关键帧动画*/
@-webkit-keyframes-mymove {
    0% {top:20%; left:20%;}
    25% {top:30%; left:30%;}
    50% {top:90%; left:50%;}
    75% {top:20%; left:70%;}
    100% {top:100%; left:90%;}
}
```

图 14-65　CSS 样式代码

---

`03` 保存页面并保存外部 CSS 样式表文件，在 Firefox 浏览器中预览页面，可以看到 logo 图片在网页中移动的动画效果，如图 14-66 所示。

`04` 以上操作为元素绑定了一个关键帧动画效果，接下来需要为元素绑定两个关键帧动画效果。切换到外部样式表文件中，找到名为 #logo 的 CSS 样式，对该样式的设置进行修改，如图 14-67 所示。在外部 CSS 样式表中对 mymove 关键帧动画的设置代码进行修改，如图 14-68 所示。

`05` 在外部 CSS 样式表文件中，通过 @keyframes 规则创建名称为 myrotate 的关键帧动画，如图 14-69 所示。保存页面并保存外部 CSS 样式表文件，在 Firefox 浏览器中预览页面，可以看到网页中的 logo 图片在移动的同时还产生旋转的动画效果，如图 14-70 所示。

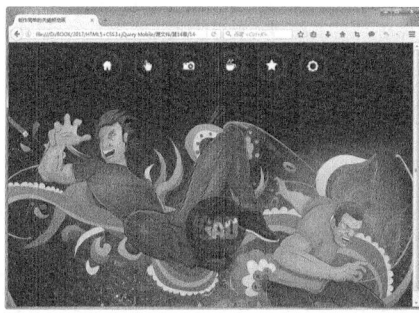

图14-66 预览页面中的关键帧动画效果

```
#logo {
    position: absolute;
    width: 150px;
    height: 150px;
    overflow: hidden;
    /*绑定两个关键帧动画*/
    -moz-animation-name: mymove,myrotate;
    -webkit-animation-name: mymove,myrotate;
    /*设置关键帧动画无限循环*/
    -moz-animation-iteration-count: infinite;
    -webkit-animation-iteration-count: infinite;
    /*设置关键帧动画播放时间*/
    -moz-animation-duration: 10s;
    -webkit-animation-duration: 10s;
}
```

图14-67 CSS样式代码

```
/*针对gecko内核，创建关键帧动画*/
@-moz-keyframes mymove {
    0% {top:20%; left:10%;}
    35% {top:80%; left:40%;}
    70% {top:30%; left:70%;}
    100% {top:90%; left:100%;}
}
/*针对webkit内核，创建关键帧动画*/
@-webkit-keyframes-mymove {
    0% {top:20%; left:10%;}
    35% {top:80%; left:40%;}
    70% {top:30%; left:70%;}
    100% {top:90%; left:100%;}
}
```

图14-68 CSS样式代码

```
/*创建关键帧动画myrotate*/
@-moz-keyframes myrotate {
    0% {-moz-transform: rotate(-180deg);}
    35% {-moz-transform: rotate(0deg);}
    70% {-moz-transform: rotate(180deg);}
    100% {-moz-transform: rotate(0deg);}
}
@-webkit-keyframes myrotate {
    0% {-moz-transform: rotate(-180deg);}
    35% {-moz-transform: rotate(0deg);}
    70% {-moz-transform: rotate(180deg);}
    100% {-moz-transform: rotate(0deg);}
}
```

图14-69 CSS样式代码

图14-70 元素旋转并移动动画效果

---

**提示**

通过@keyframes规则创建了两个关键帧动画，分别是移动动画mymove和旋转变形动画myrotate。在animation-name属性中，同时指定了这两个关键帧动画，并在animation-duration属性中设置了相同的动画播放周期。在浏览器中预览时，页面元素会同时执行所设置的两个关键帧动画效果。

---

## ▶▶▶ **14.4 本章小结**

本章向读者介绍了实现元素变换的transform属性、实现元素过渡效果的transition属性、实现动画设计的@keyframes规则和animation属性。读者需要重点掌握元素的各种变换方法和过渡效果的实现，从而能够在网页中实现简单的动画效果。

# 第15章

# jQuery 和 jQuery Mobile 基础

jQuery Mobile 是专门针对移动终端设备的浏览器开发的 Web 脚本框架，它基于强悍的 jQuery 和 jQuery UI 之上，统一用户系统接口，能够无缝运行于所有流行的移动平台之上。本章将向读者介绍有关 jQuery 和 jQuery Mobile 的相关基础知识，使读者对 jQuery Mobile 有深入的了解和认识。

---

**本章知识点**

- 了解什么是 jQuery 及在网页中引用 jQuery 函数库的方法
- 理解 jQuery 基础语法及选择器的使用方法
- 了解 jQuery Mobile 及 jQuery Mobile 的特点
- 了解 jQuery Mobile 页面的创建流程
- 掌握 jQuery Mobile 页面的基本结构

---

## ▶▶▶ 15.1 了解 jQuery

jQuery 是一套开放原始代码的 JavaScript 函数库，可以说是目前最受欢迎的 JS 函数库，最让人津津乐道的就是它简化了 DOM 文件的操作，让用户能够轻松选择对象，并以简洁的程序完成想做的事情。除此之外，还可以通过 jQuery 指定 CSS 属性值，达到想要的特效与动画效果。另外，jQuery 还强化异步传输及事件功能，轻松访问远程数据。

### 15.1.1 jQuery 概述

jQuery 是一个兼容多浏览器的 JavaScript 库，核心理念是"写得更少，做得更多"。jQuery 是免费的、开源的，使用 MIT 许可协议。jQuery 的语法设计可以使开发者更加便捷，如操作文档对象、选择 DOM 元素、制作动画效果、事件处理、使用 AJAX 及其他功能。除此之外，jQuery 还提供 API 让开发者编写插件。其模块化的使用方式使开发者可以很轻松地开发出功能强大的静态或动态网页。

jQuery 是继 prototype 之后又一个优秀的 JavaScript 函数库，它兼容 CSS3，还兼容各种浏览器，jQuery 2.0 及后续版本不再支持 IE8 以下版本浏览器。jQuery 使用户能更方便地处理 HTML、events 和实现动画效果，并且方便地为网站提供 AJAX 交互。jQuery 还有一个比较大的优势是，它的文档说明很全，而且各种应用也解释得很详细，同时还有许多成熟的插件可供选择。jQuery能够使用户的HTML页面保持代码和HTML内容分离，也就是说，不需要在HTML代码中插入一堆的JavaScript代码来调用命令了，只需要定义id名称即可。

## 15.1.2 引用jQuery函数库的两种方法

在网页中引用jQuery函数库的方法有两种，一种是直接下载JS文件引用，另一种是使用CDN（Content Delivery Network）来加载链接库。

### 1. 下载jQuery函数库

jQuery的版本为V3.2.1，如图15-1所示。单击页面中的Download jQuery按钮，进入jQuery下载页面，网页中有两种格式可以下载，一种是Download the compressed, production jQuery 3.2.1，即程序代码已经压缩过的版本，文件比较小，下载后的文件名为jquery-3.2.1.min.js；另一种是Download the uncompressed, development jQuery 3.2.1，即程序代码未压缩的开发版本，文件比较大，适合程序开发人员使用，下载后的文件名为jquery-3.2.1.js，如图15-2所示。

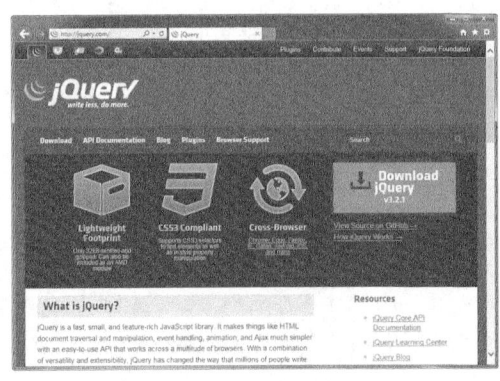

图15-1 jQuery官方网站

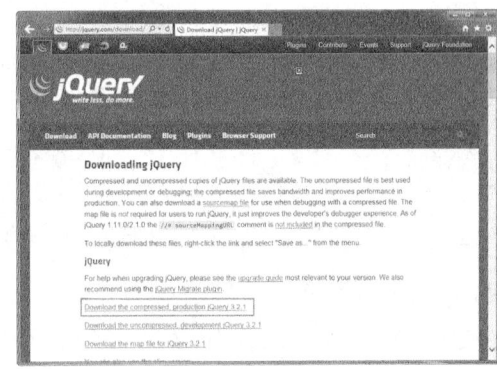

图15-2 jQuery库文件下载链接

下载完成后，就可以在网页中链接刚刚下载的jQuery函数库文件了，链接方法与链接外部JavaScript脚本文件相同，在<head>与</head>标签之间通过<script>标签进行链接，代码如下。

```
<script type="text/javascript" src="jQuery库文件路径"></script>
```

### 2. 使用CDN加载jQuery库函数

CDN（Content Delivery Network）是内容分发服务网络，也就是将要加载的内容通过这个网络系统进行分发。浏览者在浏览到你的网页之前可能已经在同一个CDN下载过jQuery，浏览器已经缓存过这个文件，此时就不需要重新下载，浏览速度会快很多。Google、微软等都提供CDN服务。

如果需要使用CDN加载jQuery库函数，只需要将网址加入到HTML页面的<head>与</head>标签之间即可，代码如下。

```
<script type="text/javascript" src="https://code.jquery.com/jquery-3.2.1.min.js">
</script>
```

> 提示
>
> jQuery V2.x之后的版本不再支持IE6、IE7和IE8，如果考虑到用户使用的是低版本的浏览器，建议下载或使用CDN加载V1.10.2版本的jQuery函数库。

## 15.1.3 jQuery基本语法

jQuery必须等浏览器加载HTML的DOM对象之后才能执行，可以通过.ready()方法来确认DOM对象是否已经全部加载，代码如下所示。

```
jQuery (document).ready(function() {
  //程序代码
});
```

上述jQuery程序代码由"jQuery"开始，也可以使用"$"代替，代码如下所示。

```
$(document).ready(function() {
  //程序代码
});
```

$()函数括号内的参数是指定想要选用哪一个对象，接着是想要jQuery执行什么方法或者处理什么事件，如ready()方法。ready()方法括号内是事件处理的函数程序代码，多数情况下，会把事件处理函数定义为匿名函数，也就是上述程序代码中的function(){}。

由于ready是很常用的方法，jQuery提供了简洁的写法便于用户使用，简洁的代码写法如下所示。

```
$(function() {
  //程序代码
});
```

jQuery的使用非常简单，只需要指定作用的DOM对象及执行什么样的操作即可，其基本语法如下。

```
$(选择器).操作();
```

例如，需要将HTML页面中所有的<p>标签中的对象全部隐藏，代码可以写为下面的形式。

```
$("p").hide();
```

## 15.1.4 认识jQuery选择器

jQuery选择器用来选择HTML中的元素，可以通过HTML标签名称、id属性及class属性等来选择网页中的元素。

### 1. 标签选择器

顾名思义，标签选择器是直接使用HTML标签。例如，想要选择HTML页面中的所有<div>标签，可以写为下面的形式。

```
$("div")
```

### 2. id选择器（#）

id选择器通过元素的id属性来选择对象，只要在id属性前加下"#"号即可。例如，想要选择HTML页面中id属性为box的对象，可以写为下面的形式。

```
$("#box")
```

技巧

注意，在一个HTML页面中元素的id属性名称尽可能不要重复，这样通过id选择器适用于找出HTML页面中唯一的对象。

### 3. class选择器（.）

class选择器通过元素的class属性来获取对象，只需要在class属性前加上"."号即可。例如，想要选择HTML页面中class属性为font01的对象，可以写为下面的形式。

```
$(".font01")
```

还可以将上述3种选择器组合使用，例如需要选择HTML页面中所有<p>标签中class属性为font01的对象，可以写为下面的形式。

```
$("p.font01")
```

表15-1中列出了jQuery中常用的选择及搜索方法，供读者参考。

**表15-1**                                   jQuery常用的选择和搜索方法

| 表示方法 | 说明 |
|---|---|
| $("*") | 选择HTML页面中的所有元素 |
| $(this) | 选择HTML页面中当前正在作用中的元素 |
| $("p:first") | 选择HTML页面中第一个<p>元素 |
| $("[href]") | 选择HTML页面中包含href属性的元素 |
| $("tr:even") | 选择HTML页面中偶数<tr>元素 |
| $("tr:odd") | 选择HTML页面中奇数<tr>元素 |
| $("div p") | 选择HTML页面中<div>标签中所包含的<p>元素 |
| $("div").find("p") | 在HTML页面中搜索<div>标签中所包含的<p>元素 |
| $("div").next("p") | 在HTML页面中搜索<div>标签之后的第一个<p>元素 |
| $("li").eq(2) | 在HTML页面中搜索第3个<li>元素。在eq()中输入元素的位置，只能输入整数，最小值为0 |

## 15.1.5 使用jQuery设置CSS样式属性

掌握了jQuery选择器的用法之后，除了可以操控HTML元素之外，还可以使用css()方法来改变网页元素的CSS样式。例如，设置HTML页面中所有<p>标签中的文字颜色为红色，可以写为下面的代码。

```
$("p").css("color","red");
```

**实战** 使用jQuery改变列表第一行效果
最终文件：最终文件\第15章\15-1-5.html　　　视频：视频\第15章\15-1-5.mp4

**01** 打开页面"源文件\第15章\15-1-5.html"，效果如图15-3所示。在浏览器中预览页面，可以看到该新闻列表默认的效果，如图15-4所示。

**02** 切换到HTML代码中，在<head>与</head>标签之间加入链接jQuery函数库文件代码，如图15-5所示。在<head>与</head>标签之间添加相应的jQuery脚本代码，如图15-6所示。

**03** 保存页面，在浏览器中预览页面，可以看到页面中列表第一行的项目列表文字被修改为橙色，如图15-7所示。

图15-3　打开页面

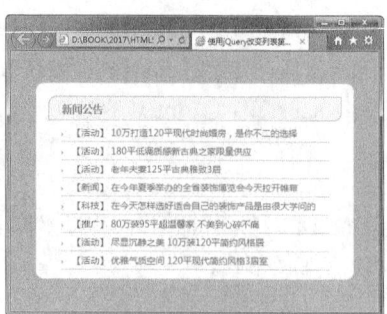

图15-4　预览页面效果

```
<head>
<meta charset="utf-8">
<title>使用jQuery改变列表第一行效果</title>
<link href="style/15-1-5.css" rel="stylesheet" type="text/css">
<script type="text/javascript" src="js/jquery-3.2.1.min.js">
</script>
</head>
```

图15-5　链接jQuery库文件

```
<head>
<meta charset="utf-8">
<title>使用jQuery改变列表第一行效果</title>
<link href="style/15-1-5.css" rel="stylesheet" type="text/css">
<script type="text/javascript" src="js/jquery-3.2.1.min.js">
</script>
<script type="text/javascript">
$(function() {
    $("li").eq(0).css("color","#F90");
})
</script>
</head>
```

图15-6　编写jQuery脚本代码

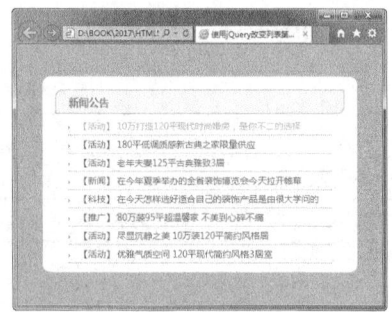

图15-7　预览页面效果

> 提示
> 在jQuery中还有许多比较复杂的应用，对于页面交互效果的实现具有很大帮助，此处只是对jQuery进行简单的介绍，感兴趣的读者可以学习jQuery相关的书籍。

## 15.2　了解jQuery Mobile

jQuery Mobile是jQuery在手机和平板电脑等移动设备上应用的版本。jQuery Mobile不仅给主流移动平台带来jQuery Mobile核心库，而且会发布一个完整统一的jQuery移动UI框架。

### 15.2.1　jQuery Mobile概述

随着移动互联网的快速发展，适用于移动设备的网页非常需要一个跨浏览器的框架，让开发人员开发出真正的移动Web应用。jQuery Mobile就是支持全球主流的移动应用平台。

目前，网站中的动态交互效果越来越多，其中大多数都是通过jQuery来实现的。随着智能手机和平板电脑的流行，主流移动平面上的浏览器功能已经与传统的桌面浏览器功能相差无几，因此jQuery团队开发了jQuery Mobile。jQuery Mobile的使命是向所有主流移动设备浏览器提供一种统一的交互体验，使整个因特网上的内容更加丰富。

jQuery Mobile是一个基于HTML5、拥有响应式网站特性、兼容所有主流移动设备平台的统一UI接口系统与前端开发框架，可以运行在所有智能手机、平板电脑和桌面设备上。不需要为每一个移动设备或者操作系统单独开发应用，设计者可以通过jQuery Mobile框架设计一个高度响应式的网站或应用运行于所有流行的智能手机、平板电脑和桌面系统。

jQuery Mobile框架特点如下。

（1）jQuery Mobile是创建移动Web应用程序的框架。

（2）jQuery Mobile适用于所有流行的智能手机和平板电脑。

（3）jQuery Mobile使用HTML5和CSS3通过尽可能少的脚本对页面进行布局。

## 15.2.2 jQuery Mobile 功能特点

jQuery Mobile是一套以jQuery和jQuery UI为基础，提供移动设备跨平台的用户界面函数库。通过它制作出来的网页能够支持大多数移动设备的浏览器，并且在浏览网页时，能够拥有操作应用软件一样的触碰及滑动的效果。

jQuery Mobile具有以下5个特点。

### 1. 强大的AJAX驱动导航

无论页面数据的调用还是页面之间的切换，都是采用AJAX进行驱动的，从而保持了动画切换页面的干净与优雅。

### 2. 以jQuery和jQuery UI为框架核心

jQuery Mobile的核心框架是建立在jQuery基础之上的，并且利用了jQuery UI的代码与运用模式，使熟悉jQuery语法的开发者能通过最少量的学习迅速掌握其用法。

### 3. 强大的浏览器兼容性

jQuery Mobile继承了jQuery的兼容性优势，目前所开发的应用兼容所有主要的移动终端浏览器，使开发人员可以集中精力做功能开发，而不需要考虑复杂的浏览器兼容性问题。

### 4. 丰富的主题和ThemeRoller工具

jQuery UI的ThemeRoller在线工具，只要通过下拉菜单进行设置，就能够自制出相当有特色的网页风格，并且可以将代码下载下来应用。另外，jQuery Mobile还提供了丰富的主题，轻轻松松就能够快速创建高质感的网页。

### 5. 支持触摸与其他鼠标事件

jQuery Mobile提供了一些自定义的事件，用来侦测用户的移动触摸动作，如tap（单击）、tap-and-hold（单击并按住）和swipe（滑动）等事件，极大地提高了代码开发的效率。

## 15.2.3 jQuery Mobile 的工作原理

jQuery Mobile的工作原理是：提供可触摸的UI小部件和AJAX导航系统，使页面支持动画式切换效果。以页面中的元素标签为事件驱动对象，当触摸或单击时进行触发，最后在移动终端的浏览器中实现一个个应用程序的动画展示效果。

---
提示

AJAX即"Asynchronous JavaScript And XML"（异步JavaScript和XML），是指一种创建交互式网页应用的网页开发技术。通过在后台与服务器进行少量数据交换，AJAX可以使网页实现异步更新。这意味着可以在不重新加载整个网页的情况下，对网页的某部分进行更新。

---

# 15.3 jQuery Mobile 操作流程

jQuery Mobile的操作流程与编写HTML页面相似，编写和开发jQuery Mobile页面的工具也与HTML页面的工具相同，可以通过记事本或专业的Dreamweaver来编辑制作jQuery Mobile页面，完成jQuery Mobile页面的制作后，将其保存为.html或.htm文件就可以在浏览器或模拟器中浏览了。jQuery Mobile的操作流程大致有以下3个步骤。

（1）新建HTML5页面。

（2）载入jQuery、jQuery Mobile函数库和jQuery Mobile CSS。

（3）使用jQuery Mobile定义的HTML标准编写网页架构及内容。

## 15.3.1 下载移动设备模拟器

jQuery Mobile页面主要用于智能手机等移动设备浏览，所以需要使用能够产生移动设备屏幕大小的模拟器来预览所制作jQuery Mobile页面效果。在互联网中提供了多种移动设备模拟器，包括为Chrome浏览器或Firefox浏览器安装相应的插件等方法。

本节将向大家介绍Opera Mobile Emulator移动设备模拟器，后面将使用该移动端浏览器预览jQuery Mobile页面效果。

打开PC端浏览器，找到Opera Mobile Emulator模拟器的官方网站并打开，页面如图15-8所示。单击页面中的Opera Mobile Classic Emulator 12.1 for Windows链接，下载该模拟器，如图15-9所示。

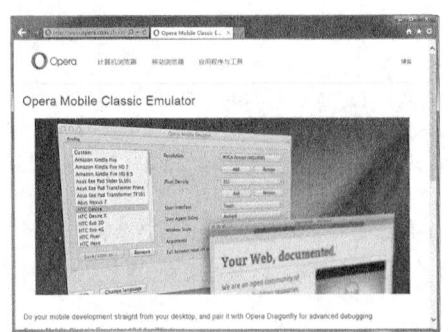
图15-8 打开模拟器官方网站

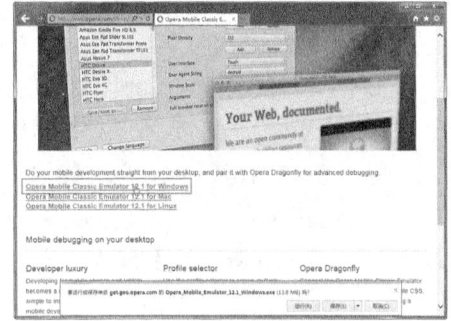
图15-9 下载模拟器

完成模拟器安装程序的下载后安装该模拟器，然后启动模拟器，将弹出"选择语言"对话框，在下拉列表中选择"简体中文"选项，单击"确定"按钮，如图15-10所示。显示软件界面后，可以从中选择需要模拟的移动设备，如图15-11所示。

图15-10 "选择语言"对话框

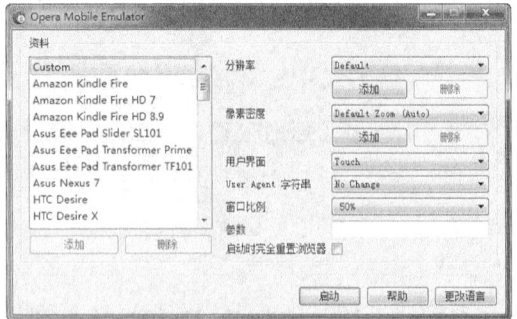
图15-11 模拟器界面

例如，从"资料"列表中选择某一个预设的手机型号，单击"启动"按钮，如图15-12所示。此时会弹出手机模拟窗口，在地址栏中输入需要访问的地址，即可查看该网站在移动端界面中的显示效果，如图15-13所示。

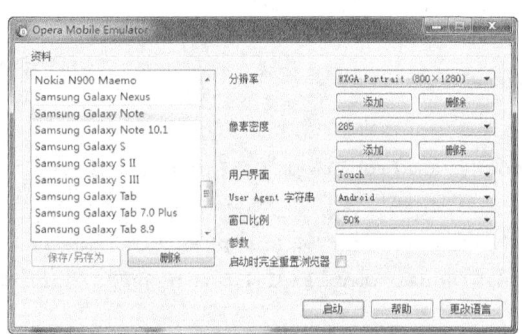

图15-12 选择预设手机型号

图15-13 浏览移动端界面效果

虽然Opera Mobile Emulator模拟器没有呈现真实手机外观，但是窗口尺寸与手机屏幕是一样的，它的好处是可以任意调整窗口大小。如果需要浏览jQuery Mobile页面在不同屏幕尺寸的效果，这款模拟器是非常方便的。

如果无法安装模拟器也没有关系，可以直接使用现有的浏览器来代替模拟器，只需要调整浏览窗口的大小，同样可以预览jQuery Mobile页面的运行结果。

## 15.3.2 加载jQuery Mobile函数库

要开发jQuery Mobile页面，必须要引用jQuery Mobile函数库（.js）、CSS样式表（.css）和配套的jQuery函数库文件。引用方式有两种，一种是到jQuery Mobile官方网站上下载文件进行引用，另一种是直接通过URL链接到jQuery Mobile的CDN-hosted引用，不需要下载文件。

在浏览器窗口中打开jQuery Mobile官方网站，进入网站后单击导航栏中的"Download"，进入Download页面，找到"Latest Stable Version"字样，官网上直接提供引用代码，如图15-14所示。只需要将其复制并粘贴到HTML文档的<head>与</head>标签之间即可。

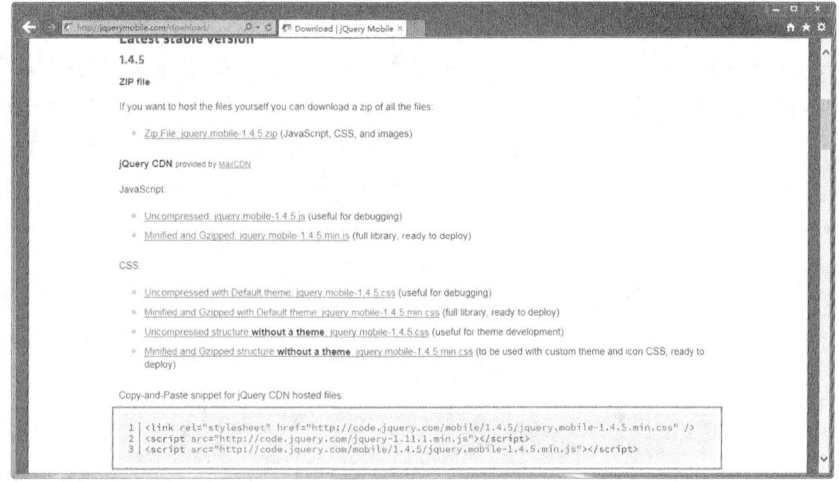

图15-14 官网上提供的引用代码

---

**提示**

jQuery Mobile函数库仍然在开发过程中，因此用户看到的版本号可能会与本书有所不同，请使用官网提供的最新版本，只需要将代码复制到HTML文档的 `<head>` 与 `</head>` 标签之间即可。

---

将引用代码复制到HTML文档的 `<head>` 与 `</head>` 标签之间，其位置如下所示。

```html
<head>
<meta charset="utf-8">
<title>创建jQuery Mobile页面</title>
<link rel="stylesheet" href="http://code.jquery.com/mobile/1.4.5/jquery.mobile-
1.4.5.min.css"/>
<script src="http://code.jquery.com/jquery-1.11.1.min.js"></script>
<script src="http://code.jquery.com/mobile/1.4.5/jquery.mobile-1.4.5.min.js"></script>
</head>
```

通过URL加载jQuery Mobile函数库的方式可以使版本的更新更加及时，但由于是通过jQuery CDN服务器请求的方式进行加载，在执行页面时必须要保证网络的畅通，否则，不能实现jQuery Mobile移动页面的效果。

---

**提示**

CDN的全称是Content Delivery Network，用于快速下载跨Internet常用的文件，只要在页面的 `<head>` 与 `</head>` 标签之间加入引用代码，同样可以执行jQuery Mobile移动应用页面。

---

### 15.3.3 创建jQuery Mobile页面

与开发和制作普通的网站页面相似，创建一个jQuery Mobile页面也非常简单。在jQuery Mobile页面中通过 `<div>` 标签来组织页面结构，通过在标签中设置data-role属性来设置该标签的作用。每一个设置了data-role属性的 `<div>` 标签就是一个容器，可以在该容器中放置其他的页面元素。接下来将会制作第一个jQuery Mobile页面。

---

**实战** 制作第一个jQuery Mobile页面

最终文件：最终文件\第15章\15-3-3.html　　视频：视频\第15章\15-3-3.mp4

---

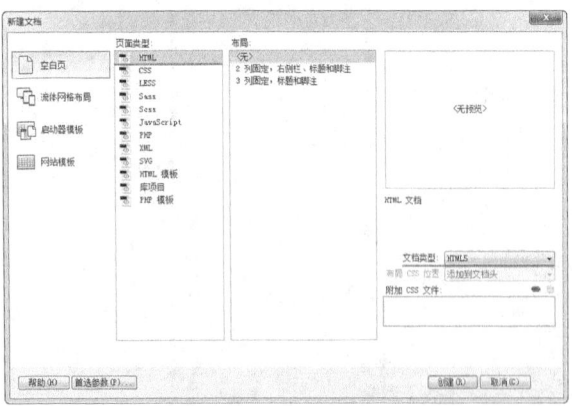

图15-15 "新建文档"对话框

**01** 执行"文件>新建"命令，将会弹出"新建文档"对话框，新建一个HTML5页面，如图15-15所示。将其文档保存为"源文件\第15章\15-3-3.html"。切换到代码视图中，可以看到该HTML5文档的代码，如图15-16所示。

```html
<!doctype html>
<html>
<head>
<meta charset="utf-8">
<title>无标题文档</title>
</head>

<body>
</body>
</html>
```

图15-16 网页HTML代码

**02** 在\<head\>与\</head\>标签之间添加\<meta\>标签设置和加载jQuery Mobile函数库代码。

```
<head>
<meta charset="utf-8">
<title>第一个jQuery Mobile页面</title>
<meta name="viewport" content="width=device-width,initial-scale=1">
<link rel="stylesheet" href="http://code.jquery.com/mobile/1.4.5/jquery.mobile-
1.4.5.min.css"/>
<script src="http://code.jquery.com/jquery-1.11.1.min.js"></script>
<script src="http://code.jquery.com/mobile/1.4.5/jquery.mobile-1.4.5.min.js"></script>
</head>
```

**03** 接下来，在\<body\>与\</body\>标签之间编写jQuery Mobile页面的正文内容。

```
<body>
<div id="page1" data-role="page">
  <div data-role="header">
  <h1>页面标题</h1>
  </div>
  <div data-role="content">
  jQuery Mobile页面的正文内容部分
  </div>
  <div data-role="footer">
  <h1>页脚</h1>
  </div>
</div>
</body>
```

在\<body\>与\</body\>标签之间，通过多个\<div\>标签对jQuery Mobile页面的层次进行划分。因为jQuery Mobile中每个\<div\>标签都是一个容器，根据每个\<div\>标签中所设置的data-role属性值，从而确定该元素的身份。如设置data-role属性值为header，则表示该\<div\>元素为头部区域；设置data-role属性值为content，则表示该\<div\>元素为内容区域；设置data-role属性值为footer，则表示该\<div\>元素为页脚区域。

**04** 完成第一个jQuery Mobile页面的制作，保存页面，打开Opera Mobile模拟器，直接将所制作的jQuery Mobile页面文件拖入到Opera Mobile模拟器中，即可看到jQuery Mobile页面的效果，如图15-17所示。

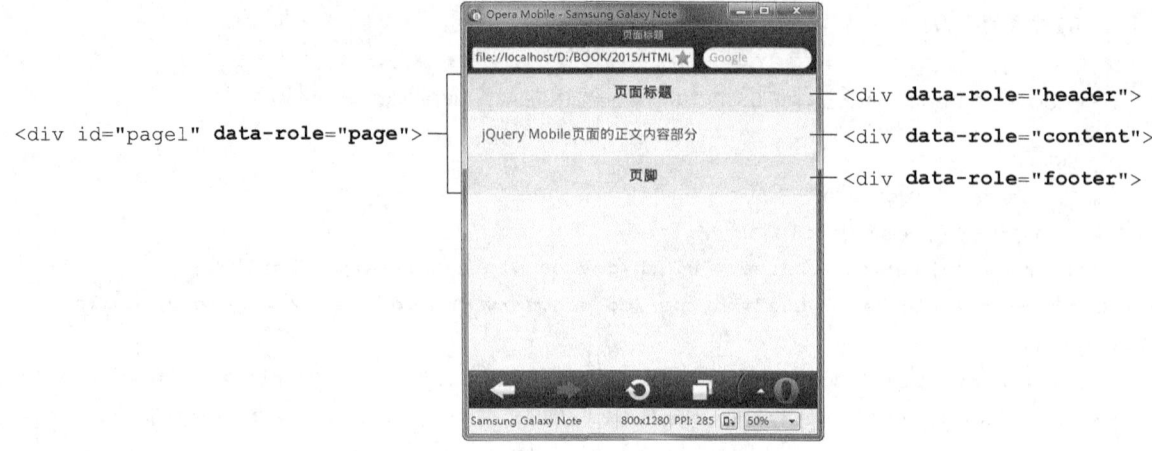

图15-17　预览jQuery Mobile页面效果

## 15.3.4　jQuery Mobile页面的基本架构

　　根据15.3.3中所制作的一个最基础的jQuery Mobile页面，可以看出jQuery Mobile页面拥有一个基本的架构，就是在HTML页面中通过在<div>标签中添加data-role属性，设置该属性的值为page，使该div形成一个容器，而在该容器中包含3个子容器，在各子容器的<div>标签中设置data-role属性值分别为header、content、footer，这样就形成了"标题""内容"和"结构"3部分组成的标准页面架构。

　　如下所示的HTML代码就是一个jQuery Mobile页面的基本架构。

```
<!doctype html>
<html>
<head>
<meta charset="utf-8">
<title>jQuery Mobile页面基本架构</title>
<meta name="viewport" content="width=device-width,initial-scale=1">
<link rel="stylesheet" href="http://code.jquery.com/mobile/1.4.5/jquery.mobile-
1.4.5.min.css"/>
<script src="http://code.jquery.com/jquery-1.11.1.min.js"></script>
<script src="http://code.jquery.com/mobile/1.4.5/jquery.mobile-1.4.5.min.js"></script>
</head>
<body>
<div id="page1" data-role="page">
  <div data-role="header"><h1>标题</h1></div>
  <div data-role="content">内容</div>
  <div data-role="footer"><h4>页脚</h4></div>
</div>
</body>
</html>
```

在该HTML代码中，第一行以HTML5的文档声明开始，声明该HTML文档是一个基于HTML5标准的文档。

在<head>与</head>标签之间添加<meta>标签，在该标签中设置name属性为viewport，并设置该标签的content属性，代码如下。

```
<meta name="viewport" content="width=device-width,initial-scale=1">
```

添加这行代码的作用是：设置移动设备中浏览器缩放的宽度与等级。通常情况下，移动设备的浏览器都会以默认的宽度显示页面，默认宽度会导致屏幕缩小，页面放大，不适合浏览。如果在页面中添加该行代码，可以使页面的宽度与移动设备的屏幕宽度相同，更加适合用户浏览。

在页面的<body>与</body>标签之间，在第一个<div>标签中设置data-role属性为page，形成一个页面容器，在该页面容器中分别添加3个<div>标签，依次设置data-role属性为header、content和footer，从而形成一个标准的jQuery Mobile页面架构。

## ▶▶ 15.4　本章小结

本章向读者介绍了有关jQuery和jQuery Mobile的基础知识，重点介绍了jQuery Mobile的功能特点及操作流程等内容，使读者对jQuery Mobile有初步的认识和了解，并通过简单的jQuery Mobile页面的制作，使读者认识了jQuery Mobile页面的基本结构，为后面学习jQuery Mobile页面打下坚实的基础。

# 第16章

# 认识并创建jQuery Mobile页面

从页面结构上来说，jQuery Mobile可以支持单个页面和一个页面中多个容器。另外，在jQuery Mobile页面中通过AJAX功能可以很方便地自动读取外部页面，支持页面跳转之间的动画过渡效果，也可以通过调用脚本代码实现jQuery Mobile页面的预加载和缓存等功能。本章将向读者介绍jQuery Mobile页面的架构、预载及页面跳转等功能。

## 本章知识点

- 理解多容器jQuery Mobile页面的结构
- 掌握各种jQuery Mobile页面的链接方法
- 掌握jQuery Mobile页面头部栏、导航栏和尾部栏的设置方法
- 掌握jQuery Mobile页面网格布局的方法
- 掌握jQuery Mobile页面中可折叠区块的创建和使用方法
- 理解并掌握预加载和缓存jQuery Mobile页面的方法

## ▶▶▶ 16.1 认识jQuery Mobile页面

在第15章中已经了解了jQuery Mobile页面的工作原理和执行流程，jQuery Mobile页面的许多功能效果都需要借助于HTML5新增标签和属性，因此，所创建的HTML页面必须符合HTML5文档规范，并且在文档的<head>与</head>标签之间需要依次加载jQuery Mobile的CSS样式表文件、jQuery基本框架文件和jQuery Mobile插件文件。

### 16.1.1 多容器jQuery Mobile页面

在一个供jQuery Mobile使用的HTML页面中，可以包含一个元素data-role属性值为page的容器，也允许包含多个，从而形成多容器的jQuery Mobile页面结构。容器之间各自独立，并且每个容器都要拥有唯一的id名称。

当浏览器在加载多容器的jQuery Mobile页面时，以堆栈的方式同时加载。同一页面中的不同容器之间跳转时，设置超链接<a>标签的href属性值为#号加容器的id名称。单击超链接时，jQuery Mobile将在当前页

面中寻找相应id名称的容器，以动画效果切换至该容器中，实现容器间内容的访问。

## 16.1.2 jQuery Mobile 页面链接

在jQuery Mobile页面中，如果将页面元素的data-role属性值设置为page，则该元素成为一个容器，即页面中的某块区域。在一个jQuery Mobile页面中，可以设置多个元素成为容器，虽然元素的data-role属性值都是page，但是它们对应的id名称是不能相同的。

### 1. 内部链接

在jQuery Mobile页面中，将一个页面中的多个容器当作多个不同的页面，它们之间的跳转是通过<a>标签来实现的，在<a>标签中设置href属性值为#加对应页面的id名称来实现，这种链接形式称为内链接，如下面的链接形式。

```
<a href="#page1">第1页</a>
```

### 2. 外部链接

在jQuery Mobile页面中，除了可以创建内部链接外，还可以创建外部链接。所谓外部链接是指通过单击页面中的某个链接，跳转到另外一个jQuery Mobile页面中，而不是在同一个页面中的不同区域之间跳转。其实现的方式与内部链接相似，只需要在<a>标签中添加rel属性设置，设置该属性的属性值为external，即可表示该链接是一个外部链接，如下面的链接形式。

```
<a href="x.html" rel="external">详细页面</a>
```

### 3. 页面跳转过渡效果

在jQuery Mobile页面中，无论是创建内链接还是外链接，都支持页面跳转过渡的动画效果，只需要在<a>标签中添加data-transition属性设置即可，格式如下。

```
<a href="链接地址" data-transition="slide | pop | slideup | slidedown | fade | flip">
对象</a>
```

data-transition属性的属性值说明如下。

- **slide**：该属性值为默认值，表示从右至左的滑动动画效果。
- **pop**：表示以弹出的效果打开链接页面。
- **slideup**：表示向上滑动的动画效果。
- **slidedown**：表示向下滑动的动画效果。
- **fade**：表示渐变褪色的动画效果。
- **flip**：表示当前页面飞出，链接页面飞入的动画效果。

> **实战** 创建jQuery Mobile页面多容器之间链接
> 最终文件：最终文件\第16章\16-1-2.html 视频：视频\第16章\16-1-2.mp4

**01** 新建一个HTML5页面，将该文档保存为"源文件\第16章\16-1-2.html"。在<head>与</head>标签之间添加<meta>标签设置和加载jQuery Mobile函数库代码，代码如下所示。

```
<!doctype html>
<html>
<head>
```

```
<meta charset="utf-8">
<title>创建jQuery Mobile页面多容器之间链接</title>
<meta name="viewport" content="width=device-width,initial-scale=1">
<link rel="stylesheet" href="http://code.jquery.com/mobile/1.4.5/jquery.mobile-
1.4.5.min.css"/>
<script src="http://code.jquery.com/jquery-1.11.1.min.js"></script>
<script src="http://code.jquery.com/mobile/1.4.5/jquery.mobile-1.4.5.min.js"></script>
</head>
<body>
</body>
</html>
```

02 在<body>与</body>标签之间编写jQuery Mobile的第1个页面容器代码。

```
<body>
<!--第1个页面开始-->
<div id="page1" data-role="page">
  <div data-role="header">
  <h1>第1个页面标题</h1>
  </div>
  <div data-role="content">
  <p>第1个页面的正文内容</p>
  <p><a href="#page2">第2页</a></p>
  </div>
  <div data-role="footer">
  <h1>第1个页面页脚</h1>
  </div>
</div>
<!--第1个页面结束-->
<body>
```

03 接着编写jQuery Mobile的第2个页面容器代码。

```
<!--第2个页面开始-->
<div id="page2" data-role="page">
  <div data-role="header">
  <h1>第2个页面标题</h1>
  </div>
  <div data-role="content">
  <p>第2个页面的正文内容</p>
  <p><a href="#page1">返回第1页</a></p>
  </div>
  <div data-role="footer">
  <h1>第2个页面页脚</h1>
  </div>
</div>
<!--第2个页面结束-->
```

---

在jQuery Mobile页面中，一个页面中有多个page区域，在page区域之间的跳转称为内链接，其链接方式是在<a>标签中设置href属性为#加所链接的page区域的id名称。

---

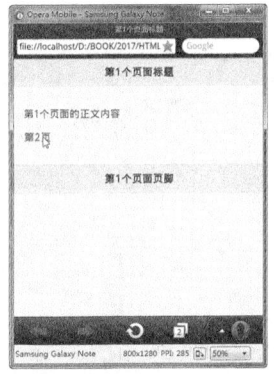

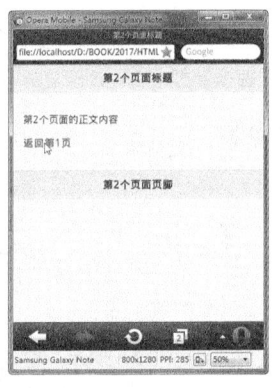

图16-1 预览页面效果　　图16-2 跳转到另一个
　　　　　　　　　　　　　　容器并显示

**04** 保存页面，在Opera Mobile模拟器中预览该jQuery Mobile页面，效果如图16-1所示。单击页面中的"第2页"链接文字，将跳转到第2页显示，并显示链接跳转的过渡动画效果，如图16-2所示。

---

提示

当页面进行跳转时，跳转前的页面将自动隐藏，链接的区域或页面自动展示在当前页面中。如果是内链接，在当前屏幕中只显示指定id名称的区域，其他的区域都会被隐藏。

---

## 16.1.3 链接外部jQuery Mobile页面

虽然在一个页面中，可以借助容器的框架实现多种页面的显示，但是，把全部代码写在一个页面中会延缓页面加载的时间，且不利于功能的分工与维护的安全性。因此，在jQuery Mobile中，可以采用开发多个页面并通过外部链接的方式，实现页面相互切换的效果。

---

**实战** 链接外部jQuery Mobile页面

最终文件：最终文件\第16章\16-1-3.html　　视频：视频\第16章\16-1-3.mp4

---

**01** 新建一个HTML5页面，将该文档保存为"源文件\第16章\16-1-3.html"。在<head>与</head>标签之间添加<meta>标签设置和加载jQuery Mobile函数库代码，代码如下。

```
<head>
<meta charset="utf-8">
<title>链接外部jQuery Mobile页面</title>
<meta name="viewport" content="width=device-width,initial-scale=1">
<link rel="stylesheet" href="http://code.jquery.com/mobile/1.4.5/jquery.mobile-
1.4.5.min.css"/>
<script src="http://code.jquery.com/jquery-1.11.1.min.js"></script>
<script src="http://code.jquery.com/mobile/1.4.5/jquery.mobile-1.4.5.min.js"></script>
</head>
```

**02** 在<body>与</body>标签之间编写jQuery Mobile页面代码。

```
<body>
<div id="page1" data-role="page">
  <div data-role="header"><h1>网页标题</h1></div>
  <div data-role="content">
    <p><a href="about.html" rel="external">关于我们</a><p>
```

```
        <p>我们的作品</p>
        <p>服务范围</p>
        <p>联系我们</p>
    </div>
    <div data-role="footer"><h4>页脚</h4></div>
    </div>
    </body>
```

**03** 新建一个HTML5页面，将该文档保存为"源文件\第16章\about.html"。在`<head>`与`</head>`标签之间添加`<meta>`标签设置和加载jQuery Mobile函数库代码。

**04** 在`<body>`与`</body>`标签之间编写jQuery Mobile页面代码。

```
<body>
<div id="page1" data-role="page">
    <div data-role="header"><h1>关于我们</h1></div>
    <div data-role="content">
        <p>    工作室成立于 2014年初，在互动设计和互动营销领域有着独特理解。我们一直专注于互联网整合
营销传播服务，以客户品牌形象为重，提供精确的策划方案与视觉设计方案，团队整体有着国际化意识与前瞻思想；
以视觉设计创意带动客户品牌提升，洞察互联网发展趋势。<p>
        <p><em><a href="16-1-3.html" rel="external">返回首页</a></em></p>
    </div>
    <div data-role="footer"><h4>页脚</h4></div>
</div>
</body>
```

**05** 保存页面，在Opera Mobile模拟器中预览16-1-3. html页面，效果如图16-3所示。单击页面中的"关于我们"链接文字，将跳转到about.html页面显示，如图16-4所示。

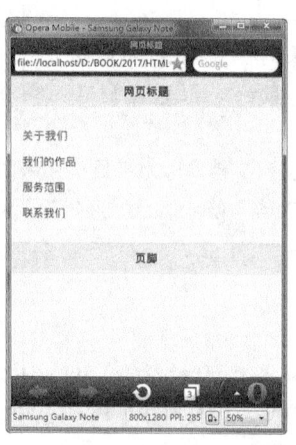

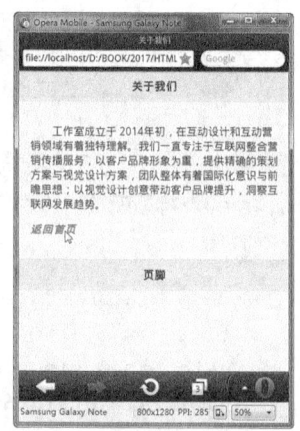

图16-3　预览页面效果　　　图16-4　跳转到链接的
　　　　　　　　　　　　　　　　　　　　　外部页面

在jQuery Mobile页面中，如果单击一个指向外部页面的超链接，jQuery Mobile将自动分析该URL地址，自动产生一个AJAX请求。在请求过程中，会弹出一个显示进度的提示框，如果请求成功，jQuery Mobile将自动构建页面结构，载入主页面的内容，同时初始化全部的jQuery Mobile组件，将所链接的页面内容显示在浏览器中；如果请求失败，jQuery Mobile将弹出一个错误信息提示框，数秒后该提示框自动消失，页面也不会刷新。

----技巧----

如果不想采用AJAX请求的方式打开一个外部链接页面，只需要在`<a>`标签加rel属性，设置该属性的值为external，该页面将脱离整个jQuery Mobile的主页环境，将会以独自打开的页面效果在浏览器中显示。

## 16.1.4　实现弹出对话框

在jQuery Mobile中创建对话框十分方便，只需要在指向页面的链接元素中添加data-rel属性，并设置该

属性值为dialog。单击该链接时,打开的页面将以一个对话框的形式展示在浏览器中。单击对话框中的任意链接时,打开的对话框将自动关闭,并以"回退"的形式切换至上一页。

将链接元素的data-rel属性值设置为true,打开的对话框实际上是一个标准的page容器。因此,在打开时,也可以通过设置data-transition属性值,选择打开对话框时切换页面的动画效果。

---

**实战** | **在jQuery Mobile页面中实现弹出对话框**
最终文件:最终文件\第16章\16-1-4.html    视频:视频\第16章\16-1-4.mp4

---

**01** 新建一个HTML5页面,将该文档保存为"源文件\第16章\16-1-4.html"。在\<head>与\</head>标签之间添加\<meta>标签设置和加载jQuery Mobile函数库代码,与前面案例相同。

**02** 在\<body>与\</body>标签之间编写jQuery Mobile页面代码。

```
<!--第1个容器开始-->
<div id="page1" data-role="page">
  <div data-role="header"><h1>网页标题</h1></div>
  <div data-role="content">
    <p><a href="#page2" data-rel="dialog" data-transition="pop">关于我们</a><p>
    <p>我们的作品</p>
    <p>服务范围</p>
    <p>联系我们</p>
  </div>
  <div data-role="footer"><h4>页脚</h4></div>
</div>
<!--第1个容器结束-->
<!--第2个容器开始-->
<div id="page2" data-role="page">
  <div data-role="header"><h1>关于我们</h1></div>
  <div data-role="content">
    <p>    工作室成立于2014年初,在互动设计和互动营销领域有着独特理解。我们一直专注于互联网整合营销传播服务,以客户品牌形象为重,提供精确的策划方案与视觉设计方案,团队整体有着国际化意识与前瞻思想;以视觉设计创意带动客户品牌提升,洞察互联网发展趋势。<p>
  </div>
  <div data-role="footer"><h4>页脚
</h4></div>
</div>
<!--第2个容器结束-->
```

**03** 保存页面,在Opera Mobile模拟器中预览16-1-4.html页面,显示第一个容器内容,效果如图16-5所示。单击页面中的"关于我们"链接文字,将以弹出窗口的方式显示第2个容器内容,如图16-6所示。

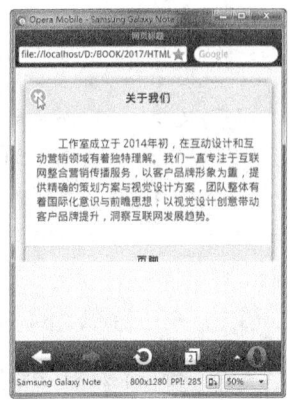

图16-5 预览页面效果    图16-6 以弹出窗口
方式显示内容

提示

设置链接的 data-rel 属性值为 dialog，通过该链接打开的页面将以对话框的形式展示在当前页面中，对话框左上角自带一个"X"关闭按钮，单击该按钮，可以关闭对话框。此外，在对话框内添加其他链接按钮，设置该链接按钮的 data-rel 属性值为 back，单击链接按钮同样可以实现关闭对话框的功能。

## ▶▶▶ 16.2 jQuery Mobile 页面头部栏

头部栏是移动应用中工具栏的组成部分，用来说明该页面的主体内容。头部栏是 page 容器中的第一个元素，放置的位置十分重要。头部栏由页面标题和按钮（最多两个）组成，其中的按钮可以使用"后退"按钮，也可以添加表单元素中的按钮，并可以通过设置相关属性控制头部按钮的相对位置。

### 16.2.1 头部栏基本结构

头部栏由标题文字和左右两边的按钮构成，标题文字通常使用 &lt;h1&gt; 至 &lt;h6&gt; 标签进行标记，常用 &lt;h1&gt; 标签，无论取值是多少，在同一个移动应用项目中都要保持一致。标题文字左右两边可以分别放置一或两个按钮，用于标题中的导航操作。

如下面的 jQuery Mobile 页面结构。

```
<div id="page1" data-role="page">
  <div data-role="header">
    <h1>头部栏标题</h1>
  </div>
  <div data-role="content">
    <p>内容<p>
  </div>
  <div data-role="footer"><h4>页脚</h4></div>
</div>
```

在 jQuery Mobile 页面中，在 &lt;div&gt; 标签中设置 data-role 属性为 header，即可将该元素设置为 jQuery Mobile 页面的头部栏。

提示

由于移动设备的浏览器分辨率不尽相同，如果尺寸过小，而头部栏的标题内容又很长时，jQuery Mobile 会自动调整需要显示的标题内容，隐藏的内容以"…"的形式显示在头部栏中。

技巧

头部栏默认的主题样式为 a，如果需要修改主题样式，只需要在头部栏标签中添加 data-theme 属性设置，将其属性值设置为对应的主题样式即可。关于 jQuery Mobile 中的主题将在第 17 章中进行介绍。

### 16.2.2 在头部栏中添加后退按钮

在头部栏标签中添加 data-add-back-btn 属性，可以在头部栏的左侧增加一个默认名为 back 的"后退"按钮。此外，还可以通过在头部栏标签中添加 data-back-btn-text 属性设置，从而设置"后退"按钮中显示的文字。

如下面的jQuery Mobile页面代码。

```
<!--第1个容器开始-->
<div id="page1" data-role="page">
  <div data-role="header" data-add-back-btn="true">
    <h1>第1页标题</h1>
  </div>
  <div data-role="content">
    <p>第1页正文内容<p>
    <p><em><a href="#page2">第2页</a></em></p>
  </div>
  <div data-role="footer"><h4>页脚</h4></div>
</div>
<!--第1个容器结束-->
<!--第2个容器开始-->
<div id="page2" data-role="page">
  <div data-role="header" data-add-back-btn="true">
    <h1>第2页标题</h1>
  </div>
  <div data-role="content">
    <p>第2页正文内容<p>
    <p><em><a href="#page3">第3页</a></em></p>
  </div>
  <div data-role="footer"><h4>页脚</h4></div>
</div>
<!--第2个容器结束-->
<!--第3个容器开始-->
<div id="page3" data-role="page">
  <div data-role="header" data-add-back-btn="true" data-back-btn-text="上一页">
    <h1>第3页标题</h1>
  </div>
  <div data-role="content">
    <p>第3页正文内容<p>
    <p><em><a href="#page1">返回第1页</a></em></p>
  </div>
  <div data-role="footer"><h4>页脚</h4></div>
</div>
<!--第3个容器结束-->
```

在以上的jQuery Mobile页面代码中创建了3个容器，并且分别在3个容器的头部栏标签中添加了data-add-back-btn="true"属性设置，用于在头部栏左侧显示后退按钮。在Opera Mobile模拟器中预览该页面，可以看到3个容器页面的显示效果，如图16-7所示。

第1个容器页面，虽然在头部栏中添加了data-add-back-btn="true"属性设置，但是该页面并没有可以后退的页面，所以不显示"后退"按钮。单击第1个页面中的链接跳转到第2个容器页面，在头部栏中添加了data-add-back-btn="true"属性设置，所以在头部栏左侧显示默认的"后退"按钮。单击第2个页面的链接跳转到第3个容器页面，在头部栏中添加了data-add-back-btn="true"属性设置，并且还添加了data-back-btn-text 属性设置，可以看到修改"后退"按钮文字的效果。

图16-7　3个页面头部栏中所添加的按钮效果

## 16.2.3　在头部栏中添加其他功能按钮

在头部栏中，除了可以添加默认的"后退"按钮之外，还可以通过手动编写代码添加其他功能按钮，通常使用 <a> 标签来实现其他按钮的效果。由于头部栏空间的局限性，所添加按钮都是内联类型的，即按钮宽度只允许放置图标与文字两个部分。

**实战**　在头部栏中添加按钮实现页面跳转
最终文件：最终文件\第16章\16-2-3.html　　视频：视频\第16章\16-2-3.mp4

**01** 新建一个HTML5页面，将该文档保存为"源文件\第16章\16-2-3.html"。在 <head> 与 </head> 标签之间添加 <meta> 标签设置和加载 jQuery Mobile 函数库代码，与前面案例相同。

**02** 在 <body> 与 </body> 标签之间编写 jQuery Mobile 页面代码。

```
<!--第1个容器开始-->
<div id="page1" data-role="page">
  <div data-role="header" data-position="inline">
    <a href="#" data-icon="arrow-l">上一张</a>
    <h1>第1张图片</h1>
    <a href="#page2" data-icon="arrow-r">下一张</a>
  </div>
  <div data-role="content">
    <img src="images/162301.jpg">
  </div>
  <div data-role="footer"><h4>页脚</h4></div>
</div>
<!--第1个容器结束-->
<!--第2个容器开始-->
<div id="page2" data-role="page">
  <div data-role="header" data-position="inline">
    <a href="#page1" data-icon="arrow-l">上一张</a>
```

```
        <h1>第2张图片</h1>
        <a href="#page3" data-icon="arrow-r">下一张</a>
    </div>
    <div data-role="content">
      <img src="images/162302.jpg">
    </div>
    <div data-role="footer"><h4>页脚</h4></div>
</div>
<!--第2个容器结束-->
<!--第3个容器开始-->
<div id="page3" data-role="page">
    <div data-role="header" data-position="inline">
      <a href="#page2" data-icon="arrow-l">上一张</a>
      <h1>第3张图片</h1>
      <a href="#" data-icon="arrow-r">下一张</a>
    </div>
    <div data-role="content">
      <img src="images/162303.jpg">
    </div>
    <div data-role="footer"><h4>页脚</h4></div>
</div>
<!--第3个容器结束-->
```

在3个容器的头部栏中分别添加两个按钮，左侧为"上一张"，右侧为"下一张"。单击第1个容器的"下一张"按钮时，切换到第2个容器显示；单击第2个容器的"上一张"按钮时，切换到第1个容器显示，单击第2个容器的"下一张"按钮时，切换到第3个容器显示；单击第3个容器的"上一张"按钮时，切换到第2个容器显示。

> **提示**
>
> 在按钮所在的容器元素头部栏中添加data-position="inline"属性设置，对容器元素进行定位。使用这种定位模式，无须编写其他JavaScript或CSS样式代码便可以确保头部栏在更多的浏览器中显示。

**03** 保存页面，在Opera Mobile模拟器中预览该页面，显示第1个容器内容，可以通过头部栏中的"上一张"按钮和"下一张"按钮来切换所需要显示的容器，如图16-8所示。

图16-8　预览页面效果

通过观察可以发现，页面内容栏content元素的填充值并不为0，所以4边会出现空隙，并且content元素中的图片显示为原始大小，没有100%显示。接下来，可以通过CSS样式来进行显示效果的设置。

04 新建一个外部CSS样式表文件，将其保存为"源文件\第16章\style\16-2-3.css"。在该CSS样式表文件中创建名为.ui-content和.ui-content img的CSS样式，如图16-9所示。返回16-2-3.html页面中，链接刚创建的外部CSS样式表文件16-2-3.css，如图16-10所示。

```
.ui-content {
    margin: 0px;
    padding: 0px;
}
.ui-content img {
    width: 100%;
    height: auto;
}
```

图16-9　CSS样式代码

```
<head>
<meta charset="utf-8">
<title>在头部栏中添加按钮实现页面跳转</title>
<meta name="viewport" content="width=device-width,initial-scale=1">
<link rel="stylesheet" href=
"http://code.jquery.com/mobile/1.4.5/jquery.mobile-1.4.5.min.css" />
<link href="style/16-2-3.css" rel="stylesheet" type="text/css">
<script src="http://code.jquery.com/jquery-1.11.1.min.js"></script>
<script src=
"http://code.jquery.com/mobile/1.4.5/jquery.mobile-1.4.5.min.js">
</script>
</head>
```

图16-10　链接外部CSS样式表文件

05 保存页面，在Opera Mobile模拟器中预览16-2-3.html页面，测试通过头部栏的按钮对页面容器内容进行切换的效果，如图16-11所示。

图16-11　测试头部栏按钮效果

> **技巧**
>
> 　　头部栏中的按钮链接元素是头部栏的首个元素，默认位置是在标题的左侧，默认按钮个数只有一个。当在标题左侧添加两个链接按钮时，左侧链接按钮会按排列顺序保留第一个，第二个按钮会自动放置在标题的右侧。因此，在头部栏中放置链接按钮时，鉴于内容长度的限制，尽量在标题栏的左右两侧分别放置一个链接按钮。

## 16.2.4　设置按钮位置

　　在头部栏中，如果只放置一个链接按钮，不论位置在标题的左侧还是右侧，其最终都会显示在标题的左侧。如果想改变位置，需要添加新的类别属性ui-btn-left、ui-btn-right和ui-btn-left表示按钮居标题左侧（默认值），ui-btn-right表示按钮居标题右侧。

　　如下面的jQuery Mobile页面代码。

```
<!--第1个容器开始-->
<div id="page1" data-role="page">
  <div data-role="header" data-position="inline">
    <h1>第1张图片</h1>
    <a href="#page2" data-icon="arrow-r" class="ui-btn-right">下一张</a>
  </div>
  <div data-role="content">
    <img src="images/162301.jpg">
  </div>
  <div data-role="footer"><h4>页脚</h4></div>
</div>
<!--第1个容器结束-->
<!--第2个容器开始-->
<div id="page2" data-role="page">
  <div data-role="header" data-position="inline">
    <a href="#page1" data-icon="arrow-l" class="ui-btn-left">上一张</a>
    <h1>第2张图片</h1>
    <a href="#page3" data-icon="arrow-r" class="ui-btn-right">下一张</a>
  </div>
  <div data-role="content">
    <img src="images/162302.jpg">
  </div>
  <div data-role="footer"><h4>页脚</h4></div>
</div>
<!--第2个容器结束-->
<!--第3个容器开始-->
<div id="page3" data-role="page">
  <div data-role="header" data-position="inline">
    <a href="#page2" data-icon="arrow-l" class="ui-btn-left">上一张</a>
    <h1>第3张图片</h1>
  </div>
  <div data-role="content">
    <img src="images/162303.jpg">
  </div>
  <div data-role="footer"><h4>页脚</h4></div>
</div>
<!--第3个容器结束-->
```

保存页面，在Opera Mobile模拟器中预览页面，可以看到各容器页面中头部栏中按钮所显示的位置，如图16-12所示。

在头部栏中对需要定位的链接按钮添加ui-btn-left和ui-btn-right两个类别属性，用来设置头部栏中标题两侧的按钮位置，该类别属性在只有一个按钮并且想放置在标题右侧时非常有用。通常情况下，需要将链接按钮的data-add-back-btn属性设置为false，从而确保容器切换时不会出现"后退"按钮，影响标题左侧按钮的显示效果。

图16-12 设置头部栏按钮位置效果

# ▶▶▶ 16.3 jQuery Mobile 页面导航栏

jQuery Mobile为导航栏提供了专门的组件，使用时只需要在<div>标签中添加data-role="navbar"属性设置，即可将该div设置为一个导航栏容器。在该容器内，通过<ul>标签设置导航栏的各子类导航按钮，每一行最多可以放置5个按钮，超出个数的按钮将会自动显示在下一行；另外，导航栏中的按钮可以引用系统的图标，也可以自定义图标。

## 16.3.1 导航栏基本结构

jQuery Mobile中的导航栏是一个被<div>元素包裹的容器，常常放置在页面的头部或尾部。在容器内，如果需要设置某个子类导航按钮为选中状态，只需在按钮的元素中添加ui-btn-active类别属性即可。

**实战** 制作 jQuery Mobile 页面导航栏
最终文件：最终文件\第16章\16-3-1.html　　　视频：视频\第16章\16-3-1.mp4

**01** 新建一个HTML5页面，将该文档保存为"源文件\第16章\16-3-1.html"。在<head>与</head>标签之间添加<meta>标签设置和加载jQuery Mobile函数库代码，与前面案例相同。

**02** 在<body>与</body>标签之间编写jQuery Mobile页面代码。

```
<!--第1个容器开始-->
<div id="page1" data-role="page">
  <div data-role="header">
    <h1>设计工作室</h1>
    <div data-role="navbar">
      <ul>
        <li><a href="#page1" class="ui-btn-active">首页</a></li>
        <li><a href="#page2">我们的作品</a></li>
        <li><a href="#page3">联系我们</a></li>
      </ul>
    </div>
```

```
    </div>
    <div data-role="content">
      <p>这里显示的是首页相关的内容</p>
    </div>
    <div data-role="footer"><h4>页脚</h4></div>
  </div>
  <!--第1个容器结束-->
  <!--第2个容器开始-->
  <div id="page2" data-role="page">
    <div data-role="header">
      <h1>设计工作室</h1>
      <div data-role="navbar">
        <ul>
          <li><a href="#page1">首页</a></li>
          <li><a href="#page2" class="ui-btn-active">我们的作品</a></li>
          <li><a href="#page3">联系我们</a></li>
        </ul>
      </div>
    </div>
    <div data-role="content">
      <p>这里显示的是我们的作品的相关内容</p>
    </div>
    <div data-role="footer"><h4>页脚</h4></div>
  </div>
  <!--第2个容器结束-->
  <!--第3个容器开始-->
  <div id="page3" data-role="page">
    <div data-role="header">
      <h1>设计工作室</h1>
      <div data-role="navbar">
        <ul>
          <li><a href="#page1">首页</a></li>
          <li><a href="#page2">我们的作品</a></li>
          <li><a href="#page3" class="ui-btn-active">联系我们</a></li>
        </ul>
      </div>
    </div>
    <div data-role="content">
      <p>这里显示的是联系我们的相关内容</p>
    </div>
    <div data-role="footer"><h4>页脚</h4></div>
  </div>
  <!--第3个容器结束-->
```

**03** 保存页面，在Opera Mobile模拟器中预览该页面，将会显示第1个容器内容，可以看到头部栏下方的导航栏效果。单击导航栏中的其他栏目链接，可以切换到相应的容器显示，导航栏效果如图16-13所示。

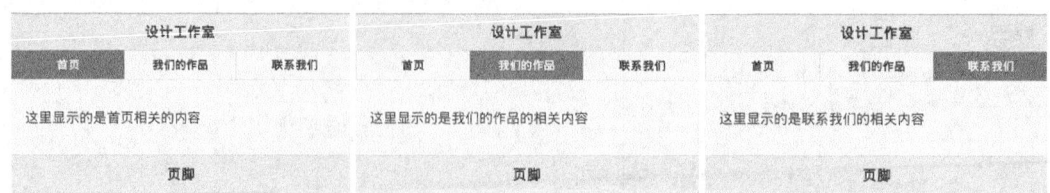

图16-13　测试jQuery Mobile页面导航栏效果

**技巧**

在导航栏的内部容器中，每个子类导航按钮的宽度都是一致的，因此，每增加一个子类按钮，都会将原来按钮的宽度按照等比例的方式进行均分。即如果原来有2个按钮，它们的宽度各为浏览器宽度的1/2，再增加1个按钮时，原先的2个按钮宽度又变成了1/3，以此类推。

**提示**

导航栏不仅可以放置在jQuery Mobile页面的头部栏中，还可以放置在jQuery Mobile页面的底部栏footer中。

## 16.3.2　为导航栏添加图标

在导航栏中，各子类导航链接按钮是通过<a>元素来实现的，如果想要给导航栏中的子类链接按钮添加图标，只需要在对应的<a>元素中添加data-icon属性，并在jQuery Mobile自带的系统图标集合中选择一个图标名作为该属性的值，如info表示显示ⓘ图标，图标的默认位置在按钮链接文字的上方。

data-icon属性值对应的图标效果如表16-1所示。

**表16-1**　　　　　　　　　　data-icon属性值对应的图标效果

| 属性值 | 图标效果 | 属性值 | 图标效果 |
|---|---|---|---|
| arrow-l | ⬅ | refresh | ↻ |
| arrow-r | ➡ | forward | ↩ |
| arrow-u | ⬆ | search | 🔍 |
| arrow-d | ⬇ | back | ↩ |
| delete | ✖ | grid | ▦ |
| plus | ➕ | star | ★ |
| minus | ➖ | alert | ⚠ |
| check | ✔ | info | ⓘ |
| gear | ⚙ | home | 🏠 |

上表中data-icon属性值所对应的图标效果，不仅用于导航栏中的子类链接按钮，也适用于jQuery Mobile页面中各类按钮型元素图标。

如下面的jQuery Mobile页面代码，为导航链接按钮添加图标的效果。

```
<!--第1个容器开始-->
......
    <div data-role="navbar">
```

```
       <ul>
           <li><a href="#page1" class="ui-btn-active" data-icon="home">首页</a></li>
           <li><a href="#page2" data-icon="grid">我们的作品</a></li>
           <li><a href="#page3" data-icon="info">联系我们</a></li>
       </ul>
   </div>
......
<!--第1个容器结束-->
<!--第2个容器开始-->
......
   <div data-role="navbar">
       <ul>
           <li><a href="#page1" data-icon="home">首页</a></li>
           <li><a href="#page2" class="ui-btn-active" data-icon="grid">我们的作品</a></li>
           <li><a href="#page3" data-icon="info">联系我们</a></li>
       </ul>
   </div>
......
<!--第2个容器结束-->
<!--第3个容器开始-->
......
   <div data-role="navbar">
       <ul>
           <li><a href="#page1" data-icon="home">首页</a></li>
           <li><a href="#page2" data-icon="grid">我们的作品</a></li>
           <li><a href="#page3" class="ui-btn-active" data-icon="info">联系我们</a></li>
       </ul>
   </div>
......
<!--第3个容器结束-->
```

保存页面，在Opera Mobile模拟器中预览该页面，可以看到在各导航链接文字上方添加的图标效果，如图16-14所示。

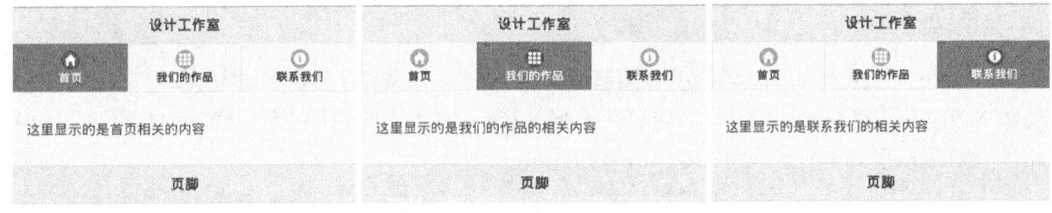

图16-14　为导航栏链接添加图标效果

## 16.3.3　设置导航栏图标位置

导航栏中的图标默认放置在按钮文字的上方，如果需要调整图标的位置，只需要在该导航栏容器元素中添加data-iconpos属性。该属性用于控制整个导航栏容器中图标的位置，默认值为top，表示图标在按钮文字的上方，此外，还可以选择left、right和bottom，分别表示图标在文字的左边、右边和下方。

如下面的jQuery Mobile页面代码可用来设置导航图标的位置。

```
<!--第1个容器开始-->
......
    <div data-role="navbar" data-iconpos="left">
      <ul>
        <li><a href="#page1" class="ui-btn-active" data-icon="home">首页</a></li>
        <li><a href="#page2" data-icon="grid">我们的作品</a></li>
        <li><a href="#page3" data-icon="info">联系我们</a></li>
      </ul>
    </div>
......
<!--第1个容器结束-->
<!--第2个容器开始-->
......
    <div data-role="navbar" data-iconpos="right">
      <ul>
        <li><a href="#page1" data-icon="home">首页</a></li>
        <li><a href="#page2" class="ui-btn-active" data-icon="grid">我们的作品</a></li>
        <li><a href="#page3" data-icon="info">联系我们</a></li>
      </ul>
    </div>
......
<!--第2个容器结束-->
<!--第3个容器开始-->
......
    <div data-role="navbar" data-iconpos="bottom">
      <ul>
        <li><a href="#page1" data-icon="home">首页</a></li>
        <li><a href="#page2" data-icon="grid">我们的作品</a></li>
        <li><a href="#page3" class="ui-btn-active" data-icon="info">联系我们</a></li>
      </ul>
    </div>
......
<!--第3个容器结束-->
```

保存页面，在Opera Mobile模拟器中预览该页面，可以看到在第1个容器页面中导航栏中各链接按钮中的图标显示在文字左侧，第2个容器页面中导航栏中各链接按钮图标显示在文字右侧，第3个容器页面中导航栏中各链接按钮图标显示在文字下方，如图16-15所示。

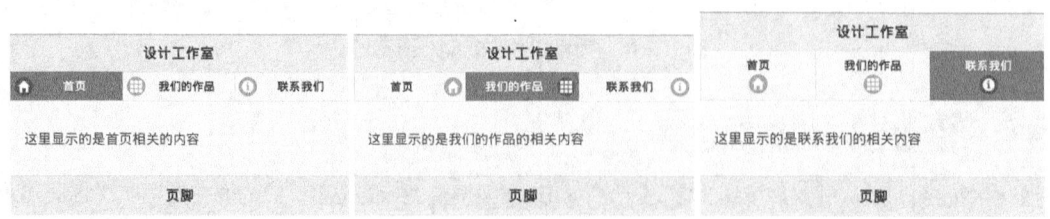

图16-15 设置导航栏链接中图标的位置

┌─ 提示 ─────────────────────────────────────────────────────────────────────┐

data-iconpos 属性对应的是整个导航栏容器，而不是导航栏内某个导航链接按钮图标的位置。因此，
data-iconpos 属性是一个全局性的属性，针对的是整个导航栏内全部的链接按钮。

└──────────────────────────────────────────────────────────────────────────┘

## ▶▶▶ **16.4** 　jQuery Mobile 页面尾部栏

其实，尾部栏与头部栏的结构差不多，区别是设置的 data-role 属性值不同。相对头部栏来说，尾部栏的代码更加简洁，在尾部栏中可以添加按钮组和各种表单元素，同时还可以对某个尾部栏进行定位处理。

### 16.4.1　在尾部栏添加按钮

在 jQuery Mobile 页面的尾部栏中添加按钮时，为了减少各按钮的间距，通常需要在按钮的外围添加一个 data-role 属性值为 controlgroup 的容器，形成一个按钮组显示在尾部栏中。同时，在该容器中添加 data-type 属性，并将该属性的值设置为 horizontal，表示容器中的按钮按水平顺序排列。

**实战** | **制作 jQuery Mobile 页面尾部栏**
最终文件：最终文件\第16章\16-4-1.html　　视频：视频\第16章\16-4-1.mp4

**01** 新建一个 HTML5 页面，将该文档保存为 "源文件\第 16 章\16-4-1.html"。在 <head> 与 </head> 标签之间添加 <meta> 标签设置和加载 jQuery Mobile 函数库代码，与前面案例相同。

**02** 在 <body> 与 </body> 标签之间编写 jQuery Mobile 页面代码。

```
<div id="page1" data-role="page">
  <div data-role="header"><h1>设计工作室</h1></div>
  <div data-role="content">
    <p>页面的正文内容部分</p>
  </div>
  <div data-role="footer" class="ui-bar">
    <a href="#" data-role="button" data-icon="home">首页</a>
    <a href="#" data-role="button" data-icon="grid">我们的作品</a>
    <a href="#" data-role="button" data-icon="info">联系我们</a>
  </div>
</div>
```

**03** 保存页面，在 Opera Mobile 模拟器中预览该页面，可以看到在该页面底部栏中添加按钮的效果，如图 16-16 所示。

**04** 默认情况下，底部栏中的按钮之间有一定的空隙，如果不希望按钮之间有空隙，可以将一组按钮包含在一个 <div> 标签中，并且在该 <div> 标签中添加 data-role 属性，设置其属性值为 controlgroup，代码如下。

```
……
  <div data-role="footer" class="ui-bar">
    <div data-role="controlgroup" data-type="horizontal">
      <a href="#" data-role="button" data-icon="home">首页</a>
```

```
    <a href="#" data-role="button" data-icon="grid">我们的作品 </a>
    <a href="#" data-role="button" data-icon="info">联系我们 </a>
  </div>
 </div>
......
```

**05** 保存页面，在 Opera Mobile 模拟器中预览该页面，可以看到在该页面底部栏中添加按钮的效果，如图 16-17 所示。

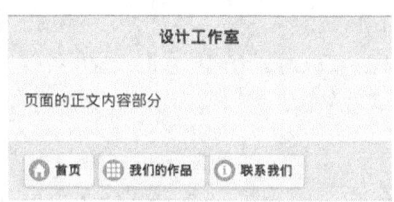

图 16-16　没有对按钮进行编组的效果

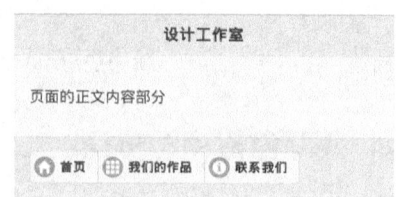

图 16-17　对按钮进行编组的效果

## 16.4.2　添加表单元素

在底部栏中，可以添加按钮组，也可以向容器内增加表单中的元素，如<select>、<text>等。为了确保表单元素在底部栏的正常显示，需要在底部栏容器中添加 ui-bar 类别属性，使新增加的表单元素间保持一定的间距，此外，将 data-position 属性值设置为 inline，用于统一设定各表单元素的显示位置。

例如，在底部栏中添加一个选择列表，代码如下。

```
......
<div data-role="footer" class="ui-bar" data-position="inline">
    <select name="link1" id="link1">
    <option value="0">请选择</option>
    <option value="1">链接选项1</option>
    <option value="2">链接选项2</option>
    <option value="3">链接选项3</option>
    <option value="4">链接选项4</option>
    <option value="5">链接选项5</option>
    </select>
 </div>
......
```

在 Opera Mobile 模拟器中预览该页面，可以看到在该页面底部栏中添加表单元素的默认效果，如图 16-18 所示。单击该表单元素可以选择相应的选项，如图 16-19 所示。

图 16-18　预览页面效果

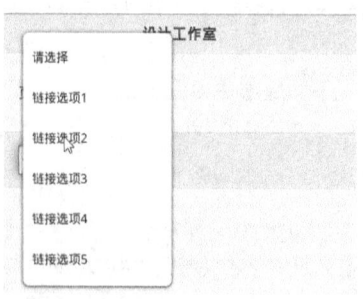

图 16-19　在列表中选择相应的选项

---
> **提示**
>
> 　　移动终端与 PC 端的浏览器在显示表单元素时，存在一些细微的差别，如 <select> 元素，在 PC 端的浏览器中是以下拉列表框的形式展示的，而在移动终端，则是以弹出框的形式展示全部的列表内容的。
---

### 16.4.3　固定页面头部栏与尾部栏

　　在移动设备的浏览器中查看页面时，默认页面滑动是从上至下，或从下至上的方式。如果加载的内容过多、页面比较长时，要从尾部栏返回头部栏中导航条再单击链接地址，这种方式就会比较麻烦。

　　在头部栏或尾部栏的容器元素中增加 data-position 属性，设置该属性的属性值为 fixed，可以将滚动屏幕时隐藏的头部栏或尾部栏在停止滚动或单击时重新出现；再次滚动屏幕时，又自动隐藏，由此实现将头部栏或尾部栏以悬浮的形式固定在原有位置上。

---
> **实战**　固定 jQuery Mobile 页面中头部栏和尾部栏的位置
>
> 最终文件：最终文件\第 16 章\16-4-3.html　　　视频：视频\第 16 章\16-4-3.mp4
---

**01** 新建 HTML5 页面，将其保存为"源文件\第 16 章\16-4-3.html"。在 <head> 与 </head> 标签之间添加 <meta> 标签设置和加载 jQuery Mobile 函数库代码，与前面案例相同。

**02** 在 <body> 与 </body> 标签之间编写 jQuery Mobile 页面代码。

```
<div id="page1" data-role="page">
  <div data-role="header" data-position="fixed">
    <h1>关于我们</h1>
  </div>
  <div data-role="content">
    <div id="main">
      <img src="images/164301.jpg" width="100%" height="auto" alt="">
      <p> …….</p><!--内容省略-->
    </div>
  </div>
  <div data-role="footer" data-position="fixed">
    <h4>CopyRight &copy; 2017 设计工作室</h4>
  </div>
</div>
```

**03** 保存页面，在 Opera Mobile 模拟器中预览该页面，可以看到头部栏显示在页面顶部，尾部栏显示在页面尾部，如图 16-20 所示。向下滚动页面，当停止滚动时，在页面顶部和底部始终显示头部栏和底部栏，如图 16-21 所示。

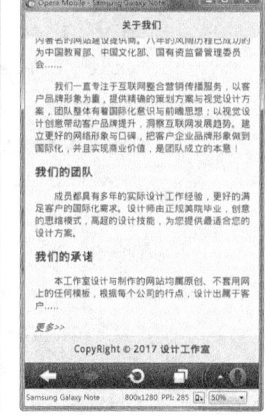

图 16-20　预览页面效果　　图 16-21　头部栏与尾部栏始终固定位置

---

技巧

在工具栏中还可以增加全屏显示属性data-fullscreen，如果将该属性的值设置为true，那么当以全屏的方式浏览图片或其他信息时，工具栏仍然以悬浮的形式显示在全屏的页面上。与data-position属性不同，data-fullscreen属性并不是在原有位置上的隐藏与显示切换，而是在屏幕中完全消失，当出现全屏幕页面时，又重新返回页面中。

---

# ▶▶▶ 16.5　jQuery Mobile 页面内容区域

jQuery Mobile中提供了许多非常实用的工具与组件，如多列的网格布局、折叠的面板控制等，使用这些工具和组件可以帮助设计者快速对jQuery Mobile页面的正文区域进行格式化处理。

## 16.5.1　布局网格

使用jQuery Mobile中提供的名为ui-grid的CSS样式可以实现jQuery Mobile页面中内容的网格布局。该CSS样式有4种预设的布局设置：ui-grid-a、ui-grid-b、ui-grid-c和ui-grid-d，分别对应两列、三列、四列和五列的网格布局形式，可以最大范围满足页面多列布局的需求。

在jQuery Mobile页面中使用网格布局时，整个宽度为100%，没有任何的边距（margin）、填充（padding）和背景色设置，因此不会影响到元素在网格中的显示位置。

---

**实战** | **在 jQuery Mobile 页面中创建布局网格**
最终文件：最终文件\第16章\16-5-1.html　　视频：视频\第16章\16-5-1.mp4

**01** 新建一个HTML5页面，将该文档保存为"源文件\第16章\16-5-1.html"。在\<head\>与\</head\>标签之间添加\<meta\>标签设置和加载jQuery Mobile函数库代码，与前面案例相同。

**02** 在\<body\>与\</body\>标签之间编写jQuery Mobile页面代码。

```
<div id="page1" data-role="page">
  <div data-role="header"><h1>创建多列布局网格</h1></div>
  <div data-role="content">
    <div class="ui-grid-a"><!--创建两列布局-->
      <div class="ui-block-a">
        <div class="ui-bar ui-bar-a" style="height:60px;">第1列</div>
      </div>
      <div class="ui-block-b">
        <div class="ui-bar ui-bar-a" style="height:60px;">第2列</div>
      </div>
    </div>
    <div class="ui-grid-b"><!--创建三列布局-->
      <div class="ui-block-a">
        <div class="ui-bar ui-bar-b" style="height:60px;">第1列</div>
      </div>
      <div class="ui-block-b">
```

```
          <div class="ui-bar ui-bar-b" style="height:60px;">第2列</div>
        </div>
        <div class="ui-block-c">
          <div class="ui-bar ui-bar-b" style="height:60px;">局第3列</div>
        </div>
      </div>
      <div class="ui-grid-c"><!--创建四列布局-->
        <div class="ui-block-a">
          <div class="ui-bar ui-bar-a" style="height:60px;">第1列</div>
        </div>
        <div class="ui-block-b">
          <div class="ui-bar ui-bar-a" style="height:60px;">第2列</div>
        </div>
        <div class="ui-block-c">
          <div class="ui-bar ui-bar-a" style="height:60px;">第3列</div>
        </div>
        <div class="ui-block-d">
          <div class="ui-bar ui-bar-a" style="height:60px;">第4列</div>
        </div>
      </div>
      <div class="ui-grid-d"><!--创建五列布局-->
        <div class="ui-block-a">
          <div class="ui-bar ui-bar-b" style="height:60px;">第1列</div>
        </div>
        <div class="ui-block-b">
          <div class="ui-bar ui-bar-b" style="height:60px;">第2列</div>
        </div>
        <div class="ui-block-c">
          <div class="ui-bar ui-bar-b" style="height:60px;">第3列</div>
        </div>
        <div class="ui-block-d">
          <div class="ui-bar ui-bar-b" style="height:60px;">第4列</div>
        </div>
        <div class="ui-block-e">
          <div class="ui-bar ui-bar-b" style="height:60px;">第5列</div>
        </div>
      </div>
    </div>
    <div data-role="footer"><h4>页脚</h4></div>
</div>
```

需要增加一个多列的网格区域，首先通过<div>标签构建一个容器，如果是两列，则为该容器添加class属性值为ui-grid-a；如果是3列，则为该容器添加class属性值为ui-grid-b，依次类推。

在已构建的容器中添加子容器，如果是两列，则给两个子容器分别添加ui-block-a和ui-block-b的类样式；如果是3列，则给3个子容器分别添加ui-block-a、ui-block-b和ui-block-c的类样式，其他多列依次类推。

最后，在子容器中放置需要显示的内容。在本实例中，每个子容器都分别放置了一个<div>标签，代码如下。

```
<div class="ui-bar ui-bar-a" style="height:60px;">两列布局第1列</div>
```

在上述代码中，在<div>标签中通过class属性应用名称为ui-bar和ui-bar-a的CSS样式，这两个都是jQuery Mobile自带的样式，ui-bar用于控制各子容器的间距，ui-bar-a用于设置各子容器的主题样式。在该<div>标签中还通过style属性设置了内联样式，用于设置该子容器的高度。

**03** 保存页面，在Opera Mobile模拟器中预览该页面，可以看到在该页面内容区域创建的多种类型网格布局，效果如图16-22所示。

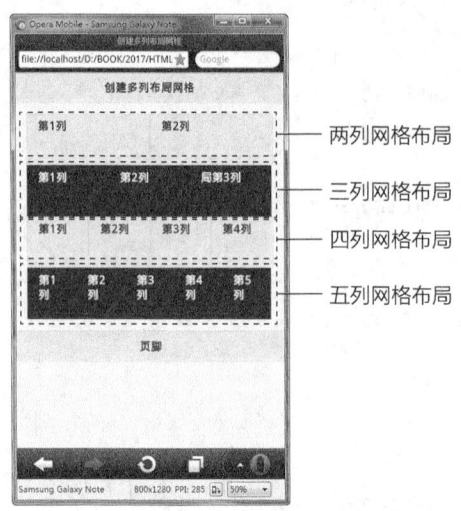

图16-22 预览布局网格效果

> **提示**
>
> 　　如果容器选择样式为两列，即class属性值为ui-grid-a，而在它的子容器中添加了3个子容器，即class属性值为ui-block-c，那么第3列将自动被放置在下一行中。

## 16.5.2 可折叠区块

在jQuery Mobile页面中除了可以创建布局网格，还可以创建可折叠区块。在jQuery Mobile页面中创建可折叠区域需要通过以下3个步骤。

（1）创建一个<div>容器，将该容器的data-role属性值设置为collapsible，表示该容器是一个可折叠区块，代码如下。

```
<div data-role="collapsible">…</div>
```

（2）在容器中添加一个<h3>标题标签，该标签以按钮的形式展示。按钮的左侧有一个"+"号，表示该标题可以展开，代码如下。

```
<div data-role="collapsible">
  <h3>折叠标题</h3>
</div>
```

（3）在标题的下方放置需要折叠显示的内容，通常使用<p>段落标签。当用户单击标题中的"+"号时，显示<p>标签中的内容，标题左侧的"+"号变成"-"号；再次单击时，隐藏<p>标签中的内容，标签左侧的"-"号变为"+"号。

```
<div data-role="collapsible">
  <h3>折叠标题</h3>
```

```
    <p>折叠内容</p>
  </div>
```

实战 | **在jQuery Mobile页面中创建可折叠内容**
最终文件：最终文件\第16章\16-5-2.html    视频：视频\第16章\16-5-2.mp4

**01** 新建一个HTML5页面，将该文档保存为"源文件\第16章\16-5-2.html"。在<head>与</head>标签之间添加<meta>标签设置和加载jQuery Mobile函数库代码，与前面案例相同。

**02** 在<body>与</body>标签之间编写jQuery Mobile页面代码。

```
<div id="page1" data-role="page">
  <div data-role="header"><h1>工作室简介</h1></div>
  <div data-role="content">
    <div data-role="collapsible">
      <h3>关于我们</h3>
      <p>……</p>
    </div>
    <div data-role="collapsible">
      <h3>我们的团队</h3>
      <p>……</p>
    </div>
    <div data-role="collapsible">
      <h3>我们的承诺</h3>
      <p>……</p>
    </div>
  </div>
  <div data-role="footer"><h4>页脚</h4></div>
</div>
```

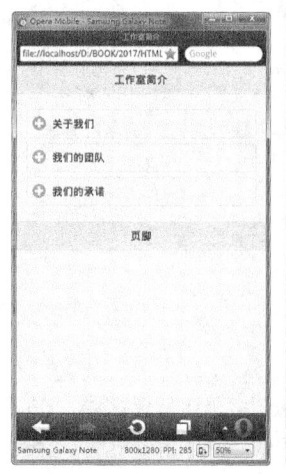

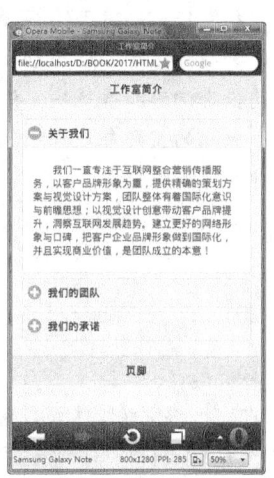

图16-23　预览页面效果　图16-24　展开折叠内容

**03** 保存页面，在Opera Mobile模拟器中预览该页面，可以看到在该页面内容区域创建的可折叠区块的效果，如图16-23所示。单击可折叠区域的标题，展开显示可折叠区域中的内容，如图16-24所示。

┌─ 技巧 ─────────────

　　可折叠容器内的标题字体可以在<h1>至<h6>标签之间选择，根据需要进行设置。另外，在可折叠容器中还可以设置可折叠容器的默认折叠状态。在可折叠容器中设置data-collapsed属性值为true，表示标题下的内容是隐藏的，这也是可折叠区块的默认显示效果；设置data-collapsed属性值为false，表示标题下的内容是显示的，即可折叠区块是展开的。

## 16.5.3 可折叠区块的嵌套

在jQuery Mobile页面中允许对可折叠区块进行嵌套显示，即在一个折叠区块的内容中再添加一个折叠区块，以此类推。但建议这种嵌套最多不要超过3层，否则用户体验和页面性能就会比较差。

对16.5.2案例中的可折叠区块内容代码进行相应的修改，代码如下。

```
......
  <div data-role="content">
    <div data-role="collapsible">
      <h3>关于我们</h3>
      <p>……</p>
      <div data-role="collapsible">
        <h3>我们的团队</h3>
        <p>……</p>
      </div>
      <div data-role="collapsible">
        <h3>我们的承诺</h3>
        <p>……</p>
      </div>
    </div>
  </div>
......
```

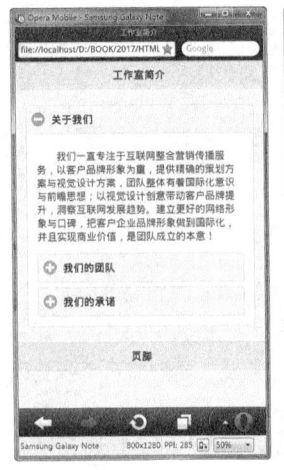
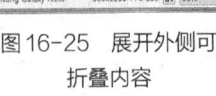

图16-25 展开外侧可
折叠内容

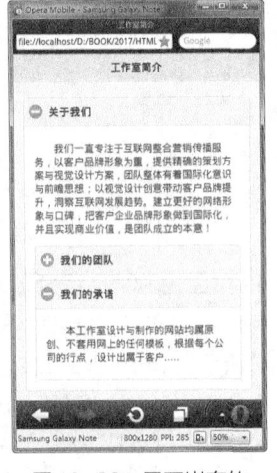

图16-26 展开嵌套的
可折叠内容

保存页面，在Opera Mobile模拟器中预览该页面，单击"关于我们"标题，展开可折叠区块，效果如图16-25所示。单击"我们的承诺"标题，展开嵌套的可折叠区块，效果如图16-26所示。

技巧

在jQuery Mobile中，可折叠区块中的内容区域可以放置任何的HTML标签，当然，也允许再添加一个可折叠区块，从而形成嵌套的可折叠区块。虽然是嵌套的可折叠区块，但各自的data-collapsed属性是独立的，即每层都可以单独控制自己的内容是展开的还是隐藏的。

## 16.5.4 可折叠区块组

可折叠区块不但可以嵌套，还可以形成可折叠区块组。在可折叠区块组中可以包含多个可折叠区块，在同一时间内，可折叠区块组中只有一个折叠区块是展开的，当展开组中一个可折叠区块时，其中的其他可折叠区块将自动关闭。

实现可折叠区块组的方法是将多个可折叠区块放置在一个<div>容器中，并且在该<div>标签中添加data-role="collapsible-set"属性设置。

对16.5.2案例中的可折叠区块内容代码进行相应的修改，代码如下。

```
......
  <div data-role="content">
    <div data-role="collapsible-set">
      <div data-role="collapsible" data-collapsed="false">
        <h3>关于我们</h3>
        <p>……</p>
      </div>
      <div data-role="collapsible">
        <h3>我们的团队</h3>
        <p>……</p>
      </div>
      <div data-role="collapsible">
        <h3>我们的承诺</h3>
        <p>……</p>
      </div>
    </div>
  </div>
......
```

保存页面，在Opera Mobile模拟器中预览该页面，可以看到在可折叠区块组中标题为"关于我们"的可折叠区块默认为展开的，效果如图16-27所示。单击组中其他可折叠区块标题时，将展开该区块并自动隐藏其他可折叠区块内容，如图16-28所示。

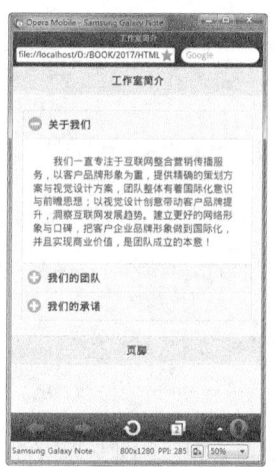

图16-27 预览页面效果

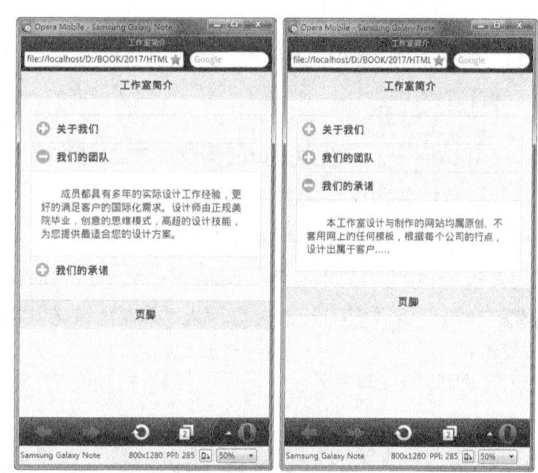

图16-28 展开其他折叠选项效果

> **提示**
>
> 可折叠区块组中所有的可折叠区块的默认状态都是收缩的，如果想在默认状态下使某个折叠区块为展开状态，只需要将该折叠区块的data-collapsed属性值设置为false。例如，在本实例中，将标题为"关于我们"的折叠区块的data-collapsed属性值设置为false。需要注意的是，由于同处于一个可折叠区块组中，展开状态的可折叠区块在同一时间只允许有一个。

# ▶▶▶ 16.6　预加载和缓存jQuery Mobile页面

通常情况下，移动终端设备的系统配置要低于PC终端，因此，在开发移动应用程序时，更要注意页面在移动终端浏览器中加载时的速度。如果速度过慢，用户的体检将会大打折扣。为了加快页面移动终端访问的速度，在jQuery Mobile中，使用预加载和页面缓存都是十分有效的方法。当一个被链接的页面设置好预加载后，jQuery Mobile将在加载完成当前页面后自动在后台进行预加载设置的目标页面；另外，使用页面缓存的方法，可以将访问过的page容器都缓存到当前的页面文档中，下次再访问时，将直接从缓存中读取，而无须重新加载页面。

## 16.6.1　预加载jQuery Mobile页面

在开发移动应用程序时，对需要链接的页面进行预加载是非常有必要的。因为当一个链接的页面设置成预加载方式时，在当前页面加载完成之后，目标页面也被自动加载到当前文档中，用户单击就可以马上打开，大大加快了页面访问的速度。

在jQuery Mobile中，想要实现页面的预加载，有以下两种方法。

（1）在需要预加载的元素超链接标签<a>中添加data-prefetch属性，设置该属性的属性值为true或不设置属性值均可。添加该属性的设置后，jQuery Mobile将在加载完成当前页面以后，自动加载该链接元素所指的目标页面，即href属性所链接的页面。其使用格式如下。

> **提示**
>
> 　　无论是在超链接标签<a>中添加data-prefetch属性设置，还是使用全局性方法$.mobile.loadPage()来实现页面的预加载功能时，都允许同时加载多个页面。但在进行预加载的过程中需要加大页面HTTP的访问请求，这可能会延缓页面访问的速度，因此，该功能需要有选择性地使用。

```
<a href="链接地址" data-prefetch="true">链接对象</a>
```

（2）调用JavaScript代码中的全局性方法$.mobile.load-Page()来预加载指定的目标HTML页面，其效果与在超链接标签<a>中设置data-prefetch属性一样。

## 16.6.2　页面缓存

在jQuery Mobile中，可以通过页面缓存的方式将访问过的历史内容写入页面文档的缓存中；当用户重新访问时，不需要重新加载，只要从缓存中读取就可以。

一般来说，如果需要将页面的内容写入文档缓存中，有以下两种方法。

（1）在需要被缓存的元素属性中添加data-dom-cache属性，设置该属性的属性值为true或不设置属性值均可。该属性的功能是将对应的元素内容写入缓存中。其使用格式如下。

```
<div id="page1" data-role="page" data-dom-cache="true">…</div>
```

（2）通过JavaScript代码设置一个全局性的jQuery Mobile属性值为true，即添加代码$.mobile.page.prototype.options.domCache=true，可以将当前文档写入缓存中。

# ▶▶▶ 16.7　本章小结

在本章中，重点向读者介绍了有关jQuery Mobile页面的知识，一是jQuery Mobile工具栏，包括头部栏、导航栏和尾部栏的创建和使用方法；二是对jQuery Mobile页面正文部分进行格式化处理的方法，包括网格布局、可折叠区块等内容。通过对本章内容的学习，读者能够熟悉jQuery Mobile页面的基本架构及各部分内容的设置和处理方法。

# 第17章

# 使用jQuery Mobile主题与组件

在jQuery Mobile中提供了许多常用的组件，如通过超链接<a>标签衍生出的按钮组件、专门针对表单提供的各种类型的表单组件，以及使用列表方式展示更多内容的列表组件等。在jQuery Mobile移动应用开发设计中，灵活运用这些组件能够设计开发出更加丰富的页面效果。并且，还可以通过对页面主题的设置，使得所开发的jQuery Mobile页面更加美观。

---

**本章知识点**

- 了解jQuery Mobile主题
- 掌握应用jQuery Mobile默认主题的方法
- 掌握自定义jQuery Mobile主题的方法
- 理解并掌握jQuery Mobile按钮组件的创建和使用方法
- 掌握各种设置jQuery Mobile列表的方法和技巧
- 掌握各种表单组件的使用和设置方法

---

## ▶▶▶ 17.1 了解jQuery Mobile主题

主题是指一个Web站点或应用程序的外观，是最直接面对用户的操作界面，关系到用户的最终体验，其重要性不言而喻。在jQuery Mobile中为用户提供了多种不同风格的主题预设，可以使用户轻松地创建不同主题的jQuery Mobile页面。

### 17.1.1 了解主题

在jQuery Mobile中，由于每一个页面中的布局和组件都被设计成一个全新的面向对象的CSS框架，整个站点或应用的视觉风格可以通过这个框架得到统一。统一后的视觉设计主题称为jQuery Mobile主题样式系统。

在jQuery Mobile中，组件和页面布局的主题定义是通过使用一套完整的CSS样式来实现的，在这套CSS样式中包括两个重要组成部分。

#### 1. 结构

用于控制元素的屏幕中显示的位置、填充效果和内外边距等。

### 2. 主题

用于控制元素的颜色、渐变、字体、圆角和阴影等视觉效果，并包含了多套的色板，每套色板中都定义了列表项、按钮、表单、工具栏、内容块和页面的全部视觉效果。

在jQuery Mobile中，CSS样式中的结构和主题是分离的，因此只要定义一套CSS样式就可以反复与一套或多套主题配合或混合使用，从而实现页面布局和组件主题多样化的效果。

jQuery Mobile页面的主题主要有以下4个特点。

#### 1. 轻量级的文件

在jQuery Mobile中全面支持CSS3和HTML5，页面中的圆角、阴影、渐变颜色和动画过渡效果等都是通过CSS3和HTML5来实现的，由于没有使用图片，大大减轻了服务器的负担。

#### 2. 轻量级的图标

在整个jQuery Mobile主题框架中，使用了一套简化的图标集，它包含绝大部分在移动设备中使用的图标，极大地减轻了服务器对图标处理的负荷。

#### 3. 灵活的主题

jQuery Mobile主题框架系统提供了多套可供选择的主题和色调，并且每套主题之间都可以混搭，丰富了jQuery Mobile页面的视觉设计效果。

#### 4. 便捷的自定义主题

在jQuery Mobile页面中，除了可以使用系统框架提供的主题外，还允许开发者自定义主题框架，从而实现jQuery Mobile页面设计的多样性。

从以上jQuery Mobile页面的主题特点不难看出，jQuery Mobile中每个应用程序或组件都提供了文件轻巧、样式丰富、处理便捷的样式主题，极大地方便了开发人员的使用。

## 17.1.2  默认主题

根据jQuery Mobile版本的不同，jQuery Mobile所提供的默认页面主题也有所不同。目前最新的jQuery Mobile 1.4.5版本中提供了两套主题样式，分别使用字母a和b进行引用。而在jQuery Mobile 1.1.1版本中提供了5套主题样式，分别使用字母a、b、c、d和e进行引用。

除了可以使用系统提供的主题样式外，开发者还可以很方便地修改系统主题中的各类属性值，并快捷地自定义属于自己的主题。

在默认情况下，jQuery Mobile中头部栏与尾部栏的主题是a字母，因为a字母代表最高的视觉效果。如果需要改变某组件或容器当前的主题，只需要将它的data-theme属性值设置成主题对应的样式字母即可。

> **实战** 为页面应用默认主题效果
>
> 最终文件：最终文件\第17章\17-1-2.html    视频：视频\第17章\17-1-2.mp4

**01** 新建HTML5页面，将其保存为"源文件\第17章\17-1-2.html"。在<head>与</head>标签之间添加<meta>标签设置和加载jQuery Mobile 1.4.5函数库代码。

```
<head>
<meta charset="utf-8">
<title>为页面应用默认主题效果</title>
<meta name="viewport" content="width=device-width,initial-scale=1">
<link rel="stylesheet" href="http://code.jquery.com/mobile/1.4.5/jquery.mobile-
```

```
1.4.5.min.css"/>
  <script src="http://code.jquery.com/jquery-1.11.1.min.js"></script>
  <script src="http://code.jquery.com/mobile/1.4.5/jquery.mobile-1.4.5.min.js"></script>
</head>
```

02 在<body>与</body>标签之间编写jQuery Mobile页面代码。

```
<div id="page1" data-role="page" data-theme="a">
  <div data-role="header"><h1>默认主题a</h1></div>
  <div data-role="content">
    <p>正文内容</p>
    <a href="#" data-role="button">按钮</a>
    <p><a href="#page1">查看主题a效果</a></p>
    <p><a href="#page2">查看主题b效果</a></p>
  </div>
  <div data-role="footer"><h4>页脚</h4></div>
</div>
<div id="page2" data-role="page" data-theme="b">
  <div data-role="header"><h1>默认主题b</h1></div>
  <div data-role="content">
    <p>正文内容</p>
    <a href="#" data-role="button">按钮</a>
    <p><a href="#page1">查看主题a效果</a></p>
    <p><a href="#page2">查看主题b效果</a></p>
  </div>
  <div data-role="footer"><h4>页脚</h4></div>
</div>
```

03 保存页面，在Opera Mobile模拟器中预览该页面，可以看到默认主题a的效果，如图17-1所示。单击页面中"查看主题b效果"文字链接，跳转到默认主题b的效果页面，可以看到默认主题b的效果，如图17-2所示。

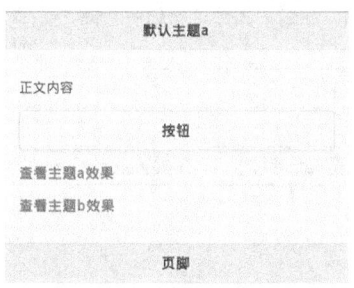

图17-1　默认a主题效果

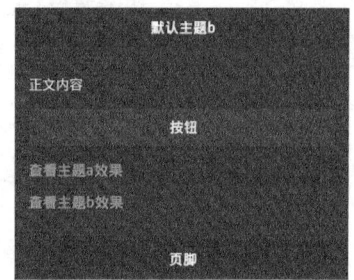

图17-2　默认b主题效果

## 17.1.3 修改默认主题

虽然jQuery Mobile中提供了系统自带的主题，但大部分开发人员还是希望可以根据应用的需求，修改相应的主题结构和色调。实现的方法很简单，只要打开定义主题的CSS样式表文件，找到需要修改的元素，调整对应的属性值，然后保存文件即可。

需要注意的是，在前面讲解jQuery Mobile的过程中，都是使用链接URL地址的jQuery Mobile函数库文件的方法来制作 jQuery Mobile 页面的，代码如下。

```
<link rel="stylesheet" href="http://code.jquery.com/mobile/1.4.5/jquery.mobile-
1.4.5.min.css"/>
<script src="http://code.jquery.com/jquery-1.11.1.min.js"></script>
<script src="http://code.jquery.com/mobile/1.4.5/jquery.mobile-1.4.5.min.js">
</script>
```

这种方式所使用的 jQuery Mobile 函数库文件放置在远程服务器中，并非放置在本地计算机中，所以只能查看而不能修改。如果需要修改 jQuery Mobile 系统主题样式，则需要将 jQuery Mobile 函数库文件下载到本地计算机中，链接本地 jQuery Mobile 函数库文件才可以修改。

> **技巧**
> 除了可以通过修改默认的主题 CSS 样式表文件中的 CSS 样式设置来改变页面主题效果外，还可以通过自定义 jQuery Mobile 页面主题和定义 CSS 样式对元素的默认样式进行覆盖的方法来修改页面的主题效果。

## ▶▶▶ 17.2 自定义 jQuery Mobile 页面和工具栏主题

前面介绍了修改系统自带的主题的方法，实现的方法十分简单。但由于是对源 CSS 样式文件进行的修改，每次当版本更新后，都需要对新版本的文件重新覆盖修改后的代码，操作不是很方便。为此，可以重新编写一个单独的 CSS 文件，专门用于定义页面与组件的主题样式。该文件与系统文件同时并存，实现用户自定义主题的功能。

在 jQuery Mobile 中可以自定义主题类，可以定义到字母 z。表 17-1 列出了 jQuery Mobile 页面中可以定义的主题类，字母（a-z）表示 CSS 样式可以指定 a 到 z，如 ui-bar-a 或 ui-bar-b 等。

表17-1      jQuery Mobile 中的主题类

| 类样式名称 | 说明 |
| --- | --- |
| ui-page-theme-(a-z) | 用于设置页面整体 |
| ui-bar-(a-z) | 用户设置页面头部栏和尾部栏及其他栏目 |
| ui-body-(a-z) | 用于设置页面内容块，包括列表视图、弹窗、侧栏、面板、加载和折叠。在 jQuery Mobile 1.4.0 以上版本中已经废弃 |
| ui-btn-(a-z) | 用于设置按钮 |
| ui-group-theme-(a-z) | 用于设置控制组的演示 listviews 和 collapsible 集合 |
| ui-overlay-(a-z) | 用于设置页面背景颜色，包括对话框、弹出窗口和其他出现在最顶层的页面容器 |

## 17.2.1 自定义页面主题

页面主题由包含了整个页面的样式化了的 HTML 元素构成。jQuery Mobile 推荐的页面结构由一个 <div> 组成，该元素包含一个值为 page 的 data-role 属性。如果要样式化这一元素，在其上应用一个 data-theme 属性，并为其指定一个唯一的且是未用过的主题值，这样就可以为该页面写一个自定义的 CSS。

> ▼ **实战**    **制作 APP 欢迎页面背景**
> 最终文件：最终文件\第17章\17-2-1.html    视频：视频\第17章\17-2-1.mp4

01 新建 HTML5 页面，将其保存为"源文件\第17章\17-2-1.html"。在 <head> 与 </head> 标签之间添加 <meta>

标签设置和加载jQuery Mobile函数库代码。与前面案例相同。

```
<head>
<meta charset="utf-8">
<title>制作APP欢迎页面背景</title>
<meta name="viewport" content="width=device-width,initial-scale=1">
<link rel="stylesheet" href="http://code.jquery.com/mobile/1.4.5/jquery.mobile-
1.4.5.min.css"/>
<script src="http://code.jquery.com/jquery-1.11.1.min.js"></script>
<script src="http://code.jquery.com/mobile/1.4.5/jquery.mobile-1.4.5.min.js"></script>
</head>
```

**02** 在\<body\>与\</body\>标签之间编写jQuery Mobile页面代码。

```
<div id="page1" data-role="page">
  <div data-role="header" data-position="fixed"><h1>Coeluso Music APP</h1></div>
  <div data-role="content">
    <div id="logo">
    <img src="images/172102.png"/>
    </div>
    <div id="text">
      <h1>Coeluso</h1>
      <h2>MUSIC APP</h2>
    </div>
  </div>
  <div data-role="footer" data-position="fixed"><h4>CopyRight &copy; 2017 设计工作室
</h4></div>
  </div>
```

图17-3　预览页面效果

**03** 保存页面，在Opera Mobile模拟器中预览该页面，可以看到页面默认的效果，如图17-3所示。新建外部CSS样式表文件，将其保存为"源文件\第17章\style\17-2-1. css"。在\<head\>与\</head\>标签之间添加\<link\>标签链接刚创建的外部CSS样式表文件，如图17-4所示。

```
<head>
<meta charset="utf-8">
<title>制作APP欢迎页面背景</title>
<meta name="viewport" content="width=device-width,initial-scale=1">
<link rel="stylesheet" href=
"http://code.jquery.com/mobile/1.4.5/jquery.mobile-1.4.5.min.css" />
<link href="style/17-2-1.css" rel="stylesheet" type="text/css">
<script src="http://code.jquery.com/jquery-1.11.1.min.js"></script>
<script src=
"http://code.jquery.com/mobile/1.4.5/jquery.mobile-1.4.5.min.js">
</script>
</head>
```

图17-4　链接外部CSS样式表文件

**04** 在外部CSS样式表文件中创建名为*的通配符CSS样式和名为.ui-page-theme- d的CSS样式，如图17-5所示。返回jQuery Mobile页面中，在page容器标签中添加data-theme属性设置，引用刚创建主题d，如图17-6所示。

**05** 保存页面，在Opera Mobile模拟器中预览该页面，可以看到页面的效果，如图17-7所示。在外部CSS样式表文件中创建名称为.ui-content、#logo和#logo img的CSS样式，对jQuery Mobile页面中内容区域中id名称为logo的元素进行控制，如图17-8所示。

```css
* {
    margin: 0px;
    padding: 0px;
}
.ui-page-theme-d {
    background-color: #003;
    background-image: url(../images/172101.jpg);
    background-repeat: no-repeat;
    background-position: center top;
    background-size: 100% auto;
}
```

图17-5　CSS样式代码

```html
<div id="page1" data-role="page" data-theme="d">
    <div data-role="header" data-position="fixed">
        <h1>Coeluso Music APP</h1>
    </div>
    <div data-role="content">
        <div id="logo">
            <img src="images/172102.png"/>
        </div>
        <div id="text">
            <h1>Coeluso</h1>
            <h2>MUSIC APP</h2>
        </div>
    </div>
    <div data-role="footer" data-position="fixed">
        <h4>CopyRight &copy; 2017 设计工作室</h4>
    </div>
</div>
```

图17-6　应用刚创建的主题

06 保存页面，在Opera Mobile模拟器中预览该页面，可以看到页面的效果，如图17-9所示。在外部CSS样式表文件中创建名称为#text、#text h1和#text h2的CSS样式，对jQuery Mobile页面中内容区域中id名称为text的div中的文字进行设置，如图17-10所示。

图17-7　预览页面效果

```css
.ui-content {
    margin: 0px;
    padding: 0px;
}
#logo {
    position: absolute;
    width: 100%;
    height: auto;
    top: -5%;
}
#logo img {
    width: 100%;
    height: auto;
}
```

图17-8　CSS样式代码

图17-9　预览页面效果

07 保存页面，在Opera Mobile模拟器中预览该页面，可以看到页面的效果，如图17-11所示。

```css
#text {
    position: absolute;
    width: 100%;
    height: auto;
    text-align: center;
    bottom: 10%;
}
#text h1 {
    font-family: "Arial Black";
    font-size: 3em;
    color: #FFF;
}
#text h2 {
    font-size: 1em;
    font-weight: normal;
    color: #2A5EA4;
    letter-spacing: 0.7em;
}
```

图17-10　CSS样式代码

图17-11　预览页面效果

提示
在本案例中我们创建了一个名称为d的页面整体主题样式，但是并没有创建该主题样式中关于工具栏的相关样式，所以页面中的工具栏显示为默认的效果，在下一节中将介绍如何自定义jQuery Mobile页面工具栏样式。

## 17.2.2　自定义工具栏主题

在jQuery Mobile中，工具栏所包含的头部栏与尾部栏默认的主题是a，也可以直接在工具栏容器标签中添加data-theme属性来指定其所需要使用的主题。

如果需要自定义工具栏主题样式，则可以创建.ui-bar-(a-z)类CSS样式，再通过data-theme属性来调整所定义的主题样式即可。

| 实战 | 设置APP欢迎页面工具栏 |
|---|---|
| | 最终文件：最终文件\第17章\17-2-2.html　　视频：视频\第17章\17-2-2.mp4 |

**01** 执行"文件>打开"命令，打开页面"源文件\第17章\17-2-2.html"，可以看到该页面的代码，如图17-12所示。在Opera Mobile模拟器中预览该页面，可以看到页面中头部栏和尾部栏的效果，如图17-13所示。

图17-12　jQuery Mobile页面代码　　　　　　　　图17-13　预览页面效果

**02** 切换到所链接的外部CSS样式表文件17-2-2.css中，创建名为.ui-bar-d的CSS样式，如图17-14所示。返回jQuery Mobile页面中，在头部栏和尾部栏的<div>标签中修改data-theme属性的值为d，应用刚定义的d主题，如图17-15所示。

```css
.ui-bar-d {
    background-color: rgba(0,0,0,0.2);
    border-bottom: none;
    border-top: none;
    color: #FFF;
    font-size: 1em;
    text-shadow: none;
}
```

图17-14　CSS样式代码

```html
<div id="page1" data-role="page" data-theme="d">
    <div data-role="header" data-position="fixed" data-theme="d">
        <h1>Coeluso Music APP</h1>
    </div>
    <div data-role="content">
        <div id="logo">
            <img src="images/172102.png"/>
        </div>
        <div id="text">
            <h1>Coeluso</h1>
            <h2>MUSIC APP</h2>
        </div>
        <div data-role="footer" data-position="fixed" data-theme="d">
            <h4>CopyRight &copy; 2017 设计工作室</h4>
        </div>
    </div>
</div>
```

图17-15　应用创建的主题样式

**03** 保存外部CSS样式表文件，在Opera Mobile模拟器中预览该页面，可以看到页面中自定义的头部栏和尾部栏的效果，如图17-16所示。如果希望头部栏和尾部栏的效果不同，可以再创建一个工具栏样式。在外部CSS样式表文件中创建名为.ui-bar-e的CSS样式，如图17-17所示。

图17-16 预览页面效果

```css
.ui-bar-e {
    background-color: rgba(0,51,102,0.4);
    border: none;
    color: #FFF;
    font-size: 0.7em;
    text-shadow: none;
}
.ui-bar-e h4 {
    font-weight: normal;
}
```

图17-17 CSS样式代码

04 返回jQuery Mobile页面中，在尾部栏的<div>标签中修改data-theme属性的值为e，应用刚定义的e主题，如图17-18所示。保存外部CSS样式表文件，在Opera Mobile模拟器中预览该页面，可以看到页面中自定义的头部栏和尾部栏的效果，如图17-19所示。

```html
<div id="page1" data-role="page" data-theme="d">
  <div data-role="header" data-position="fixed" data-theme="d">
    <h1>Coeluso Music APP</h1>
  </div>
  <div data-role="content">
    <div id="logo">
      <img src="images/172102.png"/>
    </div>
    <div id="text">
      <h1>Coeluso</h1>
      <h2>MUSIC APP</h2>
    </div>
  </div>
  <div data-role="footer" data-position="fixed" data-theme="e">
    <h4>CopyRight &copy; 2017 设计工作室</h4>
  </div>
</div>
```

图17-18 应用创建的主题样式

图17-19 预览页面效果

## 17.2.3 自定义内容主题

与页面主题相比而言，内容主题所影响的范围要小一些。内容主题所针对的范围仅局限于页面的content容器中，该容器之外的元素不受影响。

此外，在内容区域content容器中，还可以通过data-content-theme属性设置可折叠区块中显示区域的主题，而这一主题是独立的、自定义的，不受限于内容区域content容器的主题。

> **实战** 为可折叠区块应用主题
>
> 最终文件：最终文件\第17章\17-2-3.html　　视频：视频\第17章\17-2-3.mp4

01 新建HTML5页面，将其保存为"源文件\第17章\17-2-3.html"。在<head>与</head>标签之间添加<meta>标签设置和加载jQuery Mobile函数库代码，与前面案例相同。

02 在<body>与</body>标签之间编写jQuery Mobile页面代码。

```
<div id="page1" data-role="page">
  <div data-role="header" data-position="fixed" data-theme="b">
    <h1>工作室简介</h1>
  </div>
  <div data-role="content">
    <div data-role="collapsible" data-theme="b" data-content-theme="a">
      <h3>关于我们</h3>
      <p>……</p>
    </div>
    <div data-role="collapsible" data-theme="a" data-content-theme="b">
      <h3>我们的团队</h3>
      <p>……</p>
    </div>
  </div>
  <div data-role="footer" data-position="fixed" data-theme="b">
    <h4>CopyRight &copy; 2017 设计工作室</h4>
  </div>
</div>
```

图 17-20 预览页面效果

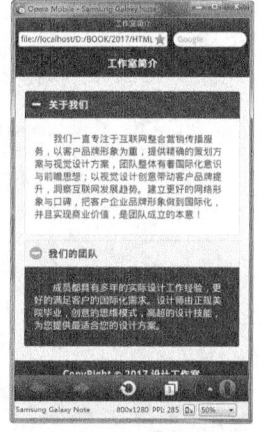
图 17-21 可折叠区块主题效果

**03** 保存页面，在 Opera Mobile 模拟器中预览该页面，可以看到页面中可折叠区块的效果，如图 17-20 所示。将可折叠区块展开，可以看到为可折叠区块应用的主题效果，如图 17-21 所示。

> ── 技巧 ──
>
> 在 collapsible 可折叠区块容器中，设置 data-theme 和 data-content-theme 属性的值，可以修改可折叠区块的主题。前者针对的是可折叠区块的标题部分，后者针对的是可折叠区块的内容显示区域部分。如果两个属性都不设置，将自动继承 content 内容容器所使用或默认的主题。

## ▶▶▶ **17.3 按钮组件**

jQuery Mobile 中的按钮由两类元素形成：一类是超链接 <a> 标签元素，在 <a> 标签中添加 data-role="button" 属性设置 jQuery Mobile 便会自动为该元素添加相应的样式外观，形成可单击的按钮形状；另一类是在表单中，在 <input> 标签中设置 type 属性为 sumbit、reset、button 或 image，都会形成相应的按钮表单元素。

### 17.3.1 内联按钮

在 jQuery Mobile 中，被样式化的按钮元素默认都是块状，并且自动填充页面宽度。如果要取消默认效果，只需要在按钮的元素中添加 data-inline 属性，将该属性值设置为 true，该按钮将会根据其内容中文字和图片的宽度自动进行缩放，形成一个紧凑型的按钮。

如果想要将缩放后的按钮在同一行显示，可以在多个按钮的外层增加一个<div>容器，在该容器中将设置data-inline属性值为true，这样就可以使容器中的按钮样式自动缩放至最小宽度，并且以浮动效果在一行中显示。

在内联按钮中，如果想让两个以上的按钮显示在同一行，且自动均分页面宽度，可以使用网格分栏的方式，将多个按钮放置在分栏后的同一行中。

**实战** **在jQuery Mobile页面中添加按钮**

最终文件：最终文件\第17章\17-3-1.html　　视频：视频\第17章\17-3-1.mp4

**01** 新建一个HTML5页面，将该文档保存为"源文件\第17章\17-3-1.html"。在<head>与</head>标签之间添加<meta>标签设置和加载jQuery Mobile函数库代码，与前面案例相同。

**02** 在<body>与</body>标签之间编写jQuery Mobile页面代码。

```html
<div id="page1" data-role="page">
  <div data-role="header">
   <h1>提示</h1>
  </div>
  <div data-role="content">
   <p>是否继续查看正文内容？<p>
   <div class="ui-grid-a">
     <div class="ui-block-a">
      <a href="#" data-role="button" class="ui-btn-active">确定</a>
     </div>
     <div class="ui-block-b">
     <input type="button" value="取消">
     </div>
   </div>
  </div>
  <div data-role="footer"><h4>页脚</h4></div>
</div>
```

**03** 保存页面，在Opera Mobile模拟器中预览该页面，可以看到使用分栏容器使两个按钮显示在同一行上的效果，如图17-22所示。两个按钮的宽度可以根据移动终端浏览器的宽度进行自动等比例缩放，因此适应移动商不同分辨率的浏览器。

**04** 如果页面中的按钮不与浏览器等比例缩放，且多个按钮也需要在同一行中显示，可以在按钮元素中添加data-inline属性设置，设置其属性值为true，代码如下。

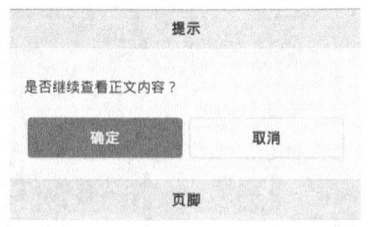

图17-22　预览按钮效果

```html
......
     <div class="ui-block-a">
      <a href="#" data-role="button" data-inline="true" class="ui-btn-active">确定</a>
     </div>
     <div class="ui-block-b">
     <input type="button" value="取消" data-inline="true">
     </div>
......
```

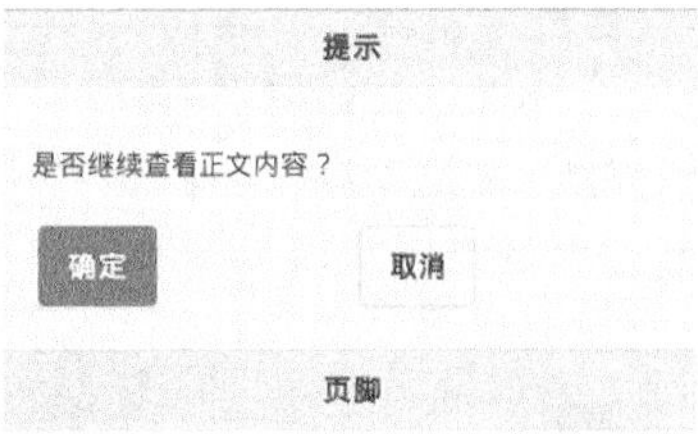

**05** 保存页面，在 Opera Mobile 模拟器中预览该页面，同样可以使两个按钮以内联的方式在同一行中显示，只是由于固定了宽度，导致不能与浏览器的宽度进行等比例缩放，如图 17-23 所示。

## 17.3.2　按钮组

在 jQuery Mobile 中，多个按钮不但能够以内联的形式显示，还可以全部放入按钮组，即 controlgroup 容器中，按照垂直或水平方向展现按钮列表。默认情况下，按钮组是以垂直方向展示一组按钮列表，可以通过给按钮组容器添加 data-type 属性来修改按钮组默认的显示方式。

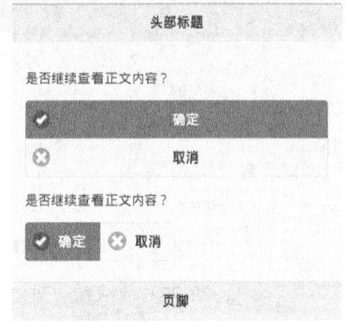
图 17-23　预览按钮效果

> **实战**　**在 jQuery Mobile 页面中使用按钮组**
> 最终文件：最终文件\第17章\17-3-2.html　　视频：视频\第17章\17-3-2.mp4

**01** 新建一个 HTML5 页面，将该文档保存为"源文件\第17章\17-3-2.html"。在 <head> 与 </head> 标签之间添加 <meta> 标签设置和加载 jQuery Mobile 函数库代码，与前面案例相同。
**02** 在 <body> 与 </body> 标签之间编写 jQuery Mobile 页面代码。

```
<div id="page1" data-role="page">
  <div data-role="header">
    <h1>头部标题</h1>
  </div>
  <div data-role="content">
    <p>是否继续查看正文内容？<p>
    <div data-role="controlgroup">
      <a href="#" data-role="button" data-icon="check" class="ui-btn-active">确定</a>
      <input type="button" data-icon="delete" value="取消">
    </div>
    <p>是否继续查看正文内容？<p>
    <div data-role="controlgroup" data-type="horizontal">
      <a href="#" data-role="button" data-icon="check" class="ui-btn-active">确定</a>
      <input type="button" data-icon="delete" value="取消">
    </div>
  </div>
  <div data-role="footer"><h4>页脚</h4></div>
</div>
```

在该页面代码中创建了两种排列方式的按钮组，一种以垂直方向的形式展示两个按钮，另一种以水平方向的形式展示两个按钮。
**03** 保存页面，在 Opera Mobile 模拟器中预览该页面，可以看到页面中两种形式按钮组的效果，如图 17-24 所示。

图 17-24　两种排列方式按钮组效果

提示
　　如果按钮组以水平的方式显示按钮列表，默认情况下，所有按钮向左靠拢，自动缩放到各自适合的宽度。如果在按钮组中仅放置一个按钮，那么，该按钮仍是以正常的圆角效果显示在页面中。

## ▶▶▶ 17.4　列表组件

　　在 jQuery Mobile 中，如果在 <ul> 标签中设置 data-role 属性值为 listview，便可以创建一个无序列表，并且将会使用 jQuery Mobile 的默认样式对列表进行渲染显示。默认情况下，jQuery Mobile 页面中的列表宽度与屏幕进行等比例缩放，在列表选项的最右侧会显示一个带箭头的图标。另外，列表还有许多种类，如基本列表、嵌套列表和编号列表等，同时，还可以对列表中选项的内容进行分割与格式化。

### 17.4.1　基本列表

　　在 jQuery Mobile 页面中，一个 <ul> 元素一旦被定义为列表，jQuery Mobile 将会使用默认的样式对该列表进行渲染显示，列表中的选项非常易于触摸。如果单击列表选项，将会通过 AJAX 的方式异步请求一个对应的 URL 地址，并在 DOM 中创建一个新的页面，借助默认的切换效果进入该页面中。

　　如下面的 jQuery Mobile 页面代码。

```
<div id="page1" data-role="page">
  <div data-role="header"><h1>餐厅列表</h1></div>
  <div data-role="content">
    <ul data-role="listview">
      <li><a href="#">星期五音乐餐吧</a></li>
      <li><a href="#">恋爱转角情人西餐厅</a></li>
      <li><a href="#">成都印象</a></li>
      <li><a href="#">美食家私房菜馆</a></li>
    </ul>
  </div>
  <div data-role="footer"><h4>Copyright © 2017 设计工作室</h4></div>
</div>
```

　　保存页面，在 Opera Mobile 模拟器中预览该页面，可以看到 jQuery Mobile 页面中默认的基本列表效果，如图 17-25 所示。

图 17-25　预览默认列表效果

提示
　　jQuery Mobile 通过自带的样式对 <ul> 元素进行渲染，使列表中的各选项拉长，更加容易触摸。选项右侧的圆形带箭头的图标提示用户该选项有链接。单击时，通过切换页面的方式，跳转到各选项 <a> 标签中 href 属性所设置的链接页面中。

## 17.4.2　有序列表

与<ul>无序列表元素相对应，使用<ol>标签可以创建一个有序的列表。在有序列表中，借助排列的编号顺序可以展现一种有序的列表效果。

在有序列表显示时，jQuery Mobile会优先使用CSS样式给列表添加编号。如果浏览器不支持这种CSS样式，jQuery Mobile会调用JavaScript中的方法向列表写入编号，以确保有序列表的效果可以兼容各种浏览器。

例如，对17.4.1案例中的列表选项代码进行相应的修改，代码如下。

```
<ol data-role="listview">
    <li><a href="#">星期五音乐餐吧</a></li>
    <li><a href="#">恋爱转角情人西餐厅</a></li>
    <li><a href="#">成都印象</a></li>
    <li><a href="#">美食家私房菜馆</a></li>
</ol>
```

保存页面，在Opera Mobile模拟器中预览该页面，可以看到jQuery Mobile页面中默认的有序列表效果，如图17-26所示。

图17-26　预览有序列表效果

> **提示**
>
> 　　jQuery Mobile全面支持HTML5的新特征和属性，原则上在<ol>标签中可以使用start属性设置有序列表的起始数字，但是jQuery Mobile考虑到浏览器的兼容性，暂不支持该属性。此外，在HTML5中不建议使用<ol>标签中的type属性和compact属性，且jQuery Mobile对这两个属性也不支持。但是，大家可以通过CSS样式来对列表进行设置。

## 17.4.3　开启或禁用列表图标

在jQuery Mobile中，<ul>列表的使用十分频繁，几乎所有需要加载大量格式化数据的时候都会考虑使用该元素。为了单击列表选项时链接某个页面，在列表的<li>选项元素中，常常会增加一个<a>元素，用于实现单击列表项进行链接的功能。一旦添加<a>标签后，jQuery Mobile默认会在列表项的最右侧自动增加一个圆形背景的小箭头图标，用来表示列表中的项是一个超链接。

当然，在实际的开发过程中，开发者可以通过修改数据集中的图标属性data-icon，实现该小箭头图标开启与禁用的功能。通过在列表项<li>标签中添加data-icon属性设置，可以开启或禁用列表项右侧的图标显示状态，该属性的默认值为true，表示显示，如果设置为false，则为禁用。

如下面的列表选项代码。

```
<ul data-role="listview">
    <li data-icon="false"><a href="#">星期五音乐餐吧</a></li>
    <li data-icon="false"><a href="#">恋爱转角情人西餐厅</a></li>
    <li data-icon="false"><a href="#">成都印象</a></li>
    <li data-icon="false"><a href="#">美食家私房菜馆</a></li>
</ul>
```

保存页面，在Opera Mobile模拟器中预览该页面，可以看到禁用列表项右侧的箭头图标的效果，如图17-27所示。

图17-27 禁用列表项右侧图标效果

> **技巧**
>
> 如果在data-role属性值为button的 <a> 标签中，data-icon属性值为按钮中的图标名称，如设置data-icon属性值为delete，则该超链接显示为一个"删除"按钮图标。也可以将该属性值设置为true或false，用来开启或禁用按钮中图标的显示状态。

## 17.4.4 对列表项进行分组

在jQuery Mobile中，除了可以分割列表项外，还可以对列表选项进行分组，即在列表中，通过分割项将各类的列表组织起来，形成相互独立的同类列表组，组的下面是一个个列表项。

实现列表项分组的方法很简单，只需要在分组的位置增加一个<li>元素，并在该标签中添加data-role="list-divider"属性设置，表示该<li>标签是一个分组列表项。默认情况下，普通列表项的主题色为"浅灰色"，分组列表项的主题色为"灰色"，两者通过主题颜色进行区别，形成层次上的包含效果。

**实战** 制作餐厅列表页面
最终文件：最终文件\第17章\17-4-4.html　　视频：视频\第17章\17-4-4.mp4

`01` 新建HTML5页面，将其保存为"源文件\第17章\17-4-4.html"。在<head>与</head>标签之间添加<meta>标签设置和加载jQuery Mobile函数库代码，与前面案例相同。

`02` 在<body>与</body>标签之间编写jQuery Mobile页面代码。

```
<div id="page1" data-role="page">
  <div data-role="header" data-position="fixed">
    <h1>餐厅列表</h1>
  </div>
  <div data-role="content">
    <div id="logo"><img src="images/174403.png" alt="logo"></div>
    <div id="ct-list">
      <ul data-role="listview" data-inset="true">
        <li data-role="list-divider">中餐厅</li>
          <li><a href="#"><img src="images/174404.jpg"/><h2>外婆家私房菜馆</h2><p>主营
精致的创新私房菜为主打，特别适合年轻人</p></a></li>
          <li><a href="#"><img src="images/174405.jpg"/><h2>成都印象</h2><p>主营川菜，
一起领略川菜的麻、辣、鲜、香</p></a></li>
        <li data-role="list-divider">西餐厅</li>
          <li><a href="#"><img src="images/174406.jpg"/><h2>斗牛士西餐厅</h2><p>主营特
色牛排及西点，价格实惠</p></a></li>
```

```
            <li><a href="#"><img src="images/174407.jpg"/><h2>恋爱转角情人餐厅</h2><p>主
营高档西式餐点，浪漫唯美的就餐环境给人留下深刻印象</p></a></li>
            <li><a href="#"><img src="images/174408.jpg"/><h2>星期五音乐餐吧</h2><p>主营
西式简餐，将音乐与餐厅完美结合</p></a></li>
        </ul>
    </div>
  </div>
</div>
```

在该jQuery Mobile页面中并没有创建页脚，只保留了页头和内容部分，在内容部分通过列表的方式表现内容，并且将列表分为两组。

---

**提示**

在项目列的 <ul> 标签中添加 data-role="listview" 属性设置，将列表项创建为一个列表组合，添加 data-inset="true" 属性设置，是让列表组合不与屏幕同宽并添加圆角的效果。

---

图 17-28　预览页面效果

**03** 保存页面，在Opera Mobile模拟器中预览该页面，可以看到餐厅列表页面默认的效果，如图17-28所示。新建外部CSS样式表文件，将其保存为"源文件\第17章\17-4-4.css"。在17-4-4.html页面中链接刚创建的外部CSS样式表文件，如图17-29所示。

```
<head>
<meta charset="utf-8">
<title>制作餐厅列表页面</title>
<meta name="viewport" content="width=device-width,initial-scale=1">
<link rel="stylesheet" href=
"http://code.jquery.com/mobile/1.4.5/jquery.mobile-1.4.5.min.css" />
<link href="style/17-4-4.css" rel="stylesheet" type="text/css">
<script src="http://code.jquery.com/jquery-1.11.1.min.js"></script>
<script src=
"http://code.jquery.com/mobile/1.4.5/jquery.mobile-1.4.5.min.js">
</script>
</head>
```

图17-29　链接外部CSS样式表文件

**04** 切换到外部CSS样式表文件中，创建名为*的通配符CSS样式和名为.bg01的类CSS样式，如图17-30所示。返回到17-4-4.html页面中，为jQuery Mobile页面的page容器应用名为bg01的类CSS样式，如图17-31所示。

```
* {
    margin: 0px;
    padding: 0px;
}
.bg01 {
    background-color: #F5E691;
    background-image: url(../images/174401.jpg);
    background-repeat: no-repeat;
    background-position: center bottom;
    background-size: 100% auto;
}
```

图17-30　CSS样式代码

```
<body>
<div id="page1" data-role="page" class="bg01">
    <div data-role="header" data-position="fixed">
        <h1>餐厅列表</h1>
    </div>
    <div data-role="content">
        <div id="logo"><img src="images/174403.png" alt="logo"></div>
        <div id="ct-list">
            <ul data-role="listview" data-inset="true">
                <li data-role="list-divider">中餐厅</li>
```

图17-31　应用类CSS样式

---

**技巧**

在名为.bg01的类CSS样式中设置了整个页面的背景颜色和背景图像相关属性，为整个页面容器应用该类CSS样式。除此之外，还可以使用前面讲解过的自定义页面主题的方法来自定义一个页面的主题样式，在该主题样式中设置页面的背景颜色和背景图像。

---

图17-32 预览页面效果

**05** 保存页面，在Opera Mobile模拟器中预览该页面，可以看到为页面整体设置背景的效果，如图17-32所示。切换到外部CSS样式表文件中，创建名为.bar01的类CSS样式，如图17-33所示。

```css
.bar01 {
    font-family: 微软雅黑 !important;
    background-color: rgba(0,0,0,0.2) !important;
    color: #FFF !important;
    border: none !important;
    text-shadow: none !important;
}
```

图17-33 CSS样式代码

**06** 返回到17-4-4.html页面中，为jQuery Mobile页面的头部栏容器应用名为bar01的类CSS样式，如图17-34所示。保存页面，在Opera Mobile模拟器中预览该页面，可以看到该页面的效果，如图17-35所示。

**07** 切换到外部CSS样式表文件中，创建名为.ui-content的类CSS样式，如图17-36所示。该CSS样式主要控制的是jQuery Mobile页面的内容区域，保存页面，在Opera Mobile模拟器中预览该页面，可以看到为页面内容区域设置背景图像的效果，如图17-37所示。

```html
<div id="page1" data-role="page" class="bg01">
  <div data-role="header" data-position="fixed" class="bar01">
    <h1>餐厅列表</h1>
  </div>
  <div data-role="content">
    <div id="logo"><img src="images/174403.png" alt="logo"></div>
    <div id="ct-list">
      <ul data-role="listview" data-inset="true">
        <li data-role="list-divider">中餐厅</li>
```

```css
.ui-content {
    background-image: url(../images/174402.png);
    background-repeat: repeat;
}
```

图17-34 应用类CSS样式　　　图17-35 预览页面效果　　　图17-36 CSS样式代码

图17-37 预览页面效果

> **技巧**
>
> 　　因为头部栏默认的样式中包含了背景颜色、文字颜色等样式设置，而类CSS样式的优先级较低，为了能够使类CSS样式中所设置的效果覆盖原来的默认效果，在定义类CSS样式时为每个属性添加了!important，从而使得该属性设置拥有最高的优先级。
>
> 　　同样，还可以使用前面讲解过的自定义工具栏主题的方法来自定义一个工具栏的主题样式。

```css
#logo {
    width: 50%;
    height: auto;
    margin: 0px auto;
    text-align: center;
}
#logo img {
    width: 65%;
    height: auto;
}
```

图17-38 CSS样式代码

**08** 切换到外部CSS样式表文件中，创建名为#logo和#logo img的CSS样式，如图17-38所示。保存页面，在Opera Mobile模拟器中预览该页面，可以看到该页面中logo图像的效果，如图17-39所示。

**09** 切换到外部CSS样式表文件中，创建名为#ct-list li img和#ct-list li a的CSS样式，如图17-40所示。保存页面，在Opera Mobile模拟器中预览该页面，可以看到该页面中各列表项的默认效果，如图17-41所示。

```
#ct-list li img {
    width: 75px;
    height: 75px;
    padding: 3px 0px 3px 5px;
}
#ct-list li a {
    background-color: rgba(0,0,0,0.6);
    color: #FFF;
    text-shadow: none;
    border-left: none;
    border-right: none;
    border-bottom: dashed 1px #AD2220;
    border-top: none;
}
```

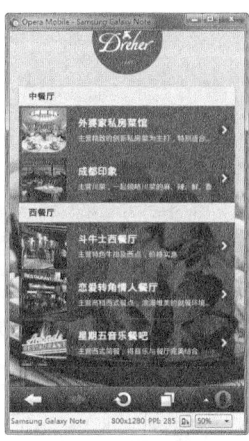

图17-39　预览页面效果　　　　图17-40　CSS样式代码　　　　图17-41　预览页面效果

**10** 切换到外部CSS样式表文件中，创建名为#ct-list li a h2和#ct-list li a:hover,#ct-list li a:active的CSS样式，如图17-42所示。保存页面，在Opera Mobile模拟器中预览该页面，可以看到该页面中列表项的效果，单击列表项时，可以看到列表项的效果，如图17-43所示。

```
#ct-list li a:hover,#ct-list li a:active {
    background-color: rgba(0,0,0,1);
}
#ct-list li a h2 {
    color: #FC6;
    font-weight: normal;
}
```

图17-42　CSS样式代码　　　　　　　　　图17-43　预览页面效果

**11** 切换到外部CSS样式表文件中，创建名为.list01的类CSS样式，如图17-44所示。返回到17-4-4.html页面中，为jQuery Mobile页面中的列表分组选项应用名为list01的类CSS样式，如图17-45所示。

```
.list01 {
    font-size: 1.1em !important;
    background-color: #AD2220 !important;
    border-color: #900 !important;
    color: #FFF !important;
    text-shadow: none !important;
}
```

```
<ul data-role="listview" data-inset="true">
    <li data-role="list-divider" class="list01">中餐厅</li>
    <li><a href="#"><img src="images/174404.jpg"><h2>外婆家
私房菜馆</h2><p>主营精致的创新私房菜为主打，特别适合年青人</p></a></li>
    <li><a href="#"><img src="images/174405.jpg"><h2>成都印
象</h2><p>主营川菜，一起领略川菜的麻、辣、鲜、香</p></a></li>
    <li data-role="list-divider" class="list01">西餐厅</li>
    <li><a href="#"><img src="images/174406.jpg"><h2>斗牛士
西餐厅</h2><p>主营特色牛排及西点，价格实惠</p></a></li>
    <li><a href="#"><img src="images/174407.jpg"><h2>恋爱转
角情人餐厅</h2><p>主营高档西式餐点，浪漫唯美的就餐环境给人留下深刻印象</p>
</a></li>
    <li><a href="#"><img src="images/174408.jpg"><h2>星期五
音乐餐吧</h2><p>主营西式简餐，将音乐与餐厅完美结合</p></a></li>
</ul>
```

图17-44　CSS样式代码　　　　　　　　　图17-45　应用类CSS样式

**12** 保存页面，在Opera Mobile模拟器中预览该页面，可以看到所制作的餐厅列表页面的效果，如图17-46所示。

图17-46 预览页面效果

## 17.4.5 分割列表选项

在jQuery Mobile的列表中，有时需要对选项内容做两个不同的操作，这时，需要对选项中的链接按钮进行分割。实现分割的方法非常简单，只需要在<li>标签中再添加一个<a>标签，便可以在页面中实现分割的效果。

分割后的两部分之间通常有一条竖直的分割线，分割线左侧为缩短长度后的选项链接按钮，右侧为后来增加的<a>元素。该元素的显示效果只是一个带图标的按钮，可以通过设置<ul>标签中data-split-icon属性的值来改变该按钮中的图标。

例如，对17.4.4中所制作的餐厅列表页面中的列表选项进行分割，代码如下。

```
......
<ul data-role="listview" data-inset="true" data-split-icon="info">
  <li data-role="list-divider" class="list01">中餐厅</li>
  <li>
    <a href="#">
      <img src="images/174404.jpg"/>
      <h2>外婆家私房菜馆</h2>
      <p>主营精致的创新私房菜为主打，特别适合年轻人</p>
    </a>
    <a href="#" data-rel="dialog" data-transition="slideup">餐厅介绍</a>
  </li>
  <li>
    <a href="#">
      <img src="images/174405.jpg"/>
      <h2>成都印象</h2>
      <p>主营川菜，一起领略川菜的麻、辣、鲜、香</p>
    </a>
    <a href="#" data-rel="dialog" data-transition="slideup">餐厅介绍</a>
  </li>
  <li data-role="list-divider" class="list01">西餐厅</li>
  <li>
    <a href="#">
```

```
        <img src="images/174406.jpg"/>
        <h2>斗牛士西餐厅</h2>
        <p>主营特色牛排及西点，价格实惠</p>
    </a>
    <a href="#" data-rel="dialog" data-transition="slideup">餐厅介绍</a>
</li>
<li>
 <a href="#">
    <img src="images/174407.jpg"/>
    <h2>恋爱转角情人餐厅</h2>
    <p>主营高档西式餐点，浪漫唯美的就餐环境给人留下深刻印象</p>
 </a>
    <a href="#" data-rel="dialog" data-transition="slideup">餐厅介绍</a>
</li>
<li>
 <a href="#">
    <img src="images/174408.jpg"/>
    <h2>星期五音乐餐吧</h2>
    <p>主营西式简餐，将音乐与餐厅完美结合</p>
    </a>
    <a href="#" data-rel="dialog" data-transition="slideup">餐厅介绍</a>
 </li>
</ul>
......
```

---

**提示**

　　在项目列的<ul>标签中添加data-split-icon="info"属性设置，用于设置分割出来的列表项右侧的超链接所显示的图标效果。在分割出来的右侧的超链接<a>标签中添加的data-rel="dialog"属性设置，是指该链接页面是以弹出窗口的形式显示；data-transition="slideup"用来设置页面切换的方式为从下向上滑入。

---

保存页面，在Opera Mobile模拟器中预览该页面，可以看到分割列表选项的效果，如图17-47所示。

图17-47　预览列表选项分割效果

---

**提示**

向`<li>`标签中多添加一个`<a>`标签后，便可以将列表选项中的链接分割成两个部分。其中，左侧区域的宽度可以随着移动终端设备分辨率的不同进行等比例缩放；右侧区域仅是一个只有图标的链接按钮，它的宽度是自动适应且固定不变的。

---

**技巧**

目前在jQuery Mobile中，列表中的分割只支持分割成两部分，即在`<li>`元素中，只允许有两个`<a>`标签出现，如果添加两个以上的`<a>`标签，会将最后一个元素作为列表选项分割的右侧部分。

---

## 17.4.6　图标与计数器

在jQuery Mobile的列表`<ul>`或`<ol>`标签中，如果将一个图片作为`<li>`元素中的第一个子元素，那么，该图片元素将自动缩放成一个宽度和高度均为80像素的正方形作为图片的缩略图。

但是，如果将图片作为列表项的图标使用，则需要为该元素添加类别属性ui-li-icon，才能在列表的最左侧正常显示该图标。另外，如果想在列表项中的最右侧显示一个计数器，只需要添加一个`<span>`标签，并在该标签中添加类别属性ui-li-count即可。

---

**实战** 为列表项添加图标和计数器

最终文件：最终文件\第17章\17-4-6.html　　　视频：视频\第17章\17-4-6.mp4

---

**01** 新建HTML5页面，将其保存为"源文件\第17章\17-4-6.html"。在`<head>`与`</head>`标签之间添加`<meta>`标签设置和加载jQuery Mobile函数库代码，与前面案例相同。

**02** 在`<body>`与`</body>`标签之间编写jQuery Mobile页面代码。

```
<div id="page1" data-role="page">
  <div data-role="header" data-position="fixed"><h1>会员中心</h1></div>
  <div data-role="content">
    <h2>个人信息资料</h2>
    <ul data-role="listview">
    <li>
      <a href="#"><img src="images/174601.png" class="ui-li-icon">基本资料修改</a>
    </li>
    <li>
      <a href="#"><img src="images/174602.png" class="ui-li-icon">基本密码</a>
    </li>
    <li>
      <a href="#"><img src="images/174603.png" class="ui-li-icon">我关注的课程<span
class="ui-li-count">5</span></a>
    </li>
    <li>
      <a href="#"><img src="images/174604.png" class="ui-li-icon">我预订的课程<span
class="ui-li-count">2</span></a>
    </li>
    <li>
```

```
        <a href="#"><img src="images/174605.png" class="ui-li-icon">我的消息<span
class="ui-li-count">18</span></a>
        </li>
      </ul>
    </div>
    <div data-role="footer" data-position="fixed"><h4>页脚</h4></div>
  </div>
```

**03** 保存页面，在Opera Mobile模拟器中预览该页面，可以看到为列表选项添加图标和计数器的效果，如图17-48所示。

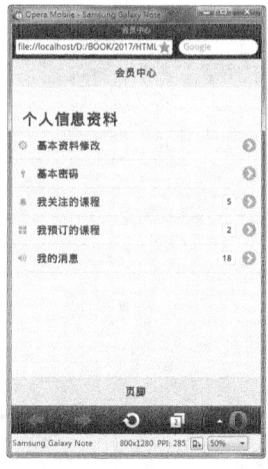

图17-48　预览列表效果

> **提示**
>
> 　　在使用图片作为列表项的图标时，尽量选择尺寸较小的图片，如果图标尺寸过大，虽然也会进行缩放，但将会与图标右侧的标题部分不协调，从而影响到用户的体验。另外，如果计数器<span>标签中显示的内容过长，该元素将会自动向左侧进行拉伸，直到完全显示为止。

## 17.4.7　列表项内容格式化处理

　　jQuery Mobile支持以HTML语义化的元素（如<span>、<h>和<p>）显示列表中所需的内容格式。通常情况下，使用<h1>至<h6>标签来突显列表项中显示的内容，使用<p>标签减弱列表项中显示的内容，两者结合，可以使列表项中显示的内容具有层次关系。如果要增加补充信息，如日期，可以在显示的<p>标签中添加类别属性ui-li-aside。

> **实战**　对列表项内容进行格式化处理
> 　　　　最终文件：最终文件\第17章\17-4-7.html　　　视频：视频\第17章\17-4-7.mp4

**01** 新建HTML5页面，将其保存为"源文件\第17章\17-4-7.html"。在<head>与</head>标签之间添加<meta>标签设置和加载jQuery Mobile函数库代码，与前面案例相同。

**02** 根据与17.4.4相同的制作方法，制作出餐厅列表页面，并且在列表部分通过语义化元素对列表内容进行格式化处理，列表部分的代码如下。

```
......
<ul data-role="listview" data-inset="true">
  <li data-role="list-divider" class="list01">
    中餐厅<span class="ui-li-count">2</span>
```

```
    </li>
    <li>
      <a href="#">
        <img src="images/174404.jpg"/>
        <h2>外婆家私房菜馆</h2>
        <p>主营精致的创新私房菜为主打，特别适合年轻人</p>
        <p class="ui-li-aside">340人评价</p>
      </a>
    </li>
    <li>
      <a href="#">
        <img src="images/174405.jpg"/>
        <h2>成都印象</h2>
        <p>主营川菜，一起领略川菜的麻、辣、鲜、香</p>
        <p class="ui-li-aside">568人评价</p>
      </a>
    </li>
<li data-role="list-divider" class="list01">
  西餐厅<span class="ui-li-count">3</span>
</li>
    <li>
      <a href="#">
        <img src="images/174406.jpg"/>
        <h2>斗牛士西餐厅</h2>
        <p>主营特色牛排及西点，价格实惠</p>
        <p class="ui-li-aside">298人评价</p>
      </a>
    </li>
    <li>
      <a href="#">
        <img src="images/174407.jpg"/>
        <h2>恋爱转角情人餐厅</h2>
        <p>主营高档西式餐点，浪漫唯美的就餐环境给人留下深刻印象</p>
        <p class="ui-li-aside">180人评价</p>
      </a>
    </li>
    <li>
      <a href="#">
        <img src="images/174408.jpg"/>
        <h2>星期五音乐餐吧</h2>
        <p>主营西式简餐，将音乐与餐厅完美结合</p>
        <p class="ui-li-aside">98人评价</p>
      </a>
    </li>
</ul>
......
```

图 17-49　预览页面效果

**03** 保存页面，在Opera Mobile模拟器中预览该页面，可以看到对列表项内容进行格式化处理的效果，如图17-49所示。如果想使用搜索方式过滤列表项中的标题内容，可以在<ul>标签中添加data-filter属性设置，设置该属性的属性值为true，如图17-50所示。

```html
<ul data-role="listview" data-inset="true" data-filter="true">
    <li data-role="list-divider" class="list01">
        中餐厅<span class="ui-li-count">2</span>
    </li>
    <li>
        <a href="#">
            <img src="images/174404.jpg"/>
            <h2>外婆家私房菜馆</h2>
            <p>主营精致的创新私房菜为主打，特别适合年青人</p>
            <p class="ui-li-aside">340人评价</p>
        </a>
    </li>
```

图 17-50　添加属性设置

> **提示**
>
> 通过对jQuery Mobile页面中列表项中的内容进行格式化处理，可以将大量的信息层次清晰地显示在jQuery Mobile页面中。

**04** 在<ul>标签中添加data-filter属性设置后，将会在列表的上方自动添加一个搜索框，保存页面，在Opera Mobile模拟器中预览该页面，效果如图17-51所示。当用户在搜索框中输入相应的内容后，jQuery Mobile将会自动过滤掉不包含搜索字符内容的列表项，如图17-52所示。

图 17-51　预览列表效果　图 17-52　通过搜索栏对列表选项进行筛选

# ▶▶▶ **17.5　表单组件**

在HTML中表单占有十分重要的地位。针对表单，jQuery Mobile提供了一套完全基于HTML原始代码且适合触摸操作的框架。在该框架下，所有的表单元素先由原始的代码升级为jQuery Mobile组件，然后调用各自组件提供的方法与属性，实现在jQuery Mobile下表单元素的各种操作。

需要说明的是，在表单中各元素通过原始HTML代码升级为jQuery Mobile是自动完成的，当然，也可以阻止这种升级行为，只要将该表单元素的data-role属性值设置为none即可。另外，由于在单个页面中可能会出现多个page容器，为了保证表单在提交数据时的唯一性，必须确保同一个jQuery Mobile页面中每一个表单元素的id名称是唯一的。

## 17.5.1　文本输入组件

在jQuery Mobile中，文本输入组件包括文本域和HTML5中新增的输入类型。文本输入组件使用标准的HTML原始元素，借助jQuery Mobile的渲染效果，使其更易于触摸型使用。另外，HTML5中新增的输入类型（如number类型），在jQuery Mobile中会被显示成数字输入框，在输入框的最右端还有两个可调节大小的"+"和"-"号按钮，方便移动终端的用户修改输入框中的数字。

**实战**　制作移动 APP 登录界面

最终文件：最终文件\第 17 章\17-5-1.html　　　视频：视频\第 17 章\17-5-1.mp4

**01** 新建 HTML5 页面，将其保存为"源文件\第 17 章\17-5-1.html"。在 <head> 与 </head> 标签之间添加 <meta> 标签设置和加载 jQuery Mobile 函数库代码，与前面案例相同。

**02** 在 <body> 与 </body> 标签之间编写 jQuery Mobile 页面代码。

```
<div id="page1" data-role="page">
  <div data-role="content">
    <div id="logo"><img src="images/175102.png" alt="logo"></div>
    <div id="login">
      <form id="form1" name="form1" method="post">
      <input name="umail" type="email" id="umail" placeholder="请输入电子邮箱"
value=""><br>
      <input name="upass" type="password" id="upass" placeholder="请输入密码"
value=""><br>
      <input type="submit" name="btn1" id="btn1" value="登 录"data-role="none">
      或
      <div id="other">
        <img src="images/175105.png" alt="QQ"><img src="images/175106.png" alt=
"淘宝"><img src="images/175107.png" alt="微博">
      </div>
      </form>
    </div>
  </div>
</div>
```

图 17-53　预览页面效果

在该 jQuery Mobile 页面中并没有创建页头和页脚部分，只保留了内容区域，在内容区域中添加 logo 和表单选项，表单元素的写法与 HTML 页面中完全相同。

**03** 保存页面，在 Opera Mobile 模拟器中预览该页面，可以看到登录表单页面默认的效果，如图 17-53 所示。返回到页面的 HTML 代码中，为页面中的表单元素添加 data-role="none" 属性设置，从而去除 jQuery Mobile 页面中默认的表单元素样式效果，如图 17-54 所示。

```
<div id="login">
  <form id="form1" name="form1" method="post">
    <input name="umail" type="email" id="umail" data-role="none"
placeholder="请输入电子邮箱" value=""><br>
    <input name="upass" type="password" id="upass" data-role="none"
placeholder="请输入密码" value=""><br>
    <input type="submit" name="btn1" id="btn1" value="登 录"
data-role="none">
    <span class="font01">或</span>
```

图 17-54　添加属性设置代码

**04** 保存页面，在 Opera Mobile 模拟器中预览该页面，可以看到表单元素显示为默认的效果，如图 17-55 所示。新建外部 CSS 样式表文件，保存为"源文件\第 17 章\17-5-1.css"。在 17-5-1.html 页面中链接刚创建的外部 CSS 样式表文件，如图 17-56 所示。

图 17-55　预览页面效果

```html
<head>
<meta charset="utf-8">
<title>制作移动APP登录界面</title>
<meta name="viewport" content="width=device-width,initial-scale=1">
<link rel="stylesheet" href=
"http://code.jquery.com/mobile/1.4.5/jquery.mobile-1.4.5.min.css" />
<link href="style/17-5-1.css" rel="stylesheet" type="text/css">
<script src="http://code.jquery.com/jquery-1.11.1.min.js"></script>
<script src=
"http://code.jquery.com/mobile/1.4.5/jquery.mobile-1.4.5.min.js">
</script>
</head>
```

图 17-56　添加链接外部 CSS 样式表代码

**05** 切换到外部 CSS 样式表文件中，创建名为 * 的通配符 CSS 样式和名为 .bg01 的类 CSS 样式，如图 17-57 所示。返回到 17-5-1.html 页面中，为 jQuery Mobile 页面的 page 容器应用名为 bg01 的类 CSS 样式，如图 17-58 所示。

```css
* {
    margin: 0px;
    padding: 0px;
}
.bg01 {
    background-image: url(../images/175101.png);
    background-repeat: no-repeat;
    background-size: cover;
}
```

图 17-57　CSS 样式代码

```html
<div id="page1" data-role="page" class="bg01">
    <div data-role="content">
        <div id="logo"><img src="images/175102.png" alt="logo"></div>
        <div id="login">
            <form id="form1" name="form1" method="post">
                <input name="umail" type="email" id="umail" data-role="none"
placeholder="请输入电子邮箱" value=""><br>
                <input name="upass" type="password" id="upass" data-role="none"
placeholder="请输入密码" value=""><br>
                <input type="submit" name="btn1" id="btn1" value="登 录"
data-role="none">
```

图 17-58　应用类 CSS 样式

**06** 保存页面，在 Opera Mobile 模拟器中预览该页面，可以看到页面整体设置背景的效果，如图 17-59 所示。切换到外部 CSS 样式表文件中，创建名为 #logo 和 #logo img 的 CSS 样式，如图 17-60 所示。

**07** 保存页面，在 Opera Mobile 模拟器中预览该页面，可以看到页面中 Logo 的效果，如图 17-61 所示。切换到外部 CSS 样式表文件中，创建名为 #login 的 CSS 样式，如图 17-62 所示。

图 17-59　页面背景效果

```css
#logo {
    width: 100%;
    height: auto;
    overflow: hidden;
    text-align: center;
    padding: 10% 0px;
}
#logo img {
    width: 35%;
    height: auto;
    min-width: 120px;
    max-width: 340px;
}
```

图 17-60　CSS 样式代码

图 17-61　预览页面效果

**08** 在外部 CSS 样式表文件中，创建名为 #umail 的 CSS 样式，对页面中 id 名称为 umail 的表单元素进行设置，如图 17-63 所示。保存页面，在 Opera Mobile 模拟器中预览该页面，可以看到该页面中 id 名称为 umail 的表单元素的效果，如图17-64所示。

```
#login {
    width: 100%;
    height: auto;
    overflow: hidden;
    padding-top: 5%;
}
```

图17-62　CSS样式代码

```
#umail {
    width: 85%;
    background-color: rgba(0,0,0,0.2);
    background-image: url(../images/175103.png);
    background-repeat: no-repeat;
    background-position: 10px center;
    border: none;
    padding: 3% 3% 3% 12%;
    margin-bottom: 5%;
}
```

图17-63　CSS样式代码

图17-64　预览页面效果

[09] 切换到外部CSS样式表文件中，创建名为#upass的CSS样式，如图17-65所示。保存页面，在Opera Mobile模拟器中预览该页面，可以看到该页面中id名称为upass的表单元素的效果，如图17-66所示。

[10] 切换到外部CSS样式表文件中，创建名为#btn1的CSS样式，如图17-67所示。保存页面，在Opera Mobile模拟器中预览该页面，可以看到该页面中id名称为btn1的登录按钮的效果，如图17-68所示。

```
#upass {
    width: 85%;
    background-color: rgba(0,0,0,0.2);
    background-image: url(../images/175104.png);
    background-repeat: no-repeat;
    background-position: 10px center;
    border: none;
    padding: 3% 3% 3% 12%;
    margin-bottom: 10%;
}
```

图17-65　CSS样式代码

图17-66　预览页面效果

```
#btn1 {
    width: 100%;
    height: auto;
    overflow: hidden;
    text-align: center;
    background-color: #00A2D6;
    border: none;
    padding: 3% 0%;
    font-size: 1.2em;
    color: #FFF;
    margin-bottom: 5%;
}
```

图17-67　CSS样式代码

图17-68　预览页面效果

> **提示**
>
> 　　之前已经分别在这3个表单元素的标签中添加了data-role="none"属性设置代码，所以此处可以通过CSS样式自由定义其样式效果。如果没有添加data-role="none"属性设置，则会出现jQuery Mobile表单的默认样式与所设置的样式叠加显示的效果。

[11] 切换到外部CSS样式表文件中，创建名为.font01的类CSS样式，如图17-69所示。返回页面HTML代码中，

为相应的文字添加<span>标签，并应用名为font01的类CSS样式，如图17-70所示。

```
.font01 {
    display: block;
    width: 22px;
    height: auto;
    overflow: hidden;
    text-align: center;
    border: solid 1px rgba(255,255,255,0.5);
    color: #FFF;
    text-shadow: none;
    margin: 0% auto 5% auto;
}
```

图17-69　CSS样式代码

```
<div id="login">
    <form id="form1" name="form1" method="post">
        <input name="umail" type="email" id="umail" data-role="none"
placeholder="请输入电子邮箱" value=""><br>
        <input name="upass" type="password" id="upass" data-role="none"
placeholder="请输入密码" value=""><br>
        <input type="submit" name="btn1" id="btn1" value="登 录"
data-role="none">
        <span class="font01">或</span>
        <div id="other">
            <img src="images/175105.png" alt="QQ"><img src=
"images/175106.png" alt="淘宝"><img src="images/175107.png" alt="微博">
        </div>
    </form>
</div>
```

图17-70　应用类CSS样式

🔢 切换到外部CSS样式表文件中，创建名为#other和#other img的CSS样式，如图
17-71所示。保存页面，在Opera Mobile模拟器中预览该页面，可以看到所制作的
APP登录页面的效果，如图17-72所示。

## 17.5.2 滑块

如果在<input>标签中设置type属性值为range，
则可以在页面中创建一个滑块组件。在jQuery Mobile
中，滑块组件由两部分组成，一部分是可调整大小的数
字输入框，另一部分是可拖动修改输入框数字的滑动条。
滑块组件可以通过添加min和max属性来设置滑动条的
取值范围。例如，min属性值为0，max属性值为10，
则表示该滑块只能在0~10进行取值。

如下面的jQuery Mobile页面代码。

```
#other {
    width: 100%;
    height: auto;
    overflow: hidden;
    text-align: center;
}
#other img {
    width: 15%;
    height: auto;
    margin-left: 5%;
    margin-right: 5%;
    min-width: 50px;
    max-width: 120px;
}
```

图17-71　CSS样式代码　　　图17-72　预览页面效果

```
<input type="range" id="txtR" value="0" min="0" max="255">
```

在浏览器中所显示的滑块效果如图17-73所示。

图17-73　预览滑块元素的效果

> ┌─ 提示 ─
> 　　拖动滑块时改变的值是数字输入框
> 的值，而min属性与max属性的值是指
> 定滑动条的取值范围。拖动滑块或单击
> 数字输入框中的"+"或"−"号可以
> 修改滑块值。

## 17.5.3 翻转切换开关

在jQuery Mobile中，在<select>标签中设置data-role属性值为slider，可以将该下拉列表元素中的两个
<option>选项转变为一个翻转切换开关。第一个<option>选项为"开"，取值为true或1；第二个<option>
选项为"关"，取值为false或0。它是移动设备上常用的UI元素之一，常用于一些系统默认值的设置。

如下面的jQuery Mobile页面代码。

```
<select id="slider" data-role="slider">
   <option value="1">开</option>
   <option value="0">关</option>
</select>
```

在浏览器中所显示的翻转切换开关效果如图 17-74 所示。

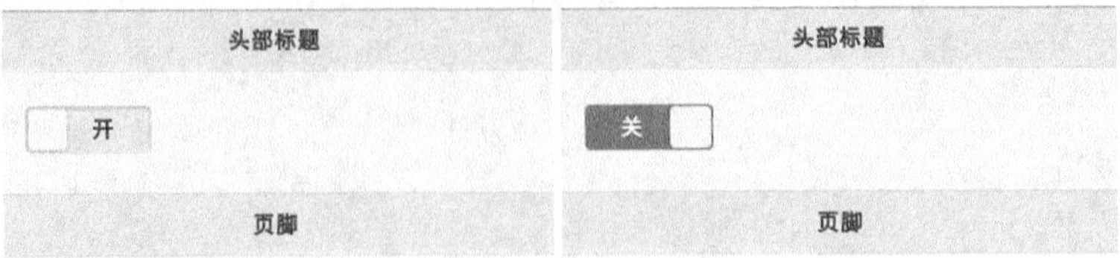

图 17-74 预览翻转切换开关元素的效果

## 17.5.4 单选按钮

在 jQuery Mobile 中，单选按钮样式化后更加容易被单击和触摸。在通常情况下，使用 `<fieldset>` 标签，并在该标签中设置 data-role 属性值为 controlgroup，使用该标签包含所有的 `<input>` 和 `<label>` 元素，这样可以以整个组的形式样式化容器中的全部标签；然后，在组成员结构中，在每个 `<label>` 标签中添加 for 属性设置，对应一个类型为 radio 的 `<input>` 元素。为了便于用户触摸，这些 `<label>` 元素将会被拉长。

如下面的页面代码。

```
<div id="page1" data-role="page">
  <div data-role="header"><h1>投票表单</h1></div>
  <div data-role="content">
    <form id="form1" name="form1" method="post">
    <p>你最向往的境外旅游目的地是哪里？</p>
    <fieldset data-role="controlgroup">
      <input type="radio" name="radioA" id="radio1" value="1" checked>
      <label for="radio1">东南亚周边</label>
      <input type="radio" name="radioA" id="radio2" value="2">
      <label for="radio2">日韩</label>
      <input type="radio" name="radioA" id="radio3" value="3">
      <label for="radio3">美国</label>
      <input type="radio" name="radioA" id="radio4" value="4">
      <label for="radio4">欧洲国家</label>
      <input type="radio" name="radioA" id="radio5" value="5">
      <label for="radio5">非洲大草原</label>
    </fieldset>
    <div class="ui-grid-a">
      <div class="ui-block-a">
        <input type="submit" value="确定">
      </div>
      <div class="ui-block-b">
        <input type="button" value="取消">
      </div>
```

```
    </div>
  </form>
  </div>
  <div data-role="footer"><h4>页脚</h4></div>
</div>
```

> **提示**
>
> 在以上代码中使用<fieldset>标签来包含页面中所有的单选按钮选项，所以单选按钮的四周都有圆角的样式，以一个整体组的形式显示在页面中。

在Opera Mobile模拟器中预览该页面，可以看到jQuery Mobile页面中单选按钮的效果，如图17-75所示。

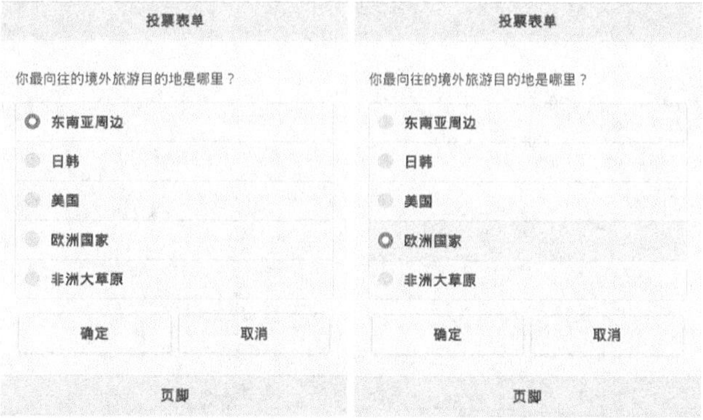

图17-75　预览投票表单效果

> **技巧**
>
> 默认情况下，<fieldset>标签中包含的一组单选按钮选项会以垂直方式显示，如果希望单选按钮组中的各单选按钮选项以水平的方式进行排列，可以在<fieldset>标签中添加data-type="horizontal"属性设置。

## 17.5.5 复选框

与单选按钮类似，可以使用<fieldset>标签，并在该标签中添加data-role="controlgroup"属性设置包裹多个复选框。通常情况下，多个复选框选项组合成的复选框组放置在标题下面，通过jQuery Mobile固有的样式自动删除各个复选框选项间的间距，使其看起来更像一个整体。另外，复选框选项组默认是垂直显示，也可以在<fieldset>标签中添加data-type属性设置，设置该属性的属性值为horizon，将其改变为水平显示。如果水平显示复选框组中的各选项，将自动隐藏各个复选框的图标，并浮动成一排显示。

如下面的页面代码。

```
<div id="page1" data-role="page">
  <div data-role="header"><h1>调查表单</h1></div>
  <div data-role="content">
    <form id="form1" name="form1" method="post">
    <p>你向往的境外旅游目的地是哪里？</p>
    <fieldset data-role="controlgroup">
      <input type="checkbox" name="chk1" id="chk1" value="1">
      <label for="chk1">东南亚周边</label>
      <input type="checkbox" name="chk2" id="chk2" value="2">
      <label for="chk2">日韩</label>
      <input type="checkbox" name="chk3" id="chk3" value="3">
      <label for="chk3">美国</label>
```

```
      <input type="checkbox" name="chk4" id="chk4" value="4">
      <label for="chk4">欧洲国家</label>
      <input type="checkbox" name="chk5" id="chk5" value="5">
      <label for="chk5">非洲大草原</label>
    </fieldset>
    <div class="ui-grid-a">
      <div class="ui-block-a">
        <input type="submit" value="投票">
      </div>
      <div class="ui-block-b">
        <input type="button" value="查看结果">
      </div>
    </div>
    </form>
  </div>
  <div data-role="footer"><h4>页脚</h4></div>
</div>
```

在Opera Mobile模拟器中预览该页面，可以看到使用复选按钮制作的调查表单的效果，如图17-76所示。

## 17.5.6 选择菜单

与单选按钮和复选框不同，使用<selece>标签形成的选择菜单在jQuery Mobile中样式发生了很大的变化。它分为两种类别：一种是原生菜单类型，这种类型继续保持了原来PC端浏览器的样式，单击右端的向下箭头将会出现一个下拉列表，可以选择其中的某一选项。另一种类型是自

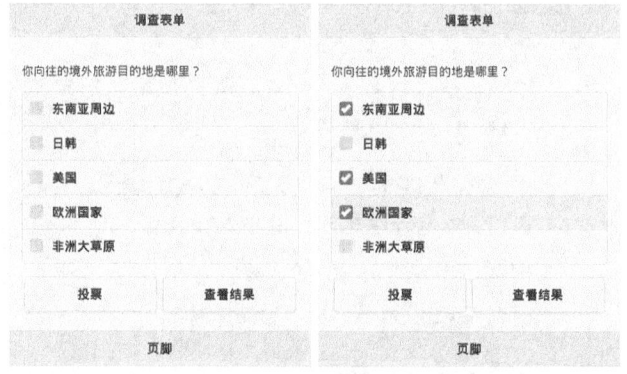

图17-76　预览调查表单效果

定义菜单类型，该类型专用于移动设备的浏览器显示，使用该类型时，jQuery Mobile中提供的自定义菜单样式将取代原始选择菜单的样式，使选择菜单在显示时发生变化。

需要创建自定义菜单类型非常简单，只需要在<select>标签中添加data-native-menu属性设置，设置该属性的属性值为false，即可将该选择菜单切换成为自定义菜单类型。

例如，在jQuery Mobile页面中添加下面的选择菜单元素代码。

```
<fieldset data-role="controlgroup">
  <select name="selY" id="selY" data-native-menu="false">
  <option>选择年份</option>
  <option value="2017">2016年</option>
  <option value="2017">2017年</option>
  <option value="2018">2018年</option>
</select>
<select name="selM" id="selM" data-native-menu="false">
  <option>选择月份</option>
  <option value="1">1月</option>
  <option value="2">2月</option>
```

```
    <option value="3">3月</option>
    <option value="4">4月</option>
    <option value="5">5月</option>
    <option value="6">6月</option>
    <option value="7">7月</option>
    <option value="8">8月</option>
    <option value="9">9月</option>
    <option value="10">10月</option>
    <option value="11">11月</option>
    <option value="12">12月</option>
  </select>
</fieldset>
```

---
**提示**

将两个选择菜单使用<fieldset>标签来进行包含，并且在<fieldset>标签中添加data-role="controlgroup"属性设置，因此，两个选择菜单以一个整体组的形式显示在页面中。在选择菜单<select>标签中添加data-native-menu属性设置，设置该属性值为false，即可将选择菜单转变成一个自定义类型的选择菜单。

---

保存页面，在Opera Mobile模拟器中预览该页面，可以看到默认垂直排列的自定义选择菜单的效果，如图17-77所示。如果希望水平排列自定义选择菜单，可以在<fieldset>标签中添加data-type="horizontal"属性设置，效果如图17-78所示。单击自定义选择菜单元素，可以在弹出的窗口中选择需要的选项，如图17-79所示。

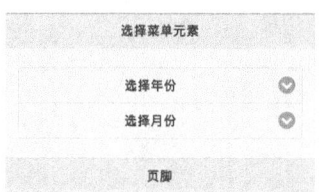

图17-77　选择菜单元素效果

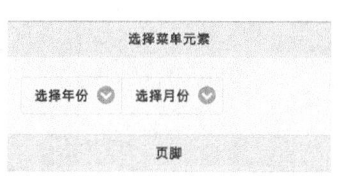

图17-78　水平排列效果

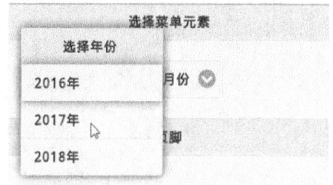

图17-79　弹出相应的选项

---
**提示**

自定义类型的菜单由按钮和菜单两部分组成，当用户单击按钮时，对应的菜单选择器将会自动打开，选择其中某一选项后，菜单自动关闭。

---

## 17.5.7　多项选择菜单

与原生的页面中的选择菜单不同，jQuery Mobile中的选择菜单还可以通过设置multiple属性，实现菜单的多项选择。如果将某个选择菜单的multiple属性值设置为true，单击该按钮会弹出菜单对话框，在全部菜单选项的右侧将会出现一个可勾选的复选框，用户通过单击该复选框，可以选中任意多个选项。选择完成后，单击左上角的"关闭"按钮，对话框将会关闭，对应的按钮自动更新为用户所选择的多项内容值。

例如，对17.5.6案例中的选择菜单代码进行相应的修改，代码如下。

```
<fieldset data-role="controlgroup">
  <select name="selY" id="selY" data-native-menu="false" multiple="true">
    <option>选择年份</option>
    <option value="2017">2016年</option>
```

```
    <option value="2017">2017年</option>
    <option value="2018">2018年</option>
  </select>
  <select name="selM" id="selM" data-native-menu="false" multiple="true">
    <option>选择月份</option>
    <option value="1">1月</option>
    <option value="2">2月</option>
    <option value="3">3月</option>
    <option value="4">4月</option>
    <option value="5">5月</option>
    <option value="6">6月</option>
    <option value="7">7月</option>
    <option value="8">8月</option>
    <option value="9">9月</option>
    <option value="10">10月</option>
    <option value="11">11月</option>
    <option value="12">12月</option>
  </select>
</fieldset>
```

　　保存页面，在Opera Mobile模拟器中预览该页面，单击页面中的选择菜单，在弹出的选项对话框中可以选择多个选项，如图17-80所示。

图17-80　多项选择菜单元素效果

　　在用户选择后，多项选择菜单对应的按钮中不仅会显示所选择的内容值，而且当选择超过两个选项时，在下拉图标的左侧还会显示一个圆角矩形框，在该圆角矩形框中显示用户所选择的选项总数。另外，在弹出的选项对话框中，选择某一个选项后，对话框不会自动关闭，必须单击左上角的"关闭"按钮，才算完成一次菜单的选择。

## ▶▶▶ 17.6　本章小结

　　本章重点向读者介绍了jQuery Mobile页面中的列表组件、按钮组件和表单组件的创建和设置方法，还介绍了jQuery Mobiel页面中主题的应用和自定义主题的方法，结合实例的制作，使读者能够更加轻松地掌握jQuery Mobile页面中组件和主题的应用和设置方法，从而制作出更加精美的jQuery Mobile页面。

# 使用jQuery Mobile事件与插件

jQuery Mobile具有很强的可拓展性，借助jQuery Mobile API拓展事件，可以在页面触摸、滚动、加载、显示与隐藏的事件中编写特定的代码，实现事件触发时需要完成的功能。并且在jQuery Mobile应用开发过程中可以直接使用许多优秀的jQuery Mobile插件，从而使得移动应用的开发更加轻松。本章将向读者介绍一些jQuery Mobile中常用的事件和插件的使用方法和技巧。

**本章知识点**

- 了解jQuery Mobile基本配置项的设置方法
- 掌握jQuery Moible页面事件的使用方法
- 掌握jQuery Mobile触摸事件的使用方法
- 掌握jQuery Mobile屏幕滚动事件的使用方法
- 掌握jQuery Mobile屏幕翻转事件的使用方法
- 理解并掌握jQuery Mobile常用插件的使用方法

## ▶▶▶ **18.1** 设置jQuery Mobile

在jQuery Mobile中，框架的基本配置项是可以被修改的。由于配置项针对的是全局功能的使用，jQuery Mobile在页面加载到增强特征时就需要使用这些配置项，而这个加载过程早于document.ready事件的触发，因此在该事件中进行修改是无效的，而要选择更早的mobileinit事件，在该事件中可以编写新的配置项来覆盖原有的基本配置项设置。

在document.mobileinit事件中自定义jQuery Mobile基本配置项，可以使用jQuery中的$.extend方法扩展，也可以借助$.mobile对象进行设置。

以下是可配置的$.mobile选项，用户可以在自己定义的JavaScript中对其进行覆盖。

### 1. activeBtnClass(string,default:"ui-btnactive")
用来识别和样式化"活动"按钮的CSS类。这个CSS属性通常用来样式化和识别标签栏中的活动按钮。

### 2. activePageClass(string,default:"ui-page-active")
这个CSS类分配给当前可见和活动的页面或对话框。例如，当多个页面载入到DOM中时，活动的页面会应用这个CSS属性。

### 3. ajaxEnabled(boolean,default:true)

在可能的情况下，通过AJAX动态载入页面。默认情况下，所有页面的AJAX载入都是打开的，但是外部URL、使用rel="external"或target="_blank"属性标记的链接除外。如果禁用AJAX，页面链接会使用普通的HTTP请求载入，而且不会用到CSS切换。

### 4. allowCrossDomainPages(Boolean,default:false)

在使用PhoneGap进行开发时，建议将该配置选项设置为true。这样允许jQuery Mobile管理PhoneGap中跨域（cross-domain）请求的页面载入逻辑。

### 5. autoInitializePage(Boolean,default:true)

对于想要完全控制页面初始化顺序的高级开发人员来说，可以将该配置选项设置为false，这样会禁用所有页面组件的自动初始化。这使得开发人员能够根据需要手动增强每一个组件。

### 6. defaultDialogTransition(string,default:"pop")

在切换到一个对话框时，使用的默认切换动画效果。如果不需要切换动画效果，可以将该切换设置为none。

### 7. defaultPageTransition(string,default:"slide")

在切换到一个页面时，使用的默认切换动画效果。如果不需要切换动画效果，可以将该切换设置为none。

### 8. hashlisteningEnabled(boolean,default:true)

基于location.hash自动载入和显示页面。jQuery Mobile监听location.hash的改变，以载入DOM内的内部页面。用户可以禁用该选项，通过手动方式来处理hash的改变。

### 9. loadingMessage(string,default:"loading")

设置载入消息，使其在基于AJAX的请求期间出现。此外，可以指派一个false来禁用该消息。如果用户想在运行时基于每个页面来更新载入消息，则可以在页面内对其进行更新。

### 10. minScrollBack(string,default:250)

设置最小的滚动距离，并且在返回页面时，该值也能被记住。在返回一个页面时，如果链接的滚动位置超出了minScrollBack的设置，则框架会自动滚动到启动切换的位置或链接。默认情况下，滚动阈值是250像素，如果你希望删除这个最小的设置，以便框架在滚动时能够无视滚动的位置，则可以将该值设置为0。如果希望禁用该属性，则将其值设置为infinity。

### 11. nonHistorySelectors(string,default:"dialog")

可以指定将哪个页面组件排除在浏览器的历史记录栈之外。默认情况下，设置了data-rel="dialog"属性的任何链接，或者是设置了data-rel="dialog"属性的任何页面都不会出现在历史记录中。此外，在导航到相应的页面时，这些非历史的选择器组件也不会更新它们的URL，这样做的结果是无法为这些页面添加书签。

### 12. ns(string,default: "")

用于jQuery Mobile内自定义data-*属性的名称空间。在HTML5中，数据属性属于新特性。例如，data-role是role属性的默认名称空间。如果想要以全局方式覆盖默认的名称空间，则需要覆盖$.mobile.ns选项。

### 13. page.prototype.options.addBackBtn(Boolean,default:false)

如果希望某个应用程序上显示"回退"按钮，则将该选项设置为true。jQuery Mobile内的"回退"按钮是一个智能的组件，只有当要回退的页面处于历史记录栈中时，"回退"按钮才会显示。

### 14. pageLoadErrorMessage(string,default:"Error Loading Page")

当一个AJAX页面请求载入失败时，会出现该错误响应消息。

# 18.2 使用jQuery Mobileg事件

在移动终端设备中,有一类事件无法触发(如鼠标事件或窗口事件),但它们又客观存在。因此,在jQuery Mobile中,借助框架的API将这类的事件扩展为专门用于移动终端设备的事件,如触摸、设备翻转和页面切换等,开发人员可以使用live()方法或bind()方法进行绑定。

## 18.2.1 加载外部页面事件

外部页面加载时会触发两个事件,一个是pagebeforeload,另一个是当页面载入成功时会触发pageload事件,载入失败时会触发pageloadfailed事件,如表18-1所示。

表18-1 加载外部页面事件

| 事件 | 说明 |
| --- | --- |
| pageload事件 | pageload事件的使用方法如下<br>$(document).on("pageload",function(event,data){<br>　alert("URL: "+data.url);<br>})<br>pageload事件的处理函数包括event和data,说明如下<br>• event: 任何jQuery的事件属性,如event.target、event.type、event.pageX等<br>• data: 包括6个属性,分别是url属性,字符串(string)类型,页面的URL地址;absUrl属性,字符串(string)类型,绝对路径;dataUrl属性,字符串(string)类型,地址栏的URL;options(object)属性,对象(object)类型,$.mobile.loadpage()指定的选项;xhr属性,对象(object)类型,XMLHttpRequest对象;textStatus属性,对象(object)状态或空值(null),返回状态 |
| pageloadfailed事件 | 如果页面加载失败,就会触发pageloadfailed事件,默认会出现Error Loading Page字样,该事件的使用方法如下<br>$(document).on("pageloadfailed",function(){<br>　alert("页面加载失败! ");<br>}) |

## 18.2.2 页面切换事件

在jQuery Mobile页面中,各页面之间相互切换会显示相应的动画过渡效果,这样的页面切换效果使得jQuery Mobile页面的切换更加自然。

jQuery Mobile中切换页面的语法格式如下。

```
$(":mobile-pagecontainer").pagecontainer("change",to[,options]);
```

to属性用于设置想要切换的目标页面,其值必须是字符串或者DOM对象,内部页面可以直接指定DOM对象的id名称。例如,要切换到id名称为page2的页面,可以写为#page2;要链接外部页面,必须以字符串方式表示,如home.html。

options属性可以省略不写,其属性取值如表18-2所示。

其中,transition属性用来指定页面过渡动画效果,如飞入、弹出或淡入淡出效果等,共6种,如表18-3所示。

表18-2 页面切换事件的属性

| 属性 | 说明 |
|------|------|
| allowSamePageTransition | 是否允许切换到当前页面，默认值为false |
| changeHash | 是否更新浏览记录。如果将该属性设置为false，则当前页面浏览记录会被清除，用户无法通过"上一页"按钮返回。默认值为true |
| dataUrl | 更新地址栏的url |
| loadMsgDelay | 加载画面延迟秒数，单位为ms（毫秒），默认值为50，如果页面在此秒数之前加载完成，就不会显示正在加载中的信息画面 |
| reload | 当页面已经在DOM中，是否要将页面重新加载。默认值为false |
| reverse | 页面切换效果是否需要反向，如果设置为true，就像模拟返回上一页的效果。默认值为false |
| showLoadMsg | 是否要显示加载中的信息画面，默认值为true |
| transition | 切换页面时使用的转场动画效果 |
| type | 当to属性的目标页面是URL时，指定HTTP Method使用get或post，默认值为get |

表18-3 transition属性的过渡动画效果

| 属性值 | 说明 |
|--------|------|
| slide | 从右到左过渡 |
| slideup | 从下到上过渡 |
| slidedown | 从上到下过渡 |
| pop | 从小点到全屏幕过渡 |
| fade | 淡入淡出过渡 |
| flip | 2D或3D旋转动画过渡，只有支持3D效果的设备才能使用 |

**实战** 实现页面跳转的动画过渡效果

最终文件：最终文件\第18章\18-2-2.html 视频：视频\第18章\18-2-2.mp4

01 新建HTML5页面，将其保存为"源文件\第18章\18-2-2.html"。在<head>与</head>标签之间添加<meta>标签设置和加载jQuery Mobile函数库代码，与前面案例相同。

02 在<body>与</body>标签之间编写jQuery Mobile页面代码。

```html
<div id="page1" data-role="page" data-theme="a" class="demo_page">
  <div data-role="header">
    <h1>设计工作室</h1>
  </div>
  <div data-role="content">
    <ul data-role="listview">
      <li><a href="#page2" id="goSecond">关于我们</a></li>
      <li><a href="#">我们的作品</a></li>
      <li><a href="#">服务范围</a></li>
      <li><a href="#">联系我们</a></li>
    </ul>
  </div>
  <div data-role="footer">
```

```
        <h4>CopyRight &copy; 设计工作室</h4>
      </div>
    </div>
    <div id="page2" data-role="page" data-theme="b" class="demo_page">
      <div data-role="header">
        <a href="#page1" data-transition="pop">返回</a>
        <a href="#page1" id"goFirst">第一页</a>
        <h1>关于我们</h1>
      </div>
      <div data-role="content">
        <p>    工作室成立于 2014 年初，在互动设计和互动营销领域有着独特理解。我们一直专注于互联网整合
营销传播服务，以客户品牌形象为重，提供精确的策划方案与视觉设计方案，团队整体有着国际化意识与前瞻思想；
以视觉设计创意带动客户品牌提升，洞察互联网发展趋势。<p>
      </div>
      <div data-role="footer">
        <h4>CopyRight &copy; 设计工作室</h4>
      </div>
    </div>
```

**03** 在页面头部<head>与</head>标签之间添加相应的JavaScript脚本代码。

```
<script type="text/javascript">
$(document).one("pagecreate", ".demo_page",function(){
    $("#goSecond").on("click",function(){
        $(":mobile-pagecontainer").pagecontainer("change","#page2",{
            transition: "slideup"
            });
        });
    $("#goFirst").on("click",function(){
        $(":mobile-pagecontainer").pagecontainer("change","#page1",{
            transition: "slidedown"
            });
        });
    })
</script>
```

在该部分JavaScript代码中，设置单击id名称为goSecond的超链接时，页面切换的动画过渡效果为
slideup；单击id名称为goFirst的超链接时，页面切换的动画过渡效果为slidedown。不会对页面中其他的超
链接所产生的页面切换动画过渡效果产生影响。

**04** 保存页面，在Opera Mobile模拟器中预览该页面，可以看到页面的效果，如图18-1所示。单击第一个页面中
的"关于我们"链接文字时，会显示由下往上滑入切换过渡到第二页，如图18-2所示。单击第二个页面中的"第
一页"按钮时，会显示由上往下滑入切换过渡到第一页。

─ 技巧 ─────────────────────────────

　　除了可以使用JavaScript代码的方式来改变页面切换的动画效果之外，还可以直接在超链接标签<a>
中添加data-transition属性设置，该属性用于设置超链接所产生的页面跳转动画过渡效果。

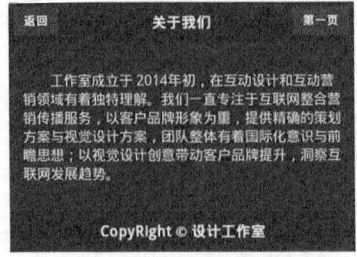

图 18-1　预览页面效果　　　　　　　　图 18-2　查看页面切换过渡动画

### 18.2.3　页面显示或隐藏事件

在 jQuery Mobile 中，当在不同页面间或同一个页面不同容器间相互切换时，将触发页面中的显示或隐藏事件。具体的事件类型有 4 个，如表 18-4 所示。

表 18-4　　　　　　　　　　　　　　页面显示/隐藏事件

| 事件 | 说明 |
| --- | --- |
| pagebeforeshow<br>（页面显示前事件） | 当页面在显示之前，实际切换正在进行时触发，该事件回调函数传回的数据对象中有一个 prevPage 属性，该属性是一个 jQuery 集合对象，它可以获取正在切换远离页面的全部 DOM 元素 |
| pagebeforehide<br>（页面隐藏前事件） | 当页面在隐藏之前，实际切换正在进行时触发，此事件回调函数传回的数据对象中有一个 nextPage 属性，该属性是一个 jQuery 集合对象，它可以获取正在切换目标页面的全部 DOM 元素 |
| pageshow<br>（页面显示完成事件） | 当页面切换完成时触发，该事件回调函数传回的数据对象中有一个 prevPage 属性，该属性是一个 jQuery 集合对象，它可以获取正在切换之前上一页面的全部 DOM 元素 |
| pagehide<br>（页面隐藏完成事件） | 当页面隐藏完成时触发，该事件回调函数传回的数据对象中有一个 nextPage 属性，该属性是一个 jQuery 集合对象，它可以获取切换之后当前页面的全部 DOM 元素 |

### 18.2.4　触摸事件

在 jQuery Mobile 中，触摸事件包括 5 种类型。

#### 1. tap（轻击）事件

用户完成一次快速完整的轻击页面屏幕时触发，使用方法如下。

```
$("div").on("tap",function(){
  $(this).hide();
})
```

以上代码表示当在屏幕中单击了 div 对象后，就会在页面中隐藏该 div 对象。

#### 2. taphold（轻击不放）事件

用户完成一次轻击页面屏幕且保持不放（大约 1s）时触发，使用方法如下。

```
$("div").on("taphold",function(){
  $(this).hide();
})
```

以上代码表示当在屏幕中单击某个div对象不放，大约1s之后，就会在页面中隐藏该div对象。

### 3. swipe（滑动）事件

用户在1s内水平拖曳屏幕距离大于30px或垂直拖曳屏幕距离小于20px时触发。swipe事件的使用方法如下。

```
$("div").on("swipe",function(){
  $("span").text("正在滑动屏幕");
})
```

以上代码表示当在屏幕中某个div对象中滑动屏幕时，在页面中的<span>标签中显示相应的信息。
触发swipe事件时相关属性说明如表18-5所示。

**表18-5** 触发swipe事件时相关属性说明

| 属性 | 说明 |
| --- | --- |
| scrollSupressionThreshold | 该属性默认值为10px，水平拖曳大于该值则停止 |
| durationThreshold | 该属性默认值为1000ms，滑动时超过该值则停止 |
| horizontalDistanceThreshold | 该属性默认值为30px，水平拖曳超出该值时才能滑动 |
| verticalDistanceThreshold | 该属性默认值为75px，垂直拖曳小于该值时才能滑动 |

### 4. swipeleft（向左滑动）事件

用户向左侧滑动屏幕时触发该事件，其使用方法如下。

```
$("div").on("swipeleft",function(){
  $("span").text("正在向左滑动屏幕");
})
```

以上代码表示当在屏幕中某个div对象中向左滑动屏幕时，在页面中的<span>标签中显示相应的信息。

### 5. swiperight（向右滑动）事件

用户向右侧滑动屏幕时触发该事件，其使用方法如下。

```
$("div").on("swiperight",function(){
  $("span").text("正在向右滑动屏幕");
})
```

以上代码表示当在屏幕中某个div对象中向右滑动屏幕时，在页面中的<span>标签中显示相应的信息。
Swipeleft与swiperight事件常用于移动项目中的页面元素向左或向右的滑动查看，如相册中的图片浏览。

**实战** 通过滑动屏幕浏览图片
最终文件：最终文件\第18章\18-2-4.html 视频：视频\第18章\18-2-4.mp4

**01** 新建HTML5页面，将其保存为"源文件\第18章\18-2-4.html"。在<head>与</head>标签之间添加<meta>标签设置和加载jQuery Mobile函数库代码，与前面案例相同。
**02** 在<body>与</body>标签之间编写jQuery Mobile页面代码。

```
<div id="page1" data-role="page" data-theme="b">
  <div data-role="header" data-position="fixed">
```

```
    <h1>平面设计作品欣赏</h1>
  </div>
  <div data-role="content">
    <div class="ifrswipt">
      <ul id="ifrswipt">
        <li><img src="images/182401.jpg" alt="" class="imgswipt"></li>
        <li><img src="images/182402.jpg" alt="" class="imgswipt"></li>
        <li><img src="images/182403.jpg" alt="" class="imgswipt"></li>
        <li><img src="images/182404.jpg" alt="" class="imgswipt"></li>
        <li><img src="images/182405.jpg" alt="" class="imgswipt"></li>
        <li><img src="images/182406.jpg" alt="" class="imgswipt"></li>
      </ul>
    </div>
  </div>
  <div data-role="footer" data-position="fixed"><h4>CopyRight &copy; 2017 设计工作室
</h4></div>
  </div>
```

**03** 保存页面，在Opera Mobile模拟器中预览该页面，可以看到页面的效果，如图
18-3所示。新建外部CSS样式表文件，将其保存为"源文件\第18章\style\18-2-4.
css"。在<head>与</head>标签之间添加<link>标签链接刚创建的外部CSS样式表
文件，如图18-4所示。

**04** 在外部CSS样式表文件中创建相应的CSS样式，对jQuery Mobile页面中内容区域
的元素进行控制，如图18-5所示。保存页面，在Opera Mobile模拟器中预览该页面，
可以看到页面的效果，如图18-6所示。

> **提示**
>
> 此处添加的CSS样式主要是实现页面中多个<li>标签中的图像能够在同一
> 行中进行显示，并且对图像添加了边框的效果。

图18-3 预览页面效果

```
<head>
<meta charset="utf-8">
<title>通过滑动屏幕浏览图片</title>
<meta name="viewport" content="width=device-width,initial-scale=1">
<link rel="stylesheet" href=
"http://code.jquery.com/mobile/1.4.5/jquery.mobile-1.4.5.min.css" />
<link href="style/18-2-4.css" rel="stylesheet" type="text/css">
<script src="http://code.jquery.com/jquery-1.11.1.min.js"></script>
<script src=
"http://code.jquery.com/mobile/1.4.5/jquery.mobile-1.4.5.min.js">
</script>
</head>
```

图18-4 链接外部CSS样式表文件

```
* {
    margin: 0px;
    padding: 0px;
}
.ifrswipt {
    position: relative;               .ifrswipt li {
    height: 470px;                        list-style-type: none;
    margin: 0 auto;                       display: inline-block;
}                                         float: left;
.ifrswipt ul {                            position: relative;
    position: absolute;                   margin: 0px 8px 0px 7px;
    width: 3000px;                     }
    overflow: hidden;                 .imgswipt{
    top: 0px;                             cursor: pointer;
    left: 0px;                            border: solid 5px #FFF;
                                      }
```

图18-5 CSS样式代码

**05** 接下来，需要添加JavaScript代码，通过swipeleft与swiperight事件实现在屏幕中左右滑动浏览图像的效果。
切换到页面的HTML代码中，在jQuery Mobile页面的结束标签之后添加相应的JavaScript脚本代码。

```
<script type="text/javascript">
// 全局命名空间
```

```
var swiptimg = {
    $index: 0,
    $width: 352,
    $swipt: 0,
    $legth: 6
}
var $imgul = $("#ifrswipt");
$(".imgswipt").each(function() {
    $(this).swipeleft(function() {
        if (swiptimg.$index < swiptimg.$legth) {
            swiptimg.$index++;
            swiptimg.$swipt = -swiptimg.$index * swiptimg.$width;
            $imgul.animate({ left: swiptimg.$swipt }, "slow");
        }
    }).swiperight(function() {
        if (swiptimg.$index > 0) {
            swiptimg.$index--;
            swiptimg.$swipt = -swiptimg.$index * swiptimg.$width;
            $imgul.animate({ left: swiptimg.$swipt }, "slow");
        }
    })
})
</script>
```

在JavaScript脚本代码中首先定义了一个全局性对象swiptimg，在该对象中设置需要使用的变量，并将获取的图片加载框架元素保存在$imgul变量中。

无论是将图片绑定swipeleft事件还是swiperight事件，都需要调用each()方法遍历全部图片。在遍历时，通过$(this)对象获取当前的图片元素，并将它与swipeleft和swiperight事件相绑定。

在swipeleft事件中，先判断当前图片的索引变量swiptimg.$index值是否小于图片总量值$swiptimg.$legth，如果成立，索引变量自动增加1，接着将需要滑动的长度值保存到变量swiptimg.$swipt中。然后，通过前面保存元素的$imgul变量调用jQuery的animate()方法，以动画的方式向左边移动指定的长度。

在swiperight事件中，由于是向右滑动，因此，先判断当前图片的索引变量swiptimg.$index的值是否大于0，如果成立，说明整个图片框架已向左边滑动过，索引变量自动减少1。然后，获取滑动时的长度值并保存到变量swiptimg.$swipt中。最后，通过前面保存元素的$imgul变量调用jQuery的animate()方法，以动画的方式向右边移动指定的长度。

图18-6 预览页面效果

06 保存页面，在Opera Mobile模拟器中预览该页面，在页面中可以向左或向右滑动屏幕来浏览图像，如图18-7所示。

---
提示 ┐

　　每次滑动的长度值都与当前图片的索引变量相连，因此，每次的滑动长度都会不同；另外，图片加载完成后，根据滑动的条件，必须按照先从右侧滑动至左侧，然后再从左侧滑动至右侧的顺序进行，其中每次滑动时的长度和图片总数变量可以自行修改。

图 18-7 在预览页面中向左或向右滑动可以切换图片

## 18.2.5 屏幕滚动事件

在 jQuery Mobile 中，屏幕滚动事件包含两个类型，一种为开始滚动事件 scrollstart，另一种为结束滚动事件 scrollstop。这两种类型的事件主要区别在于触发时间不同，前者是用户开始滚动屏幕中页面时触发，而后者是用户停止滚动屏幕中页面时触发。

> **实战** 滚动屏幕改变背景颜色
> 最终文件：最终文件\第18章\18-2-5.html  视频：视频\第18章\18-2-5.mp4

**01** 新建 HTML5 页面，将其保存为 "源文件\第18章\18-2-5.html"。在 <head> 与 </head> 标签之间添加 <meta> 标签设置和加载 jQuery Mobile 函数库代码，与前面案例相同。

**02** 在 <body> 与 </body> 标签之间编写 jQuery Mobile 页面代码。

```
<div id="page1" data-role="page">
  <div data-role="header">
   <div id="btn"><img src="images/182502.png" alt=""></div>
   <h1><img src="images/182501.png" alt=""></h1>
  </div>
  <div data-role="content">
   <div id="banner"><img src="images/182503.jpg" alt=""></div>
   <div id="main">
     <h3>关于我们</h3>
     <p>我们是专业从事互联网相关业务开发的设计工作室。专门提供全方位的优质服务和最专业的网站建设
方案为企业打造全新电子商务平台。本工作室成立于1999年，已经成为国内著名的网站建设提供商。八年的风雨历
程已成功为中国教育部、中国文化部、国有资监督管理委员会……</p>
     <h3>我们的团队</h3>
     <p>成员都具有多年的实际设计工作经验，更好地满足客户的国际化需求。设计师由正规美院毕业，创意
的思维模式，高超的设计技能，为您提供最适合您的设计方案。</p>
     <h3>我们的承诺</h3>
     <p>本工作室设计与制作的网站均属原创、不套用网上的任何模板，根据每个公司的行点，设计出属于
客户.....</p>
     <p><em>更多>></em></p>
```

```
        </div>
    </div>
    <div data-role="footer"><h4>CopyRight &copy; 2017 设计工作室</h4></div>
</div>
```

**03** 保存页面,在Opera Mobile模拟器中预览该页面,可以看到页面的效果,如图18-8所示。新建外部CSS样式表文件,将其保存为"源文件\第18章\style\18-2-5.css"。在<head>与</head>标签之间添加<link>标签链接刚创建的外部CSS样式表文件,如图18-9所示。

```
<head>
<meta charset="utf-8">
<title>滚动屏幕改变背景颜色</title>
<meta name="viewport" content="width=device-width,initial-scale=1">
<link rel="stylesheet" href=
"http://code.jquery.com/mobile/1.4.5/jquery.mobile-1.4.5.min.css" />
<link href="style/18-2-5.css" rel="stylesheet" type="text/css">
<script src="http://code.jquery.com/jquery-1.11.1.min.js"></script>
<script src=
"http://code.jquery.com/mobile/1.4.5/jquery.mobile-1.4.5.min.js">
</script>
</head>
```

图18-8  预览页面效果      图18-9  链接外部CSS样式表文件

**04** 在外部CSS样式表文件中创建名称为*的通配CSS样式和名称为#page1的CSS样式,如图18-10所示。保存外部CSS样式表文件,在Opera Mobile模拟器中预览该页面,可以看到将页面背景的效果,如图18-11所示。

**05** 切换到外部CSS样式表文件中,创建名为.bar01的类CSS样式和名为#btn的CSS样式,如图18-12所示。返回页面HTML代码中,为顶部栏和底部栏所在的div应用名为bar01的类CSS样式,如图18-13所示。

```
* {
    margin: 0px;
    padding: 0px;
}
#pagel {
    background-color: #F4F4F4;
    color: #333;
    text-shadow: none;
}
```

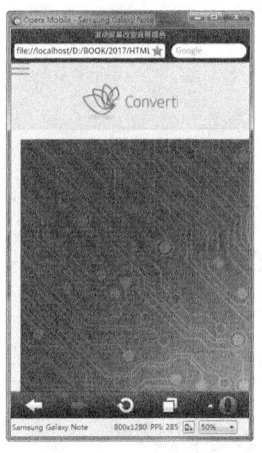

```
.bar01 {
    background-color: #fff !important;
    font-size: 0.8em !important;
}
#btn {
    position: absolute;
    width: 2em;
    height: 1.25em;
    left: 1em;
    top: 2em;
}
```

图18-10  CSS样式代码    图18-11  预览页面效果    图18-12  CSS样式代码

**06** 保存页面,在Opera Mobile模拟器中预览该页面,可以看到页面头部栏和底部栏的效果,如图18-14所示。切换到外部CSS样式表文件中,创建名为.ui-content、#banner和#banner img的CSS样式,如图18-15所示。

**07** 保存页面,在Opera Mobile模拟器中预览该页面,可以看到页面内部区域中图像的效果,如图18-16所示。切换到外部CSS样式表文件中,创建名为#main的CSS样式,如图18-17所示。

**08** 继续在外部CSS样式表文件中创建名为#main h3和#main p的CSS样式,如图18-18所示。保存页面,在Opera Mobile模拟器中预览该页面,可以看到页面的整体效果,如图18-19所示。

```
<div id="page1" data-role="page">
  <div data-role="header" class="bar01">
    <div id="btn"><img src="images/182502.png" alt=""></div>
    <h1><img src="images/182501.png" alt=""></h1>
  </div>
  <div data-role="content">
    <div id="banner"><img src="images/182503.jpg" alt=""></div>
    <div id="main">
      <h3>关于我们</h3>
      <p>我们是专业从事互联网相关业务开发的设计工作室。专门提供全方位的优质服务和最专业的网站建设方案为企业打造全
新电子商务平台。本工作室成立于1999年，已经成为国内著名的网站建设提供商。八年的风雨历程已成功的为中国教育部、中国
文化部、国有资监督管理委员会......</p>
      <h3>我们的团队</h3>
      <p>成员都具有多年的实际设计工作经验，更好的满足客户的国际化需求。设计师由正规美院毕业，创意的思维模式，高超
的设计技能，为您提供最适合您的设计方案。</p>
      <h3>我们的承诺</h3>
      <p>本工作室设计与制作的网站均属原创、不套用网上的任何模板，根据每个公司的行点，设计出属于客户.....</p>
      <p><em>更多></em></p>
    </div>
  </div>
  <div data-role="footer" class="bar01"><h4>CopyRight &copy; 2017 设计工作室</h4></div>
</div>
```

图18-13　应用类CSS样式

图18-14　预览页面头部栏效果

```
.ui-content {
    margin: 0px;
    padding: 0px;
}
#banner {
    width: 100%;
    height: auto;
    overflow: hidden;
}
#banner img {
    width: 100%;
    height: auto;
}
```

图18-15　CSS样式代码

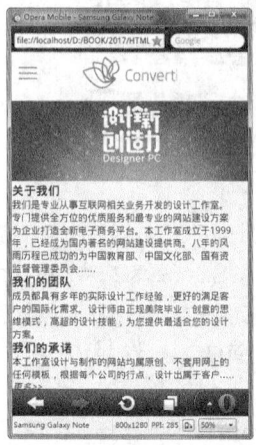

图18-16　预览页面效果

```
#main {
    padding: 1em;
    height: auto;
    overflow: hidden;
    font-family: 微软雅黑;
    font-size: 1em;
}
```

图18-17　CSS样式代码

```
#main h3 {
    font-size: 1.2em;
}
#main p {
    text-indent: 2em;
    padding: 1em 0 1em 0;
}
```

图18-18　CSS样式代码

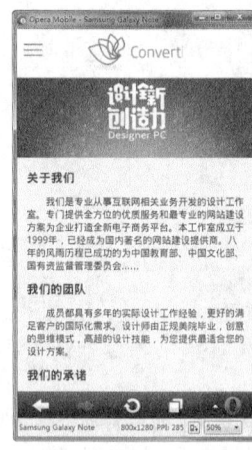

图18-19　预览页面效果

09 接下来，需要添加JavaScript代码。通过scrollstart与scrollstop事件实现在页面中相应的区域开始滚动和停止滚动时改变页面的背景颜色和文字颜色。切换到页面的HTML代码中，在<head>与</head>标签之间添加相应的JavaScript脚本代码。

```
<script type="text/javascript">
```

```
$(function(){
    $("#page1").on("scrollstart",function(){          //触发开始滚动事件
        $("#page1").css("background-color","#333333"); //改变元素背景颜色
        $("#page1").css("color","#FFFFFF");            //改变元素文本颜色
        alert("触发滚动事件!");                          //弹出提示框
    });
    $("#page1").on("scrollstop",function(){           //触发结束滚动事件
        $("#page1").css("background-color","#004485"); //改变元素背景颜色
        $("#page1").css("color","#CCFFFF");            //改变元素文本颜色
    });
})
</script>
```

在该部分JavaScript脚本代码中，当页面中id名称为page1的元素开始滚动时，触发scrollstart事件，在该事件中将id名称为page1的元素的背景颜色和文字颜色进行重新设置，并设置弹出提示对话框。

🔟 保存页面，在Opera Mobile模拟器中预览该页面，可以看到页面默认的效果，如图18-20所示。在页面中进行滚动操作，可以看到触发滚动开始事件时页面的背景和文字颜色发生改变，并且弹出提示对话框，如图18-21所示。单击提示对话框上的"确定"按钮，将会停止滚动操作，可以看到触发滚动停止事件时页面的背景和文字颜色，如图18-22所示。

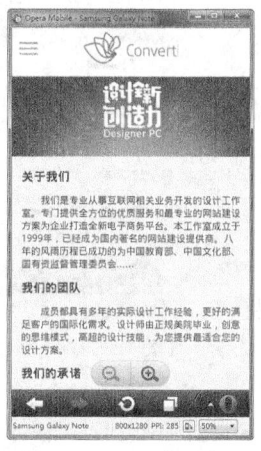 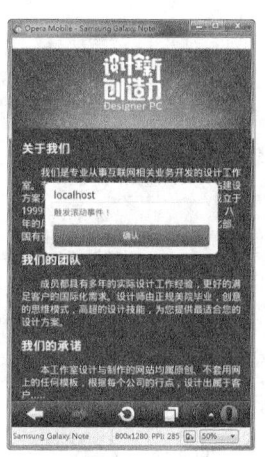 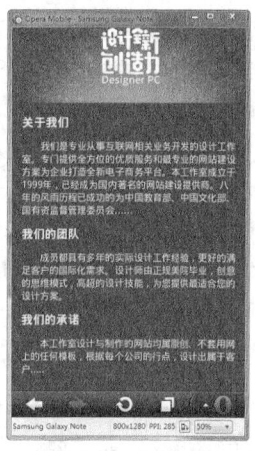

图18-20　页面的默认效果　　图18-21　触发开始滚动事件效果　　图18-22　触发滚动停止事件效果

> **提示**
>
> 在iOS系统中，屏幕在滚动时将停止DOM的操作，停止滚动后再按队列执行已终止的DOM操作，因此，在这样的系统中，屏幕的滚动事件将无效。

## 18.2.6　翻转事件

在jQuery Mobile事件中，当用户使用移动终端设备浏览页面时，如果手持设备的方向发生变化，即横向或纵向手持时，将触发orientationchange事件。在该事件中，通过获取回调函数中返回对象的orientation属性，可以判断用户手持设备的当前方向。该属性有两个值，分别为portrait和landscape，前者表示纵向垂直，后者表示横向水平。

## 实战 判断移动设备手持方向

最终文件：最终文件\第18章\18-2-6.html　　视频：视频\第18章\18-2-6.mp4

01 新建HTML5页面，将其保存为“源文件\第18章\18-2-6.html”。在<head>与</head>标签之间添加<meta>标签设置和加载jQuery Mobile函数库代码，与前面案例相同。

02 根据18.2.5中案例的制作方法，可以制作出该页面，页面的HTML代码如图18-23所示。在id名为banner的div之前添加一个id名为msg的div，该div用于显示当前移动设备手持方向的提示信息，如图18-24所示。

```
<!doctype html>
<html>
<head>
<meta charset="utf-8">
<title>判断移动设备手持方向</title>
<meta name="viewport" content="width=device-width,initial-scale=1">
<link rel="stylesheet" href="http://code.jquery.com/mobile/1.4.5/jquery.mobile-1.4.5.min.css" />
<link href="style/18-2-6.css" rel="stylesheet" type="text/css">
<script src="http://code.jquery.com/jquery-1.11.1.min.js"></script>
<script src="http://code.jquery.com/mobile/1.4.5/jquery.mobile-1.4.5.min.js"></script>
</head>

<body>
<div id="page1" data-role="page">
  <div data-role="header" class="bar01">
    <div id="btn"><img src="images/182502.png" alt=""></div>
    <h1><img src="images/182501.png" alt=""></h1>
  </div>
  <div data-role="content">
    <div id="banner"><img src="images/182503.jpg" alt=""></div>
    <div id="main">
      <h3>关于我们</h3>
      <p>我们是专业从事互联网相关业务开发的设计工作室，专门提供全方位的优质服务和最专业的网站建设方案为企业打造全新电子商务平台。本工作室成立于1999年，已经成为国内著名的网站建设提供商。八年的风雨历程已成功的为中国教育部、中国文化部、国有资监督管理委员会......</p>
      <h3>我们的团队</h3>
      <p>成员都具有多年的实际设计工作经验，更好的满足客户的国际化需求。设计师由正规美院毕业，创意的思维模式，高超的设计技能，为您提供最适合您的设计方案。</p>
      <h3>我们的承诺</h3>
      <p>本工作室设计与制作的网站均属原创、不套用网上的任何模板，根据每个公司的行点，设计出属于客户.....</p>
      <p><em>更多>></em></p>
```

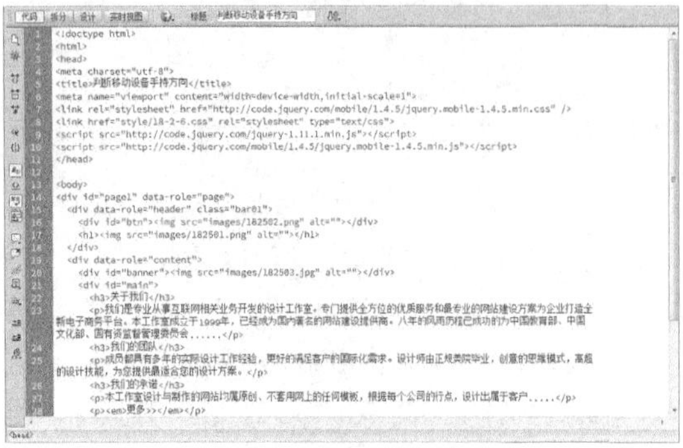

图18-23　页面HTML代码

```
<body>
<div id="page1" data-role="page">
  <div data-role="header" class="bar01">
    <div id="btn"><img src="images/182502.png" alt=""></div>
    <h1><img src="images/182501.png" alt=""></h1>
  </div>
  <div data-role="content">
    <div id="msg"></div>
    <div id="banner"><img src="images/182503.jpg" alt=""></div>
    <div id="main">
      <h3>关于我们</h3>
```

图18-24　添加代码

03 切换到该页面所链接的外部CSS样式表文件中，创建名称为#msg的CSS样式，如图18-25所示。保存外部CSS样式表文件，在Opera Mobile模拟器中预览该页面，可以看到页面的效果，如图18-26所示。

```
#msg {
    display: block;
    text-align: center;
    background-color: rgba(0,0,0,0.4);
    font-size: 1em;
    color: #FFF;
    line-height: 1.5em;
    margin: 1em 0;
}
```

图18-25　CSS样式代码

图18-26　预览页面效果

04 接下来，需要添加JavaScript代码。通过orientationchange事件实现判断移动设备的手持方向并根据方向对页面元素的相关属性进行设置。切换到页面的HTML代码中，在<head>与</head>标签之间添加相应的JavaScript脚本代码。

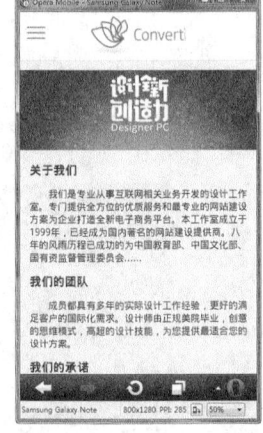

```
<script type="text/javascript">
$(document).on("pageinit",function(event){
    $(window).on("orientationchange",function(event){
        if(event.orientation=="landscape") {        //判断当前屏幕方向是否是水平方向
            $("#msg").text("现在是水平模式！");      //为元素赋予文本内容
            $("#page1").css("background-color","#004485"); //改变元素背景颜色
            $("#page1").css("color","#CCFFFF");             //改变元素文本颜色
        }
        if(event.orientation=="portrait") {         //判断当前屏幕方向是否是垂直方向
            $("#msg").text("现在是垂直模式！");      //为元素赋予文本内容
            $("#page1").css("background-color","#F4F4F4"); //改变元素背景颜色
            $("#page1").css("color","#333");            //改变元素文本颜色
        }
    });
```

```
    })
</script>
```

在以上的JavaScript代码中，实现在页面加载时，将window元素绑定orientationchage事件。window元素是指整个屏幕窗口。在该事件的回调函数中，通过传回的orientation属性值检测用户移动设备的手持方向。如果为landscape，则为id名称为msg的元素设置文本内容"现在是水平模式！"，并改变id名称为page1的元素的背景颜色和文字颜色。如果为portrait，则为id名称为msg的元素设置文本内容"现在是垂直模式！"，并改变id名称为page1的元素的背景颜色和文字颜色。

**05** 保存页面，在Opera Mobile模拟器中预览该页面，默认情况下设备屏幕是以垂直方向显示的，效果如图18-27所示。单击Opera Mobile模拟器下方的"旋转设备屏幕"按钮，可以看到设备屏幕为水平方向时的页面效果，如图18-28所示。再次单击该按钮，可以将设备屏幕切换为垂直方向，效果如图18-29所示。

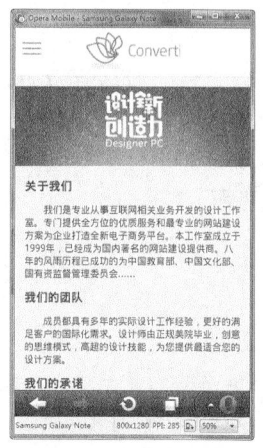  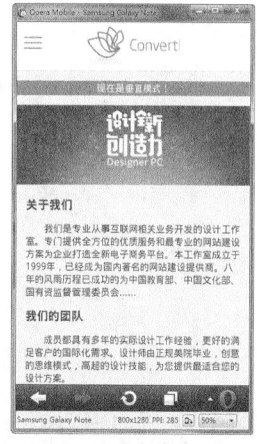

图18-27　预览页面效果　　图18-28　水平方向手持时效果　　图18-29　垂直方向手持时效果

> **提示**
>
> 如果设备的屏幕方向发生改变时需要获取设备屏幕的宽度和高度，可以绑定resize事件。resize事件在页面大小发生改变时会被触发。

## 18.2.7　随机显示页面背景

在jQuery Mobile中，页面的加载过程与在jQuery中并不一样，它可以很容易地捕捉到一些非常有用的事件，如pagecreate事件，该事件是页面初始化事件，该事件中所有请求的DOM元素已经完成了创建，正在开始加载，此时，用户可以自定义部件元素，实现一些自定义样式效果，如显示加载进度条或随机显示页面背景图片等。

**实战**　随机显示页面背景
最终文件：最终文件\第18章\18-2-7.html　　视频：视频\第18章\18-2-7.mp4

**01** 新建HTML5页面，将其保存为"源文件\第18章\18-2-7.html"。在<head>与</head>标签之间添加<meta>标签设置和加载jQuery Mobile函数库代码，与前面案例相同。
**02** 在<body>与</body>标签之间编写jQuery Mobile页面代码。

```
<div data-role="page" id="page1">
  <div data-role="header" data-position="fixed">
    <h1>PHOTO GALLERY</h1>
  </div>
  <div data-role="content">
    <div id="logo">
      <img src="images/182705.png" alt="logo">
    </div>
  </div>
  <div data-role="footer" data-position="fixed">
    <h4>CopyRight &copy; 2017 PHOTO GALLERY</h4>
  </div>
</div>
```

图 18-30　预览页面效果

**03** 保存页面，在Opera Mobile模拟器中预览该页面，可以看到页面的效果，如图18-30所示。新建外部CSS样式表文件，将其保存为"源文件\第18章\style\18-2-7.css"。在<head>与</head>标签之间添加<link>标签链接刚创建的外部CSS样式表文件，如图18-31所示。

```
<head>
<meta charset="utf-8">
<title>随机显示页面背景</title>
<meta name="viewport" content="width=device-width,initial-scale=1">
<link rel="stylesheet" href=
"http://code.jquery.com/mobile/1.4.5/jquery.mobile-1.4.5.min.css" />
<link href="style/18-2-7.css" rel="stylesheet" type="text/css">
<script src="http://code.jquery.com/jquery-1.11.1.min.js"></script>
<script src=
"http://code.jquery.com/mobile/1.4.5/jquery.mobile-1.4.5.min.js">
</script>
</head>
```

图 18-31　链接外部CSS样式表文件

**04** 在外部CSS样式表文件中创建名为.ui-bar-d和名为.ui-bar-d h4的CSS样式，如图18-32所示。返回jQuery Mobile页面中，在头部栏和尾部栏的<div>标签中修改data-theme属性的值为d，应用刚定义的d主题，如图18-33所示。

```
.ui-bar-d {
    background-color: rgba(0,0,0,0.3);
    border-bottom: solid 1px #000;
    border-top: none;
    color: #FFF;
    font-family: 微软雅黑;
    font-size: 1em;
    text-shadow: none;
}
.ui-bar-d h4 {
    font-size: 0.8em !important;
    font-weight: normal;
}
```

图 18-32　CSS样式代码

```
<body>
<div data-role="page" id="page1">
  <div data-role="header" data-position="fixed" data-theme="d">
    <h1>PHOTO GALLERY</h1>
  </div>
  <div data-role="content">
    <div id="logo">
      <img src="images/182705.png" alt="logo">
    </div>
  </div>
  <div data-role="footer" data-position="fixed" data-theme="d">
    <h4>CopyRight &copy; 2017 PHOTO GALLERY</h4>
  </div>
</div>
</body>
```

图 18-33　应用刚定义的主题样式

**05** 保存外部CSS样式表文件，在Opera Mobile模拟器中预览该页面，可以看到页面中头部栏和尾部栏的效果，如图18-34所示。在外部CSS样式表文件中创建名称为.ui-content和名为#logo img的CSS样式，如图18-35所示。

**06** 保存外部CSS样式表文件，在Opera Mobile模拟器中预览该页面，可以看到页面中头部栏和尾部栏的效果，如图 18-36 所示。在外部 CSS 样式表文件中创建名称为 .bg0、.bg1、.bg2 和 .bg3 的 CSS 样式，如图 18-37 所示。

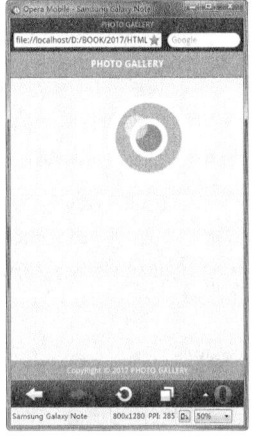

图 18-34　预览页面效果

```
.ui-content {
        margin: 0px;
        padding: 0px;
}
#logo img {
        position: absolute;
        width: 50%;
        height: auto;
        left: 50%;
        margin-left: -25%;
        top: 40%;
        min-width: 200px;
        max-width: 350px;
}
```

图 18-35　CSS 样式代码

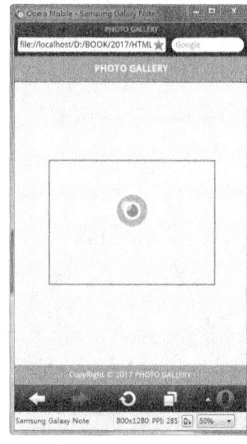

图 18-36　预览页面效果

```
.bg0 {
    background-image: url(../images/182701.jpg);
    background-repeat: no-repeat;
    background-position: center top;
    background-size: cover;
}
.bg1 {
    background-image: url(../images/182702.jpg);
    background-repeat: no-repeat;
    background-position: center top;
    background-size: cover;
}
.bg2 {
    background-image: url(../images/182703.jpg);
    background-repeat: no-repeat;
    background-position: center top;
    background-size: cover;
}
.bg3 {
    background-image: url(../images/182704.jpg);
    background-repeat: no-repeat;
    background-position: center top;
    background-size: cover;
}
```

图 18-37　CSS 样式代码

> **提示**
> 从 .bg0 到 .bg3 是定义的 4 个背景图像的类 CSS 样式，后面将通过 JavaScript 脚本代码来为页面随机应用这 4 个类 CSS 样式中的一个。

**07** 返回 jQuery Mobile 页面的代码中，在 id 名称为 page1 的元素中添加 class 属性应用名为 bg0 的类 CSS 样式，如图 18-38 所示。保存页面，在 Opera Mobile 模拟器中预览该页面，可以看到页面的效果，如图 18-39 所示，此时的页面背景是固定的，不会随机显示不同的背景。

```
<div data-role="page" id="page1" class="bg0">
  <div data-role="header" data-position="fixed" data-theme="d">
    <h1>PHOTO GALLERY</h1>
  </div>
  <div data-role="content">
    <div id="logo">
      <img src="images/182705.png" alt="logo">
    </div>
  </div>
  <div data-role="footer" data-position="fixed" data-theme="d">
    <h4>CopyRight &copy; 2017 PHOTO GALLERY</h4>
  </div>
</div>
```

图 18-38　应用类 CSS 样式

图 18-39　预览页面效果

**08** 在页面的 \<head\> 与 \</head\> 标签之间添加相应的 JavaScript 脚本代码。

```
<script type="text/javascript">
$(document).on("pagecreate", function() {
    var $randombg = Math.floor(Math.random() * 4); // 0 to 3
    var $p = $("#page1");
    $p.removeClass("bg0").addClass('bg'+$randombg);
})
</script>
```

在JavaScript代码中，先将0~3之间的随机数保存在变量$randombg中，然后通过jQuery中的removeClass()方法移除页面中相应元素原先的类CSS样式，并调用addClass()方法将随机数组合的样式应用到相应的元素中去，从而实现页面背景图像随机显示的功能。

09 保存页面，在Opera Mobile模拟器中预览该页面，可以看到随机显示的页面背景效果，每刷新一次页面，都可能会显示不同的页面背景，如图18-40所示。

图18-40　随机显示不同的页面背景效果

---
技巧

如果jQuery Mobile页面以动态方式加载的内容较多时，可以在pagecreate事件中定义一个进度条图片，在数据开始加载时显示该图片，加载完成后自动隐藏该图片，从而提升用户体验。

---

## ▶▶▶ 18.3　使用jQuery Mobile插件

jQuery Mobile具有很强的可拓展性，在jQuery Mobile移动应用开发过程中可以直接融入许多优秀的jQuery Mobile插件，从而使得移动应用的开发更加轻松。本节将向读者介绍几款在jQuery Mobile页面开发中常用的插件，通过对这几款插件的应用可以轻松制作出一些jQuery Mobile页面常见的效果。

### 18.3.1　mmenu插件

mmenu插件是一款创建滑动导航菜单的jQuery Mobile插件，只需要短短几行JavaScript脚本代码，就可以在移动网站中实现类似于移动APP外观的非常炫酷的侧边菜单效果。

mmenu插件不仅为开发者提供了诸如打开、关闭和切换等常用的菜单功能，还提供了菜单位置（居左和居右）、是否显示菜单项计数器等选项的设置。

到Mmenu的官方网站下载Mmenu插件。

在使用该插件之前，需要在页面的\<head>与\</head>标签之间链接相应的CSS样式表和JavaScript脚本文件。

```
<link href="js/mmenu/mmenu.css" rel="stylesheet" type="text/css">
<script src="js/mmenu/jquery-1.9.1.min.js"></script>
<script src="js/mmenu/jquery.mmenu.min.js"></script>
```

**实战** 制作交互式侧边菜单
最终文件：最终文件\第18章\18-3-1.html    视频：视频\第18章\18-3-1.mp4

01 新建HTML5页面，将其保存为"源文件\第18章\18-3-1.html"。在\<head>与\</head>标签之间添加\<meta>标签设置和加载jQuery Mobile函数库代码，与前面案例相同。

02 在\<body>与\</body>标签之间编写jQuery Mobile页面代码。

```
<div id="page1" data-role="page">
  <div data-role="header">
    <div><a href="#menu"><img src="images/183102.png"></a></div>
    <h1>天天健身</h1>
    <!--侧边菜单开始-->
    <nav id="menu">
      <div><img src="images/183103.png" alt=""><br>用户名</div>
      <ul data-role="listview" data-icon="false">
        <li class="Selected"><a href="#">首页</a></li>
        <li><a href="#">健身锻炼</a></li>
        <li><a href="#">健身计划</a></li>
        <li><a href="#">有氧运动</a></li>
        <li><a href="#">常规运动</a></li>
        <li><a href="#">设置</a></li>
      </ul>
    </nav>
    <!--侧边菜单结束-->
  </div>
  <div data-role="content"></div>
</div>
```

03 保存页面，在Opera Mobile模拟器中预览该页面，可以看到页面的默认效果，如图18-41所示。新建外部CSS样式表文件，将其保存为"源文件\第18章\style\18-3-1.css"，返回jQuery Mobile页面中，在\<head>与\</head>标签之间添加\<link>标签链接刚创建的外部CSS样式表文件，如图18-42所示。

04 切换到外部CSS样式表文件中，创建名为*的通配符CSS样式和名为.ui-page-theme-d的CSS样式，如图18-43所示。返回jQuery Mobile页面中，在jQuery Mobile页面的容器标签中添加data-theme属性设置，设置其属性值为d，应用刚定义的页面主题，如图18-44所示。

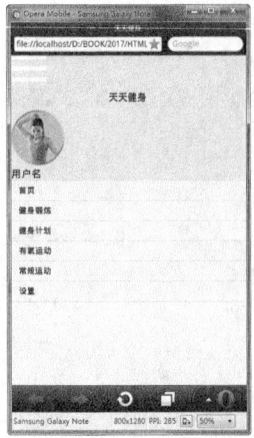

图18-41　预览页面效果

```
<head>
<meta charset="utf-8">
<title>制作侧边菜单</title>
<meta name="viewport" content="width=device-width,initial-scale=1">
<link rel="stylesheet" href=
"http://code.jquery.com/mobile/1.4.5/jquery.mobile-1.4.5.min.css" />
<link href="style/18-3-1.css" rel="stylesheet" type="text/css">
<script src="http://code.jquery.com/jquery-1.11.1.min.js"></script>
<script src=
"http://code.jquery.com/mobile/1.4.5/jquery.mobile-1.4.5.min.js">
</script>
</head>
```

图18-42　链接外部CSS样式表文件

```
* {
    margin: 0px;
    padding: 0px;
}
.ui-page-theme-d {
    background-image: url(../images/183101.jpg);
    background-repeat: no-repeat;
    background-position: left top;
    background-size: cover;
}
```

图18-43　CSS样式代码

```
<body>
<div id="page1" data-role="page" data-theme="d">
  <div data-role="header">
    <div><a href="#menu"><img src="images/183102.png"></a></div>
    <h1>天天健身</h1>
    <!--侧边菜单开始-->
    <nav id="menu">
      <div><img src="images/183103.png" alt=""><br>用户名</div>
      <ul data-role="listview" data-icon="false">
        <li class="Selected"><a href="#">首页</a></li>
        <li><a href="#">健身锻炼</a></li>
        <li><a href="#">健身计划</a></li>
        <li><a href="#">有氧运动</a></li>
        <li><a href="#">常规运动</a></li>
        <li><a href="#">设置</a></li>
      </ul>
```

图18-44　为页面应用主题

05 保存页面，在Opera Mobile模拟器中预览该页面，可以看到页面整体背景的效果，如图18-45所示。切换到外部CSS样式表文件中，创建名为.ui-bar-d、.l-btn和.l-btn img的CSS样式，如图18-46所示。

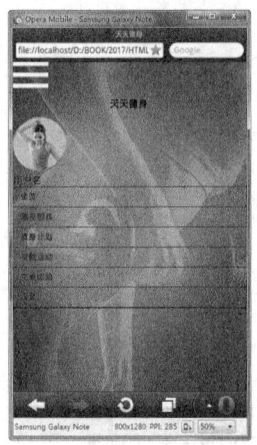

图18-45　预览页面效果

```
.ui-bar-d {
    background-color: rgba(0,0,0,0.5);
    border: none;
    text-shadow: none;
    color: #FFF;
}
.l-btn {
    position: absolute;
    width: 1.5em;
    height: auto;
    left: 0.625em;
    top: 0.7em;
}
.l-btn img {
    width: 100%;
    height: auto;
}
```

图18-46　CSS样式代码

06 返回jQuery Mobile页面中，为头部栏添加data-theme属性设置，设置其属性值为d，为菜单图标所在的div应用名为l-btn的类CSS样式，如图18-47所示。保存页面，在Opera Mobile模拟器中预览该页面，可以看到页面头部栏的效果，如图18-48所示。

```
<div id="page1" data-role="page" data-theme="d">
  <div data-role="header" data-theme="d">
    <div class="l-btn"><a href="#menu"><img src="images/183102.png"></a></div>
    <h1>天天健身</h1>
    <!--侧边菜单开始-->
    <nav id="menu">
      <div><img src="images/183103.png" alt=""><br>用户名</div>
      <ul data-role="listview" data-icon="false">
        <li class="Selected"><a href="#">首页</a></li>
        <li><a href="#">健身锻炼</a></li>
        <li><a href="#">健身计划</a></li>
        <li><a href="#">有氧运动</a></li>
        <li><a href="#">常规运动</a></li>
        <li><a href="#">设置</a></li>
      </ul>
    </nav>
    <!--侧边菜单结束-->
  </div>
  <div data-role="content"></div>
</div>
```

图18-47　应用主题和CSS样式

**07** 切换到外部CSS样式表文件中，创建名为nav的CSS样式，如图18-49所示。保存页面，在Opera Mobile模拟器中预览该页面，可以看到侧边导航菜单在页面中被隐藏了，如图18-50所示。

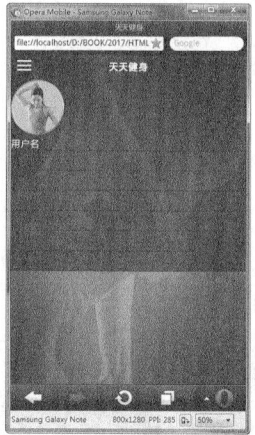

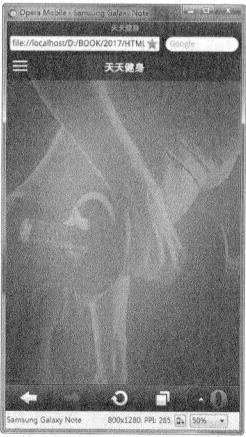

图18-48　预览页面效果　　　图18-49　CSS样式代码　　　图18-50　预览页面效果

**08** 切换到外部CSS样式表文件中，创建名为.list01至.list06的CSS样式，如图18-51所示。

```
.list01 {
    background-image: url(../images/183104.png);
    background-repeat: no-repeat;
    background-position: 0.8em center;
    background-size: 1.5em auto;
}
.list02 {
    background-image: url(../images/183105.png);
    background-repeat: no-repeat;
    background-position: 0.8em center;
    background-size: 1.5em auto;
}
.list03 {
    background-image: url(../images/183106.png);
    background-repeat: no-repeat;
    background-position: 0.8em center;
    background-size: 1.5em auto;
}
```

```
.list04 {
    background-image: url(../images/183107.png);
    background-repeat: no-repeat;
    background-position: 0.8em center;
    background-size: 1.5em auto;
}
.list05 {
    background-image: url(../images/183108.png);
    background-repeat: no-repeat;
    background-position: 0.8em center;
    background-size: 1.5em auto;
}
.list06 {
    background-image: url(../images/183109.png);
    background-repeat: no-repeat;
    background-position: 0.8em center;
    background-size: 1.5em auto;
}
```

图18-51　CSS样式代码

**09** 返回jQuery Mobile页面，为菜单列表中每一个<li>标签应用相应的类CSS样式，为侧边菜单中头像所在的div添加相应的内联CSS样式，如图18-52所示。

```
<!--侧边菜单开始-->
<nav id="menu">
    <div style="width:8%; text-align:center; color:#FFF; padding-top:
    lem;"><img src="images/183103.png" alt=""><br>用户名</div>
    <ul data-role="listview" data-icon="false">
        <li class="list01 Selected"><a href="#">首页</a></li>
        <li class="list02"><a href="#">健身锻炼</a></li>
        <li class="list03"><a href="#">健身计划</a></li>
        <li class="list04"><a href="#">有氧运动</a></li>
        <li class="list05"><a href="#">常规运动</a></li>
        <li class="list06"><a href="#">设置</a></li>
    </ul>
</nav>
<!--侧边菜单结束-->
```

图18-52 应用CSS样式设置

**10** 在<head>与</head>标签之间添加代码引用mmenu插件的相关CSS样式表文件和JavaScript文件，并编写相应的JavaScript代码，如图18-53所示。

```
<head>
<meta charset="utf-8">
<title>制作侧边菜单</title>
<meta name="viewport" content="width=device-width,initial-scale=1">
<link rel="stylesheet" href="http://code.jquery.com/mobile/1.4.5/jquery.mobile-1.4.5.min.css" />
<link href="style/18-3-1.css" rel="stylesheet" type="text/css">
<script src="http://code.jquery.com/jquery-1.11.1.min.js"></script>
<script src="http://code.jquery.com/mobile/1.4.5/jquery.mobile-1.4.5.min.js"></script>

<link href="js/mmenu/mmenu.css" rel="stylesheet" type="text/css">
<script src="js/mmenu/jquery-1.9.1.min.js"></script>
<script src="js/mmenu/jquery.mmenu.min.js"></script>
<script type="text/javascript">
$(function() {
    $('nav#menu').mmenu();
});
</script>
</head>
```

图18-53 链接外部CSS样式表和JavaScript脚本文件

> **提示**
>
> 侧边导航菜单的效果主要是mmenu.css文件中进行设置的，如果需要修改侧边导航菜单的相应效果，可以在所链接的mmenu.css文件中找到相应的CSS样式进行修改。

**11** 完成该侧边导航菜单的制作，保存页面，在Opera Mobile模拟器中预览该页面，效果如图18-54所示。单击页面左上角的菜单按钮，可以在左侧滑出并显示侧边菜单，效果如图18-55所示。

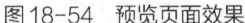

图18-54 预览页面效果　　图18-55 显示侧边
导航菜单效果

## 18.3.2 Mobiscroll 插件

在页面中输入日期或时间是一件很麻烦的事情，因为考虑到日期或时间的特殊性，往往需要对输入的格式与内容进行有效性验证。而在移动终端的浏览器中，这样的验证将更为复杂。为了解决这一问题，可以引用专门针对移动项目开发的滚动选择时间插件Mobiscroll。

Mobiscroll插件默认风格是以触摸屏的方式，通过滚动屏幕来选择日期或时间的值。当然也可以自定义选择日期或时间的风格，如Android、iOS等。该插件是专门针对移动触摸设备设计的UI效果，广泛应用于众多的移动应用项目中。

Mobiscroll插件的使用方法也很简单，只需要经过以下两个步骤就可以实现单击绑定的文本框时，弹出选择日期或时间的窗口。基本的操作步骤如下。

（1）在页面中为相应的文本域元素设置id名称。

（2）编写相应的JavaScript脚本代码，将文本域元素与插件绑定。

到Mobiscroll的官方网站下载Mobiscroll插件。

在使用该插件之前，需要在页面的<head>与</head>标签之间链接相应的CSS样式表和JavaScript脚本文件。

```
<link href="js/Mobiscroll/mobiscroll.custom-2.17.0.min.css" rel="stylesheet"
type="text/css">
<script src="js/Mobiscroll/mobiscroll.custom-2.16.0.min.js"></script>
```

**实战**　实现滚动选择日期和时间

最终文件：最终文件\第18章\18-3-2.html　　视频：视频\第18章\18-3-2.mp4

**01** 新建HTML5页面，将其保存为"源文件\第18章\18-3-2.html"。在<head>与</head>标签之间添加<meta>标签设置和加载jQuery Mobile 函数库代码，与前面案例相同。

**02** 在<body>与</body>标签之间编写jQuery Mobile 页面代码。

```
<div id="page1" data-role="page">
  <div data-role="header" data-theme="b">
    <h1>滚屏选择日期和时间</h1>
  </div>
  <div data-role="content">
    <p>选择日期: </p>
    <input type="text" id="date1" placeholder="请选择日期">
    <p>选择时间: </p>
    <input type="text" id="time1" placeholder="请选择时间">
  </div>
  <div data-role="footer" data-theme="b">
    <h4>CopyRight &copy; 设计工作室</h4>
  </div>
</div>
```

在页面中创建了两个文本域表单元素，一个用于选择日期，一个用于选择时间。在两个文本域的<input>标签中分别设置了不同的id名称，后面将通过JavaScript脚本代码将不同id名称的元素与Mobiscroll插件绑定，从而实现弹出不同的日期和时间选择窗口的功能。

**03** 在<head>与</head>标签之间添加代码引用Mobiscroll插件的相关CSS样式表文件和JavaScript文件，并编写相应的JavaScript脚本代码。

```
<link href="js/Mobiscroll/mobiscroll.custom-2.17.0.min.css" rel="stylesheet"
type="text/css">
<script src="js/Mobiscroll/mobiscroll.custom-2.16.0.min.js"></script>
<script type="text/javascript">
$(function () {
  $('#date1').mobiscroll().calendar({
```

```
    theme: 'mobiscroll',  // 设置主题风格
    lang: 'en',           // 设置语言
    display: 'bottom'     // 设置显示位置
  });
  $('#time1').mobiscroll().time({
    theme: 'mobiscroll',
    display: 'bottom',
    timeFormat: 'HH:ii',
    timeWheels: 'HHii',
    headerText: false
  });
});
</script>
```

编写的JavaScript脚本代码分别用于将页面中相应的id名称元素与Mobiscroll插件绑定，并向插件传递相应的设置参数和选项。

**04** 保存页面，在Opera Mobile模拟器中预览该页面，页面效果如图18-56所示。单击选择日期文本域，在界面下方显示日期选择窗口，如图18-57所示。单击选择时间文本域，在界面下方显示时间选择窗口，如图18-58所示。

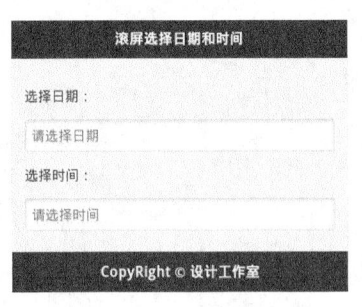

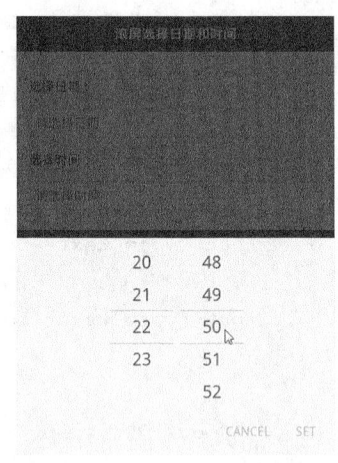

| 图18-56　预览页面效果 | 图18-57　日期选择窗口 | 图18-58　时间选择窗口 |

---

**提示**

在弹出的日期或时间选择窗口中，可以使用鼠标在日期或时间选择区域拖动模拟移动设备滑动滚屏的效果。

---

## 18.3.3　Camera插件

Camera插件是一个基于jQuery插件的开源项目，其功能是对所指定的图片集实现轮播的效果。在轮播过程中，用户可以查看每一张图片的主题信息，手动中止轮播过程，通过单击查看每一张被播放的图片。此外，轮播的图片还支持缩略图单击预览方式，方便用户以缩略图的方式浏览多张图片。

到GitHub的官方网站下载Camera插件。方法是在GitHub官网中搜索"Camera"，在打开的搜索结果页面中单击"Pixedelic/Camera"，即可进入下载。

在使用该插件之前，需要在页面的\<head\>与\</head\>标签之间链接相应的CSS样式表和JavaScript脚本文件。

```
<link href="js/Camera/camera.css" rel="stylesheet" type="text/css">
<script src="js/Camera/jquery.easing.1.3.js"></script>
<script src="js/Camera/camera.min.js"></script>
```

**实战** **在jQuery Mobile页面中实现焦点轮换图效果**

最终文件：最终文件\第18章\18-3-3.html　　　视频：视频\第18章\18-3-3.mp4

01 新建HTML5页面，将其保存为"源文件\第18章\18-3-3.html"。在\<head\>与\</head\>标签之间添加\<meta\>标签设置和加载jQuery Mobile函数库代码，与前面案例相同。

02 在\<body\>与\</body\>标签之间编写jQuery Mobile页面代码。

```
<div id="page1" data-role="page">
  <div data-role="header" data-theme="b">
   <h1>摄影图片欣赏</h1>
  </div>
  <div data-role="content">
   <div class="camera_wrap camera_azure_skin" id="camera_wrap_1">
    <div data-thumb="images/thumbs/183301.jpg" data-src="images/183301.jpg">
     <div class="camera_caption fadeFromBottom">
       五光十色的大自然
     </div>
    </div>
    <div data-thumb="images/thumbs/183302.jpg" data-src="images/183302.jpg">
     <div class="camera_caption fadeFromBottom">
       宁静而神秘的湖面
     </div>
    </div>
    <div data-thumb="images/thumbs/183303.jpg" data-src="images/183303.jpg">
     <div class="camera_caption fadeFromBottom">
       晨跑
     </div>
    </div>
    <div data-thumb="images/thumbs/183304.jpg" data-src="images/183304.jpg">
     <div class="camera_caption fadeFromBottom">
       宁静的晚霞
     </div>
    </div>
    <div data-thumb="images/thumbs/183305.jpg" data-src="images/183305.jpg">
     <div class="camera_caption fadeFromBottom">
       流光溢彩的大桥
     </div>
    </div>
```

```
    </div>
  </div>
  <div data-role="footer" data-theme="b">
    <h4>CopyRight &copy; 摄影工作室</h4>
  </div>
</div>
```

在内容区域中添加一个<div>标签作为放置轮播图片的容器,并在该<div>标签中设置id名称为camera_wrap_1,类样式名称为camera_wrap。在该容器中,同时使用<div>标签添加被轮播的图片,每一个轮播图片的代码结构都是相同的。

**03** 在<head>与</head>标签之间添加代码引用Camera插件的相关CSS样式表文件和JavaScript文件,并编写相应的JavaScript脚本代码。

```
<link href="js/Camera/camera.css" rel="stylesheet" type="text/css">
<script src="js/Camera/jquery.easing.1.3.js"></script>
<script src="js/Camera/camera.min.js"></script>
<script type="text/javascript">
$(function(){
    $('#camera_wrap_1').camera({
        time: 1000,
        thumbnails: true
    })
})
</script>
```

在页面中,添加完播放图片的容器和被轮播的全部图片元素后,必须在页面的初始化事件中调用Camera插件的camera()方法,才能实现在执行该页面时图片容器中的各处图片以幻灯片形式轮播的效果。

在调用插件的camera()方法时,括号中也可以添加一个options对象,通过设置该对象,可以控制轮播图片的效果与特征。

**04** 保存页面,在Opera Mobile模拟器中预览该页面,可以看到使用Camera插件实现的焦点轮换图片的效果,如图18-59所示。还可以以缩略图的方式预览轮换图片,如图18-60所示。

图18-59 图片轮换效果

图18-60 单击缩览图切换图片

> **提示**
>
> 虽然在轮播图片的容器中使用上述格式可以添加多张图片，但在移动设备上浏览时，比较适宜的是添加 3~5 张图片。

## 18.3.4 Swipebox 插件

Swipebox 是一款精美的 jQuery 灯箱特效插件，可用于桌面、移动和平板设备。在移动设备上，支持滑动手势导航，而在桌面上则可以使用键盘导航。不支持 CSS3 过渡效果的浏览器可以使用 jQuery 进行降级处理。

当用户单击目标图片时，图片会以全尺寸的方式显示，此外，用户还可以对同组中的图片进行左右切换来进行查看，非常适合做照片画廊以及查看大尺寸图片。

到 Swipebox 的官方网站下载 Swipebox 插件。

在使用该插件之前，需要在页面的 <head> 与 </head> 标签之间链接相应的 CSS 样式表和 JavaScript 脚本文件。

```
<link href="js/Swipebox/swipebox.css" rel="stylesheet" type="text/css">
<script src="js/Swipebox/jquery-2.1.0.min.js"></script>
<script src="js/Swipebox/jquery.swipebox.js"></script>
```

**实战** 实现查看大图效果
最终文件：最终文件\第18章\18-3-4.html　　　视频：视频\第18章\18-3-4.mp4

**01** 新建 HTML5 页面，将其保存为"源文件\第18章\18-3-4.html"。在 <head> 与 </head> 标签之间添加 <meta> 标签设置和加载 jQuery Mobile 函数库代码，与前面案例相同。

**02** 在 <body> 与 </body> 标签之间编写 jQuery Mobile 页面代码。

```
<div id="page1" data-role="page">
  <div data-role="header" data-theme="b">
    <h1>作品列表</h1>
  </div>
  <div data-role="content">
    <a href="images/183401.jpg" class="swipebox">
      <img src="images/small/183401.jpg" alt="">
    </a>
    <a href="images/183402.jpg" class="swipebox1">
      <img src="images/small/183402.jpg" alt="">
    </a>
    <a href="images/183403.jpg" class="swipebox2">
      <img src="images/small/183403.jpg" alt="">
    </a>
    <a href="images/183404.jpg" class="swipebox3">
      <img src="images/small/183404.jpg" alt="">
    </a>
    <a href="images/183405.jpg" class="swipebox4">
```

```
      <img src="images/small/183405.jpg" alt="">
    </a>
    <a href="images/183406.jpg" class="swipebox5">
      <img src="images/small/183406.jpg" alt="">
    </a>
    <a href="images/183407.jpg" class="swipebox6">
      <img src="images/small/183407.jpg" alt="">
    </a>
    <a href="images/183408.jpg" class="swipebox7">
      <img src="images/small/183408.jpg" alt="">
    </a>
    <a href="images/183409.jpg" class="swipebox8">
      <img src="images/small/183409.jpg" alt="">
    </a>
  </div>
  <div data-role="footer" data-theme="b">
    <h4>CopyRight &copy; 设计工作室</h4>
  </div>
</div>
```

在页面的内容区域中插入各图片的缩览图，为各缩览图添加超链接标签 <a>，设置超链接的href属性为该缩览图的原始大图，并且在超链接标签中设置class属性，用于与Swipebox插件相绑定。

**03** 在 <head> 与 </head> 标签之间添加代码引用Swipebox插件的相关CSS样式表文件和JavaScript文件，并编写相应的JavaScript脚本代码。

```
<link href="js/Swipebox/swipebox.css" rel="stylesheet" type="text/css">
<script src="js/Swipebox/jquery.swipebox.js"></script>
<script type="text/javascript">
(function($){
    $('.swipebox').swipebox();
    $('.swipebox1').swipebox();
    $('.swipebox2').swipebox();
    $('.swipebox3').swipebox();
    $('.swipebox4').swipebox();
    $('.swipebox5').swipebox();
    $('.swipebox6').swipebox();
    $('.swipebox7').swipebox();
    $('.swipebox8').swipebox();
})(jQuery);
</script>
```

此处所添加的JavaScript脚本代码用于为页面中相应名称的类属性元素调用Swipebox插件的swipebox()方法。

**04** 保存页面，在Opera Mobile模拟器中预览该页面，可以看到页面的显示效果，如图18-61所示。在页面中单击缩览图即可显示该缩览图的大图效果，如图18-62所示。

图18-61 预览页面效果

图18-62 单击缩览图预览大图效果

## ▶▶▶ **18.4** 本章小结

本章向读者介绍了jQuery Mobile页面中一些常用的事件和插件的使用方法，使读者能够掌握在jQuery Mobile页面中通过对一些常用的事件和插件的运用实现一些特效的交互效果。通过本章内容的学习，读者能够了解jQuery Mobile事件和插件的作用，并能够在jQuery Mobile应用开发过程中应用常用的事件和插件制作出一些常见的交互效果。

# 第19章

# 移动应用制作实战

通过前面内容的学习，读者已经对 jQuery Mobile 的相关知识有所了解。在使用 jQuery Mobile 开发移动应用的过程中，需要读者能够熟练地综合应用 HTML5 和 CSS 样式的知识，再结合 jQuery Mobile 的知识，这样才能够更好地制作出各种移动应用界面。本章将通过3个移动应用中常见的案例，向读者介绍综合运用 HTML、CSS 和 jQuery Mobile 开发制作移动应用界面的方法。

---
**本章知识点**

- 掌握移动 APP 引导页面的制作方法
- 掌握移动应用首页面的制作方法
- 掌握电商 APP 页面的开发与制作方法
---

## ▶▶▶ 19.1 APP 引导页面

很多移动端的 APP 软件启动时，在正式进入 APP 界面之前，都会通过几个引导页面向用户介绍该款 APP 软件的主要功能与特色，第一印象的好坏会极大地影响到后续的产品使用体验。

### 19.1.1 功能分析

根据 APP 引导页的目的、出发点不同，可以将其分为功能介绍类、使用说明类、推广类和问题解决类，一般引导页不会超过5个页面。

本案例所制作 APP 引导主要是通过添加相应的 JavaScript 脚本代码，使用户可以通过滑动屏幕的方式在多个引导页之间进行切换，在最后一个引导页中添加超链接按钮，通过单击该超链接按钮可以进入到该 APP 应用的首页中，这也是移动应用中常见的效果，本实例所制作的移动 APP 引导页最终效果如图19-1所示。

### 19.1.2 制作步骤

在本案例的制作过程中，每个引导页面都是不同的图片，通过创建 jQuery Mobile 页面，并且在页面的内容区域中顺序插入3张不同的图片，通过 CSS 样式控制3张图片的显示效果，最后通过添加相应的 JavaScript

脚本代码来实现在各 APP 引导页之间的滑动效果。

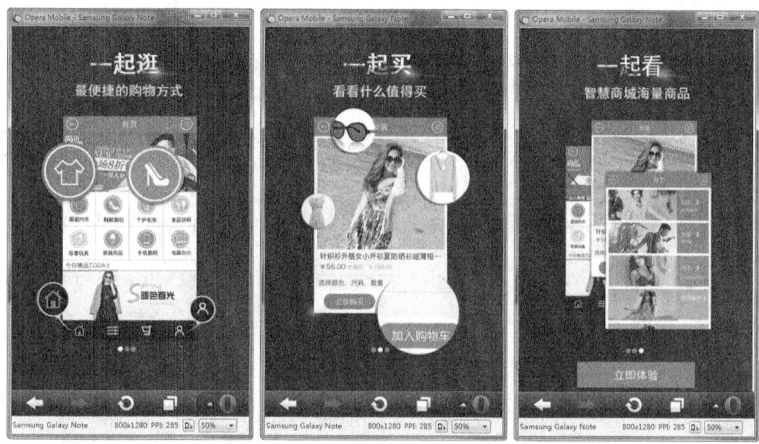

图 19-1　APP 引导页面最终效果

---

**实战**　**制作 APP 引导页面**
最终文件：最终文件\第19章\19-1-2.html　　视频：视频\第19章\19-1-2.mp4

**01** 新建 HTML 5 页面，将其保存为"源文件\第19章\19-1.html"。在 \<head\> 与 \</head\> 标签之间添加 \<meta\> 标签设置和加载 jQuery Mobile 函数库代码，与前面案例相同。

**02** 在 \<body\> 与 \</body\> 标签之间编写 jQuery Mobile 页面代码。

```
<div data-role="page" id="page1">
  <div data-role="content">
    <!-- 引导页图片开始 -->
    <div id="wrapper">
      <div id="scroller">
        <div><img src="images/19101.jpg" alt=""></div>
        <div><img src="images/19102.jpg" alt=""></div>
        <div><img src="images/19103.jpg" alt=""><a href="#" rel="external" id=
"goto">立即体验</a></div>
      </div>
    </div>
    <!-- 引导页图片结束 -->
    <!-- 翻页小圆点开始 -->
    <div id="nav">
      <ul id="indicator">
        <li class="active">1</li>
        <li>2</li>
        <li>3</li>
      </ul>
    </div>
    <!-- 翻页小圆点结束 -->
  </div>
```

```
</div>
```

在该jQuery Mobile页面中并没有设置页头和页尾，只是创建一个jQuery Mobile页面框架，在该页面框架中创建一个内容区域，并将页面中所有内容的代码都放置在jQuery Mobile页面内容区域中。

在content容器中主要分为两部分，一部分是引导页图片，每个图片都单独放置在一个<div>标签中。另一部分是用于实现翻页小圆点的图标，在这里使用项目列表标签来实现。在本实例中共有3张引导图片，对应3个小圆点图标，所以在项目列表中编写了3个<li>标签。

在最后一张引导图片之后添加了超链接标签，用于链接到该APP应用的首页面，代码如下。

```
<div><img src="images/19103.jpg" alt=""><a href="#" rel="external" id="goto">立即体
验</a></div>
```

图19-2 预览页面效果

在该超链接<a>标签中通过设置rel="external"属性，禁用该超链接的AJAX。设置id名称是为了方便使用CSS样式控制该超链接的外观和位置。

**03** 保存页面，在Opera Mobile模拟器中预览该页面，可以看到页面默认效果，如图19-2所示。接下来，需要通过CSS样式对页面中元素的显示效果进行控制。新建外部CSS样式表文件，将其保存为"源文件\第19章\style\19-1.css"。在19-1.html页面中链接刚创建的外部CSS样式表文件，如图19-3所示。

```
<head>
<meta charset="utf-8">
<title>制作APP引导页面</title>
<meta name="viewport" content="width=device-width,initial-scale=1">
<link rel="stylesheet" href=
"http://code.jquery.com/mobile/1.4.5/jquery.mobile-1.4.5.min.css" />
<link href="style/19-1.css" rel="stylesheet" type="text/css">
<script src="http://code.jquery.com/jquery-1.11.1.min.js"></script>
<script src=
"http://code.jquery.com/mobile/1.4.5/jquery.mobile-1.4.5.min.js">
</script>
</head>
```

图19-3 链接外部CSS样式表文件

---
**提示**

在预览页面中可以看出，因为并没有对网页元素的外观样式进行设置，元素在浏览器中表现为默认的效果，content元素具有默认的填充设置，所有引导图片以原始大小顺序排列显示。

---

**04** 在外部CSS样式表文件中创建名称为*的通配符CSS样式和名称为.ui-content的类CSS样式，如图19-4所示。保存外部CSS样式表文件，可以看到页面的效果，如图19-5所示。

---
**提示**

名称为*的通配符CSS样式针对页面中所有的标签进行设置，而名称为.ui-content的类CSS样式针对页面中content容器进行设置，将边距和填充都设置为0，使得容器中的内容与容器边缘更紧密地贴合在一起。

---

**05** 切换到外部CSS样式表文件中，创建相应的CSS样式，对内容区域中的元素进行控制，如图19-6所示。保存外部CSS样式表文件，可以看到页面的效果，如图19-7所示。

**06** 切换到外部CSS样式表文件中，创建名称为#goto的CSS样式，对"立即体验"按钮的效果进行设置，如图19-8所示。继续创建相应的CSS样式，对翻页小圆点相应的样式效果进行设置，如图19-9所示。

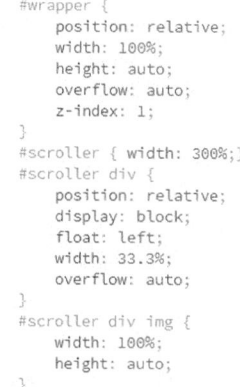

```
#wrapper {
    position: relative;
    width: 100%;
    height: auto;
    overflow: auto;
    z-index: 1;
}
#scroller { width: 300%;}
#scroller div {
    position: relative;
    display: block;
    float: left;
    width: 33.3%;
    overflow: auto;
}
#scroller div img {
    width: 100%;
    height: auto;
}
```

```
* {
    margin: 0px;
    padding: 0px;
}
.ui-content {
    margin: 0px;
    padding: 0px;
}
```

图 19-4　CSS样式代码

图 19-5　预览页面效果

图 19-6　CSS样式代码

```
#nav {
    position: absolute;
    width: 40px;
    height: auto;
    bottom: 25%;
    left: 50%;
    margin-left: -20px;
    z-index: 100;
}
#indicator, #indicator li {
    display: block;
    float: left;
}
#indicator li {
    width: 0.5em;
    height: 0.5em;
    background-color: rgba(255,255,255,0.5);
    border-radius: 0.5em;
    margin-right: 0.2em;
    text-indent: -2em;
    overflow: hidden;
}
#indicator li.active {
    background-color: #FFF;
}
```

```
#goto {
    position: absolute;
    display: block;
    width: 50%;
    height: auto;
    padding: 0.5em 0;
    bottom: 17%;
    left: 50%;
    margin-left: -25%;
    text-align: center;
    font-size: 1.2em;
    font-weight: normal;
    color: #fff;
    text-shadow: none;
    z-index: 100;
    background-color: #F30;
}
```

图 19-7　预览页面效果

图 19-8　CSS样式代码

图 19-9　CSS样式代码

**07** 保存页面，在Opera Mobile模拟器中预览该页面，可以看到使用CSS样式对页面元素进行控制的效果，如图19-10所示，但目前只能看到第一张引导图片。接下来，通过添加JavaScript脚本代码实现导航页的切换效果。在页面头部的<head>与</head>标签之间添加代码链接两个外部的JavaScript文件，如图19-11所示。

```
<head>
<meta charset="utf-8">
<title>制作APP引导页面</title>
<meta name="viewport" content="width=device-width,initial-scale=1">
<link rel="stylesheet" href=
"http://code.jquery.com/mobile/1.4.5/jquery.mobile-1.4.5.min.css" />
<link href="style/19-1.css" rel="stylesheet" type="text/css">
<script src="http://code.jquery.com/jquery-1.11.1.min.js"></script>
<script src=
"http://code.jquery.com/mobile/1.4.5/jquery.mobile-1.4.5.min.js">
</script>

<script src="js/iscroll.js"></script>
<script src="js/global.js"></script>
</head>
```

图 19-10　预览页面效果

图 19-11　链接外部javascript脚本文件

**08** 接下来需要添加JavaScript代码，在<head>与</head>标签之间添加相应的JavaScript脚本代码。

```
<script type="text/javascript">
document.onreadystatechange = subSomething;//当页面加载状态改变的时候执行
function subSomething(){
    var setime;
    if (navigator.onLine){
        if(document.readyState == 'complete')  //当页面加载状态
            setime=setTimeout(function(){
                callback();
            },10000);
        }
    }
}
window.onload=function(){
    cacheDetect();
    loaded();
}
</script>
<script type="text/javascript">
function loaded() {
    var myScroll;
    var wHeight=$(window).height();
    $("#scroller div").height(wHeight);
    myScroll = new iScroll('wrapper', {
        snap: true,
        momentum: false,
        hScrollbar: false,
        onScrollEnd: function () {
            document.querySelector('#indicator li.active').className = '';
            document.querySelector('#indicator li:nth-child('+ (this.currPageX+1) +
')').className = 'active';
        }
    });
}
</script>
```

第一段JavaScript脚本代码用于判断页面的加载状态改变时所执行的操作，并设置引导图片切换的动画过渡时间。第二段JavaScript脚本用于判断当前窗口的高度，通过当前窗口高度来调整引导图片所在元素的高度，使得容器在窗口中始终是满屏显示的。

09 保存页面，在Opera Mobile模拟器中预览该页面，可以看到所制作的APP引导页面效果，可以在屏幕上滑动查看不同的引导图片，如图19-12所示。

图19-12 预览APP引导页面效果

## ▶▶▶ 19.2 移动应用首页面

移动应用与网站相似，由多个不同功能的页面构成，其中最重要的就是移动应用的首页面，在该页面中通常会安排导航元素，使用户能够快速进入自己感兴趣的内容中。为了方便用户的操作，需要能够实现流畅的操作体验。

### 19.2.1 功能分析

本案例所设计的移动应用首页非常简洁，主要由两个部分构成，一个是可滑动切换的页面背景图片，另一个是同样提供滑动切换功能的底部导航栏。

在移动设备中运行的移动应用程序通常都是通过人手进行操作的，最常见的操作就是单击和滑动，这一点与在传统桌面浏览器中查看网页有很大的不同。本案例使用jQuery Mobile与JavaScript相结合，实现在移动应用首页面中页面背景图片与页面的导航栏分别可以进行滑动操作，并且相互不受干扰，能够带给用户良好的体验。本案例所制作的移动应用首页的最终效果如图19-13所示。

图19-13　移动应用首页面最终效果

### 19.2.2 制作可滑动的页面背景

本实例中所制作的可滑动切换的背景图片与19.1中所介绍的APP引导页面使用了不同的制作方法，在页面中使用项目列表的方式来放置背景图片，通过CSS样式来控制背景图片的显示效果，最后添加相应的JavaScript脚本代码实现背景图片的滑动轮换效果。

> **实战** 制作可滑动的页面背景
> 最终文件：最终文件\第19章\19-2.html　　视频：视频\第19章\19-2.mp4

**01** 新建HTML5页面，将其保存为"源文件\第19章\19-2.html"。在\<head\>与\</head\>标签之间添加\<meta\>标签设置和加载jQuery Mobile函数库代码，与前面案例相同。

**02** 在\<body\>与\</body\>标签之间编写jQuery Mobile页面代码。

```
<div data-role="page" id="page1">
  <div data-role="content">
```

```
<div id="logo"><img src="images/19201.png" alt="" /></div>
<div id="container">
<!-- 背景展示图开始 -->
  <div class="panels_slider">
   <ul class="slides">
     <li><img src="images/19202.jpg" alt="" /></li>
     <li><img src="images/19203.jpg" alt="" /></li>
     <li><img src="images/19204.jpg" alt="" /></li>
   </ul>
  </div>
<!-- 背景展示图结束 -->
 </div>
 </div>
</div>
```

在该jQuery Mobile页面中没有设置页头和页尾，只是创建一个jQuery Mobile页面框架，在该页面框架中创建一个内容区域，在内容区域中通过项目列表放置背景展示图片。

**03** 接下来，需要通过CSS样式对页面中元素的显示效果进行控制。新建外部CSS样式表文件，将其保存为"源文件\第19章\style\19-2.css"。在19-2.html页面中链接刚创建的外部CSS样式表文件，如图19-14所示。

```
<head>
<meta charset="utf-8">
<title>移动应用首页面</title>
<meta name="viewport" content="width=device-width,initial-scale=1">
<link rel="stylesheet" href="http://code.jquery.com/mobile/1.4.5/jquery.mobile-1.4.5.min.css" />
<link href="style/19-2.css" rel="stylesheet" type="text/css">
<script src="http://code.jquery.com/jquery-1.11.1.min.js"></script>
<script src="http://code.jquery.com/mobile/1.4.5/jquery.mobile-1.4.5.min.js"></script>
</head>
```

图19-14 链接外部CSS样式表文件

**04** 在外部CSS样式表文件中创建相应的CSS样式，对jQuery Mobile页面中内容区域的元素进行控制，如图19-15所示。保存页面，在Opera Mobile模拟器中预览该页面，可以看到页面的效果，如图19-16所示。

```
* {
    margin: 0px;
    padding: 0px;
}
.ui-content {
    margin: 0px;
    padding: 0px;
}
html,body {
    height:100%;
}
#container {
    position:relative;
    width:640px;
    height:100%;
    margin:auto;
}
@media screen and (max-width: 640px) {
    #container{
    width:100%;
    height:100%;
    }
}
```

图19-15 CSS样式代码

图19-16 预览页面效果

**05** 切换到外部CSS样式表文件中，创建相应的CSS样式，对页面中的列表项及列表项中的图片进行控制，如图

19-17所示。保存页面，在Opera Mobile模拟器中预览该页面，可以看到页面的效果，如图19-18所示。

```
.panels_slider {                 #logo {
    width: 100%;                     position: absolute;
    height:100%;                     width: 100%;
    margin: 0;                       height: auto;
    padding: 0;                      overflow: hidden;
}                                    text-align: center;
.panels_slider .slides li {          top: 10%;
    display: none;                   z-index: 10;
}                                }
.panels_slider .slides img {     #logo img {
    max-width: 100%;                 width: 50%;
    display: block;                  height: auto;
}                                }
```

图19-17　CSS样式代码　　　　　　　　　　　　　　　图19-18　预览页面效果

---

**提示**

　　在名为.panels_slider .slides li的CSS样式中设置display属性为none，作用是将页面中的列表项默认设置为不显示，所以此处预览页面只能够看到logo，而项目列表被隐藏了，下面将通过添加JavaScript脚本代码实现背景图片的显示与滑动切换效果。

---

06 在页面头部的\<head\>与\</head\>标签之间添加代码链接相应的JavaScript文件和CSS样式表文件，并编写相应的JavaScript脚本代码，从而实现背景图片的轮换效果。

```
<link href="js/flexslider.css" rel="stylesheet" type="text/css">
<script src="js/jquery.flexslider.js"></script>
<script type="text/javascript">
var $ = jQuery.noConflict();
$(window).load(function() {
    $('.panels_slider').flexslider({
        animation: "slide",
        directionNav: false,
        controlNav: true,
        animationLoop: false,
        slideToStart: 1,
        animationDuration: 300,
        slideshow: false
    });
});
</script>
```

　　所添加的JavaScript脚本代码，分别链接用于实现图像滑动轮换的JavaScript文件和其相应的CSS样式表文件。编写在页面中的JavaScript脚本代码是将页面中应用了名为panels_slider类CSS样式的元素与flexslider()方法绑定，从而实现该元素中内容的滑动切换，并对相关属性进行设置。

07 保存页面，在Opera Mobile模拟器中预览该页面，可以在屏幕上滑动查看不同的背景图片，如图19-19所示。

图19-19　预览页面可滑动背景

## 19.2.3　制作可滑动导航栏

在页面底部放置导航菜单，每个导航菜单项都采用图标与文字相结合的方式，便于用户的理解和操作。导航菜单分为两个大部分，分别放置在<li>标签中，这样可以通过与背景图片滑动切换相同的方式来实现导航菜单的滑动切换效果。

> **实战** 制作可滑动导航栏
>
> 最终文件：最终文件\第19章\19-2-3.html　　视频：视频\第19章\19-2-3.mp4

**01** 接下来，继续制作底部导航栏效果，在页面内容区域中编写底部导航栏部分代码。

```
<!--底部导航开始-->
  <div id="bottom_nav">
    <div class="icons_nav">
      <ul class="slides">
        <li>
          <a href="#" class="icon"><img src="images/19205.png" alt="" /><span>关于
我们</span></a>
          <a href="#" class="icon"><img src="images/19206.png" alt="" /><span>服务
</span></a>
          <a href="#" class="icon"><img src="images/19207.png" alt="" /><span>博客
</span></a>
          <a href="#" class="icon"><img src="images/19208.png" alt="" /><span>作品
</span></a>
        </li>
        <li>
          <a href="#" class="icon"><img src="images/19209.png" alt="" /><span>图片
</span></a>
          <a href="#" class="icon"><img src="images/19210.png" alt="" /><span>视频
</span></a>
          <a href="#" class="icon"><img src="images/19211.png" alt="" /><span>团队
</span></a>
```

```
        <a href="#" class="icon"><img src="images/19212.png" alt="" /><span>联系我们
</span></a>
        </li>
      </ul>
    </div>
  </div>
<!--底部导航结束-->
```

在该部分页面代码中，使用项目列表来安排各导航菜单项，将导航菜单项分为两个部分，每个导航菜单项都由一张图片和菜单文字组成。并且为各导航菜单元素应用了相应的类CSS样式，接下来就需要通过CSS样式对各导航菜单项的表现效果进行控制。

**02** 切换到所链接的外部CSS样式表文件19-2.css中，创建相应的CSS样式，对jQuery Mobile页面中底部导航菜单元素进行控制，如图19-20所示。

```
#bottom_nav {
    position: absolute;
    width: 640px;
    height: auto;
    bottom: 0px;
    left: 0px;
    background-image: url(../images/nav_bg.png);
    background-repeat: repeat-x;
    z-index: 10;
}
#pages_nav{
    position: absolute;
    width: 100%;
    height: auto;
    top: -200px;
    left: 0px;
    z-index: 888;
}
```

```
.icons_nav .slides li a{
    float: left;
    margin: 0 0 0 5%;
    padding: 5% 0 0 0;
    font-size: 15px;
    color: #FFF;
    text-align: center;
    line-height: 35px;
    text-shadow: none;
    width: 19.2%;
}
@media screen and (max-width: 640px) {
#bottom_nav{ width:100%;}
.icons_nav .slides li a{
    float:left;
    margin:0 0 0 4.8%;
    padding:5% 0 0 0;
    font-size:12px;
    color:#FFFFFF;
    text-align:center;
    line-height:20px;
    width:19.2%;
}
}
```

图19-20　CSS样式代码

---
**提示**

此处通过CSS3新增的@media规则定义了当屏幕的最大宽度小于640px时部分CSS样式的代码。这样做的目的是当屏幕宽度小于640px时，页面中的各元素不会挤在一起，影响页面的查看效果。

---

**03** 在页面头部的<head>与</head>标签之间添加相应的JavaScript脚本代码，从而实现底部导航栏部分的滑动切换效果。

```
$('.icons_nav').flexslider({
    animation: "slide",
    directionNav: false,
    animationLoop: false,
    controlNav: false,
    slideshow: false,
    animationDuration: 300
});
```

将页面中应用了名为icons_nav类CSS样式的元素与flexslider()方法绑定，从而实现该元素的滑动切换，并对相关属性进行设置。

**04** 完成该可滑动操作移动页面的制作，该jQuery Mobile页面的完整代码如下。

```html
<!doctype html>
<html>
<head>
<meta charset="utf-8">
<title>移动应用首页面</title>
<meta name="viewport" content="width=device-width,initial-scale=1">
<link rel="stylesheet" href="http://code.jquery.com/mobile/1.4.5/jquery.mobile-
1.4.5.min.css" />
<link href="style/19-2.css" rel="stylesheet" type="text/css">
<script src="http://code.jquery.com/jquery-1.11.1.min.js"></script>
<script src="http://code.jquery.com/mobile/1.4.5/jquery.mobile-1.4.5.min.js">
</script>
<link href="js/flexslider.css" rel="stylesheet" type="text/css">
<script src="js/jquery.flexslider.js"></script>
<script type="text/javascript">
var $ = jQuery.noConflict();
$(window).load(function() {
    $('.panels_slider').flexslider({
        animation: "slide",
        directionNav: false,
        controlNav: true,
        animationLoop: false,
        slideToStart: 1,
        animationDuration: 300,
        slideshow: false
    });
    $('.icons_nav').flexslider({
    animation: "slide",
    directionNav: false,
    animationLoop: false,
    controlNav: false,
    slideshow: false,
    animationDuration: 300
    });
});
</script>
</head>
<body>
<div data-role="page" id="page1">
  <div data-role="content">
    <div id="logo"><img src="images/19201.png" alt="" /></div>
    <div id="container">
```

```
<!--背景展示图开始-->
  <div class="panels_slider">
   <ul class="slides">
     <li><img src="images/19202.jpg" alt="" /></li>
     <li><img src="images/19203.jpg" alt="" /></li>
     <li><img src="images/19204.jpg" alt="" /></li>
   </ul>
  </div>
<!--背景展示图结束-->
  </div>
 <!--底部导航开始-->
  <div id="bottom_nav">
   <div class="icons_nav">
    <ul class="slides">
     <li>
       <a href="#" class="icon"><img src="images/19205.png" alt="" /><span>
关于我们</span></a>
       <a href="#" class="icon"><img src="images/19206.png" alt="" /><span>
服务</span></a>
       <a href="#" class="icon"><img src="images/19207.png" alt="" /><span>
博客</span></a>
       <a href="#" class="icon"><img src="images/19208.png" alt="" /><span>
作品</span></a>
     </li>
     <li>
       <a href="#" class="icon"><img src="images/19209.png" alt="" /><span>
图片</span></a>
       <a href="#" class="icon"><img src="images/19210.png" alt="" /><span>
视频</span></a>
       <a href="#" class="icon"><img src="images/19211.png" alt="" /><span>
团队</span></a>
       <a href="#" class="icon"><img src="images/19212.png" alt="" /><span>
联系我们</span></a>
     </li>
    </ul>
   </div>
  </div>
 <!--底部导航结束-->
  </div>
 </div>
</body>
</html>
```

05 保存页面，在Opera Mobile模拟器中预览该页面，不仅可以在背景上滑动切换不同的背景，还可以在底部的导航菜单上进行滑动，切换不同的导航菜单选项，如图19-21所示。

图 19-21　预览页面效果

## ▶▶▶ 19.3　电商APP界面

随着移动互联网的不断发展，人们上网的习惯也在悄然发生变化，由原来的PC端桌面浏览器逐步向移动终端设备过渡，而开发基于移动终端设备的应用系统已成为各互联网企业的共识。本节将使用 jQuery Mobile 框架，制作一个电商 APP 的启动页面和首页面。

### 19.3.1　功能分析

考虑到移动终端设备中各浏览器的复杂特性及与PC端在机器性能、网络环境的诸多差异，在使用 jQuery Mobile 开发移动应用项目时，需要注意移动设备的屏幕特点，必须使开发出来的功能更便于用户的操作。

在本案例所制作的电商 APP 界面中，主要讲解启动页面和 APP 首页面的制作。在 APP 启动页面中将通过使用 JavaScript 的计数功能，在指定的时间内自动跳转到该电商 APP 的首页中。在电商 APP 的首页面中，在页面底部设置图标导航，页面中通过商品图片与图标相结合的方式来展示商品类别，方便用户选择。本案例所制作的电商 APP 最终效果如图 19-22 所示。

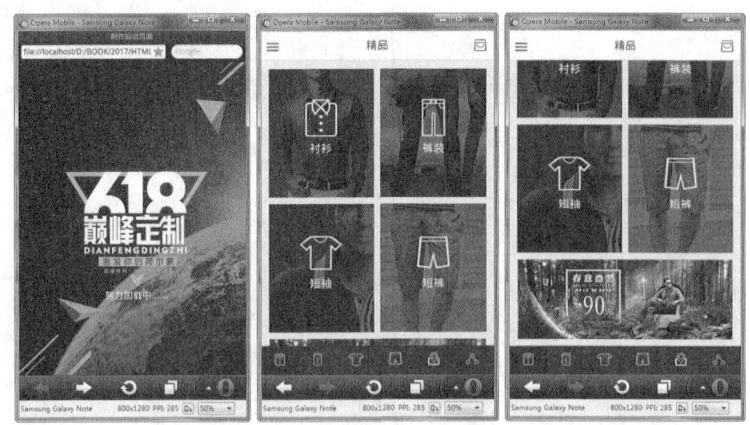

图 19-22　电商APP最终效果

### 19.3.2　制作启动页面

通常在启动 APP 时都会显示一个启动页面，该启动页面可以放置宣传广告、推广活动等信息内容，经过一定时间后自动跳转到APP首页面中，从而起到有效的宣传推广作用。

**实战** 制作电商APP启动页面
最终文件：最终文件\第19章\19-3-2.html　　视频：视频\第19章\19-3-2.mp4

**01** 新建HTML5页面，将其保存为"源文件\第19章\19-3-2.html"。在<head>与</head>标签之间添加<meta>标签设置和加载jQuery Mobile函数库代码，与前面案例相同。

**02** 在<body>与</body>标签之间编写jQuery Mobile页面代码。

```
<div data-role="page" id="page1">
  <div data-role="content">
    <div id="load">
      <img src="images/19302.png" alt=""><br>
      努力加载中……
    </div>
  </div>
</div>
```

该页面的代码结构非常简单，创建jQuery Mobile页面容器，在该页面容器中创建内容容器，不需要页头和页脚，在内容容器中制作相应的内容。

**03** 保存页面，在Opera Mobile模拟器中预览该页面，可以看到页面默认的效果，如图19-23所示。新建外部CSS样式表文件，将其保存为"源文件\第19章\style\19-3.css"。返回19-3-2.html页面中，在<head>与</head>标签之间添加代码链接刚创建的外部CSS样式表文件，如图19-24所示。

图19-23　预览页面效果

```
<head>
<meta charset="utf-8">
<title>制作启动页面</title>
<meta name="viewport" content="width=device-width,initial-scale=1">
<link rel="stylesheet" href=
"http://code.jquery.com/mobile/1.4.5/jquery.mobile-1.4.5.min.css" />
<link href="style/19-3.css" rel="stylesheet" type="text/css">
<script src="http://code.jquery.com/jquery-1.11.1.min.js"></script>
<script src=
"http://code.jquery.com/mobile/1.4.5/jquery.mobile-1.4.5.min.js">
</script>
</head>
```

图19-24　链接外部CSS样式表文件

**04** 切换到外部CSS样式表文件中，创建名为*的通配CSS样式和名为.ui-page-theme-d的页面主题样式，如图19-25所示。返回jQuery Mobile页面中，在页面容器标签中添加data-theme属性设置，应用刚定义的页面主题，如图19-26所示。

```
* {
    margin: 0px;
    padding: 0px;
}
.ui-page-theme-d {
    background-image: url(../images/19301.jpg);
    background-repeat: no-repeat;
    background-position: left center;
    background-size: cover;
}
```

图19-25　CSS样式代码

```
<div data-role="page" id="page1" data-theme="d">
  <div data-role="content">
    <div id="load">
      <img src="images/19302.png" alt=""><br>
      努力加载中……
    </div>
  </div>
</div>
```

图19-26　应用页面主题样式

**05** 保存页面，在Opera Mobile模拟器中预览该页面，可以看到页面背景的效果，如图19-27所示。切换到外部

CSS样式表文件中，创建名为#load和#load img的CSS样式，如图19-28所示。保存页面，在Opera Mobile
模拟器中预览该页面，可以看到页面的效果，如图19-29所示。

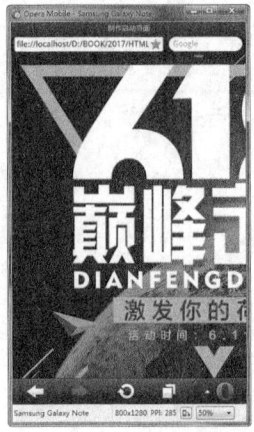

```
#load {
    position: absolute;
    width: 100%;
    height: auto;
    overflow: hidden;
    text-align: center;
    color: #FFF;
    text-shadow: none;
    top: 35%;
}
#load img {
    width: 50%;
    height: auto;
    min-width: 250px;
    max-width: 500px;
}
```

图19-27　预览页面效果　　　　图19-28　CSS样式代码　　　　图19-29　预览页面效果

**06** 在页面头部的<head>与</head>标签之间添加相应的JavaScript脚本代码，实现页面一定时间后自动跳转。

```
<script type="text/javascript">
function changepage() {
    window.location.href="19-3-3.html";
}
$(document).on("pagecreate",function(){
    var id=setInterval("changepage()",5000);
})
</script>
```

为了使页面能在设定的时间内跳转至首页，先创建一个自定义函数changepage()，在该函数中，通过设置
window对象的location.href属性值，实现当前页面的跳转功能。然后，在本页面绑定的pagecreate事件中调
用setInterval()方法，在该方法中每隔5s自动执行自定义函数changepage()，从而实现页面自动跳转的功能。

**07** 完成该APP启动页面的制作，完整的页面代码如下。

```
<!doctype html>
<html>
<head>
<meta charset="utf-8">
<title>制作启动页面</title>
<meta name="viewport" content="width=device-width,initial-scale=1">
<link rel="stylesheet" href="http://code.jquery.com/mobile/1.4.5/jquery.mobile-
1.4.5.min.css" />
<link href="style/19-3.css" rel="stylesheet" type="text/css">
<script src="http://code.jquery.com/jquery-1.11.1.min.js"></script>
<script src="http://code.jquery.com/mobile/1.4.5/jquery.mobile-1.4.5.min.js">
</script>
<script type="text/javascript">
function changepage() {
    window.location.href="19-3-3.html";
```

```
    }
    $(document).on("pagecreate",function(){
        var id=setInterval("changepage()",5000);
    })
    </script>
    </head>
    <body>
    <div data-role="page" id="page1" data-theme="d">
      <div data-role="content">
        <div id="load">
          <img src="images/19302.png" alt=""><br>
          努力加载中……
        </div>
      </div>
    </div>
    </body>
    </html>
```

**08** 保存页面，在Opera Mobile模拟器中预览该页面，可以查看该APP启动页面的效果，如图19-30所示。当经过5s后，自动跳转到所设置的APP首页面19-3-3.html中，因为目前我们还没有制作该页面，所以会显示"无法打开文件"，如图19-31所示。

## 19.3.3 制作电商APP首页面

该电商APP首页面中，在顶部放置标题栏，并在标题左右两侧分别放置功能操作图标，在页面底部栏中放置导航工具图标，而页面中的主体内容部分则采用两列布局的效果进行展示，页面结构和内容清晰，便于用户滑动屏幕进行浏览。

图19-30 预览页面效果　　图19-31 跳转到指定页面

**实战** 制作电商APP首页面
最终文件：最终文件\第19章\19-3-3.html　　视频：视频\第19章\19-3-3.mp4

**01** 新建HTML 5页面，将其保存为"源文件\第19章\19-3-3.html"。在<head>与</head>标签之间添加<meta>标签设置和加载jQuery Mobile函数库代码，与前面案例相同。

**02** 在<body>与</body>标签之间编写jQuery Mobile页面头部代码。

```
<div data-role="page" id="page1">
  <div data-role="header" data-position="fixed">
    <div><a href="#"><img src="images/19303.png" alt=""></a></div>
    <h1>精品</h1>
    <div><a href="#"><img src="images/19304.png" alt=""></a></div>
  </div>
  <div data-role="content">
```

```
    </div>
    <div data-role="footer" data-position="fixed">
    </div>
</div>
```

图 19-32　预览页面效果

**03** 保存页面，在Opera Mobile模拟器中预览该页面，可以看到页面头部的默认效果，如图19-32所示。返回19-3-3.html页面中，在<head>与</head>标签之间添加代码链接外部CSS样式表文件19-3.css，如图19-33所示。

```
<head>
<meta charset="utf-8">
<title>制作电商APP首页面</title>
<meta name="viewport" content="width=device-width,initial-scale=1">
<link rel="stylesheet" href=
"http://code.jquery.com/mobile/1.4.5/jquery.mobile-1.4.5.min.css" />
<link href="style/19-3.css" rel="stylesheet" type="text/css"></link>
<script src="http://code.jquery.com/jquery-1.11.1.min.js"></script>
<script src=
"http://code.jquery.com/mobile/1.4.5/jquery.mobile-1.4.5.min.js">
</script>
</head>
```

图 19-33　链接外部CSS样式表文件

**04** 切换到外部CSS样式表文件中，创建名为.ui-page-theme-e、.ui-bar-e和名为.ui-bar-e h1的CSS样式，如图19-34所示。返回jQuery Mobile页面中，在页面容器标签中添加data-theme属性设置，在页面头部标签中添加data-theme属性设置，如图19-35所示。

```
.ui-page-theme-e {
    background-color: #EBEBEB;
}
.ui-bar-e {
    background-color: #FFF;
    border: none;
    border-bottom: solid 1px #DAD9E0;
    color: #312D84;
    font-family: 微软雅黑;
    font-size: 1em;
    text-shadow: none;
}
.ui-bar-e h1 {
    font-weight: normal;
    font-size: 1.2em !important;
}
```

图 19-34　CSS样式代码

```
<body>
<div data-role="page" id="page1" data-theme="e">
  <div data-role="header" data-position="fixed" data-theme="e">
    <div><a href="#"><img src="images/19303.png" alt=""></a></div>
    <h1>精品</h1>
    <div><a href="#"><img src="images/19304.png" alt=""></a></div>
  </div>
  <div data-role="content">
  </div>
  <div data-role="footer" data-position="fixed">
  </div>
</div>
</body>
```

图 19-35　应用页面主题和头部栏主题

图 19-36　预览页面效果

**05** 保存页面，在Opera Mobile模拟器中预览该页面，可以看到页面的效果，如图19-36所示。切换到外部CSS样式表文件中，分别创建名称为.l_btn和.r_btn的类CSS样式，如图19-37所示。

```
.l_btn {
    position: absolute;
    width: 2em;
    height: 1.25em;
    left: 0.625em;
    top: 1.25em;
}
.r_btn {
    position: absolute;
    width: 1.56em;
    height: 1.56em;
    top: 1.125em;
    right: 0.625em;
}
```

图 19-37　CSS样式代码

**06** 返回jQuery Mobile页面中，为标题名称两侧图标所在div分别应用相应的类CSS样式，如图19-38所示。保存页面，在Opera Mobile模拟器中预览该页面，可以看到页面头部的效果，如图19-39所示。

```
<div data-role="page" id="page1" data-theme="e">
    <div data-role="header" data-position="fixed" data-theme="e">
        <div class="l_btn"><a href="#"><img src="images/19303.png"
alt=""></a></div>
        <h1>精品</h1>
        <div class="r_btn"><a href="#"><img src="images/19304.png"
alt=""></a></div>
    </div>
    <div data-role="content">
    </div>
    <div data-role="footer" data-position="fixed">
    </div>
</div>
```

图19-38 应用类CSS样式

图19-39 预览页面效果

**07** 返回jQuery Mobile页面中，编写页面尾部代码，如图19-40所示。保存页面，在Opera Mobile模拟器中预览该页面，可以看到页面尾部的效果，如图19-41所示。

```
<div data-role="content">
</div>
<div data-role="footer" data-position="fixed">
    <div id="bottom_nav">
        <ul>
            <li><a href="#"><img src="images/19305.png" alt=""></a></li>
            <li><a href="#"><img src="images/19306.png" alt=""></a></li>
            <li><a href="#"><img src="images/19307.png" alt=""></a></li>
            <li><a href="#"><img src="images/19308.png" alt=""></a></li>
            <li><a href="#"><img src="images/19309.png" alt=""></a></li>
            <li><a href="#"><img src="images/19310.png" alt=""></a></li>
        </ul>
    </div>
</div>
```

图19-40 编写页面尾部代码

图19-41 预览页面效果

```
.ui-bar-f {
    background-color: #311F5D;
    border: none;
    border-top: solid 2px #231646;
    font-family: 微软雅黑;
    font-size: 1em;
    color: #FFF;
    text-shadow: none;
}
```

图19-42 CSS样式代码

**08** 切换到外部CSS样式表文件中，创建名称为.ui-bar-f的类CSS样式，如图19-42所示。返回jQuery Mobile页面中，在尾部的<div>标签中添加data-theme属性设置，设置其属性值为f，应用刚定义的工具栏主题样式，如图19-43所示。

**09** 保存页面，在Opera Mobile模拟器中预览该页面，可以看到页面尾部的效果，如图19-44所示。切换到外部CSS样式表文件中，创建名为#bottom_nav li的CSS样式，如图19-45所示。

```
<div data-role="footer" data-position="fixed" data-theme="f">
    <div id="bottom_nav">
        <ul>
            <li><a href="#"><img src="images/19305.png" alt=""></a></li>
            <li><a href="#"><img src="images/19306.png" alt=""></a></li>
            <li><a href="#"><img src="images/19307.png" alt=""></a></li>
            <li><a href="#"><img src="images/19308.png" alt=""></a></li>
            <li><a href="#"><img src="images/19309.png" alt=""></a></li>
            <li><a href="#"><img src="images/19310.png" alt=""></a></li>
        </ul>
    </div>
</div>
```

图19-43 应用工具栏主题样式

**10** 保存页面，在Opera Mobile模拟器中预览该页面，可以看到页面尾部的效果，如图19-46所示。切换到外部CSS样式表文件中，创建名为#bottom_nav li a、#bottom_nav li a img和#bottom_nav li a.active01的CSS样式，如图19-47所示。

图19-44 预览页面效果

图19-46 预览页面效果

```
#bottom_nav li {
    list-style-type: none;
    width: 16.4%;
    border-right: solid 1px #291D5D;
    float: left;
}
```

图19-45 CSS样式代码

```
#bottom_nav li a {
    display: block;
    width: 100%;
    padding: 0.5em 0;
    text-align: center;
}
#bottom_nav li a img {
    width: 40%;
    height: auto;
}
#bottom_nav li a.active01 {
    background-color: #231646;
}
```

图19-47 CSS样式代码

11 返回jQuery Mobile页面中，为当前页面所在栏目的超链接<a>标签应用名称为active01的类CSS样式，如图19-48所示。保存页面，在Opera Mobile模拟器中预览该页面，可以看到页面尾部的效果，如图19-49所示。

```
<div data-role="footer" data-position="fixed" data-theme="f">
  <div id="bottom_nav">
    <ul>
      <li><a href="#" class="active01"><img src="images/19305.png" alt=""></a></li>
      <li><a href="#"><img src="images/19306.png" alt=""></a></li>
      <li><a href="#"><img src="images/19307.png" alt=""></a></li>
      <li><a href="#"><img src="images/19308.png" alt=""></a></li>
      <li><a href="#"><img src="images/19309.png" alt=""></a></li>
      <li><a href="#"><img src="images/19310.png" alt=""></a></li>
    </ul>
  </div>
</div>
```

图19-48 应用类CSS样式

图19-49 预览页面效果

12 返回jQuery Mobile页面中，编写页面内容部分代码。

```
<div data-role="content">
  <div class="ui-grid-a"><!-- 创建两列布局 -->
    <div class="ui-block-a">
      <div><img src="images/19311.jpg" alt="">
        <div><img src="images/19315.png" alt=""><br>衬衫</div>
      </div>
      <div><img src="images/19313.jpg" alt="">
        <div><img src="images/19317.png" alt=""><br>短袖</div>
      </div>
    </div>
    <div class="ui-block-b">
      <div><img src="images/19312.jpg" alt="">
        <div><img src="images/19316.png" alt=""><br>裤装</div>
      </div>
```

```
        <div><img src="images/19314.jpg" alt="">
          <div><img src="images/19318.png" alt=""><br>短裤</div>
        </div>
      </div>
    </div>
    <div id="pop"><img src="images/19319.jpg" alt=""></div>
  </div>
```

13 保存页面，在Opera Mobile模拟器中预览该页面，可以看到页面内容部分的效果，如图19-50所示。切换到外部CSS样式表文件中，创建名称为.ui-content、.list01和.list01 img的CSS样式，如图19-51所示。

图19-50 预览页面效果

```
.ui-content {
    margin: 0px;
    padding: 0.5em;
}
.list01 {
    position: relative;
    width: 95%;
    height: auto;
    overflow: hidden;
    margin: 0.5em auto;
}
.list01 img {
    width: 100%;
    height: auto;
}
```

图19-51 CSS样式代码

14 返回jQuery Mobile页面中，为页面中每种类型商品所在的<div>标签应用名为list01的类CSS样式，如图19-52所示。保存页面，在Opera Mobile模拟器中预览该页面，可以看到页面的效果，如图19-53所示。

```
<div data-role="content">
  <div class="ui-grid-a"><!--创建两列布局-->
    <div class="ui-block-a">
      <div class="list01"><img src="images/19311.jpg" alt="">
        <div><img src="images/19315.png" alt=""><br>衬衫</div>
      </div>
      <div class="list01"><img src="images/19313.jpg" alt="">
        <div><img src="images/19317.png" alt=""><br>短袖</div>
      </div>
    </div>
    <div class="ui-block-b">
      <div class="list01"><img src="images/19312.jpg" alt="">
        <div><img src="images/19316.png" alt=""><br>裤装</div>
      </div>
      <div class="list01"><img src="images/19314.jpg" alt="">
        <div><img src="images/19318.png" alt=""><br>短裤</div>
      </div>
    </div>
  </div>
  <div id="pop"><img src="images/19319.jpg" alt=""></div>
</div>
```

图19-52 应用类CSS样式

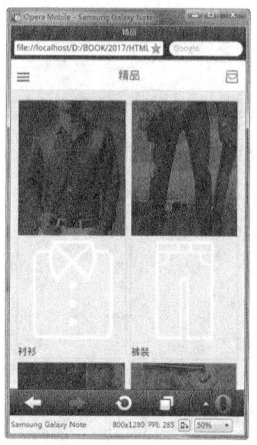

图19-53 预览页面效果

15 切换到外部CSS样式表文件中，创建名称为.pic01和.pic01 img的CSS样式，如图19-54所示。返回jQuery Mobile页面中，为页面中每种类型商品图标所在的<div>标签应用名为pic01的类CSS样式，如图19-55所示。

16 保存页面，在Opera Mobile模拟器中预览该页面，可以看到页面的效果，如图19-56所示。切换到外部CSS样式表文件中，创建名称为#pop和#pop img的CSS样式，如图19-57所示。

```
.pic01 {
    position: absolute;
    width: 50%;
    height: auto;
    overflow: hidden;
    left: 50%;
    margin-left: -25%;
    top: 23%;
    text-align: center;
    font-size: 1.2em;
    color: #FFF;
    text-shadow: none;
}
.pic01 img {
    width: 80%;
    height: auto;
}
```

图19-54　CSS样式代码

```
<div data-role="content">
  <div class="ui-grid-a"><!--创建两列布局-->
    <div class="ui-block-a">
      <div class="list01"><img src="images/19311.jpg" alt="">
        <div class="pic01"><img src="images/19315.png" alt=""><br>衬衫</div>
      </div>
      <div class="list01"><img src="images/19313.jpg" alt="">
        <div class="pic01"><img src="images/19317.png" alt=""><br>短袖</div>
      </div>
    </div>
    <div class="ui-block-b">
      <div class="list01"><img src="images/19312.jpg" alt="">
        <div class="pic01"><img src="images/19316.png" alt=""><br>裤装</div>
      </div>
      <div class="list01"><img src="images/19314.jpg" alt="">
        <div class="pic01"><img src="images/19318.png" alt=""><br>短裤</div>
      </div>
    </div>
  </div>
  <div id="pop"><img src="images/19319.jpg" alt=""></div>
</div>
```

图19-55　应用类CSS样式

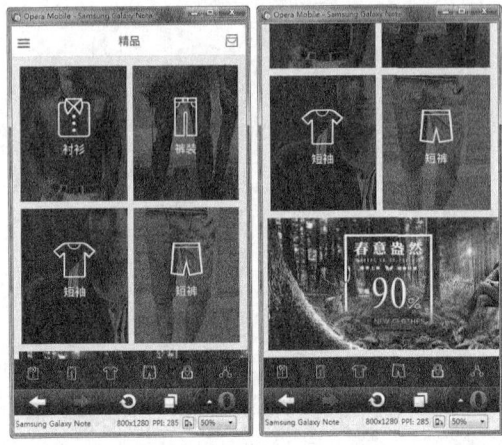

图19-56　预览页面效果

```
#pop {
    width: 97%;
    height: auto;
    overflow: hidden;
    margin: auto;
}
#pop img {
    width: 100%;
    height: auto;
}
```

图19-57　CSS样式代码

17 保存页面，完成该APP首页面的制作。完整的页面代码如下。

```
<!doctype html>
<html>
<head>
<meta charset="utf-8">
<title>制作电商APP首页面</title>
<meta name="viewport" content="width=device-width,initial-scale=1">
<link rel="stylesheet" href="http://code.jquery.com/mobile/1.4.5/jquery.mobile-
1.4.5.min.css" />
<link href="style/19-3.css" rel="stylesheet" type="text/css">
<script src="http://code.jquery.com/jquery-1.11.1.min.js"></script>
<script src="http://code.jquery.com/mobile/1.4.5/jquery.mobile-1.4.5.min.js">
</script>
</head>
<body>
<div data-role="page" id="page1" data-theme="e">
  <div data-role="header" data-position="fixed" data-theme="e">
    <div class="l_btn"><a href="#"><img src="images/19303.png" alt=""></a></div>
```

```
      <h1>精品</h1>
      <div class="r_btn"><a href="#"><img src="images/19304.png" alt=""></a></div>
    </div>
    <div data-role="content">
      <div class="ui-grid-a"><!--创建两列布局-->
        <div class="ui-block-a">
          <div class="list01"><img src="images/19311.jpg" alt="">
            <div class="pic01"><img src="images/19315.png" alt=""><br>衬衫</div>
          </div>
          <div class="list01"><img src="images/19313.jpg" alt="">
            <div class="pic01"><img src="images/19317.png" alt=""><br>短袖</div>
          </div>
        </div>
        <div class="ui-block-b">
          <div class="list01"><img src="images/19312.jpg" alt="">
            <div class="pic01"><img src="images/19316.png" alt=""><br>裤装</div>
          </div>
          <div class="list01"><img src="images/19314.jpg" alt="">
            <div class="pic01"><img src="images/19318.png" alt=""><br>短裤</div>
          </div>
        </div>
      </div>
      <div id="pop"><img src="images/19319.jpg" alt=""></div>
    </div>
    <div data-role="footer" data-position="fixed" data-theme="f">
      <div id="bottom_nav">
        <ul>
          <li><a href="#" class="active01"><img src="images/19305.png" alt=""></a></li>
          <li><a href="#"><img src="images/19306.png" alt=""></a></li>
          <li><a href="#"><img src="images/19307.png" alt=""></a></li>
          <li><a href="#"><img src="images/19308.png" alt=""></a></li>
          <li><a href="#"><img src="images/19309.png" alt=""></a></li>
          <li><a href="#"><img src="images/19310.png" alt=""></a></li>
        </ul>
      </div>
    </div>
  </div>
</body>
</html>
```

**18** 在 Opera Mobile 模拟器中预览该电商 APP 的启动页面 19-3-2.html，可以看到该 APP 启动页的效果，如图 19-58 所示。当经过 5s 后，自动跳转到所设置的 APP 首页面 19-3-3.html 中，可以看到该 APP 首页面的效果，如图 19-59 所示。

图19-58 预览电商APP启动页面效果

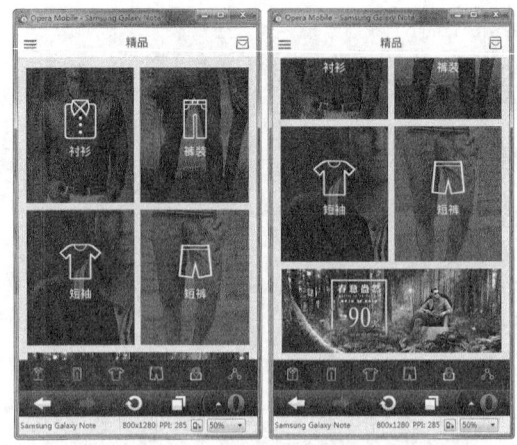

图19-59 预览电商APP首页面效果

## ▶▶▶ 19.4 本章小结

　　本章通过具有代表性的移动应用案例的制作讲解，向读者介绍了将HTML5、CSS3与jQuery Mobile相结合制作移动应用页面的方法。通过本章内容的学习，读者能够掌握移动应用页面的制作方法，并能够开拓读者在移动应用设计制作方面的思路，开发更优秀的移动应用。